城市水务学

周振民 著

科学出版社

北京

内 容 简 介

　　本书采取交叉学科理论、边缘学科理论、技术设计和实用方法相结合的技术路线，参考了近年来国内外大量研究成果和室内外实验数据，系统研究了城市水务学有关的基础理论、城市防洪排涝规划设计、城市污水处理回用技术、城市人工湿地景观规划设计和生态规划理论、城市水务系统管理理论等与城市水务学联系紧密的基本理论和技术方法。

　　本书可供从事城市水务系统规划与管理、区域水资源规划、污水处理回用、城市水务产业开发经营、水市场管理、城市水生态环境保护、城市供水、城市水务信息化建设、城市建设与规划以及农村和城市发展政策制定等部门的领导、决策者和有关科研技术人员参考，也可作为大专院校有关专业本科生和研究生的参考教材。

图书在版编目(CIP)数据

城市水务学 / 周振民著.—北京：科学出版社，2013.3
ISBN 978-7-03-036925-3

Ⅰ.①城…　Ⅱ.①周…　Ⅲ.①城市用水－水资源管理　Ⅳ.①TU991.31

中国版本图书馆 CIP 数据核字（2013）第 042264 号

责任编辑：朱海燕　吕晨旭　刘志巧 / 责任校对：钟　洋
责任印制：吴兆东 / 封面设计：耕者设计工作室

科 学 出 版 社 出版
北京东黄城根北街 16 号
邮政编码：100717
http://www.sciencep.com
北京厚诚则铭印刷科技有限公司印刷
科学出版社发行　各地新华书店经销

*

2013 年 3 月第　一　版　开本：787×1092 1/16
2024 年 5 月第七次印刷　印张：22 1/4
字数：510 000
定价：158.00元
（如有印装质量问题，我社负责调换）

作者简介

周振民，男，汉族（1953—），河南封丘人，教授，博士（博士后），全国模范教师，河南省留学回国先进个人，全国水利科技先进工作者。2000年11月从意大利米兰工业大学留学回国，先后担任华北水利水电学院院长助理，国际交流合作处处长，国际教育学院院长。现任华北水利水电学院城市水务研究院院长，水利部水务研究培训中心秘书长，河南省省级特聘教授，华北水利水电学院城市水务工程与管理重点学科带头人，联合国粮农组织（FAO）技术咨询专家。

近年来，完成国家、省部级科研项目20多项，获国家、省部级科技进步奖18项，发表科技论文100多篇，完成出版专著7部。

前　言

联合国在 2011 年 10 月 31 日发表一个报告，宣布世界总人口突破 70 亿，这个全球性的里程碑既是我们这个星球的一个机会也是一项挑战。在过去的 50 年间，世界的总人口已经翻了一番多。《2010 年世界人口状况报告》预测，到 2050 年，世界人口将超过 90 亿。全球城市化进程的不断加快已经对城市水系以及所在流域的自然水文循环造成严重的干扰、破坏，由此引发的淡水资源供需矛盾、洪涝灾害频繁、水体污染以及河流生态系统破坏等问题往往综合暴发，"城市综合征"严酷地摆在了城市和流域面前。

当前，水资源危机、水环境恶化已成为全球性问题，成为世界各国面临的共同挑战。中国作为全球 13 个最贫水国之一，承受着巨大的缺水压力，尤其是城市缺水表现得更加突出，同时，水环境恶化的趋势还远未得到有效控制，这已经成为制约国民经济和社会发展的重要因素。

城市水务系统管理是缓解城市水资源短缺的有效手段。城市水务系统管理包括水资源环境、水源、供水、用水、排水、污水处理与回用，以及相关的资源管理和产业管理，是城市生存与发展的自然资源和经济资源基础。长期以来，城市水务事业受管理体制、制度及运作机制的影响，实行的是"官督官办"的方式，加上水资源和环境的"多头管理"，资源管理与产业管理相混淆，产业链管理被割裂，造成管理法规、制度、标准、规划、调度难统一，难协调，造成水资源开发利用效率低，管理效率不高，加之受管理制度约束，市场机制很难在城市水务运作中发挥作用，失去了市场经济在调节、激励城市水务效率效益中的功能，丧失了除政府外的其他资本资金进入城市水务市场发挥作用的机会，这不仅阻碍了城市水务和城市经济的发展，也与解决当前严重的水资源危机和水环境恶化局势很不相适应。因此，以可持续发展城市水务为指导思想，以革除现存分割管理体制弊端、提高用水及管理效率、保障水资源环境与经济社会协调发展为目标，建立适应社会主义市场经济体制，符合水的自然循环规律和经济社会用水规律，政府宏观管理与市场经济相结合的城市水务一体化管理模式和运作机制成为水务管理体制改革的必然之路。

长期以来，中国城市水务的管理和投资、建设与运营主要依靠政府，并按计划经济模式组织生产和提供服务，表现出高度集权化的管理体系、固有化的办事程序、条块分割式的领导体制和单一的投入机制，缺乏竞争机制，市场经济的调节作用很小，发展活力和后劲不足，管理效率、经济效益较低。近年来，这种状况虽然有所突破，允许其他经济成分、社会组织进入涉水事务，允许有限度地按市场机制建设与运营，但是，许多学术理论问题仍是严重影响城市水务事业发展，削弱城市水务支撑和保障经济社会持续发展能力的重要因素。

一是水与经济社会的思辨关系问题。人与水、经济建设与水、社会与水、发展与水的关系及变化规律，以及应采取什么样的观念和行为对待日益严峻的水资源危机和环境污染，都应从哲学、社会学、行为学、管理学及工程技术学的角度加以思考，研究其间的辩证关系，研究符合水务事务客观规律的理念，以及解决问题的方向、理论和方法，才有可能提出保障水资源可持续利用与经济社会可持续发展相协调的途径、办法。所以，首先应从思想观念上认识人类社会发生水资源危机的必然性原因，探索人对水资源和环境的恰当行为方式。

二是水务管理体制问题。在水源方面，地表水与地下水、城区内水与城区外水、水量与水质的管理，常涉及多个主管部门；在水系统运行方面，水环境、水源、供水、用水、节水、排水、污水处理与回用也分属多个部门管理。这样的管理体制设置不仅将资源管理与开发利用产业管理相混淆，水务产业链割裂，导致人对水的行为违背水的自然循环规律和再生、储藏等动态性、连续性、循环性特性，而且也违背事关国计民生和经济社会发展的重要自然资源、战略资源进行统一管理的一般社会管理原则。同时，政出多门的管理体制影响国家法律法规的统一和贯彻执行，影响涉水事务的统筹布局与管理，造成规划难统一、法规标准难一致、执法难同步，降低了管理效率和效益。

三是水务市场运作机制问题。按目前我国管理城市涉水事务的方针政策、法律法规、体制设置、制度安排、运作规则等，市场机制在配置资源、调节供求关系中难以发挥积极作用，因此，如何利用市场机制的激励功能，激发各方面治水兴利的积极性和创造力，并规范涉水事务行为，是利用市场经济力量解决水务问题的前提条件。

四是城市水务管理理论方法问题。关于城市水务管理理论和方法的研究是当前的热点问题，前沿研究课题，成熟的理论和方法很少，而社会实践迫切需要理论方法上的指导（如水务局与水利局的基本定义，水务局的含义、性质、体制、制度等问题），因而，开展对城市水务管理系统科学的研究，探索其系统规律、结构、要素、特性和特征、影响因素、市场建设与管理理论方法，以及管理体制、制度、运作机制等改革与发展问题，都具有重要的理论和实践意义。

五是城市水务学科建设和人才培养问题。城市水务学科是一门新兴的交叉学科，涉及内容广泛，解决问题牵涉的因素众多，但是，目前城市水务学科还没有正式纳入国家的学科建设目录，系统性研究也开展得很少。在人才培养方面，虽然一些大专院校自主设立了城市水务本科和研究生招生专业，但是无论教材建设或者教学计划都很不规范，无非是相邻学科的堆积，更没有形成本学科的特色。

因此，编写本书的主要目的是为我国科研人员和大专院校学生提供一本系统的城市水务理论技术参考书或教科书。明确城市水务学科的研究方向，从可持续发展理论、资源经济学、产权经济学、管理学、微观经济学、水文与水资源系统分析决策理论等出发，创立城市水务学科的基本理论。以水文与水资源学、供排水理论、水政管理、系统分析决策理论、环境保护理论、城市污水处理回用以及城市规划、生态建筑等为技术手段，研究水务系统结构、特征、特性、变化规律，总结城市水务系统的运行规律、影响因素、发展方向，以及实施水务系统性管理的依据、原则、内容、方法和目标。

全书包括以下主要内容：

（1）城市水务学的基础理论。包括城市水文学、城市水文效应理论、城市化与水循环理论、市区径流形成及洪水过程理论、城市水土流失与水土保持理论以及城市水文监测等。系统阐述了城市水文学设计的问题和一般解决方法。

（2）城市防洪排涝规划理论。介绍了城市防洪排涝的水文计算方法，为城市的防洪排涝规划提供理论基础，也可供编制城市防洪工程性和非工程性措施方案参考，达到提高城市排涝能力，保证城乡排涝安全，协调好城市排涝与水源保护、河道景观的关系，充分利用城市本地雨洪资源之目的。

（3）城市水务系统循环与规划理论。目的在于揭示城市水循环的内在规律，反映城市水循环系统具有的连续性、耦合性、整体性、层次性、动态性等特性、特征；分析城市水循环系统及其各子系统在任意一个时段水的输入、输出状况，并在此基础上分别建立分散式和一体化集总式水量关系模型，以反映城市水循环系统的水量变化规律及动态变化流向；根据城市水循环水量关系及各子系统的运行效率和效益，建立城市水循环系统的经济技术指标评价体系，对城市水循环的运行效率进行综合评价，并在此基础上建立城市水系统控制与规划理论，促进城市水循环向健康方向发展。

（4）城市人工湿地景观规划设计和生态建筑理论。包括城市湿地的概念、城市人工湿地景观规划设计、城镇污水处理人工湿地组合模式的构建、城市生态建筑理论等。

城市生态规划理论研究是城市规划重要的研究领域，代表着城市规划未来的发展方向，也是城市规划领域的一个新的理论与方法平台。本书基于可拓学理论，以城市规划、城市生态规划为基础，从理论基础、理论建构、方法体系、规划程序与主要内容等方面对城市生态规划进行系统阐述与研究，初步构建起可拓城市生态规划的理论框架与方法体系，为计算机智能化解决城市生态规划矛盾问题提供一些理论支撑与方法平台。

（5）城市污水处理回用理论与工艺技术。包括再生水利用及水质标准、城市污水处理回用技术方法、城市污水处理回用技术工艺路线等。

（6）城市水务系统管理理论。包括城市水务市场构建与监管机制、城市水务市场容量、节水型社会建设与水资源优化配置、用水定额制定的基本方法、用水计划的编制和确定、城市节水管理、城市非常规水资源开发利用等。运用定量和定性两种方法，研究了城市水资源及其环境承载力、水权、水价、水市场的构建与运作机制，从供求两方面探求解决水资源短缺的制度安排，构建市场经济条件下城市水务一体化管理模式，运用更有效的制度和政策工具来增加水资源供给，控制水资源的需求，统筹城乡水资源，实现水资源的供求均衡，为政策制定者提供政策制度的理论和实证依据。

（7）城市水环境保护。研究了水环境评价、水环境监测、有关水质标准、水功能区的划分与管理、水质模型与纳污总量的计算、城市水环境的管理、污染物排放总量的控制方案与管理等，为合理确定城市性质、规模和工业结构；合理地利用城市土地，合理地进行水功能分区；合理地组织道路交通和布置管线工程；尽可能地缩短和减少物质、能量、通信的流程，创造良好的卫生保健条件，以预防人体疾病；创造可靠的安全条件，以抗御灾害及各种病害；加强对生活饮用水水源的管理和保护，防止污染和破坏水资源等奠定理论基础。

（8）城市水生态系统规划与建设。研究了城市水生态规划的基本内容、城市水生态的评价、城市水生态格局、城市生态规划理论方法、城市水生态系统的建设及其管理以及城市水生态系统的修复技术等。由于我国地域广阔，城市众多，各类城市的性质和功能有着明显的差异，因此必须依据各个城市的生态环境特点，用科学理论指导进行生态规划。应当对城市性质、结构、格局、规模等进行分析和规划，提出以人工化措施为主体的城市生态调控体系和措施，塑造一个舒适优美、清洁安全、高效和谐的城市生态环境系统。

（9）城市水务信息化技术与数字水务。介绍了城市水务管理信息系统、城市水务管理决策支持系统、数字水务管理系统设计等。

各章根据核心内容，安排了实例分析或例题，供相关人员在学习和实践中参考。

在本书编写过程中，作者参考了近年来国内外在城市水务方面的研究成果，结合本人所承担的研究课题，通过全国范围内系统调查和专题实验，积累了大量资料，为完成本书奠定了基础，可以说本书的完成是作者十余年来在城市水务方面汗水的累积。

华北水利水电学院王学超、叶飞、梁士奎和周科老师参加了本书的编写校对工作；参加本书校对和资料整理工作的还有孔波、谢滨帆、李香园、韩茁、郑艺、周玉珠等同志。

城市水务学是一门新兴学科，学科跨度大，涉及学科广，包含了庞大复杂的系统工程，影响因素众多，研究难度大。本书的编写，由于时间紧，任务重，虽然经过本人近年来的艰苦工作，为本书奠定了理论基础和生产实践资料，但是还存在许多不足之处，对于书中出现的疏忽遗漏及不足之处，希望在今后的研究实践中不断改进和完善。

作　者

2012 年 6 月 21 日

目　　录

第1章 绪 论

1.1 城市水务学的定义和形成

1.1.1 基本概念与发展背景

据全国科学技术名词审定委员会的解释，城市水务（urban water affaires）学是一门对城市水资源开发、利用、保护等中的相关事务进行系统研究的一门学科，主要内容包括水资源、城乡防洪、灌溉、城乡供水、用水、排水、污水处理与回收利用、农田水利、水土保持、农村水电等涉水事务。从其研究内容来看，城市水务学科并非属于水文水资源学科的分支，也不同于把由建设、环保、交通等部门分别进行管理的城市防洪、城镇供水、排水、污水处理、航运等方面的事务简单地划归水利的管理范畴，而应该是以水循环为机理、以水资源统一管理为核心、以城市建设与运行管理中所涉及的所有学科相交叉的一门学科。

城市是非农业生产的基地和非农业人口的生活聚居地，其聚集性特点决定了城市水资源的开发利用有三个显著特征：一是开发强度大，用水量相对集中；二是对供水的保证率和安全性要求高；三是城市排放的废污水对环境危害大。而目前，水体污染降低了供水安全性、用水浪费加剧了水资源供需矛盾和设施建设能力不配套导致投资浪费已成为当前城市水资源开发利用中的三大问题，导致这三大问题的根本原因在于当前城市水循环处于非良性循环中，系统运行效率较低，人们缺乏必要的对城市水循环规律的认识，难以按照城市水循环所固有的规律进行水资源的开发、利用和保护。上述现存城市水循环非健康运行模式，势必造成城市缺水和水环境污染问题愈加严重的局面，最终将影响社会和谐发展。而一个健康的城市水循环是合理、高效开发利用水资源，保护水环境的关键所在。

目前，我国城市缺水与水环境问题已经表现得十分突出。据统计，全国 669 座城市中有 400 余座供水不足，其中较严重缺水的有 110 座，城市年缺水量已达 60 亿 m^3。与此同时，我国的水污染形势也十分严峻，目前全国有 25% 的地下水受到污染，35% 的地下水源不符合生活用水水质标准；平原地区约有 54% 的地下水不符合生活用水水质标准，一半以上的城市市区地下水污染严重。在很多城市已形成了污染、浪费与缺水并存的不良局面，这进一步加剧了城市水资源供需矛盾，为城市水资源管理工作增加了难度。据有关专家预测，2030 年、2050 年我国城市用水需求将分别增长至 1220 亿 m^3 和 1540 亿 m^3，如不及时采取措施促进城市水健康循环，城市水资源供需矛盾将会进一步加剧（钱正英和张光斗，2000）。因此，深入研究城市水循环的循环规律、特性和特征，建立一套较为合理的城市水循环分析评价理论方法，用来指导改善城市水循环现状和城市水资源的开发、利用和保护工作已是迫在眉睫。

　　21世纪被称为"水的世纪"，水问题的严重性和重要性已日益成为社会各界的共识，水资源匮乏已成为关系到贫困、可持续发展乃至世界和平与安全的重大问题。近年来，联合国组织不断地强调大城市水资源是世界水资源问题中的重点，而城市水资源问题的核心问题在于管理，因此研究城市水务管理问题是一个迫在眉睫的课题。

　　城市水务是城市辖区内防洪、水资源、水源、供水、排水、污水处理及回用等所有涉水事务的统称，它为城市社会、经济、环境三个系统提供服务，并受这三个系统的制约（朱元生和金光炎，1999）。图1-1描述了城市水务系统与社会、经济发展及环境之间的关系：首先，城市水务系统要为人们的日常生活服务，提供饮用水以及其他生活用水，同时又应该采取有效的节水措施，以保护有限的水资源；其次，水务系统还要服务于经济系统，为其提供生产用水，但是供水量又受到经济结构的影响，不同的企业对水资源的需求不一样，因此应当合理并且有效地分配水资源；最后，水务系统与生态环境也是相辅相成的，水资源来源于大自然，受地面硬化比例、水体污染和乔木、灌木、草地在绿化面积中的比例的影响，因此，城市环境系统会影响城市水源地的水量与水质，与此同时，城市水系统又为环境系统提供生态用水，是生态环境优化的有效保障。

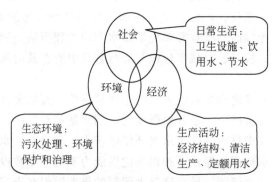

图1-1　城市水务与社会、经济及环境的关系

　　从功能上来说，城市水务系统包括水资源环境、水源、供水、用水、排水、水处理与回用，以及相关的资源管理和产业管理，其主要任务是为城市水资源开发、利用、治理、配置、节约和保护提供技术支撑，它是城市建设与发展的基础（芮孝芳，2004）。人类对城市水务系统的管理控制主要经历了以下4个阶段：

　　（1）放任阶段。在工业化与城市化初期，人们对水资源的开发是没有规划的，没有形成统一的供水系统，而污水的处理也只是简单地把污水用管道输送到远离城市的地方，对污水不做任何处理。因此，水资源没有得到合理的利用，同时给环境也带来了巨大的破坏。

　　（2）水务管理起步阶段。随着城市规模的扩大以及经济的不断发展，人们逐渐意识到统一管理供水系统的重要性，同时，由于与水有关的环境污染问题日益严重时，需要政府管制的参与，修建污水处理厂，但此时的污水处理方式仅仅是在管端对污水进行处理，因此并没有成型的污水处理方式和系统的供水管理理论。

　　（3）科学管理阶段。生产力的进一步发展不但推动了经济的发展，也推动了水务管理理论的发展，人们开始将运筹学、生态学、经济学等领域的相关知识应用于水务系统的日常经营和管理，并提出了科学管理的理念。在这一阶段，城市拥有了比较完善的生活用水、工业用水供应机制，而且进一步发展了污水处理机制，将污水处理的注意力转移到生产的源头，即改变生产材料、设备和工艺，推行清洁生产。

（4）人类发展与自然和谐阶段。城市和经济的进一步发展对水务系统提出了更高的要求，需要人类发展与自然环境相互协调。这一阶段水务管理的重点不再是生活中的某个部分或者某个环节，而是活动的直接参与者——人，将目光转向人类社会自身，通过调整人类的生产、消费与生活方式来达到与自然的和谐。

综上所述，城市水务工作能够为城市发展提供防洪安全和供水保证以及水环境与水资源保障。以区域水资源的可持续利用保障城乡社会经济的可持续发展，对实现我国跨世纪的现代化宏伟目标具有重要的现实意义和深远的历史意义。

1.1.2　水务系统理论与发展

起初人们对水务的研究着重于水资源自然属性的研究，局限于对水资源的开发利用，研究水资源的时空分布规律和运动规律。随着人类进步和社会发展，特别是现代系统科学的革命（主要以系统论、控制论、信息论的创立为标志），人们对水资源系统的认识和解决水资源问题的思维方法有了根本的改变。

从系统的角度将系统论的理论应用于水资源管理始于1953年，美国陆军工程兵团首次用计算机模拟了密苏里河上6个水库的联合调度。1955年美国哈佛大学制定了水资源大纲，重点研究现代水资源系统工程的方法论。1957年加利福尼亚大学成立了水资源中心。20世纪60年代初，美国西部资源会议制定了以水资源为重点的长期科研规划。这些活动都推动了水资源系统工程的发展。60年代，英、苏、法等国都开展了水资源系统工程的研究，并建立了相应的科研机构。例如，美国北大西洋区域的水资源规划，阿根廷的科罗拉多河流域规划，苏联的巴古参茨克水电站的施工设计等都应用系统分析方法进行了水资源系统的优化工作。中国在红水河梯级水电站的开发规划、水电站群参数优选和水库优化调度，以及地区水资源科学分配研究等方面也取得了很大的效益[①]。

以上的这些实践，还仅仅局限在运用系统的理论与思想进行水资源管理，停留在单纯的方法论阶段。随着实践的深入与认识的加深，系统理论逐渐升华至指导水资源管理的认识论高度。特别是将水资源系统与社会系统相结合所形成的系统理论，强调社会中人、机制对自然水循环系统的影响作用，对解决现实中存在的缺水危机更具有指导意义。

水资源系统的复杂性以及水对社会经济的多种作用是学术界所公认的，但对水资源系统的定性及其所应包含的部分、与相关联系统间的从属关系还存在一定的争议。根本的分歧在于：一部分学者认为水资源系统是组成自然-人工复合系统的一部分；另一部分则认为水资源系统即是复合系统的整个部分。界定水资源系统的所属位置及其内涵对确定水资源系统的研究内容有重要作用。

---

① 资料来源：http://www.baike.com/

1.1.3 水行业政府监管的必要性

我国以水务统一管理为重要特征的水务管理体制改革进入了一个全新的发展阶段。截至 2010 年 10 月底，全国成立水务局和由水利局承担水务统一管理职责的县级以上行政区 1251 个，占全国县级以上行政区总数的 53%。目前，全国已成立各级水务局 1250 个，占全国县级以上行政区总数的 40%；水利局承担水务统一管理职责的单位 301 个，占全国县级以上行政区总数的 13%。统计显示，2010 年年底全国共有污水处理厂 2269 座，与 2007 年的 1413 座相比，三年间增加了 856 座。2010 年全国城市污水排放总量为 425.6×10^8 m^3/a，比 2007 年增加了 83.6×10^8 m^3/a；排水管道长度为 22.7×10^4 km，比 2007 年增加了 6.2×10^4 km；污水处理能力为 1.17×10^8 m^3/d，比 2007 年增加了 0.35×10^8 m^3/d；污水处理总量为 273.2×10^8 m^3/a，比 2007 年增加了 78.2×10^8 m^3/a；城市污水处理率为 64.2%，比 2007 年提高了 7.14%。

从 1990 年开始，我国城市水务的市场化改革开始起步，首先是大规模的公司化改造，一大批国有资产通过出售、合资和合作的方式，进行了股份制重组。随着《关于加快市政公用行业市场化进程的意见》和《市政公用事业特许经营管理办法》的出台，我国城市水务的市场化进入到了特许经营阶段。在这一阶段中，政府通过招标的方式，与特许公司签订定期服务合同，以合同的方式规范企业的行为和实现政府的公共目标。成都、沈阳和上海等城市的水务产业的调查表明，各省市都相继出台了具体实施办法，对于推动城市水务的市场化进程起到了积极作用。但实施过程中，矛盾重重，包括政府管理不到位、被管制公司非效率化等问题。这些实质上反映了两个方面的事实：①特许经营权实施在什么范围内有效，在什么范围内缺乏效率；②围绕着特许经营权机制实施，政府的管制体制应该如何去适应。前者是关于特许经营权的回报率管制本身的认识，后者涉及我国管制的重建问题，即政府在城市水务的市场化过程中扮演什么样的角色。对于这方面的讨论，大多数文献都还建立在未市场化的前提上，对于正在实施过程中出现的相关问题，认识不够明确，因此理清这两者各自面临的问题以及两者之间的关系，对于加快水产业的市场化改革，提高城市水务的效率有着重要的意义。

水行业是一个自然垄断性质非常显著的为公众服务的基础设施产业。自然垄断行业一是具有规模经济的特点，二是行业的生产经营中需要大量的沉淀资本。自然垄断行业中，一方面无管制的自杀性竞争将导致社会生产力的破坏；另一方面，垄断企业利用垄断权力操纵市场将可能导致价格上涨、质量下跌，造成社会福利的损失。因此，在涉及公共利益的情况下，应优于市场先考虑公共利益，而这种根据公共利益的判断在当地经济和社会中需要政府表达。由此为了改善效率和增进社会福利，保护公共利益，政府有必要参与管理水行业，对自然垄断进行进入管制与价格管制。

因此，政府出于公共利益的考虑，作为公众利益的代表，对公共资源进行管理成为一种必然趋势及有效手段。目前，政府管理仍然是世界上几乎所有国家都采用的一种管理公用事业的手段。公用事业得到政府的排他性的授权，在一些特定的条件下和一些特定的市场从事活动。特定的条件一般包括：①政府保留控制进入的权利；②政府保留管制价格的权利；③政府保留为公共利益而制定质量标准和某些其他服务条件的权利；④被授权者有责任向所有消费者提供上述②和③两条确定的"合理"服务。

在新的体制下，水务系统责任越来越大，事情越来越多，要求越来越高。面对新形势、新情况、新要求，我们积极探索，勇于实践，把水资源的开发、利用、治理、配置、节约、保护有机结合起来，以实现水资源管理质与量的统一、除害与兴利的统一、开发与治理的统一、节约与保护的统一，着力解决洪涝灾害、干旱缺水、水环境恶化等问题。新型的统一高效的政府水务管理部门的职能与职责，一是建立水资源权属统一管理体制。建立健全城市水资源统一管理体制是水务体制改革的关键，新型的水务行政管理机构代表国家行使水资源权属管理，对城市内的水资源开发利用实行统一规划、统一调配、统一发放取水许可证、统一征收水资源费、统一管理水量水质，在上述"五统一"的基础上，明确各级政府的权属与职责。二是按照水资源权属管理与水资源开发利用相分离的原则，建立市场调节与政府宏观调控相结合的水资源开发利用机制。按照这一原则要求，各行各业的水资源开发将企业化、市场化、社会化，实行政企开分。政府对水利工程的投资由水务行政管理部门通过向社会招投标方式完成各类水利工程的兴建。政府或非政府机构投资的水利工程均实行企业化管理，由受益者支付日常运行成本，逐步将全社会对水资源的需求建立在市场机制之上，并建立起多渠道的水利投资体制。

在实施水务管理的过程中，正确处理好牌子与内容、形式与实质的关系，采取分步实施的办法，日臻完善，逐步到位。具体内容包括：

（1）实现水资源统一管理，即实现地表水、地下水统一管理，水质、水量统一管理，水资源统一规划、统一调查评价、统一调度，统一实施取水许可制度和水资源费征收制度。

（2）实现城乡供水一体化管理。归口管理城市供水，强化对城乡自来水厂供水的行业管理，包括供水的规划、水源地保护、供水价格、供水质量等管理；加强取水许可监督管理和节约用水、计划用水监督管理，达到水资源高效利用、合理开发、优化配置，为城市的发展提供水资源支持和保障。

（3）强化排污口监督管理和退水水质管理制度，实现城市污水处理和回用的归口管理，适应经济社会可持续发展。

1.2　城市水务学基础理论

根据城市水务学发展历史、现状和未来发展趋势，城市水务学的基础理论主要包括城市水文效应理论、城市化与水循环理论、城市区域小气候的影响机理、市区径流形成及洪水过程理论、城市水土流失与水土保持理论、城市水文模型、城市水文站网规划布设理论、城市水生态监测理论、环境水文学、城市水务系统管理理论等。

1.3　城市水务学研究目标和主要研究内容

城市水务学的主要研究目标和内容：一是研究城市水务系统的结构，探讨水系统控制的依据、途径、类型、方式及模型，并分析城市水系统的可持续发展所需要的管理框架及模型，进而找出城市水资源与国民经济之间的关联关系。二是研究城市水务系统的供需平衡和安全性问题。首先构建城市水务系统资源需求模型，然后结合以往的历史数据来预测城市对水资源的需求量，进而判断城市水资源的供需平衡状况，从需求的角度指导城市供水系统的建设。三是综合评价城市水务系统的效率，从不同的视角来研究不同城市水务系统的效率问题，进而分析影响这些水务系统效率的关键性因素，为提高我国水务系统的整体效率做出方向性的指导。四是研究城市供水系统、污水处理系统、排水系统的管理以及一体化问题。分析我国城市的供水系统、排水系统以及污水处理系统当前存在的一些问题及其解决策略，同时利用循环经济的理念研究中水处理、利用以及监管中存在的一些问题。基于对供水系统、排水系统和污水处理系统的综合分析，研究城市水务管理的一体化和可持续发展的问题，进而探讨城市供水、排水过程中收费的管理问题。五是分析城市水务管理的创新问题。从实际案例出发，结合我国城市水务市场化改革过程中的一些经验教训，探讨水务管理创新的模式以及需要注意的一些问题。

1.4　城市水务事业改革与发展趋势分析

1.4.1　城市水务事业改革将加强城市水务的供给能力

可以说，目前我国城市水务事业的发展，尤其是自来水这个环节的发展，基本上满足了我国城市居民生产和生活的需要。但是，这样的供求平衡只是在我国长期以来实行的"高积累，低消费"政策下的低水平的满足，与小康条件下的用水要求还有很大差距。以人均自来水占有量为例，我国城市目前人均自来水占有量为 234 m^3，远远低于发达国家 400 m^3 的标准。随着生活水平的提高，城市居民对水务产品和服务的需求日益增长，城市水务事业的供求矛盾越来越突出。相当多的城市经常出现水压不稳的现象；一些城市不得不实行各城区轮流停水；还有一些城市存在着季节性缺水的问题。而城市水务事业的改革则可以较好地解决这个问题。首先，城市水务事业改革放宽了市场准入，众多的外资和民间资本将积极投身于城市水务基础设施的建设；其次，大量的民间闲散资金也可以通过各种金融渠道进入城市水务事业，为城市水务事业的各投资主体提供充足的资金；最后，城市水务事业改革使传统的国有水务企业建立起具有活力的治理结构，增强了它们自身的造血机能。总之，城市水务事业改革将促进我国城市水务基础设施的改扩建，满足城市居民日益增长的用水需求。

1.4.2　城市水务事业改革将提高城市水务的供给质量

目前，我国城市水务事业不但供给能力不足，而且供给的质量也难以令人满意。以城市自来水为例，目前我国大多数城市的自来水总体达到了我国的有关标准，但是在个别指标上还经常超标，如在不少城市自来水经常有浓重的氯气味；有些城市的自来水的质量也不稳定；有些城市由于供水质量太过低下，居民不得不自行安装家用净水器。而在美、欧等发达国家，供水标准极其严格，并且颁布了单独的饮用水标准。在饮用水标准的指导下，这些国家的水务企业采用先进的技术进行水处理，其供给的饮用水已经达到了可以直接饮用的程度。可见，我国城市水务供给的质量仍然难以令人满意，而城市水务事业改革将改变这种现状。首先，城市水务事业改革将逐渐形成竞争激烈的水务市场，技术先进、供水质量高的外资企业的参与，将迫使我国国有城市水务企业加强管理，提高质量；其次，城市水务事业改革将为城市水务基础设施建设引入大量的资金，使城市水务企业有能力更新年久失修、锈蚀严重的输水管网，避免高质量的自来水在管网中受到二次污染；最后，城市水务事业改革将促使国家水务管理机构颁布更严格的质量管理标准，对各城市水务企业施行更严格的监管。

1.4.3　城市水务事业改革将促使国有城市水务企业改变服务态度

目前，我国各地的城市水务市场基本上都由一家国有城市水务企业垄断。处于垄断地位的这些企业，往往忽视企业的服务质量。例如，很多城市居民都因为自来水公司的"脸难看，话难听，事难办"，而讽刺它们为"水大爷"。有的城市水务企业甚至利用垄断地位损害消费者的利益，如有些城市自来水公司强行规定月最低水费等。可见，目前我国城市水务企业普遍存在着服务质量低的问题。而城市水务事业改革将形成竞争性的市场结构，城市水务企业在激烈的市场竞争中，将不得不树立起"顾客就是上帝"的信条，提高服务质量，以保证企业的生存。

1.4.4　城市水务事业改革能够促进我国水资源的合理利用

我国平均年水资源总量 2.81×10^{12} m^3，人均占有量如果按 13 亿人口计算仅 2280 m^3，比世界平均值的 25% 还低，列世界第 110 位，是 13 个贫水国之一。同时，水资源的时空分布极不均匀：长江及其以南地区流域面积占全国面积的 36.5%，水资源却占全国水资源总量的 80.9%；北方人口占全国的 40%，耕地面积占全国的 60%，而水资源不足全国的 20%（李长兴，1998）。

然而，长期以来，我国实行的是"政府低价供水—企业亏损—政府补贴"的福利性水价政策，极低的水价造成我国城市居民和企业普遍不重视用水成本，肆意挥霍水资源。水资源的不合理利用加剧了我国水资源紧张的矛盾。而改革我国城市水务事业将在很大程度上消除我国水资源紧张的局面。首先，通过改革现有的水价体系，在水价中加入污水处理费和水资源费，从而使污水处理和水资源保护的成本得到收回；其次，通过逐步提高水价，使水价逐步反映水务产品或服务的真实价值，在城市居民的头脑中强化用水成本的概念；最后，通过实行"阶梯式"水价机制，对超量用水征收高价，从而使城市居民养成合理的用水习惯，注意节约用水。通过以上措施的实行，我国将极大地改变目前水资源利用不合理的局面。

1.4.5　城市水务事业改革能够遏制我国水环境恶化的趋势

改革开放以来，我国城市化进程开始加快。随着城市数量的增多和规模的扩大，我国城市生活污水排放量也急剧增加，在 1999 年首次超过工业污水排放量，2001 年城市生活污水排放量达到了 221 亿吨，占全国污水排放总量的 53.2%。同时，随着工业的高速发展，大量的工业污水也排入自然环境，双重污染加大了污染程度。与此同时，由于历史和观念的原因，我国城市污水处理设施严重滞后和不足。到 2010 年年底，全国城市污水处理率仅为 57.5%，其中生活污水二级处理率大约只有百分之十几，大量的生活污水未经处理直接排入城市河道，导致约 63% 的城市河段受到中度或严重污染。

可见，我国水环境的污染非常严重，并且有进一步恶化的趋势，而城市水务事业改革将能扭转这种趋势。首先，城市水务事业改革能够通过投资主体多元化和金融市场为污水处理设施的新建提供充足的资金；其次，通过污水处理和自来水的联合销售，使污水排放者必须为自己排放的污水付费，从而使其注意节约用水，减少污水的排放。

1.4.6 城市水务事业改革将促进我国城市化的进程

按国家统计局公布的数据显示，2009 年我国城市化率已达到 45%，并以每年 1% 的速度增长，这意味着每年有将近 1300 万农村人口要进入城市。预计到"十二五"末我国城市化率将达到 51%。世界城市化发展的规律表明，一个国家或地区的城市化水平达到 30% 左右时，城市化进程将进入快速发展阶段，这是一个不可逆转的客观规律。从经济发展水平看，世界银行对全球 133 个国家的统计资料表明，当人均国内生产总值提高到 1000~1500 美元时，城市化进程将加快。城市化和经济发展水平的指标都表明，我国城市化的列车已驶入快车道，进入快速发展的阶段。城市水务设施作为为城市提供生产和生活用水的基础设施，是一个城市新建和扩建的前提。而城市水务事业改革必将通过投资主体多元化、融资渠道多元化而为城市水务设施的建设提供更多的资金；通过引入市场竞争机制，促进城市水务基础设施的技术水平的提高，从而满足城市化日益增长对城市用水和污水处理的需要。因此，我们必须尽快改革城市水务事业，缓解其对我国国民经济的制约，有效地促进我国城市化和工业化的进程。

1.4.7 我国城市水务事业将转变成一个真正具有竞争力的产业

长期以来，我国的城市水务实行的是计划经济，由政府进行专营。在这样的经济体制下，我国的城市水务并不是一个产业，而是一个事业部门，即名义上的城市水务企业并不是真正的企业，而是政府部门的延伸，它具有准政府部门的一切特征。例如，水务企业以类似政府的层级结构进行组织，而不是以生产经营的环节来组织；水务企业运营的目标不是追求经济利润的最大化，而是严格执行政府的指令；水务企业的领导兼有企业管理者和政府官员的双重身份。自然，作为事业单位的城市水务企业也就没有动力，也无需向真正的企业一样，为了在市场中生存而千方百计地提高自己的市场竞争力。因此，我国城市水务企业毫无竞争力可言，表现出经营效率低下、产品和服务质量差、亏损严重等种种弊端。而城市水务事业改革则是塑造我国城市水务整个产业竞争力的唯一途径。首先，通过产权改革，国有水务企业最终将脱离行政垄断的保护，成为"产权明晰、权责明确、管理科学、政企分离"的独立市场主体,直接面对市场的激烈竞争;其次,随着我国城市水务进一步开放,越来越多的外资和民资企业将参与我国城市水务市场,城市水务市场的竞争将日趋激烈;最后,改制后的企业将不得不努力提高市场竞争力,避免被市场所淘汰。可见,城市水务事业改革将使我国的城市水务成为具有竞争力的产业。

1.4.8　城市水务事业改革将促进我国城市水务的产业整合

由于我国长期将城市水务事业作为纯公益性事业,由政府垄断经营,因此,我国水务形成了产业整体分散,城市局部垄断的格局。据统计,目前我国有 1000 多家传统水务企业(或事业单位)和上万家设备、技术企业,分布于 600 多个城市,最大企业的市场份额不足 3%。这种市场集中度极低,"原子型"的市场结构,严重阻碍了我国城市水务资源的合理流动,使我国城市水务企业难以发展壮大。与跨国水务集团相比,我国水务企业普遍缺乏资金、技术,经营规模小。在国际上,像苏伊士里昂等三大国际水务集团均为世界百强企业,其营业额收入相当于中等国家 GDP,而我国目前最大的水务集团深圳水务集团,截至 2002 年年底,其总资产仅为 60 多亿人民币,年销售收入也刚刚超过 10 亿元人民币。随着市场准入的放开,我国水务市场的竞争会越来越激烈。因此,我国城市水务企业必须尽快做强做大。而城市水务事业改革则能促进我国城市水务企业的发展,具体表现在:首先,城市水务企业的区域保护将被打破,各种生产要素将能较为容易地流向优势企业,从而促进全国性水务企业的出现;其次,通过产权改革,城市水务企业能够借助资本市场和产权市场,进行兼并、合并等资本运作,迅速增强企业的规模。可见,城市水务事业改革将能促进我国水务市场的整合,提高我国城市水务企业的竞争力。

1.4.9　城市水务事业改革将促进国有水务企业与外资的合作

如前所述,与外资水务巨头相比,我国国有水务企业在资金、技术、经验和人才等方面都处于劣势,当然也有了解本地信息、得到政府支持的优势。通过城市水务事业改革,国有城市水务企业可以以产权多元化的方式或者成立合资公司的方式,吸引外国资金,弥补项目投资的不足,迅速壮大自己的规模;通过城市水务事业改革,国有城市水务企业可以以合作、合资等方式学习外资的先进技术,迅速提高自己的技术水平;通过城市水务事业改革,国有城市水务企业可以以管理合同、特许经营等方式学习外资企业先进的管理模式,迅速提高自己的管理水平。

由此可见,只有通过改革城市水务事业,才能将其由事业体制转变为产业,才能加速城市水务市场的集中,才能促进国有水务企业向外资企业学习先进的技术和管理,我国城市水务事业的竞争力才能迅速提高。

第 2 章　城市水务与城市水文系统循环

2.1　问题的提出

从城市自然水循环系统和经济社会用水系统的联系与交互作用看，城市水务循环系统应由城市水资源环境、水源、供水、用水、节水、排水、水处理与回用等部分构成，且各部分之间互为消长，形成有机联系，促进城市水健康循环。但目前我国大多数城市水务循环系统中或是部分水循环环节缺失（如污水处理与回用），或是水循环环节运行效率低下，或是各部分之间难以形成有机联系，其问题主要表现在五个方面。

2.1.1　对水环境的作用认识片面

生命起源于水，水是人类以及各种生物生存和繁衍最根本的物质所需，地球上联系生命与非生命的各种循环系统即气体循环、水循环和沉积循环，都是有水的参与或以水为载体进行的，没有水整个人类社会将寸步难行。而目前能被人类利用的水资源，无论是地表水还是地下水绝大部分都是以水环境为承载体的。

从城市水的循环过程来看，水环境既是水循环的出发点又是水循环的归宿点。在自然水循环系统中，水体通过蒸发、降水和地面径流与大气联系起来，而城市水体与地下水通过土壤渗透和补给运动联系起来，为城市提供所需的水资源，因此城市水环境是城市所需水资源提供者，是城市水循环的出发点；而被开发后的城市水资源通过供水、用水、排水等环节，经人类利用后又以污水的形式排入水环境，排入水环境的污水在满足水环境纳污能力的前提下，经水环境自身净化后生成新的水资源，再次为人类利用，因此水环境又是城市水循环的归宿点。

在当前城市水循环中，大多数人仅仅认识到水环境为人类提供了水资源，是水循环的出发点，同时又是污水的受纳者，是水循环的归宿点，但却忽视了水资源的承载力和水环境纳污能力的有限性，从而引发由于地下水资源开采过度引起的地下水开采漏斗现象以及排入水环境的污水超出水环境纳污能力而难以转化为新的水资源导致的水环境恶化现象，最终阻碍了城市水健康循环，影响了城市水资源的合理开发、利用和保护。

2.1.2　各环节之间缺乏有机联系

健康的城市水循环系统是一个有机整体，各环节之间应相互联系，相互制约，形成有机联系。然而在当前我国城市水循环过程中，各环节仅在水的运动方向上，从水环境到排水各环节之间形成客观的、机械的横向联系，在运行机制上却是各行其是，相互独立，缺乏必要的有机结合，难以形成有机整体，如污水处理与回用与用水环节之间缺少中水利用环节，排水与用水环节缺少串联利用环节等，这在水资源的开发利用过程中导致了水资源重复利用率低、城市水循环运行效率低等问题。

2.1.3　污水处理与回用环节缺失

城市用水健康循环应包括两方面：健全循环和良性循环。健康的水循环首先应该体现在其正常的水体组分、健全的水体功能和循环过程的完整性上。城市水循环作为一个有机的循环体系，其取水、供水、用水、排水及相应的节水、污水处理回用、水处理环节应是相辅相成、互为前提的，每一环节的缺失或忽视都会影响整体水循环的健全性。

多年来由于违背城市水循环循环规律以及粗放的城市水资源开发利用方式而导致水资源危机，已充分体现了健康城市水循环的重要性。然而当前我国大多数城市水务循环系统中缺少相应的污水处理与回用的环节。

2.1.4　循环过程中水资源利用效率和效益低下

1. 供水漏失严重

根据 2004 年 5 月对 408 个城市的统计，中国城市公共供水系统（自来水）的管网漏损率平均达 21.5%。由于供水管网漏损严重，全国城市供水年漏损量近 100 亿 m^3，而当前我国城市缺水量为 60 亿 m^3，倘若城市供水管网漏失问题得到有效解决，管网漏失率控制在 10% 以内，我国城市缺水量绝大部分可以由此得以弥补。

2. 用水环节水资源利用效益低且各地差距大

农业用水方面，我国平均每立方米灌溉水粮食产量约为 1kg，世界先进水平的国家（如以色列）达 $2.5\sim3.0$ kg；节水灌溉面积占有效灌溉面积的比例为 35%，先进国家一般为 80% 以上；灌溉水有效利用系数为 $0.4\sim0.5$，以色列为 $0.7\sim0.8$；我国工业水重复利用程度较低。2004 年，万元 GDP 用水量为 399 m^3，约为世界平均水平的 4 倍；万元工业增加值用水量为 196 m^3，发达国家一般在 50 m^3 以下，约为发达国家的 4 倍；工业用水重复利用率为 $60\%\sim65\%$，发达国家一般在 80% 以上。生活用水方面，公众节水意识有待提高，节水器具使用率普遍偏低。此外，我国海水利用和再生水利用水平较低。由于气候和水资源条件的不同，我国南方与北方地区城市的用水指标也存在差异。南方城市的用水指标明显高于北方城市，如人均综合用水量比北方高 33%，人均生活用水量比北方高 50%，人均家庭用水量比北方高 56%，公共供水综合漏失率比北方高 29%，但工业用水复用率却比北方低 57%。2008 年我国各水资源一级区主要用水指标见表 2-1。

表 2-1 2008 年各水资源一级区供水量和用水量 （单位：亿 m^3）

水资源一级区	供水量				用水量				
	地表水	地下水	其他	总供水量	生活	工业	农业	生态	总用水量
全国	4796.4	1084.8	28.7	5909.9	729.2	1397.1	3663.4	120.2	5909.9
北方 6 区	1655.9	949.2	16.8	2621.9	261.5	340.8	1959.2	60.4	2621.9
南方 4 区	3140.5	135.6	11.9	3288.0	467.7	1056.3	1704.2	59.8	3288.0
松花江	236.1	174.9	0.0	411.1	33.40	79.21	294.2	4.3	411.1
辽河	88.3	111.7	2.6	202.6	31.7	30.4	137.1	3.3	202.6
海河	123.3	240.6	7.7	371.5	57.1	51.3	254.0	9.1	371.5
黄河	253.9	128.1	2.2	384.2	39.8	60.8	277.2	6.5	384.2
淮河	432.4	175.8	3.0	611.2	81.9	98.6	421.7	9.0	611.2
长江	1861.7	83.2	6.6	1951.5	250.5	718.0	948.1	34.9	1951.5
其中：太湖	372.0	1.5	0.0	373.5	46.0	217.5	88.6	21.4	373.5
东南诸河	333.4	9.1	1.0	343.6	49.5	119.8	162.6	11.6	343.6
珠江	837.0	40.1	4.1	881.2	155.7	210.3	502.3	12.9	881.2
西南诸河	108.4	3.2	0.2	111.8	11.9	8.3	91.2	0.4	111.8
西北诸河	521.82	118.1	1.4	641.3	17.6	20.43	575.1	28.2	641.3

2.1.5 水管理体制不畅阻碍了城市水健康循环

在城市水循环各环节，仍然存在管理体制不顺畅，政出多门，管理权限不明、标准不一致，部门之间协调配合不够的问题。例如，在水源方面，地表水与地下水、城市水源与乡村水源、水量与水质分割管理仍在很大程度上存在，这就难以把水源环节中城区外富余的水资源再调至城区内得以有效利用；在水运行过程中，水环境、供水、用水、节水、排水、水处理与回用，分属多个部门，如节水分属水利与城建，污水处理分属水利和环保，而地下水分属水利和国土资源部门，出现供水的不管节水、排水的不管水环境保护、水环境保护不管水源现象，这导致节水、水处理与回用、水环境保护工作很难相互协调，有效进行。这些问题的存在均违背了水循环的自然规律，影响了水量与水质的一体化管理，阻碍了城市水的健康循环。

2.2 城市水文学研究

城市水文学是水文学的一门新兴分支学科，它着重研究城市及周围地区的水分循环，水的运动变化规律以及水与城市人群的相互关系。城市化地区人口集中、工厂与建筑物林立、地面透水性能降低、废水浓度和排放量增大、排水速度加快等因素势必引起城市地区水体环境（水量和水质）的变化，从而产生城市地区特有的水文问题。例如，城市地区的给水水源问题、城市及其下游的洪水排放问题、城市地面积水问题和城市水体的污染控制问题等，使水文变化规律和水资源的开发管理有着密切、不可分割的关系（许向君，2007）。20 世纪 60 年代起，城市水文和水资源的研究在英、美等发达国家有了很大的进展。

我国径流总量不算少，居世界第六位，但由于人口众多、幅员辽阔，人均水资源量仅 2500～2600 m³/a，居世界各国之中后，加之人类活动对自然环境的破坏，大部分地表水和相当一部分地下水遭受严重的次生污染，致使我国的水质污染发展很快，很大程度上加剧了水资源的不足。由于城市化使原来非常缓慢的自然进程大大加速，水资源不足和水质恶化问题在城市地区显得尤为突出。我国现有城市中，因水源不足或水质恶化而缺水的城市近 2/3，给城市生产、生活造成极大影响。为适应 21 世纪我国城市社会经济发展的需要，我们必须以新的观点来研讨城市地区的水文问题。

2.2.1　城市水文学的特征及研究方法

城市水文学的主要特征有两个：综合性和动态性。

虽然水文现象都是关于水的物理-化学-生物系统综合作用的结果，然而一方面，由于城市空间和时间的尺度都很小，其水文要素的响应过程十分敏感；另一方面，城市化使环境的改变十分显著。这两方面原因要求城市水文研究更精细，且需考虑过程中所涉及的各项影响因素及其相互作用，这就需要建立具有物理基础的、分布式的模拟模型来替代在流域水文学中常用的、经验性的和集总式的模型。

在城市水文研究过程中，还得打破水文工作中一些传统的分科界限，如水量与水质，地表水文与地下水文，市区水文与流域水文等分科界限。城市水文工作往往是把这些内容综合在一起，很难划分。城市水文观测和实验的站网布设、测验手段、仪器设备、测验方法等，都必须充分考虑上述各个方面的需求，体现出城市水文的综合性特征。

城市水文学的另一特征是"动态性"。由于城市地区人口和物质高度集中，社会经济、科学技术高度发展，水环境发生异常迅速的变化。一个自然流域的演变是缓慢的，一般是以地质年代为尺度的，可将其水文过程作为"准平稳过程"来进行研究。在解决各种实际问题时，都是针对某种稳定的水平进行研究，并认为整个环境处在一种相对平衡的状态。而城市化的过程是一个不断发展的过程，水及其环境都处在"动态"中，分析研究城市地区的径流量、水质及雨洪过程都需要考虑这种动态性。具体来说，必须考虑在资料观测期间城市环境已有的变化，及其对各种水文要素响应过程的影响。因此，需要同时量测或调查与城市化有关的资料，并不断更新，在这方面航空和卫星摄像已得到广泛应用。另外，还得考虑城市化以后的发展趋势，研究环境演变的规律，作为建立各种预测模型的基础（文宏展，2010）。

从城市地理学的观点出发，城市化过程体现在土地利用情况的变化上。城市水文研究常常调查土地利用变化对水质和水量的影响。我们可应用以下三种基本手段来检验这些变化。

（1）上下游对比。上下游对比方法要求把城市地区河流的上游与同一条河流下游所收集的数据加以比较，这一方法必须注意上下游之间是否有支流汇入和地质变化。应用上下游对比方法研究流域城市土地利用的变化,可以得出十分清楚和基本确切的论据。

(2) 前后期对比。前后期对比方法是把城市区域土地利用变化的前后数据进行对比。这一方法所得成果的缺陷是研究者不能截然分开一个时期暴雨对另一时期暴雨的影响,拉扎罗 1976 年曾采用非参数统计学方法以试图消除降水的影响。

(3) 流域对比。流域对比方法必须对两个或两个以上流域的水文数据进行对比。其中一个流域是城市;另一个流域是农村。两流域同期数据的每一个变化都可作为土地利用变化的指标。如果应用恰当,流域对比方法会产生有益的结论。然而,相比较的流域气候必须相似,地质条件应当相同。而且,在整个研究期间,农村土地利用必须稳定、少变。

2.2.2　城市化对城市小气候的影响

1. 城市化对降水量的影响

城市化对降水量的影响,不仅是城市水文学,而且也是城市气候学中的一个重要课题。在城乡降水观测资料的基础上,可通过对比分析的方法,研究城市化对城区降水的影响。

(1) 城市化前后对比。特拉维夫市附近有 8 个能长期观测记录的气象站。因该市位于地中海气候区,每年从 11 月份开始降水。11 月份降水量占全年降水总量的 12%。1901~1930 年特拉维夫尚未城市化,而 1931~1960 年其城市化发展速度甚快。单就 11 月份降水量而论,后 30 年比前 30 年增加了 16%。各站的年降水量,近 30 年来增加了 5%~17%。

帕露波对意大利那不勒斯城的降水历史资料进行分析时指出,在 1886~1945 年这一长时期中,那不勒斯的降水量没有明显的变化,但是近 30 年即 1946~1975 年,随着那不勒斯城市化的发展,降水量比前一时期增加了 17% 左右。

(2) 同时期城市与郊区的平行对比。莫斯科、慕尼黑和美国的芝加哥、厄巴拉及圣路易斯等城市的降水量都比其附近郊区多,其年平均降水量的城乡差别如表 2-2 所示。德国的不来梅市市中心与相距 1.5 km 的港区相比,15 年平均年降水量相差 +16%;原苏联莫斯科市 1910~1962 年与郊区库兹巴斯站相比相差 +11%。

表 2-2　一些城市年平均降水量的城乡差别

地名	记录年数	降水量		
		城市/mm	郊区/mm	城郊差别/%
莫斯科	17	605	539	+11
慕尼黑	30	906	843	+8
芝加哥	12	871	812	+7
厄巴拉	30	948	873	+9
圣路易斯	22	876	833	+5

引起城市降水量变化的因素除城市化外,还有地形和区域气候的变化因素。因此,对历史资料作对比时,必须滤去区域气候变化这一因素的影响。就同一地点城市化前后雨量

进行对比，必须消除大气环流变化所造成的平枯水年降水的年际变化。利用同一时期城市与其附近郊区降水资料的对比，则需消除地形影响，而且需有较长时期的记录，才能避免随机偏差。研究城市化对降雨影响时最好是把历史资料的前后对比和同期城乡资料平行对比结合起来。设法从前后对比所得出的降水量差额中，区分和消除不同时期区域气候特征自然变化对雨量的影响；从平行对比中，区分和消除城乡测站两地地理位置和局地地形的影响。

2. 城市化影响降水的机理

城市化影响降水形成过程的物理机制有三种。

1）城市热岛效应

城市空气中二氧化碳等气体和微粒含量要比乡村高得多，必然会减弱空气的透明度、减少日照时数和降低太阳辐射强度。但是，城市空气中的二氧化碳和烟雾会在夜间阻碍并吸收地面长波辐射，加上城市的特殊下垫面具有较高的热传导率和热容量，又有大量的人工热源，其结果使得城市的气温明显高于附近郊区，这种温度的异常被称做"城市热岛效应"。

城市热岛形成的主要原因有以下几个方面：

（1）城市中由于下垫面特殊，如高大建设群、砖石、水泥、柏油铺筑的路面，其反射率小，能吸收较多的太阳辐射。再加上墙壁和墙壁间，墙壁与地面之间多次的反射和吸收，在其他条件相同的情况下，能够比郊区获得更多的太阳辐射能，为城市热岛的形成奠定了能量基础。

（2）城市下垫面的建筑物和构筑物的材料比郊区自然下垫面的热容量（C）大，热导率（K）高。因此，白天城市下垫面吸收的辐射能，即储存在下垫面中的热量（Q）也比郊区多，使得日落后城市下垫面降温速度比郊区慢，并使城市热岛强度夜晚大于白昼。

（3）城市因下垫面储热量多，夜晚下垫面温度比郊区高，通过长波辐射提供给空气的热量比郊区多，所以夜晚气温比郊区高，地面不易冷却。

（4）城市下垫面有参差不齐的建筑物，在城市覆盖层内部街道"峡谷"中天穹可见度小，大大减少了地面长波辐射热的损失。

（5）城市中有较多人为的热能进入大气，在冬季对中高纬度的城市影响很大，故许多城市的热岛强度冷季比暖季大。

（6）城市中因不透水面积大，降水之后雨水很快从人工排水管道流失，地面蒸发量小，再加上植被面积比郊区农村小，蒸发量小，城市下垫面消耗于蒸散发的热量远比郊区小，而通过湍流输送给空气的显热却比郊区大，这对城市空气增温起着相当重要的作用。

（7）城市建筑物密度大，通风不良，不利于热量向外扩散。由于有热岛效应，城市空气层结不稳定，有利于产生热力对流，当城市中水汽充足时，容易形成对流云和对流性降水。

2）城市阻碍效应

城市因有高低不一的建筑物，其粗糙度比附近郊区平原大。这不仅引起湍流，而且对稳动滞缓的降水系统（静止锋、静止切变、缓进冷锋等）有阻碍效应，使其移动速度减慢，在城区滞留的时间加长，因而导致城区的降水强度增大，降水的时间延长。

1977年，鲁斯和伯恩斯坦观测到纽约上空的城市阻碍效应使锋面移动速度减慢，而导致了城区降水时间增长。他们还发现当有较强的城市热岛情况时，在迎风面的半个城区锋面被阻滞减速，而在下风面的另半个城区，则出现锋面移动加速的现象，风速可达上风面的一倍。这显然对降水量的地区分布有很大的影响。

　　3）城市凝结核效应

城市空气中的凝结核比郊区多，这是众所周知的。米（Mee）曾就北大西洋波多黎各岛附近大洋表面洁净空气层对流云底部的空气进行取样分析，发现其凝结核数目为50粒/cm^3。在未受污染的郊区空气中凝结核为200粒/m^3，而在该岛北岸的圣胡安城区下风侧空气中凝结核数目剧增至1000～1500粒/m^3。不少研究者还发现，城市工业区是冰核的良好源地。

这些凝结核和冰核对降水的形成起什么作用，是一个有争议的问题。从冷云、降水的机制来讲，城市有一定数量的冰核排放到空气中，促使过冷云滴中的水分转移凝华到冰核上，冰粒逐渐增大，可以促进降水的形成。但在暖云中降水的形成主要依靠小云滴的碰撞作用，使大云滴逐渐增大，直至以降水形式降落。如果城市中排放的微小凝结核甚多，这些微小凝结核善于吸收水汽形成大小均匀的云滴，那么按照一些研究者的意见，这些凝结核反而不利于降水的形成。

城市化影响降水的机制，以城市热岛和城市阻碍效应为最重要。至于城市空气中凝结核丰富对降水的影响，一般认为有促进降水增多的作用。城市降水量增多，很可能是这三者共同作用的结果。

如上所述，根据现有资料分析，城市地区降水量比其他地区将会有所增加，一般平均为10％左右。当然，考虑到随着烟尘的治理，绿地面积扩大，城市化导致增加降雨的热岛效应和凝结核因素受到抑制，降水增量将会有所减少。此外，城市化使降水量增加的地区范围并不大，不可能造成广大地区的降水量增加。从一个地区来分析，可以看出城市对地区降水量再分配的作用，而且这种作用要明显大于提高地区降水总量的作用。

2.2.3　城市化对雨洪径流的影响

1. 城市地区雨洪径流的一般特征

随着城市化的进程和城区土地利用情况的改变，如清除树木，平整土地，建造房屋、街道以及整治排水河道，兴建排水管网等，直接改变了当地的雨洪径流形成条件，使水文情势发生变化。例如，雨洪径流总量增大，洪峰流量加高，峰现时刻提前。又如，河道中水流流速加大，径流中悬浮固体和污染物含量有增大的趋势（祝中昊，2008）。这些变化往往加剧了城市本身及其下游地区的洪水威胁，同时河道中污染荷载量显著增加（表2-3）。

表 2-3　城市化可能出现的水文效应

城市化过程	可能的水文效应
树和植物的清除	减少蒸散发量和截流量；增加水流中悬浮固体及污染物，减少下渗和降低地下水位，增加雨期径流以及减少基流
房屋、街道、下水道建造初期	增加不透水面积，减小径流汇流时间
住宅区、商业区和工业区的全面发展	增大洪峰流量和缩短汇流时间，径流总量和洪灾威胁大大增加
建造雨洪排水系统及河道整治	减轻局部泛滥，而洪水汇集可能加重下游的洪水问题

第一，流域部分地区为不透水表面所覆盖，如屋顶、街道、人行道和停车场等。不透水区域的下渗几乎是零，洼地蓄水大量减少。在两次暴雨之间，大气中沉降和城市活动产生的尘土、杂质、渣滓及各类污染物积聚在这些不透水面积上，最后在降雨期被径流冲洗掉。没有被不透水物质覆盖的城市地区，一般都经过修饰装点，如覆盖以草地、植物并施加肥料和杀虫剂。这些风景修饰往往增加坡面流，进而增加污染物的冲洗，其结果使城市地区径流中污染物浓度增加。

第二，水道增加了汇流的水力效率。城市中的天然河道往往被裁弯取直、疏浚和整治，雨量汇入设置道路的边沟、雨水管网和排洪沟，使河槽流速增大，导致径流量和洪峰流量加大，洪峰流量提前出现（图 2-1）。

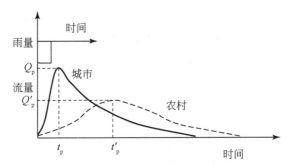

图 2-1　城市化影响条件下的洪水过程

此外，河道中流速的增加，加大了悬浮固体和污染物的输送量，也加剧了河床冲刷。这样，在汇集城市径流的下游，污染物荷载量将明显增加。例如，可以用生化需氧量（BOD）及悬浮固体的浓度排出率的增大来说明。当雨洪和污水的排水道合流时，污水处理设施的能力一般是按旱季水流设计的，在多次暴雨期间就可能大大地超过了，而引起合流式下水道的冲刷和未经处理的污水的溢出进入受纳水体。

城市雨洪径流增加后，使已有排水明沟、阴沟以及桥涵过水能力感到不足，以致引起下游泛滥，造成交通中断、地下信道淹没、房屋和财产遭受破坏等。下渗量的减少，使补给含水层的水量减少，致使城市河道中枯季基流有下降的趋向。

2. 城市化对径流形成的影响

当土地开发为城市用地时，这个地区便从自然状态转化为完全人工状态，流域中的不透水面积增加、汇流速度加大且蓄水能力减弱。当建筑物覆盖面积达到100％时，地表的天然植被和下渗接近于零。

图2-2是两个极端的例子：一个是自然流域，另一个是完全城市化流域。在自然流域内，部分降水被植被拦截，而其余部分经填洼、下渗，在植被和土壤含水量达到饱和时，超渗雨就形成地表径流，壤中流也就开始流动。由于壤中流比地表径流慢，所以壤中流汇入河道的时间较长。

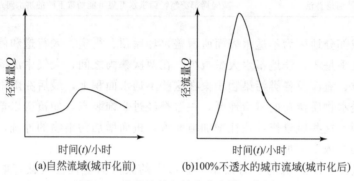

(a)自然流域(城市化前)　　　　(b)100%不透水的城市流域(城市化后)

图2-2　自然流域与城市化流域比较图

很多研究者用实验室模拟的方法，证实了不透水面积对洪水过程线有显著的影响。罗伯兹和克宁曼做过试验研究，试验了透水面积为0％，50％及100％在相同降雨强度情况下流量过程线的变化。其结果表明，随着透水面积的减少，涨洪段变陡，洪峰滞时缩短，退水段历时亦有所减少，如图2-3所示。

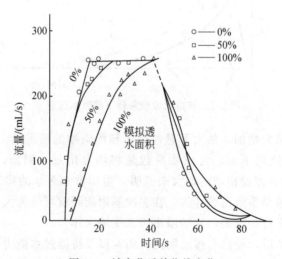

图2-3　城市化后单位线变化

研究了有关城市地区洪水流量后可得出，在城市化进程中的地区，其单位线的变化为：城市化后单位线的洪峰流量约等于城市化前的3倍，涨洪历时缩短1/3；暴雨径流的洪峰流量预期可达未开发流域的2～4倍，取决于河道整治情况、不透水面积的大小、河道植被以及排水设施等。

大多数城市排水设施采用下水道。安德森在研究了美国弗吉尼亚州北部地区之后指出：由于排水系统的改善，滞水可减少到天然河道的 1/8，同时因滞时的缩短，以及因不透水面积而增加径流量，洪峰流量增大为原来的 2～8 倍。

3. 城市化对径流水量平衡的影响

在城市化条件下，蒸发的变化相当复杂。较大的受热量和蒸发表面积造成了城市蒸发能力提高（高 5%～20%）。另外，由于汇流迅速，城区可供蒸发的水量较少。

城市地区的年径流比同一地区天然条件下的年径流要大。如果水循环不包括从外流域引进的水量，那么现代化工业发达的大城市，年径流量的增加为 10%～15%，可表示为

$$\Delta R = R_1 + R_2 \tag{2-1}$$

式中，R_1 为城市区降雨的增加引起的径流增量，通常可达 10%；R_2 为径流系数的增加引起的径流增量，是决定河道情势的主要因素，在春汛可达 5%。

一般情况下，在年径流量和水流情势主要取决于降水量的地区，城市地区的年径流可能是天然流域的 2～2.5 倍。如果城市供水系统包括深层地下水或从外流域引进的水，那么年径流的额外增量等于引入量减去引水和用水系统的损失量。但是，由于通过下水道排水可能将部分水量输送到流域以外或直接排入大海，所以也可能造成城市径流量的减小。

4. 城市化对洪水的影响

洪水对城市化程度很敏感。拉扎诺分析了华盛顿市附近的 Anacostia 河的 32 年洪峰年极值系列，分别绘制了城市化前的 16 年系列和全部 32 年系列的频率曲线，两者有一定的差异。为了确证这部分差异的原因是城市化的作用，他又对邻近 Patuxent 河 26 年资料系列作了分析。由于两流域气候条件基本相同，Patuxent 河流域始终保持天然状态，因此可通过分析相应的 Anacostia 河城市化后与 Patuxent 河洪水频率曲线有无系统偏离，来说明这段时期气候条件是否一致，两条频率曲线交叉在一起，并无系统偏离，拉扎诺肯定了 Anacostia 河洪水频率曲线的偏差能反映城市化的影响。

2.3　城市水务循环系统理论分析

从城市自然水循环系统和经济社会用水系统的联系与交互作用看，城市水循环系统由水资源环境、水源、供水、用水、节水、排水、水处理与回用等部分构成。各环节相互联系，互相影响，组成城市水循环系统这一有机整体，任一环节的运行势必影响到城市水循环系统的运行。

2.3.1　现代城市水务循环系统

1. 现代城市水务循环系统基本结构

现代城市水循环系统客观上是由自然水循环系统和经济社会水循环系统组成的复合系统，系统内各部分间联系密切，存在相互影响和相互消长的关系。从可供开发利用的资源

水，通过地表水、地下水、外调水水源工程和输配水工程到用水户，其间存在水的渗漏损失，用水户在计划合理科学的用水要求下，采取相应的节水管理及技术措施，进行节约用水。同时根据用水户对水质的不同要求，进行用水户串联，其间存在水的消耗（生产过程中，进入产品、蒸发、飞溅、携带及生活饮用等）和渗漏损失。用水系统排出的污水必须经处理后在水质达标的情况下排入水环境，或经深度处理后进行回用。现代城市水务循环系统结构见图 2-4。

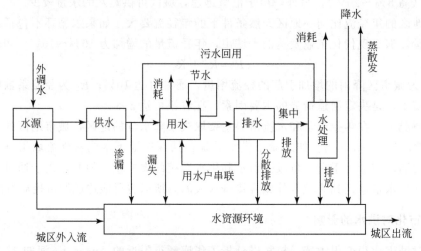

图 2-4　现代城市水务循环系统结构图

　　在现代城市水循环系统中，水环境是城市水循环系统的根本所在，它为水源提供符合一定质量要求的水，是城市水循环的出发点，同时它又接纳城市中排出的废污水，将之净化后生成新的水资源，因此它又是城市水循环的归宿点；城市水源是城市水系统的基础要素。如果把供水视为一种特殊商品，那么水源便是该商品的原料，没有原料也就没有商品。城市供水是城市水系统的开发或生产要素，它是在水源和用水要素之间架起的一座"桥梁"，如果没有供水要素，水源不能自动变为商品为消费者所利用；城市用水是城市水系统的需求或消费要素，供给与需求是一对矛盾，既对立又统一，没有需求，就不必供给，而满足需求是供给的永恒主题。城市排水是城市水系统中最敏感的要素，具有两面性，良性的排水（经净化处理在满足水环境纳污能力下排放）可增加水源的补给量；不良的排水（未经净化处理直接排放或不满足水环境纳污能力）则污染水源水质，进而减少水源的可用水量。

2. 现代城市水务循环系统基本结构分析

　　现代城市水循环系统是由城市的水环境、水源、供水、用水（含节水）、排水、水处理与回用六大要素组成的。这六大要素的相互联合构成了城市水资源开发、利用和保护的循环系统，每个要素都对这个循环系统起着一定的促进或制约作用。目前，由于自然循环系统与社会水循环系统人为割裂，违背了城市水循环的耦合特征，其水资源利用模式如图 2-5 所示。

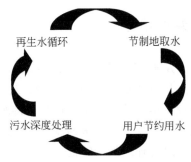

图 2-5　现代城市水务循环系统水资源利用模式

（1）水循环环节健全。系统性强的城市水务系统中水环境、水源、供水、用水（含节水）、排水、水处理与回用六个环节一应俱全，且各环节互相联系、互相依赖，与现存城市水循环环节相比，除在用水子系统中进一步加强节水工作外，还在各用水户之间按照需水水质的不同建立起串联利用系统，并在污水处理后建立中水利用环节，使之补充用水需求，这样既减少了新水需求量，控制水资源开发，又在最大程度上减少了污水排放量，保护了水环境。

（2）循环过程中水资源利用效率高。在水源环节将整个城市区域内外的水资源作为一个系统进行统筹规划，通过调水工程将水资源富余地区的水调用到水资源缺乏地区，从而对区域内的水资源进行优化配置，提高了水源水资源的综合利用率；在供水环节加强了城市供水管道的查漏工作，及时检修供水管道，减少供水漏失率，将漏失率控制在国家建设部规定的 12％ 范围以内，最佳水平是达到《节水型城市目标导则》中的目标，不得超过8％；在用水环节除企业内部通过提高生产技术水平、改进施工工艺提高工业重复利用率外，用水户之间增加串联利用的环节，其相互之间根据各自用水水质要求形成串联供水网络，在满足用水户水质要求的前提下，做到一水多用，减少新水使用量，提高水的重复利用率，同时又加强了节水器具的推广使用，减少了用水过程中跑、冒、滴、漏现象；在污水处理环节除加大污水处理的深度外，还增加了中水利用环节，使污水处理系统的再生水补充用水需求，减少了新水开采量，提高了水资源重复利用率，同时又削减了污水排放量，保护了水资源环境。

（3）加强水环境保护。现代城市水务循环系统在排水环节要求污水全部达标排放，且应满足水环境的纳污能力，使排入的污水控制在纳污水体自净能力以内，不影响水资源的再生性，从而保证有限的淡水资源为人类永续利用。除此之外，在污水处理环节加大污水处理深度，开展中水利用，缩减排污总量，减小了水环境的负荷。

（4）遵循了水循环的自然规律和社会规律。现代城市水循环系统运行以水的自然循环规律为准则，以水环境的承载力为基准，对水量、水质统一管理，城乡水资源统筹规划，改进用水工艺，加大节水力度，提高水资源的综合利用率，在此基础上进行水资源的开发、利用和保护，使水的开发、利用、再生紧密联系起来，缓解了水资源危机，做到了人与水和谐相处，从而使有限的淡水资源能为人类永续利用。

2.3.2 现代城市水循环系统特性

(1) 连续性水具有流动性。从城市水循环系统的组成结构和城市水的运动方向来看，城市水从水环境、水源到供水、用水再到水处理与回用、排水，整个运动过程是连续的，不间断的，无论是从水资源环境中提取的资源水，还是从排水系统中排出的污水，都是同一水体在水循环不同环节中的不同表现形式，水的流动性以及人类开发、利用和保护水资源的基本过程决定了城市水循环具有连续性的特征。

(2) 耦合性。城市水循环系统是自然水循环与社会水循环相互耦合形成的。城市水循环系统的客体是城市水资源，城市水资源作为城市生产和生活的最基础的资源之一，除了它固有的本质属性和基本属性外，还具有环境、社会和经济属性。城市水务循环系统耦合性见图 2-6。

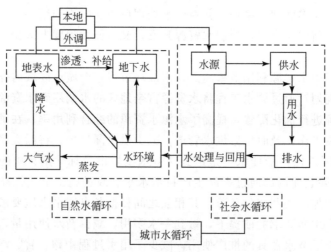

图 2-6 城市水务循环系统耦合性示意图

在自然循环系统中，水体通过蒸发、降水和地面径流与大气联系起来，城市水体与地下水通过土壤渗透和补给运动联系起来；城市人工水循环由城市供水、用水、排水和水处理系统组成，通过部分水量的消耗和污水的产生与处理完成水的社会循环。而现代城市水循环是自然水循环与社会水循环的有机统一体，是自然水循环系统与社会水循环系统相互耦合的产物，其循环过程受经济社会的影响。

城市水循环应遵循水的自然循环规律和社会循环规律，既不能将自然水循环系统与社会经济水循环系统孤立对待，更不能不注重其间的内在联系、相互依存、相互影响、相互作用的关系。自然水循环系统是人类活动系统的基础，人类活动系统受自然水循环系统的制约，其耦合作用影响城市水务循环系统的运行效率和可持续发展能力。若人类活动系统不注意水环境的承载能力，超量开发利用水资源，过量排污利用水环境等，都将损坏城市水务循环系统的基础；同样，若不能遵循水资源的时空分布规律，合理开发利用水资源，以及依据水环境纳污能力合理利用其净化功能，都会造成水资源及环境功能的浪费，乃至破坏、影响城市水循环系统服务城市经济社会建设的能力和发展的潜力。所以城市水循环各环节在运行过程中应符合其耦合性特征。

（3）整体性。系统整体效应概念出自著名的贝塔朗菲定律——整体大于各部分的总和。就是说，系统的整体功能大于各组成部分的功能之和，即 $1+1>2$ 效应。这一效应说明系统内部各部分之和在功能上发生了质变。在城市水循环运行管理中，它启发管理者重视城市水循环系统的整体效应，在进行决策和处理问题时应以系统整体效应为重，从系统整体功能角度分析系统内部各部分之间相互联系、相互激励和相互制约的关系，从整体出发协调好各要素之间的关系，做到子系统的目标服从于大系统整体目标的实现。这就要求在城市水循环运行过程中将水资源的水量、水质统筹考虑，水环境、水源、供水、用水、排水、水处理与回用六个子系统均需以城市水循环这个总系统的运行效率和效益为出发点，既需保证各子系统的高效运行，又需保证各子系统间相互协调，实现城市水务循环系统的优化运行。

（4）层次性。城市水循环系统由水环境、水源、供水、用水、排水、水处理与回用六个子系统构成，而各子系统又包含次子系统，如用水子系统又包括生活用水系统、第一产业用水系统、第二产业用水系统、第三产业用水系统和生态环境用水系统，而各次子系统又可进一步进行详细划分，如第一产业用水系统又可以分为农业用水系统和种植业用水系统，第二产业用水系统又可分为工业用水系统和建筑业用水系统等。因此，城市水循环系统的层次性便可根据用水需求的种类进行划分，其层次性特征在划分过程中得以体现。

（5）动态性。城市水循环的动态性特征是伴随着社会发展和科技进步得以体现的，它表现出极强的社会属性、时代属性及科技、伦理水平进步的动态性特征，每一时期的水循环方式和途径无不留下与当时社会制度、管理体制、人类生活、经济社会、生态环境相关的烙印。

在自然经济与半自然经济的农业社会中，社会生产力水平较低，开展水资源综合利用的人工化水利措施规模小、效率低、技术手段简单，结构功能单一，满足人类生活、生产用水的要求主要依赖自然的赋予。即便是在人口较为密集、经济较为发达的城市地区，城市水循环的途径也仅局限于水环境—水源—用水—排放的运行模式中，各用水户在取水、用水上自给自足，没有统一的供水、排水和水处理系统。

随着经济的进一步发展，城市规模逐渐扩大，社会的需水量随之有了较快的增长，而工业和商业的聚集为供水系统的产生提供了客观条件。到清朝中后期，在北京城内出现了自来水厂和供水渠道，较初级的供水系统正式诞生了，城市水循环的途径也转变为"水环境—水源—供水—用水—排放"的运行模式。

2.4　城市水务循环系统水量平衡模型

2.4.1　城市水务循环系统水量平衡模型研究意义

（1）分析城市水务系统水的定量关系；

（2）揭示水在城市水务系统中的运行变化规律；

（3）研究城市水务系统在任意一个时段水的供给、运转、消耗状况；

（4）为强化管理、采取提高城市水务系统运行效率和效益的各类措施提供决策信息。

针对城市水务循环系统及各子系统的水量输入和输出状况，分别以城市水务循环系统及其各子系统为研究对象，建立起水量平衡模型，各计算要素如图 2-7 所示。

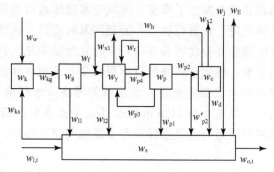

图 2-7　城市水供需关系结构示意图

2.4.2　城市水务循环系统水量平衡模型建立

对整个城市水务水循环系统而言，该系统蓄水变量等于系统输入水量与输出水量之差，故对任意时段 t 有如下水量平衡关系：

$$w_{z,t} = w_{I,t} + w_{w,t} + w_{j,t} - w_{x1,t} - w_{x2,t} - w_{E,t} - w_{o,t} \qquad (2-2)$$

式中，$w_{z,t}$ 为 t 时段内水资源环境蓄水变量，m^3；$w_{j,t}$、$w_{E,t}$、$w_{w,t}$ 为 t 时段内降水量、蒸散发量、外调入水量，万 m^3；$w_{x1,t}$、$w_{x2,t}$ 为 t 时段内用水系统、水处理系统消耗水量，万 m^3；$w_{I,t}$、$w_{o,t}$ 为 t 时段内城区汇入、汇出水量，万 m^3。

1. 水源子系统

对任何一个子系统而言，其蓄水变量等于输入水量与输出水量之差，而进入城市供水系统的水量包括水资源开发量、外调水量，故对水源子系统，输出水量为供水量，其水量平衡方程式如下：

$$w_{k,t} = w_{ks,t} + w_{w,t} - w_{kg,t} \qquad (2-3)$$

式中，$w_{k,t}$ 为 t 时段内水源子系统蓄水变量，万 m^3；$w_{ks,t}$ 为 t 时段内水源子系统开发水资源量，万 m^3；$w_{kg,t}$ 为 t 时段内供水子系统向城市提供的供水量，万 m^3。

2. 供水子系统

从水源子系统开发出的水资源与外调水、城市污水处理回用水经输水工程设施进入供水系统，并以新水量的形式经配水设施进入用水子系统，其输送过程中存在渗漏损失，故供水子系统的水量平衡方程式如下：

$$w_{g,t} = w_{kg,t} - w_{f,t} - w_{ll,t} \qquad (2-4)$$

式中，$w_{g,t}$ 为 t 时段内供水系统蓄水变量，万 m^3；$w_{f,t}$ 为 t 时段内供水系统向城市用户提供的新水量，万 m^3；$w_{ll,t}$ 为 t 时段内供水系统（包括郊区用水）向用户供水过程中的渗漏损失，万 m^3。

3. 用水子系统

供水系统中输出的新水及水处理子系统输出的回用污水经配水管道进入用水系统，其用水过程中存在用水消耗及漏失，且用水户在用水过程中采取节水措施及内部循环回用，用水后进入排水系统，其中部分较好水质的水，可按照用水户对水质的不同要求进行用水户串联利用，再次进入用水系统，故该子系统的水量平衡方程式如下：

$$w_{y,t} = w_{f,t} + w_{h,t} + w_{p3,t} - w_{x1,t} - w_{l2,t} - w_{p4,t} \tag{2-5}$$

式中，$w_{y,t}$ 为用水系统存水变量，万 m^3；$w_{p3,t}$ 为 t 时段内用水子系统用水户串联用水量，万 m^3；$w_{h,t}$ 为 t 时段内水处理子系统向城市提供的污水回用量，万 m^3；$w_{x1,t}$ 为 t 时段内用水系统中消耗的水量，万 m^3；$w_{l2,t}$ 为 t 时段内用水系统渗漏的水量，万 m^3；$w_{p4,t}$ 为 t 时段内用水系统排出的水量，万 m^3。

4. 排水子系统

由用水系统输出的水量除用水户串联用水外，剩余部分进入排水系统，并以分散排水和集中排水两种方式排出，其中，分散排水需满足水环境承载能力的要求，故该子系统的水量平衡方程式如下：

$$w_{p,t} = w_{p4,t} - w_{p1,t} - w_{p2,t} - w_{p3,t} \tag{2-6}$$

式中，$w_{p,t}$ 为 t 时段内排水子系统存水变化量，万 m^3；$w_{p1,t}$ 为 t 时段内排水子系统中分散排水量，万 m^3；$w_{p2,t}$ 为 t 时段内排水子系统中集中排水输入水处理子系统的水量，万 m^3；$w_{p3,t}$ 为 t 时段内排水子系统中直接回用量，万 m^3。

5. 水处理子系统

集中排出的污水部分进入水处理系统，剩余部分在满足水环境承载力的前提下直接排入水环境。其中在污水处理过程中存在一定消耗，且经处理后的部分污水在满足用水水质要求的情况下，直接经配水管道进入用水系统进行回用，剩余部分达标后排入水环境，故该子系统的水量平衡方程式如下：

$$w_{c,t} = w_{p2,t} - w'_{p2,t} - w_{d,t} - w_{x2,t} - w_{h,t} \tag{2-7}$$

式中，$w_{c,t}$ 为 t 时段水处理子系统存水变量，万 m^3；$w_{p2,t}$ 为 t 时段内集中排水而未进入水处理子系统的达标排水量，万 m^3；$w_{d,t}$ 为 t 时段污水处理后达标排水量，万 m^3；$w_{x2,t}$ 为 t 时段水处理子系统消耗水量，万 m^3；其余参数意义同前。

6. 水环境子系统

对水环境而言，输入与输出该子系统的水量之差即为水环境蓄水变量，其水量平衡方程式如下：

$$w_{z,t} = w_{I,t} + w_{l1,t} + w_{l2,t} + w_{p1,t} + w'_{p2,t} + w_{d,t} + w_{j,t} - w_{z,t} - w_{E,t} - w_{z,t} \tag{2-8}$$

式中，$w_{z,t}$ 为 t 时段水环境蓄水变量，万 m^3；其余参数意义同前。

2.5　城市水务循环系统经济技术评价指标模型

2.5.1　城市水务循环系统经济技术指标分类

城市水务循环经济技术评价系统由城市的水源、供水、用水、排水、水处理与回用五个子系统组成，这五个子系统的相互联系、相互作用构成了城市水资源开发利用和保护的一个循环系统，每个子系统都对这个循环系统起着一定的促进和制约作用，而每个子系统又包含若干个组成自己的次子系统，于是系统、子系统和次子系统之间便形成了一个由高层次向低层次分解的三级谱系结构图。

根据城市水循环系统的构成及水的运行方向和运行范围，评价城市水务系统运行状况的经济技术指标可具体分为两层次五大类，其分类情况见图 2-8。

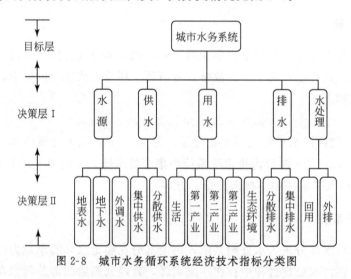

图 2-8　城市水务循环系统经济技术指标分类图

2.5.2　城市水务循环系统经济技术指标评价体系模型

1. 水源子系统

评价水源构成、开发程度：

$$k_{k,t} = \frac{w_{k,t}}{w_{o,t}} \times 100\%, \quad k_{ks,t} = \frac{w_{ks,t}}{w_{s,t}} \times 100\%, \quad k_{kg,t} = \frac{w_{kg,t}}{w_{g,t}} \times 100\%,$$

$$\beta_s = \frac{w_{ks,t}}{w_{k,t} + w_{w,t}} \times 100\%, \quad \beta_g = \frac{w_{kg,t}}{w_{k,t} + w_{w,t}} \times 100\%, \quad \beta_w = \frac{w_{w,t}}{w_{k,t} + w_{w,t}} \times 100\%$$

$$(2-9)$$

式中，$w_{o,t}$、$w_{s,t}$、$w_{g,t}$分别为 t 时段水资源总量、地表水资源量、地下水资源量，万 m^3；$w_{ks,t}$、$w_{kg,t}$分别为 t 时段内地表水、地下水及水资源开发总量，万 m^3；$k_{k,t}$、$k_{ks,t}$、$k_{kg,t}$分别为 t 时段内水资源开发、地表水、地下水开发利用系数，%；β_s、β_g、β_w分别为 t 时段内

地表水、地下水及外调水占总供水的比例，%。

2. 供水子系统

评价城市供水效率、集中供水率：

$$\rho = \frac{w_{m,t}}{w_{g,t}} \times 100\%, \quad \delta_1 = \frac{w_{11,t}}{w_{g,t}} \times 100\%, \quad \varphi = \frac{w'_{生活,t} + w'_{二产,t} + w'_{三产,t} + w'_{生态,t}}{w_{生活f,t} + w_{二产f,t} + w_{三产f,t} + w_{生态f,t}} \times 100\%$$

$$(2\text{-}10)$$

式中，$w_g = w_{kg} - w_{11}$；ρ、δ_1、φ 分别为 t 时段城市水产供销率、供水系统漏失率、集中供水率，%；$w'_{生活,t}$、$w'_{二产,t}$、$w'_{三产,t}$、$w'_{生态,t}$ 分别为 t 时段城市生活、第二产业、第三产业、生态集中供水量，万 m^3；$w_{生活f,t}$、$w_{二产f,t}$、$w_{三产f,t}$、$w_{生态f,t}$ 分别为 t 时段城市生活、第二产业、第三产业、生态新水量，万 m^3。

3. 用水子系统

评价城市用水构成、用水效率和用水效益：

1）用水构成系数及城市用水效率

$$\varphi_{生活} = \frac{w_{生活f,t}}{w_{f,t}} \times 100\%, \quad \varphi_{二产} = \frac{w_{二产f,t}}{w_{f,t}} \times 100\%, \quad \varphi_{三产} = \frac{w_{三产f,t}}{w_{f,t}} \times 100\%,$$

$$\varphi_{生态} = \frac{w_{生态f,t}}{w_{f,t}} \times 100\%, \quad \varphi_{一产} = \frac{w_{一产f,t}}{w_{f,t}} \times 100\%, \quad \lambda_{一产} = \frac{w_{一产f,t}}{w_{一产g,t}} \times 100\%,$$

$$\delta_2 = \frac{w_{12,t}}{w_{生活f,t} + w_{二产f,t} + w_{三产f,t}} \times 100\% \qquad (2\text{-}11)$$

其中，

$$w_{f,t} = w_{生活f,t} + w_{一产f,t} + w_{二产f,t} + w_{三产f,t} + w_{生态f,t} \qquad (2\text{-}12)$$

式中，$\varphi_{生活}$、$\varphi_{一产}$、$\varphi_{二产}$、$\varphi_{三产}$、$\varphi_{生态}$ 分别为 t 时段内城市新水量中生活用水、第一产业用水、第二产业用水、第三产业用水、生态用水所占比例系数，%；δ_2 为 t 时段内城市用水系统漏失率，%；$w_{一产g,t}$、$\lambda_{一产}$ 分别为第一产业供水量、供水利用率，%；$w_{一产f,t}$、$w_{f,t}$ 分别为 t 时段内城市一产新水量及新水总量，万 m^3；$w_{12,t}$ 为 t 时段内城市用水系统漏失水量，万 m^3。

2）消耗率、重复利用率

$$\chi_{生活} = \frac{w_{生活\chi,t}}{w_{生活f,t}} \times 100\%, \quad \chi_{工业} = \frac{w_{工业\chi,t}}{w_{工业f,t}} \times 100\%, \quad \chi_{三产} = \frac{w_{三产\chi,t}}{w_{三产f,t}} \times 100\%,$$

$$\chi_{农业} = \frac{w_{农业\chi,t}}{w_{农业f,t}} \times 100\%, \quad k_{工R} = \frac{w_{工r,t}}{w_{工f,t}} \times 100\%,$$

$$k_R = \frac{w_{h,t} + w_{r,t} + w_{p3,t}}{w_{f,t} + w_{h,t} + w_{r,t} + w_{p3,t}} \times 100\% \qquad (2\text{-}13)$$

式中，$\chi_{生活}$、$\chi_{工业}$、$\chi_{三产}$、$\chi_{农业}$ 分别为 t 时段内生活、工业、第三产业、农业用水的耗水率，%；$w_{生活\chi,t}$、$w_{工业\chi,t}$、$w_{三产\chi,t}$、$w_{农业\chi,t}$ 分别为 t 时段内生活、工业、第三产业、农业消耗水量，万 m^3；$w_{工f,t}$、$w_{工r,t}$、$w_{农业f,t}$ 分别为 t 时段内工业新水量、工业重复用水量、农业新水量，万 m^3；k_R 为 t 时段内城市用水重复利用率，%；$k_{工R}$ 为 t 时段内工业用水重复利用率,%。

3) 用水效益系数

计算用水效益时,生活用水及各行业用水量均是以新水量为基本依据。

$$v_{lf} = \frac{w_{生活f,t}}{N \times d}, \quad v_{uf} = \frac{w_{f,t}}{z_{总,t}}, \quad v_{工业uf} = \frac{w_{工业,t}}{z_{工业,t}}, \quad v_{农业uf} = \frac{w_{农业f,t}}{A_{农业,t}}, \quad v_{二产uf} = \frac{w_{二产f,t}}{z_{二产,t}},$$

$$v_{三产uf} = \frac{w_{三产f,t}}{z_{三产,t}} \tag{2-14}$$

式中,v_{lf} 为 t 时段内城市人均日生活新水量,L/(人·d);v_{uf} 为 t 时段内城市万元国内生产总值新水量,m³/万元;$v_{工业uf}$、$v_{二产uf}$、$v_{三产uf}$ 分别为 t 时段内城市工业、第二产业、第三产业万元增加值新水量,m³/万元;$A_{农业,t}$ 为 t 时段内城市农业灌水面积,万 hm²;$v_{农业uf}$ 为 t 时段内城市农业单位面积灌水量,m³/hm²;$z_{总,t}$、$z_{工业,t}$、$z_{二产,t}$、$v_{三产uf}$ 分别为 t 时段内城市国内生产总值、工业、第二产业、第三产业增加值,万元;N 为 t 时段内计算天数,d;D 为 t 时段内城市用水人口,人。

4) 排水子系统

$$k_d = \frac{w_{p4,t}}{w_{生活f,t} + w_{二产f,t} + w_{三产f,t} + w_{h,t} + w_{p3,t}} \times 100\%,$$

$$k_{dj} = \frac{w_{p2,t}}{w_{p1,t} + w_{p2,t}} \times 100\%, \quad k_{ds} = \frac{w_{p4s,t}}{w_{p4,t}} \times 100\% \tag{2-15}$$

式中,k_d、k_{dj}、k_{ds} 分别为 t 时段内城市排水系统排水率、集中排水率、达标排水率,%;$w_{p4s,t}$ 为 t 时段内城市排水系统达标排水量,万 m³。

5) 水处理子系统

$$g = \frac{w_{c,t}}{w_{p2,t}} \times 100\%, \quad g_h = \frac{w_{h,t}}{w_{c,t}} \times 100\% \tag{2-16}$$

式中,g 为 t 时段内城市污水集中处理率,%;g_h 为 t 时段内城市污水集中处理回用率,%。

$$w_{c,t} = w_{p2,t} - w'_{p2,t} \tag{2-17}$$

式中,w'_{p2} 应符合国家规定的污水排放标准,排放污染物总量应在水环境承载能力以内;$w_{c,t}$ 为 t 时段水处理子系统存水变量,万 m³;$w_{p2,t}$ 为 t 时段内排水子系统中集中排水输入水处理系统的水量,万 m³;$w'_{p2,t}$ 为 t 时段内排水子系统中直接回用量,万 m³。

6) 实例分析

现将北京、威海、临沂、泰安四个城市水资源开发利用主要指标列入表 2-4 作比较,分层次分析评价各城市水资源开发利用的效率及效益。

表 2-4 北京、威海、临沂、泰安四城市主要经济技术指标表

	指标	北京	威海	临沂	泰安
水源子系统	地表水开发利用系数 $k_{ks,t}$	86.00	53.22	62.30	28.00
	地下水开发利用系数 $k_{kg,t}$	106.00	40.09	107.82	87.00
供水子系统	供水系统漏失率 δ_1	17.00	12.71	23.00	5.70
	集中供水率 ϕ	61.07	92.09	87.66	89.20

续表

	指标	北京	威海	临沂	泰安
用水子系统	人均日生活新水量 v_{lf}	199.37	55.98	59.09	130.00
	万元国内生产总值新水量 v_{uf}	198.27	58.31	161.69	121.00
	万元工业增加值新水量 $v_{\text{工lf}}$	36.00	31.55	167.53	88.20
排水子系统	集中排水量 k_{dj}	100.00	89.00	98.00	66.70
	达标排水率 k_{ds}	89.00	98.00	78.00	86.00
污水处理	城市污水处理率 g	39.40	65.00	0.00	56.10
回用子系统	污水集中处理回用率 g_{h}	29.57	12.63	0.00	10.00

各市城市水资源开发利用效率主要指标见图 2-9。

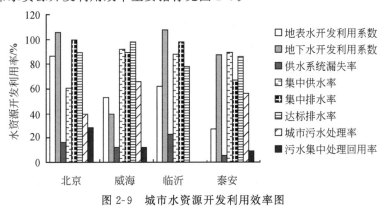

图 2-9　城市水资源开发利用效率图

各市城市水资源开发利用效益主要指标见图 2-10。

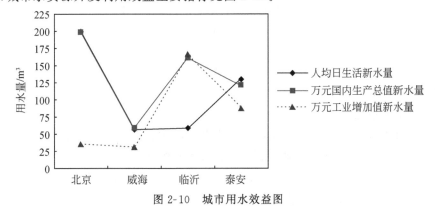

图 2-10　城市用水效益图

根据图 2-9 和图 2-10，对水源子系统进行分析，威海水资源开发利用率整体上较小，而北京、临沂两市的地下水已严重超采，北京水资源地表水、地下水开发利用率均较高，由此可看出北京缺水情况最为严重；对供水子系统进行分析，泰安供水漏失率最小，供水效率最高，而临沂供水效率最低，其漏失率高达 23%；对用水子系统进行分析，威海万元产值新水量最低，用水效益最高，而北京用水效益最低，其万元产值新水量是威海的 3.4

倍；对排水子系统进行分析，排水效率最高的是北京，最低的是泰安；对水处理回用子系统进行分析，效率最高的是威海，最低的是临沂，其污水处理基本无回用。

根据表 2-4 和图 2-9、图 2-10，从整体上来看，我国城市用水效益普遍较低，污水处理与回用力度尚待加大，目前我国城市污水处理率为 40% 左右，对水环境保护的力度还不够，而西方发达国家十分重视水资源保护，如在法国城市的污水处理目前已达到 95% 以上。要改进用水工艺，推广节约用水，提倡清洁生产及污水资源化，保护水环境，这样才能从根本上解决缺水及水污染的问题，使水资源得以永续利用。

2.5.3　城市水务循环模糊优选模型

1. 模糊优选系统构成

设有城市 n_1，n_2，…，n_k，现对这 k 个城市水资源开发利用系统 F_1，F_2，…，F_k 进行模糊优选，分层次对水资源开发、利用和保护的程度进行评价，其中模糊优选过程中共涉及城市水务运行效率及效益的 33 类目标，系统层次划分及相应目标特征值如图 2-11 和表 2-5 所示。

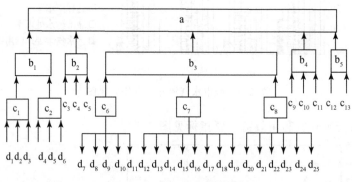

图 2-11　系统层次结构图

图 2-11 中参数意义：

a 为城市水务系统。

b_1 为水源子系统：c_1 为水资源开发利用程度，其中，d_1、d_2、d_3 分别为 t 时段内水资源开发、地表水、地下水开发利用系数，%。

c_2 为水源构成，其中，d_4、d_5、d_6 分别为 t 时段内地表水、地下水及外调水占总供水的比例，%。

b_2 为供水子系统：c_3、c_4、c_5 分别为 t 时段城市水产供销率、供水系统漏失率、集中供水率，%。

b_3 为用水子系统：c_6 为用水构成，其中，d_7、d_8、d_9、d_{10}、d_{11} 分别为 t 时段内城市新水量中生活、第一产业、第二产业、第三产业、生态环境用水所占比例系数，%。

c_7 为用水效率，其中，d_{12} 为 t 时段内城市用水系统漏失率，%；d_{13}

为产水利用率,%;d_{14}、d_{15}、d_{16}、d_{17}分别为 t 时段内生活、工业、第三产业、农业用水的耗水率,%;d_{18},d_{19}分别为 t 时段内城市用水、工业用水重复利用率,%。

c_8 为用水效益,其中,d_{20} 为 t 时段内城市人均日生活新水量,L/(人·d);d_{21} 为 t 时段内城市万元国内生产总值新水量,m^3/万元;d_{22}、d_{23}、d_{24} 分别为 t 时段内城市工业、第二产业、第三产业万元增加值新水量,m^3/万元;d_{25} 为 t 时段内城市农业单位面积灌水量,m^3/hm^2。

b_4 为排水子系统:c_9、c_{10}、c_{11} 分别为 t 时段内城市排水系统排水率、集中排水率、达标排水率,%。

b_5 为水处理与回用子系统:c_{12} 为 t 时段内城市污水处理率,%。

c_{13} 为 t 时段内城市污水集中处理回用率,%。

表 2-5　语气算子与模糊标度、隶属度对应关系表

语气算子	同样		稍稍		略为		较为
模糊标度	0.5	0.525	0.55	0.575	0.6	0.625	0.65
隶属度值	1	0.905	0.818	0.739	0.667	0.6	0.538
语气算子		明显		显著		十分	
模糊标度	0.375	0.7	0.725	0.75	0.775	0.8	0.825
隶属度值	0.481	0.429	0.379	0.333	0.29	0.25	0.212
语气算子	非常		极其		极端		无可比拟
模糊标度	0.85	0.875	0.9	0.925	0.95	0.975	1
隶属度值	0.176	0.143	0.111	0.081	0.053	0.026	0

2. 计算次子系统的相对优属度

现以 c_1 为例,对次子系统 c_1 关于 F_1,F_2,$\cdots$,F_k 相对优属度优选过程进行论述。

(1)确定目标 d_1、d_2、d_3 对次子系统 c_1 的重要性,对水源子系统 b_1 中开发程度 c_1 次子系统中的三个目标 d_1、d_2、d_3 进行排序,根据表 2-5 语气算子与模糊标度对应关系,设各目标之间二元比较的标度矩阵为

$$\boldsymbol{E}_{c_1} = \begin{matrix} d_1 & d_2 & d_3 \\ \begin{bmatrix} 0.50 & 0.60 & 0.80 \\ 0.40 & 0.50 & 0.75 \\ 0.20 & 0.25 & 0.50 \end{bmatrix} & \begin{matrix} 1.90 \\ 1.65 \\ 1.00 \end{matrix} & \begin{matrix} d_1 \\ d_2 \\ d_3 \end{matrix} \end{matrix} \qquad (2\text{-}18)$$

显然,所给的矩阵 $\boldsymbol{E}_{c_1}$ 通过一致性检验。根据矩阵各行元素值之和,得到次子系统 c_1 中 3 个目标关于重要性的排序为:d_1,d_2,d_3。

(2)确定 d_1、d_2、d_3 对 c_1 重要性的相对隶属度即权重。以目标 d_1 为标准,与目标 d_2、d_3 就分系统 c_1 进行重要性对比。经对比认为:d_1 比 d_2 介于稍稍重要和略为重要之间;d_1 比

d_3 介于较为重要和明显重要之间。根据表 2-5 中语气算子与隶属度对应关系，得到 d_1、d_2、d_3 对于次子系统 c_1 的非归一化权向量为

$$\boldsymbol{W}_{c_1} \quad (1.0,\ 0.739,\ 0.481)$$

则可得到归一化权向量为

$$\boldsymbol{W}_{c_1} = (0.45,\ 0.33,\ 0.22)$$

（3）计算 c_1 关于 F_1，F_2，$\cdots$，F_k 的特征值矩阵 $\boldsymbol{X}_{c_1}$ 的相对优属度。设 c_1 关于 F_1，F_2，$\cdots$，F_k 的特征值矩阵为

$$\boldsymbol{X}_{c_1} = \begin{matrix} & F_1 & F_2 & & F_k & \\ \begin{bmatrix} x_{11} & x_{12} & \cdots & x_{1k} \\ x_{21} & x_{22} & \cdots & x_{2k} \\ x_{31} & x_{k2} & \cdots & x_{3k} \end{bmatrix} & \begin{matrix} d_1 \\ d_2 \\ d_3 \end{matrix} \end{matrix} \tag{2-19}$$

对越大越优目标采用公式

$$r_{ij} = \frac{x_{ij}}{\overset{\vee}{j} x_{ij} + \hat{j} x_{ij}} \tag{2-20}$$

计算目标 i 相对优属度；

对越小越优目标采用公式

$$r_{ij} = 1 - \frac{x_{ij}}{\overset{\vee}{j} x_{ij} + \hat{j} x_{ij}} \tag{2-21}$$

计算其相对优属度。

式中，$i=1$，2，3；$j=1$，2，$\cdots$，k；$\overset{\vee}{j} x_{ij}$、$\hat{j} x_{ij}$ 分别为就决策集 j 对目标 i 的特征值取大或取小。则 $\boldsymbol{X}_{c_1}$ 变换为目标相对优属度矩阵

$$\boldsymbol{R}_{c_1} = \begin{bmatrix} r_{11} & r_{12} & \cdots & r_{1k} \\ r_{21} & r_{22} & \cdots & r_{2k} \\ r_{31} & r_{32} & \cdots & r_{3k} \end{bmatrix} \tag{2-22}$$

再根据优属度计算公式，决策 j 的相对优属度为

$$u_j = \cfrac{1}{1 + \left\{ \cfrac{\sum\limits_{i=1}^{m} [w_i(g_i - r_{ij})]^p}{\sum\limits_{i=1}^{m} [w_i(r_{ij} - b_i)]^p} \right\}^{\frac{2}{p}}} \tag{2-23}$$

其中，根据最大相对优属度（优等决策的相对优属度）

$$g_i = 1 \ \text{或} \ g = (g_1,\ g_2,\ \cdots,\ g_m)^T = (1,\ 1,\ \cdots,\ 1)^T$$
$$b_i = 0 \ \text{或} \ b = (b_1,\ b_2,\ \cdots,\ b_m)^T = (0,\ 0,\ \cdots,\ 0)^T, \quad m = 3$$

取 $p=2$ 即采用欧氏距离计算出 c_1 关于 F_1，F_2，$\cdots$，F_k 相对优属度向量为

$$\boldsymbol{u}_{c_1} = \begin{bmatrix} u_{c_{11}} & u_{c_{12}} & \cdots & u_{c_{1k}} \end{bmatrix}$$

同理可计算：c_2 关于 F_1，F_2，$\cdots$，F_k 相对优属度向量为

$$\boldsymbol{u}_{c_2} = \begin{bmatrix} u_{c_{21}} & u_{c_{22}} & \cdots & u_{c_{2k}} \end{bmatrix};$$

c_6 关于 F_1，F_2，$\cdots$，F_k 相对优属度向量为

$$\boldsymbol{u}_{c_6} = \begin{bmatrix} u_{c_{61}} & u_{c_{62}} & \cdots & u_{c_{6k}} \end{bmatrix};$$

c_7 关于 F_1，F_2，$\cdots$，F_k 相对优属度向量为

$$\boldsymbol{u}_{c_7} = \begin{bmatrix} u_{c_{71}} & u_{c_{72}} & \cdots & u_{c_{7k}} \end{bmatrix};$$

c_8 关于 F_1，F_2，$\cdots$，F_k 相对优属度向量为

$$\boldsymbol{u}_{c_8} = \begin{bmatrix} u_{c_{81}} & u_{c_{82}} & \cdots & u_{c_{8k}} \end{bmatrix}。$$

3. 计算子系统的相对优属度

现以 b_3 为例，对子系统 b_3 关于 F_1，F_2，$\cdots$，F_k 相对优属度优选过程进行表述。

同理可确定 c_6、c_7、c_8 对子系统 b_3 的归一化权向量为

$$\boldsymbol{W}_{b_3} = (0.24, 0.32, 0.44)$$

由 c_6、c_7、c_8 关于 F_1，F_2，$\cdots$，F_k 相对优属度向量计算结果可得到 b_3 关于 F_1，F_2，$\cdots$，F_k 相对优属度矩阵

$$\boldsymbol{R}_{b_3} = \begin{bmatrix} u_{c_{61}} & u_{c_{62}} & \cdots & u_{c_{6k}} \\ u_{c_{71}} & u_{c_{72}} & \cdots & u_{c_{7k}} \\ u_{c_{81}} & u_{c_{82}} & \cdots & u_{c_{8k}} \end{bmatrix} \tag{2-24}$$

其中，$i=1$，2，3；$j=1$，2，$\cdots$，k；$p=2$ 即采用欧氏距离计算可得 b_3 关于 F_1，F_2，$\cdots$，F_k 相对优属度向量为

$$\boldsymbol{u}_{b_3} = \begin{pmatrix} u_{b_{31}} & u_{b_{32}} & \cdots & u_{b_{3k}} \end{pmatrix}$$

同理可确定 b_1 关于 F_1，F_2，$\cdots$，F_k 相对优属度向量为

$$\boldsymbol{u}_{b_1} = \begin{pmatrix} u_{b_{11}} & u_{b_{12}} & \cdots & u_{b_{1k}} \end{pmatrix}$$

同理可计算：

b_2 关于 F_1，F_2，$\cdots$，F_k 相对优属度向量

$$\boldsymbol{u}_{b_2} = \begin{pmatrix} u_{b_{21}} & u_{b_{22}} & \cdots & u_{b_{2k}} \end{pmatrix}$$

b_4 关于 F_1，F_2，$\cdots$，F_k 相对优属度向量

$$\boldsymbol{u}_{b_4} = \begin{pmatrix} u_{b_{41}} & u_{b_{42}} & \cdots & u_{b_{4k}} \end{pmatrix}$$

b_5 关于 F_1，F_2，$\cdots$，F_k 相对优属度向量

$$\boldsymbol{u}_{b_5} = \begin{pmatrix} u_{b_{51}} & u_{b_{52}} & \cdots & u_{b_{5k}} \end{pmatrix}$$

4. 计算总系统的相对优属度

由上节可知 a 关于 F_1，F_2，$\cdots$，F_k 的相对优属度矩阵为

$$\boldsymbol{R}_a = \begin{bmatrix} u_{b_{11}} & u_{b_{11}} & \cdots & \cdots & u_{b_{1k}} \\ u_{b_{21}} & \ddots & & & \cdots \\ \cdots & & \ddots & & \cdots \\ \cdots & & & \ddots & \\ u_{b_{51}} & \cdots & \cdots & \cdots & u_{b_{5k}} \end{bmatrix} \tag{2-25}$$

设 b_1、b_2、b_3、b_4、b_5 对 a 的归一化权向量为 $\boldsymbol{W}_a = (W_{a_1}, W_{a_2}, W_{a_3}, W_{a_4}, W_{a_5})$，根据式（2-23），其中，$i=1, 2, \cdots, 5$；$j=1, 2, \cdots, k$；$p=2$ 即采用欧氏距离可确定总系统 a 关于 $F_1, F_2, \cdots, F_k$ 的相对优属度向量为

$$\boldsymbol{u}_a = (u_{a_1}, u_{a_2}, \cdots, u_{a_k})。$$

5. 方案比较

为保证计算结果的精确性，对 b_1、b_2、b_3、b_4、b_5 这 5 个子系统取不同的权重，分别计算出 a 关于 F_1、F_2、F_3、F_4 的相对优属度，计算过程中取用的权重及计算结果见表 2-6。

表 2-6　方案比较表

方案	权重 $\boldsymbol{W}_a$	相对优属度 $\boldsymbol{u}_a$
方案一	(0.242, 0.198, 0.296, 0.178, 0.086)	(0.373, 0.907, 0.163, 0.726)
方案二	(0.309, 0.228, 0.280, 0.149, 0.034)	(0.266, 0.918, 0.173, 0.725)
方案三	(0.259, 0.234, 0.316, 0.136, 0.056)	(0.331, 0.911, 0.152, 0.759)
方案四	(0.325, 0.240, 0.266, 0.123, 0.046)	(0.238, 0.922, 0.169, 0.735)
方案五	(0.271, 0.221, 0.300, 0.144, 0.064)	(0.318, 0.914, 0.159, 0.743)
方案六	(0.297, 0.243, 0.269, 0.063, 0.128)	(0.291, 0.928, 0.139, 0.778)
方案七	(0.225, 0.249, 0.275, 0.104, 0.148)	(0.380, 0.909, 0.122, 0.806)
方案八	(0.294, 0.196, 0.266, 0.085, 0.158)	(0.336, 0.939, 0.138, 0.757)

由矩阵 $\boldsymbol{R}_a$ 及方案比较表可知，当对水源、用水、排水、水处理与回用子系统单独分析时，其结果显示均为威海相对优属度最高，即威海的水源、用水、排水、水处理与回用四个子系统的运行效率及效益在四个城市中为最高；单独分析供水子系统时，泰安相对优属度最高，即泰安的供水子系统运行效率相对较高；综合分析整个水务系统时，采用八个不同的权重方案，其结论均显示威海相对优属度最高，即威海的城市水循环系统运行效率及效益最高；同时可体现出所建模型相对合理，可作为城市水循环系统效率及效益的评价依据。

第3章　城市供排水系统工程

3.1　城市供水水源及取水工程

本章所指城市供水水源为常规水源，亦称传统水源。该水源是指在总淡水资源中逐年可以得到恢复更新的那部分淡水资源，且在一定的技术经济条件下能够被人们所利用的水源。虽然我国水资源总量并不少，但存在人均较低、时空分布极不均匀的特点。加之水污染、不合理开发和水的浪费等原因，许多城市出现取水难的问题。因此，保护水源、治理污染、合理开发利用水资源和节约用水是水资源利用可持续发展的重要条件。

取水工程是城市供水系统重要组成部分之一，它的任务是从水源取水并输送至水厂或用户。由于水源不同，取水工程设施对整个供水系统的组成、布局、投资及维护运行等的经济性和可靠性产生重大的影响。

3.1.1　城市供水水源的种类、特点及选择

水源按其存在形式可分为地表水源和地下水源两大类。

1. 地表水源

地表水源包括江河、湖泊、水库和海水。江河水流程长、汇水面积大，受降雨和地下水的补给，水量大，水中杂质含量高，浊度高于地下水。但水中含盐量和硬度低，一般均能满足生活饮用水的要求。水量、水位、水质受季节和降雨的影响大，易对取水及水处理产生不利影响，特别是我国华北和西北地区，地面植被差，坡降大，降雨后河水含沙量高，水位涨落明显；西北和东北地区冬季低水温持续时间长，水质难处理。

湖泊和水库水体大，水量充足，流动性小，停留时间长，水中营养成分高，浮游生物和藻类多，不利于水质处理；蒸发量大，使水体浓缩，含盐量高于江河水；沉淀作用明显，浊度较江河水低，水质、水量稳定，但在冬季易发生低温低浊水现象，这是水处理的一个难点。

海水含盐量高，水量大，除了淡水特别缺乏的海岛、船舶等外，一般不以海水为生活饮用水源。在沿海地区，海水可作为某些工业用水的水源。

另外，地表水易受工业废水、生活污水、农药等污染，水中细菌、有毒物质、有机物含量高于地下水，水源保护难度大。

2. 地下水源

地下水源包括潜水、承压水、裂隙岩溶水、上层滞水和泉水。潜水位于地面以下第一个连续分布的隔水层之上，水体表面通过土层孔隙与大气相通。

潜水分布范围广，埋藏浅，易开采，浊度低，硬度较高。潜水受其上地表降雨的直接补给，水位受降雨和季节的影响较大，还易受到地表入渗的污染。

承压水存在于两个隔水层之间，并有一定的压力，其存水区域和补给区域不一致，补给区的地下水位决定了承压水头的大小。承压水不易受到污染，水质好，水量稳定，一般硬度较高。

裂隙岩溶水储存在基岩的裂隙和可溶性岩层的溶蚀洞穴中。裂隙水主要分布在裂隙发育、补给和汇集条件好的山区；岩溶水主要分布在具有喀斯特地貌的石灰岩山区，我国的广西、云南、贵州等地有丰富的岩溶水。裂隙溶岩水的水质好，水量稳定。

上层滞水是滞留于具有锅底形局部隔水层上的地下水，它具有与潜水相似的性质，但分布范围小，水量不稳定，不宜作为可靠的供水水源。

地下水涌出地表就成了泉。来源于承压水的泉为上升泉，它具有承压水的性质；其他地下水形成的泉为下降泉，根据其来源而具有不同的性质。

总体上讲，地表水源水量大，更新补给快，浊度高，硬度低，易受污染，受季节变化影响大；地下水浊度低，硬度高，不易受污染，分布面广，受季节变化影响小，补给慢，可开采量有限。

3.1.2　水源的选择

选择水源时，需要考虑下列因素。

1. 良好的水质

水质是水源选择时需要考虑的重要因素之一，城市供水系统应按生活饮用水的要求选择水源。水源选择前需要收集或实测各水源一定时间段的水质资料，会同当地卫生防疫部门共同对水质做出评价，并选出最终合格的水源。采用地表水源时，水源水质应符合GB3838—2002《地表水环境质量标准》Ⅰ、Ⅱ、Ⅲ类水质标准以及CJ3020—93《生活饮用水水源水质标准》的要求；采用地下水源时，水源水质应符合GB/T14848—93《地下水质量标准》中Ⅰ～Ⅳ类水质的要求；采用海水时，水源水质应符合GB3097—1997《海水水质标准》中第一类海水水质的要求。若条件所限，需要利用超标准的水源时，应采用相应的净化工艺进行处理，处理后的水质应符合现行的《生活饮用水水质标准》的要求，并取得当地卫生部门及主管部门的批准。

2. 充足的水量

水源的水量关系到供水系统的运行可靠性，是水源选择的另一个重要因素。对于江河水源，为了保证供水系统在最不利的枯水季节能取到足够的水量，需要对一定保证率的枯水流量进行评价。其方法是，根据城市规模及取水的重要性，确定取水的枯水流量保证率，一般为 95%～97%；收集水源 10～15 年连续的水文资料，计算相应保证率下的枯水流量。取水流量和枯水流量应满足下列关系：

$$Q_d \leqslant mQ_k \tag{3-1}$$

式中，Q_d 为供水系统设计取水量，m^3/h；Q_k 为保证率为 95%～97% 的水源枯水流量，m^3/h；m 为系数，无坝取水时为 0.15，有坝取水时为 0.3。

对于地下水，应对当地地下水可开采量进行评价，并对地下水开采实行总量控制，保证每年的开采总量不超过可开采量，否则会造成地下水枯竭、水位下降、地面下沉等后果。

3. 卫生防护条件好

应充分考虑环境因素对水源可能的污染、防护条件及水质的发展趋势，尽可能选择受人类活动影响小、易保护的水源。取水点应尽量放在城市的上游。

4. 考虑国民经济其他部门的用水

首先要了解当地各水域功能的划分，不同的水域担负着不同的功能，如航运、灌溉、水产养殖、排污等。对不同功能的水域，有关部门的整治目标不同。应选择具有供水功能的水体作为供水水源。对具有多种功能的水体，要充分考虑到各部门间争水、水质污染等因素的影响。

5. 整体布局合理，多点供水

为了保证整个供水系统供水均衡，应分析用户的分布、地形地貌等因素，尽可能采用多水源多点供水。采用多水源供水保证了整个系统的运行可靠性；均匀分布的多点供水可使管网压力分布均匀，泵站扬程及管网水压降低，从而降低能耗，减少爆管和管网漏水，使管网运行稳定。

6. 技术上可行，经济上合理

水源选择时，要全面考虑取水、输水、净水构筑物的建设、运行管理。一般应对多个水源方案进行技术经济分析比较，选择技术上可行，经济上合理，运行管理方便，供水安全可靠的水源。

一般地，对于用水量小、供水安全要求低的乡镇供水系统，应优先采用水质好的地下水、水库水作为水源。对用水量大、供水安全要求高的城市供水系统，应优先采用河流、湖泊等地表水源，这将有利于地下水资源的保护和合理开发，提高供水安全可靠性。

3.2　城市供水与区域供水系统

3.2.1　城市供水系统的组成

城市给水系统的任务是从水源取水，按用户对水质的要求进行处理，然后将水输送到用水区，并向用户配水，以满足用户对水质、水量、水压的要求。供水系统是由一系列的建筑物、构筑物和管线连成的有机整体（图3-1、图3-2），按照各部分的功能将其分成以下几部分：

（1）取水构筑物。用以从水源取水，并送往水厂。它包括地表水取水头部、一级泵站和水井、深井泵站等。

（2）水处理构筑物。用以处理从取水构筑物输送来的原水，以满足用户对水质的要求。它包括水处理厂、管网二次消毒设施。

（3）输水管渠和配水管网。用以连接取水构筑物、水处理构筑物和用户，输送和分配水。它包括从一级泵站到水厂的浑水输水管渠、二级泵站、从二级泵站到用水区的清水输水管和用水区配水管网。

（4）调节构筑物。用以调节供水量与用水量在时间上的分布不均，当供水量大于用水量时储存多余的水，当用水量大于供水量时补充供水量的不足。它包括水厂清水池、高地水池、水塔、水库泵站。高地水池、水塔还有保证水压的作用。

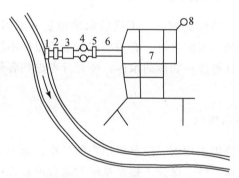

图 3-1 地表水供水系统

1. 取水头部；2. 一级泵站；3. 水处理构筑物；4. 清水池；5. 二级泵站；6. 输水管；7. 管网；8. 调节构筑物

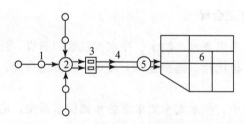

图 3-2 地下水供水系统

1. 管井群；2. 集水池；3. 二级泵站；4. 输水管；5. 水塔；6. 管网

3.2.2 城市供水系统的布置形式

城市供水系统各构筑物的布置受到水源、地形、城市规划、用户组成和分布等条件的影响。系统布置时，既要保证所有用户对水质、水量、水压的要求，又要使投资省、运行费用小、系统安全可靠。应针对各地的实际情况，采用合适的布置形式。

1. 统一给水系统

全区域采用统一的水质、水压标准，用同一个配水管网向所有的用户供水，称为统一给水系统。统一给水系统适用于大部分用户对水质、水压的要求基本相同，地形比较平坦，建筑物层数相差不大的情况。统一给水系统的水质一般按生活饮用水的要求供应，少数用户对水质、水压有特殊要求时，可自建供水系统或取用自来水再行处理。统一给水系统管理简单，但有时会造成一定的浪费。

2. 分系统给水系统

由于用户对水质、水压要求不同，或地形高差大、建筑物层数悬殊，而且同类型的用户分布相对集中，可采用相互独立的管网向不同的用水区供水，称为分系统给水系统。分系统给水系统又分为分质给水系统和分压给水系统。

（1）分质给水系统。将不同水质的水通过不同的管网分配给不同的用户，如水质要求高于生活饮用水标准的直饮水、电子制造用水给水系统，或水质要求低于生活饮用水标准的工业冷却水、消防用水给水系统。不同水质的水可以是水处理不同的阶段的出水，也可以是取自不同的水源，经不同的水处理工艺的出水。

（2）分压给水系统。采用不同的供水压力及管网向不同的区域供水，如向高层建筑群供水的高压给水系统、常高压的消防给水系统、沿山坡建设的城市中不同高程区域的给水系统。采用分压给水系统能减小低压区的供水压力，从而降低能量消耗，减少爆管和管网漏水及用户的用水量。分压供水可采用并联式和串联式。

由低扬程水泵和高扬程水泵分别向低压区和高压区供水，称为并联分区。高、低压区可以由同一水厂供水，也可以由不同的水厂供水。并联分区供水安全可靠，两区间没有相互干扰。并联分区主要适用于城市沿河岸发展而宽度较小或水源靠近高区时。

高低两区用水均由低区水泵供给，高区用水量穿过低区后再由高区泵站加压，称为串联分区。串联分区中，高区的用水量需经由低区转输，供水安全性差。串联分区适用于城市垂直于河流布置、高区远离水源的情况；或城市较大，供水区域狭长，远离供水点的区域水压低，采用中途加压泵站提高边缘地区的水压。

3. 区域供水系统

一定区域范围内的城镇群，采用同一个供水系统，称为区域供水系统。区域供水常有两种情形，一种是当区域内无可靠的水源，需要从区域边缘或远距离取水，输水管沿途向各城镇供应原水；另一种是城镇群相对集中，区域内有合格的水源，为了提高供水效益和可靠性，将整个城市群给水系统连成一个整体，作为一个整体统筹规划。

对前一种情况，解决了水量水质问题，水量水质有保证，但输水管路长，投资大，建设周期长。为了降低投资，合理规划输水线路是关键，要尽可能缩短管线长度，管线尽量穿过地质条件较好的地区，并减少交叉。这种长藤结瓜式的供水方式安全性较差，因此，应特别注意取水构筑物和输水管的运行安全和可靠性，输水管的数量不得少于两条，每隔一定长度设置连接管连接各输水管，有条件时几条输水管之间可有较大的间隔。对后一种情况，由于统筹规划了整个区域的总用水量、供水量、水源、取水点、水厂等，解决了重复建设、不合理建设问题，节省了投资。区域供水将一个个小系统连成了大系统，使运行调度灵活可靠；技术力量得到加强，管理集中，提高了管理水平；形成了规模效应，增加了经济效益。随着我国城市化进程的加快，这种区域供水方式必将成为供水系统的发展方向之一。

区域供水规模大，牵涉面广，不可能一次建成，可在统一规划的基础上分期实施，应规划好分期实施的次序，可根据具体情况分片实施，逐渐联网。要发展区域供水系统，还要协调好各地区之间的关系，处理好投资费用分摊、效益分配、运行管理决策等问题，避免各自为政，充分发挥区域供水的优势。

3.3　地表水取水构筑物

3.3.1　取水口位置的选择

取水口是整个供水系统的起点，取水口的位置会影响到水厂位置乃至整个系统的布置，同时它也受到系统其他部分的制约和影响。取水口位置选择是否得当不仅会影响到系统的布局，还直接影响到取水水质和水量、供水安全、投资、施工、运行管理等。

取水口位置选择时，要了解分析供水系统的总体规划，考虑整个系统对取水口位置的要求。还要考虑水源对取水口位置的制约，全面深入地调查水源的水文、水质、地形、地质、泥沙运动及河床演变、综合利用等资料。通盘考虑各方面的因素，进行技术经济分析，选择最恰当的取水口位置。一般应遵循下述原则：

(1) 保证系统供水均匀。单水源供水时，取水口尽可能靠近大用户所在的主要用水区，用水区用水均匀时，取水口宜设在用水区的中部。多水源时应先了解其他供水点的位置，新增取水口供水点应使整个系统的供水均匀，最理想的状况是与原供水点形成对角线供水，这样既能使原来处于管网末梢的用户获得较高的水压，提高服务质量，又能减小原供水点水泵扬程，节约能耗。

(2) 设在水质较好的点。应避开死水区、回水区，以免水中含有大量的漂浮物和泥沙，在湖泊和水库取水时应避开浅滩和主导风向正对的湖湾，否则大风会荡起湖底泥沙，影响水质。为避免工业废水和生活污水的污染，取水口宜设在城市的上游河段。当附近有污水排放口时，取水点应设在污水排放口上游100 m以上，下游1000 m以外。对潮汐河段，要考虑海水回灌和潮汐对污水排放顶托回流的双重影响，应通过调查确定回流污染的范围和程度，确定取水口位置。

(3) 具有稳定的河床河岸，靠近主流，有足够的水深。河床和河岸的冲刷或淤积会影响取水构筑物安全、取水水质和维护费用等，若冲刷或淤积严重，会造成取水构筑物坍塌或淤死。因此，需要根据河流水文、泥沙资料和河床河岸地质资料分析河床河岸的冲淤状况，结合河流河势的变迁历史，评价河床的发展趋势。一般情况下，取水口宜设在河道顺直、主流近岸、水深较大处。取水点处的最小水深要求为2.5～3.0 m。在弯曲河段，由于横向环流作用，凸岸易淤积，主流远岸，不宜设取水口。凹岸易冲刷，主流近岸，岸坡陡，若冲刷不太严重，岸坡基本稳定，可在凹岸顶冲点下游 15～20 m 处设取水点。在有支流汇入干流的河段，支流泥沙易在河口淤积，取水点应离开河口一定距离。在有边滩、沙洲的河段，应分析边滩、沙洲的发展趋势，取水口应离开其一定距离。

（4）具有良好的地形地质和施工条件。良好的地质条件能减少取水构筑物地基处理的费用，减小施工难度，增加构筑物的安全性。开阔的地形和便利的交通条件有利于构筑物的布置、施工和运行管理。

（5）避开河流上其他建筑物和障碍物的影响。河流上的桥梁、码头、丁坝、拦河坝等，会影响河流的流态和水质，取水点应离开它们一定距离，避免不利影响，如应设在桥梁上游 0.5～1.0 km，下游 1.0 km 以外；应离开码头边缘 100 m 以上。

3.3.2　固定式取水构筑物

地表水取水构筑物可分为固定式和活动式两大类。固定式取水构筑物建在地基上，一旦建成就不能移动；活动式取水构筑物建在浮船或岸坡轨道上，能随着水位的变化上下移动。固定式取水构筑物与活动式取水构筑物相比具有取水可靠、维护管理简单、适用范围广等优点，但施工期长、投资大，特别在水位变幅大时，尤其如此。取水构筑物形式选择时，应根据水量大小、供水安全可靠性要求，结合河流水位变幅、含沙量、河床河岸地质、冰冻、航运等情况，通过技术经济比较确定。一般情况下，取水量大、供水安全可靠性要求高时采用固定式取水构筑物；水位变幅大，河流含沙量大，岸边地质条件或施工条件差，以及临时性取水时可考虑采用活动式取水构筑物。固定式取水构筑物按其进水口所在的位置不同可分为岸边式和河床式两种。

1. 岸边式取水构筑物

直接从江河岸边吸水的取水构筑物，称为岸边式取水构筑物。岸边式取水构筑物适用于河道岸边较陡、主流近岸、水位变幅不大、岸边常年有足够的水深及岸边水质地质条件较好的场合。岸边取水构筑物由进水间和泵房组成。泵房用以安装水泵及其辅助设备，进水间用以安装水泵吸水管，为水泵提供良好的吸水条件。按进水间与泵房合建或分建，岸边取水构筑物分为合建式和分建式。

（1）合建式岸边取水构筑物。合建式的进水间和泵房建在一起，构成一个整体构筑物，如图 3-3 所示。进水间分为进水室和吸水室两部分，吸水室为水泵吸水口提供必需的吸水空间，以使水泵有好的进水流态，提高水泵效率。进水室为吸水室调整进水流态和进水水质。进水室和吸水室的进水口安装有格栅和格网，用以拦截水中粗大和细小的杂质。在进水室进水孔上设有检修闸门，用以在检修时隔断水体。合建式布置紧凑，占地面积小，吸水管路短，运行安全，管理方便，但土建结构复杂，施工难度大，泵房直接临水，水位变幅大时泵房高度大。合建式适用于岸边地质条件好、取水量大、安全要求高的场合。

（2）分建式岸边取水构筑物。当岸边地形地质条件差，不宜建造泵房，或者分建对结构和施工有利时，将进水间和泵房分开建设，即进水间临水建设，泵房退后一定距离建在

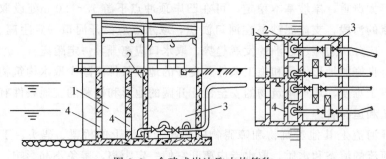

图 3-3　合建式岸边取水构筑物
1. 进水室；2. 吸水室；3. 泵房；4. 进水孔

地质条件较好处，水泵通过吸水管伸入吸水室吸水，如图 3-4 所示。泵房不宜距进水间太远，否则吸水管太长，供水安全性降低。进水间与泵房间用栈桥或堤坝连接。分建式土建结构简单，施工容易，泵房不直接接触洪水，但吸水管路长，运行不够安全，管理分散。

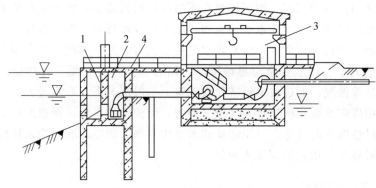

图 3-4　分建式岸边取水构筑物
1. 进水室；2. 吸水室；3. 泵房；4. 引桥

2. 河床式取水构筑物

当河岸平坦或有较宽的河漫滩，枯水期主流离岸边较远，岸边水深不够或水质不好，而河中具有足够的水深和较好的水质时，取水构筑物从河中吸水，称为河床式取水构筑物。可以将集水间和泵房直接建在河中吸水，也可以将集水间和泵房建在岸边，用引水管伸入河中汲水。河床式取水构筑物的基本形式如下：

（1）自流管式。河水通过伸入河中的引水管自流进入岸边的进水间，自流管式取水构筑物由取水头部、进水管、集水间、泵房组成，如图 3-5 所示。取水头部设在进水管的最前端，用以拦截河流漂浮物，调整进水方向和流态，使进水管引到尽可能好的水。自流管埋设在最低水位以下，并保证在冲刷线以下。自流管一般不少于两条，并在末端设置检修阀门，当一条管道停止工作时，其余管道应能通过 70% 的设计流量。集水间相当于岸边式取水构筑物中的进水间，由进水室和吸水室组成。集水间与泵房可以合建，也可以分建。自流管式适用于河滩平缓，自流管埋深不大的场合。

（2）虹吸管式取水构筑物。河水通过虹吸管虹吸进入岸边的集水间，如图 3-6 所示。

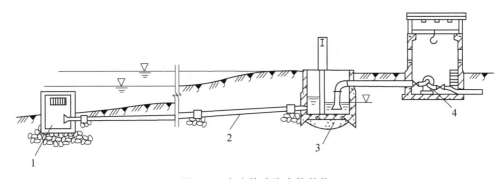

图 3-5　自流管式取水构筑物
1. 取水头部；2. 自流引水管；3. 集水间；4. 泵房

虹吸管的最大虹吸高度不超过 7 m，为保证不吸入空气而破坏真空，虹吸管进出水口应淹没在最低水位以下 1.0 m。虹吸管式与自流管式相比，减少了土石方量，缩短了工期，节约投资。但启动要抽真空，对管材、施工质量及运行管理的要求高，运行安全性不如自流管式。虹吸管式适用于河滩高出最低水位的高度大，或河滩为坚硬岩石，或管道要穿过重要的堤防等自流管开挖量大、施工困难的场合。

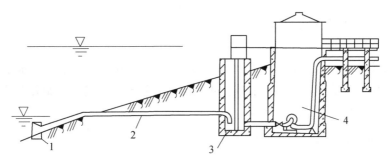

图 3-6　虹吸管式取水构筑物
1. 取水头部；2. 虹吸引水管；3. 集水间；4. 泵房

（3）水泵直接吸水式取水构筑物。不设集水间，泵房建在岸边，水泵吸水管伸入河中吸水，在水泵吸水管口安装取水头部。水泵直接吸水式由于可以利用水泵的吸水高度抬高泵房底板高程，减小泵房高度，又省去集水间，故结构简单，造价低。但取水头部易堵塞，启动要抽真空，吸水管路多，运行可靠性差。因此，该形式适用于水中漂浮物不多、吸水管路不长的中小型取水构筑物。

（4）桥墩式取水构筑物。将集水间和泵房直接建在河中吸水，如图 3-7 所示。由于取水构筑物建在河中最低水位下，省去了较长的吸水管，因而吸水可靠。但建在河中的取水构筑缩小了河道过水断面，容易造成附近河床冲刷，因此基础埋深较大，施工复杂；同时，河中建筑物会影响行洪和航运。河中泵房用引桥与岸边连接，造价昂贵。桥墩式只适合在大河、含沙量高、取水量大、取水安全要求高、岸坡平缓、岸边无建泵房的条件下使用。

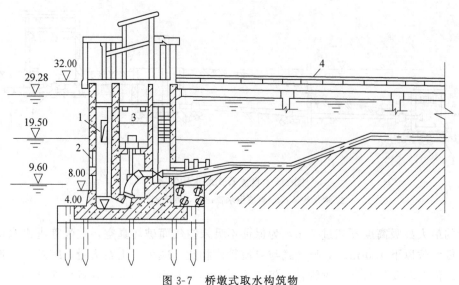

图 3-7　桥墩式取水构筑物

1. 进水间；2. 进水孔；3. 泵房；4. 引桥

3.3.3　活动式取水构筑物

按水泵安装位置不同，活动式取水构筑物可分为浮船式和缆车式。水泵安装在浮船上，浮船随水位一起涨落，称为浮船式；水泵安装在缆车上，缆车能沿岸坡上的轨道上下移动以适应水位的变化，称为缆车式。

1. 浮船式取水构筑物

浮船式取水构筑物由安装有水泵的浮船、敷设在岸坡上的输水管及连接输水管与浮船的联络管组成。

（1）浮船。浮船主要用来布置水泵机组及部分附属设备。为便于布置和保证船体稳定，浮船一般平面为矩形，端面为梯形或矩形。设备布置力求紧凑、操作维护方便，并注意浮船的平衡和稳定。水泵机组一般沿船长一列式布置，重心稍偏向吸水侧，以保持船体稳定。水泵的竖向布置有上承式和下承式。上承式水泵机组安装在浮船甲板上，设备安装操作方便，通风条件好，可适用于各种船体。但重心高，稳定性差。下承式水泵机组安装在船底龙骨上。其优缺点与上承式相反，且水泵较低，自灌启动，可省去抽真空设备或底阀，引水管穿过船壁，只适用于钢板船。

（2）联络管与输水管。输水管安装在岸坡上，联络管用以连接水泵出水管和输水管。联络管应能适应浮船的各向位移，并保证不漏水。常用的连接方式有阶梯式和摇臂式。

阶梯式的联络管有两种形式：一种是橡胶管柔性连接（图 3-8）；另一种是两端带有万向球接头的金属管刚性连接（图 3-9）。橡胶管转动灵活，结构简单，但承压力一般不大于490 kPa，使用寿命短，管径小，适用于水量水压不大的场合。万向球接头能向各个方向转动，但转动角度小（11°～15°），制造复杂，使用管径在 350 mm 以下。

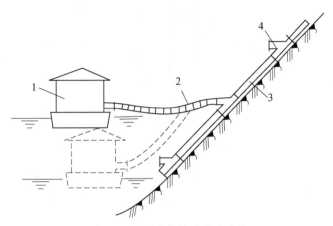

图 3-8　柔性联络管阶梯式连接
1. 浮船；2. 橡胶软管；3. 输水管；4. 阶梯式接口

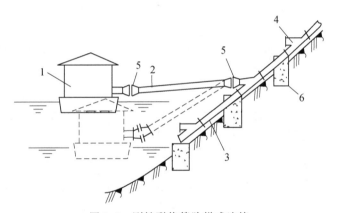

图 3-9　刚性联络管阶梯式连接
1. 浮船；2. 刚性联络管；3. 输水管；4. 阶梯式接口；5. 球形万向接头；6. 支撑

阶梯式连接的联络管长度短（6～8 m），转动角度小，水位变幅大时应停水更换接口。输水管带有多个斜三通接口，接口高差 1.5～2.0 m。

摇臂式联络管为带有 5 个或 7 个套筒旋转接头的金属管，联络管能向各个方向转动，如图 3-10 所示。联络管长度大（20～25 m），倾角大（$\alpha \leqslant 70°$），因此适应水位变幅大，不需更换接口，运行连续。

（3）浮船位置选择。浮船位置除应满足地表水取水构筑物位置选择的一般要求外，还要求有适宜的岸坡，因为岸坡太缓时，浮船容易搁浅，移船频繁。浮船还应设在水流平缓风浪小的地方，以利于浮船固定。

2. 缆车式取水构筑物

缆车式取水构筑物由泵车、坡道、输水管、牵引设备组成，如图 3-11 所示。与浮船

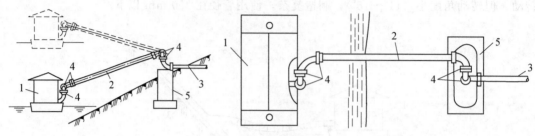

图 3-10　摇臂式连接

1. 浮船；2. 摇臂联络管；3. 输水管；4. 套筒接头；5. 支墩

式相比，缆车式受风浪影响小，稳定性好，但投资大。缆车式取水构筑物适用于水位变幅大、涨落速度不大（小于等于 2 m/h），无冰凌或漂浮物较少的河段上。

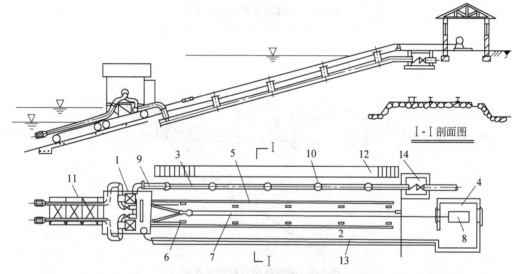

图 3-11　缆车式取水构筑物

1. 泵车；2. 坡道；3. 输水管；4. 绞车房；5. 钢轨；6. 挂钩座；7. 钢丝绳；8. 绞车；
9. 联络管；10. 叉管；11. 尾车；12. 人行道；13. 电缆沟；14. 阀门井

　　（1）泵车。泵车是断面呈三角形的桁架结构，顶面水平，用以安装水泵机组。主桁架有 2～6 对滚轮，以便沿坡道滚动，小型供水设备需一部泵车，大中型供水设备需两部泵车。

　　水泵布置时除考虑紧凑，便于操作、检修外，还应特别注意泵车的稳定和震动，应使所有水泵机组的合重心与泵车的轴线重合，最好呈对称布置。

　　（2）坡道。坡道有斜坡式和斜桥式两种，坡度以 10°～28° 为宜。轨道直接敷设在岸坡地基上称为斜坡式；当岸坡地形地质条件差，不宜直接敷设轨道时，在坡道上修建斜桥用以敷设泵车轨道，称为斜桥式。当吸水管直径小于 300 mm 时，轨距采用 1.5～2.5 m；吸水管径为 300～500 mm 时，轨距采用 2.8～4.0 m。

　　（3）输水管。输水管沿斜坡方向设置多个接入口，以适应不同水位时输水，接口高差

1～2 m。水泵出水管与输水管的连接也应采用活动联络管，以便于每次移泵后的接口连接。联络管接头形式有橡胶软管、球形万向接头、套筒旋转接头和摇臂式活动接头。

（4）牵引设备。牵引设备由绞车及连接泵车和绞车的钢丝绳组成，绞车设在洪水位以上岸边的绞车房内。小型泵车可用人工绞车，牵引力在 50kN 以上时宜用电动绞车。

为保证泵车安全，泵车和绞车上都应设有制动保险装置。绞车制动装置有电磁刹和手动刹，泵车固定时采用螺栓夹板式保险卡或钢杆安全挂钩，移动时用钢丝绳挂在岸坡上的安全挂钩上作为保险带。

3.3.4　其他形式取水构筑物

1. 潜水泵式

用潜水泵直接取水，不需要建泵房，只需要建配电间，对大中型潜水泵需建吸水井。潜水泵式取水构筑物结构简单，施工容易，占地面积小，节约土建投资，当水位变幅大时尤为突出。它安装维护方便，机泵整体安装，省去了烦琐的机泵对中安装，机泵潜于水中，平时基本不需维护，运行噪声小，但一旦发生故障时检修困难。

2. 低坝式

当河流水深不够，或取水量占河流枯水流量的比例较大，推移质不多时，可在河流上修建低坝抬高枯水期水位，拦截足够的水量，洪水期河水从坝顶或闸孔下泄。低坝有固定式和活动式两种。固定式低坝取水枢纽由拦河溢流坝、冲沙闸、进水闸或取水泵站等部分组成。活动式低坝在枯水期挡水抬高水位，洪水期开启泄水。常用的活动坝有水闸、水力自动翻板闸、浮体闸和橡胶坝。

3. 斗槽式

在岸边式或河床式取水构筑物前设置"斗槽"，以便为这些构筑物调整进水流态和进水水质，称为斗槽式取水构筑物。斗槽是在河流岸边用堤坝围成的，或者在岸内开挖的进水槽。斗槽一端开口进水，一端封闭，按照斗槽中水流流向与河流流向的关系，斗槽分为顺槽式、逆流式和双流式。

（1）顺流式斗槽的开口正对河流来水方向，在斗槽进口处，由于环流作用，表层流速大的水流在惯性作用下进入斗槽，下层低速水流绕开斗槽进入河道主流。因此顺流式斗槽适用于在高泥沙河流中取用表层水。

（2）逆流式斗槽的开口背对河流来水方向，在斗槽进口处，由于环流作用，表层流速大的水流在惯性作用下基本保持原来的流向，下层低速水流在取水构筑物的抽吸作用下改变流向，进入斗槽。因此逆流式适用于在冰凌或漂浮物较多的河流中取用下层水。

（3）双流式在斗槽的两端设有闸门，取水点设在斗槽的中间，分别开启斗槽上下游闸门，斗槽即成为顺流式或逆流式。双流式适用于季节性高泥沙、多冰凌或漂浮物的河流取水。

3.3.5　固定式取水构筑物的设计要点

1. 取水头部

常见的取水头部有喇叭口式、箱式、蘑菇式、鱼形罩式等形式。取水头部上设有进水格栅或较小的进水口，拦截水中较大的杂质。进水孔应淹没在最低水位下一定深度，并高出河床面一定高度。

喇叭口式取水头部简单，安装容易。按照喇叭口安装方向，可分为顺水流式、水平式、垂直向上式、垂直向下式。顺水流式喇叭口对着水流下游方向水平安装，用以防止吸入水中泥沙和漂浮物。水平式喇叭口垂直水流水平安装，适用于水流平缓、水质较好的场合。垂直向上式喇叭口向上正对水面竖直安装，适用于水中泥沙多而漂浮物少的场合。垂直向下式喇叭口向下竖直安装，适用于水中有漂浮物而泥沙少的场合。为了保护取水口安全并拦截漂浮物，可将喇叭口安装在排架内，并在排架四周安装拦污格栅。

箱式取水头部是一个周边开有进水孔的混凝土箱，吸水喇叭口伸入箱内。由于进水孔面积大，流速小，能减少冰凌和泥沙进入量。适宜在冬季冰凌多或含沙量不大，水深较小的河流上采用。

蘑菇式取水头部外形呈蘑菇形，垂直向上的喇叭口上有一个下扣的圆形罩，水流从圆形罩抬高泵房底板高程。圆形罩的下沿进入喇叭口。该形式取水头部既能避开表层漂浮物，又能避开水下泥沙。

鱼形罩式取水头部是一个两端带有圆锥形头部的圆筒，在圆筒表面和背水圆锥面上开设圆形进水孔。由于外形趋于流线型、水流阻力小、进水孔面积大、进水流速小，漂浮物难以附着在罩上，故能减轻水草堵塞，适用水泵直接吸水式取水构筑物。

进水孔一般开在取水头部的侧面，当漂浮物和推移质不多时也可设在顶面。迎水面自然通风，不开设进水孔。侧面进水孔下缘应高出河底 0.5 m 以上，顶部进水孔高出河底 0.5～1 m。进水孔上缘距水面的淹没深度不小于 0.3 m，顶部进水孔淹没深度不小于 0.5 m。进水孔面积按进水流速计算确定，水中有冰絮时流速为 0.1～0.3 m/s，水中无冰絮时流速为 0.2～0.6 m/s，水中杂质多时取小值。

2. 进水管

进水管不应少于两条，当一条停止工作时，其余管道应能通过 70% 的设计流量。自流管的流速应大于 0.6 m/s，事故检修时流速小于 1.5～2.0 m/s。管道埋深不小于 0.5 m，并应埋设在冲刷线以下 0.3 m。虹吸管流速为 1.0～1.5 m/s，并不小于 0.6 m/s。管道应有坡向抽气口的反坡，坡度为 1%～5%。

3. 进水间和集水间

进水间和集水间应分成若干格，大型取水构筑物一泵一格，但不得少于两格，每格应能独立工作或检修。它们的平面尺寸应满足水泵吸水口的安装要求，最低水位时的存水量应能满足最大一台水泵开机的吸水要求。进水间和集水间的底高程应满足最低水位下水泵吸水口安装要求，最低水位由河道最低水位减去进水水头损失得到。进水间和集水间的顶高程由设计洪水位加安全超高确定。在进水室和吸水室的墙壁上开设进水孔或安装进水管，当水位变幅大，水质各层不一时，为了分层取水，可在进水室开设不同高程的进水孔或进水管，并能分别控制。进水孔承式水泵机组高程布置与水头部进水孔相同。

4. 泵房

取水泵房的特点是深度大，造价高，施工难度大。因此设计时应尽可能减小泵房面积。水泵台数不宜太多，一般为 3~4 台（包括备用泵），并考虑大小搭配，以便调节。分期建设的供水工程，进水间、泵房等土建部分应按远期要求建设，近期安装较小的水泵，远期将小泵改为大泵，泵房平面按大泵布置要求确定。水泵机组、管路布置力求紧凑，尽可能将出水管路上的附件布置在泵房外以减小泵房面积。

泵房底板高程按最低水位下水泵安装要求确定，水泵直接吸水式可利用水泵吸上高度抬高泵房底板高程。一般合建式取水构筑物泵房和进水间底板高程相同，长度也相同。泵房地面层高程由设计洪水位加 0.5 m 的安全超高确定，有风浪时还应计入浪高。建在堤防内的泵房地面层高程只需高出室外地坪 0.2~0.5 m。

由于泵房的深度大，应充分考虑泵房的起吊、通风、交通和自控设施。一般深度较小的中小型泵房采用一级起吊，深度大（20~30 m）的泵房采用二级起吊。深度小的泵房采用自然通风，深度较大的泵房应采用机械排风。还应有便捷的上下交通，深度大（一般大于 25 m）的泵房，除设置楼梯外，还应设置电梯。取水泵房宜采用自动控制和实时监测，以节省人力和提高取水的安全可靠性。对深度较大的泵房还应进行整体稳定验算，保证泵房的抗渗、抗浮、抗倾覆稳定性。

3.4　地下水取水构筑物

不同类型、不同埋深、不同的含水层厚度和性质的地下水，其开采和集取的方法不同。常用的地下水取水构筑物有管井、大口井、辐射井、渗渠等。

3.4.1　管井

管井是一种细而长的具有管状特征的水井，适用于开采埋深较大的地下水。井深一般为 20~1000 m，井径为 150~600 mm。由于管井深度范围大，占地面积小，适用于各种含水层，建造方便，使用灵活，是使用最为广泛的一种地下水取水构筑物。当水井穿过整个含水层抵达不透水底板时称为完整井，否则称为不完整井。

1. 管井的构造

管井由井室、井壁管、过滤器、沉淀管组成，如图 3-12 所示。

1）井室及抽水设备

井室是用以安装抽水设备、保持井口免受污染和进行维护管理的场所。根据抽水设备

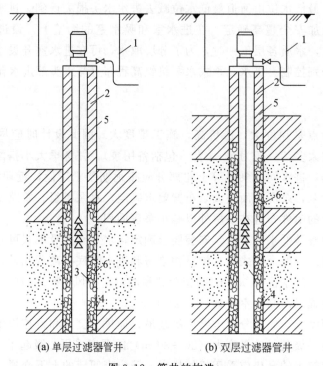

(a) 单层过滤器管井　　　　　　(b) 双层过滤器管井

图 3-12　管井的构造

1. 井室；2. 井壁管；3. 过滤器；4. 沉淀管；5. 黏土封井；6. 人工反滤层

的不同分为深井泵井室、深井潜水泵井室、卧式泵井室；根据井室位置不同分为地面式、地下式、半地下式。深井泵井室和潜水泵井室中设备少，布置简单，占地面积小；卧式泵井室中安装有水泵机组及附属设备，占地面积稍大。地面式井室通风采光条件好，管理维护方便；地下式井室防寒条件好，便于厂区规划。

　　常用的管井抽水设备有深井泵、深井潜水泵、卧式泵等，应根据静水位、动水位、抽水量、井径和井深等因素选择抽水设备的形式和型号。深井泵和深井潜水泵的抽水叶轮均安装在动水位下，抽水可靠。深井泵的电机安装在井口，维护管理方便，电机轴通过长轴和泵轴直联传动，安装要求高；深井潜水泵的电机与水泵为一整体，安装在动水位下，安装方便，井室设备少，但维护检修不便。卧式泵安装在井口，利用水泵吸上高度吸水，它只适用于动水位较高的场合，一般吸上高度不大于 7 m，当采用井群取水时，各井的卧式泵可集中布置，便于管理。当动水位较高时，井群出水还可以通过自流或虹吸进入集水池，再集中抽水。

　　2）井壁管

　　井壁管是为了加固井壁、隔离不良水层或水头较低的含水层。井壁管可采用钢管、铸铁管、钢筋混凝土管、石棉水泥管和塑料管。钢管适用井深范围大，铸铁管适用于井深小于 250 m，钢筋混凝土管适用于井深小于 150 m。金属管虽然强度高，但耐久性差，易结垢或腐蚀；非金属管耐久性好，但重量大，强度低。应根据水质、井深等情况选择井壁管材料。井壁管可以上下同径，一次钻进；当井深大、土层条件差时可分段钻进，上下变

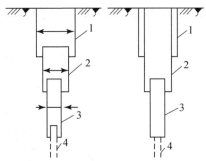

图 3-13　分段钻进时井壁管构造
1，2，3. 井壁管段；4. 过滤器

径，上粗下细，如图 3-13 所示。

3）过滤器

过滤器是管井的进水部分，安装在含水层中，地下水通过过滤器中细小的缝隙进入管井，同时过滤器应阻止含水层泥沙进入井内。过滤器应具有足够的强度和抗蚀性，具有良好的透水性并保证含水层渗透稳定性。常用的过滤器有以下几种：

（1）钢筋骨架过滤器。该过滤器是由纵向钢筋及横向支撑环、两端连接短管焊接而成的笼状结构。当含水层厚度大时，整个过滤器由数个这样的钢筋笼连接组成。由于这种过滤器的孔眼较大，故只适用于裂隙、砂岩或砾岩含水层，也可作为其他过滤器的骨架。它强度低，抗腐蚀性能差，不宜用于深度大于 200 m 和侵蚀性强的含水层。

（2）穿孔过滤器。该过滤器是在管壁上开设圆形或条形进水孔洞而成，如图 3-14 所示。管材可以是钢管、铸铁管、钢筋混凝土管、塑料管。各种管材允许的最大开孔率是：钢管 30%～35%，铸铁管 18%～25%，钢筋混凝土管 10%～15%，塑料管 10%。穿孔过滤器适用于砾石、卵石、砂岩、砾岩和裂隙含水层。

（3）缠丝过滤器。在钢筋骨架过滤器或穿孔过滤器表面绕上缠丝形成缠丝过滤器。缠丝的缝隙小，因而能适用于含水层颗粒较小的场合，如粗砂含水层。缠丝可以采用 2～3 mm 直径的镀锌铁丝、铜丝、不锈钢丝、尼龙丝、增强塑料丝。在腐蚀性强的含水层中不宜采用镀锌铁丝。

（4）包网过滤器。在钢筋骨架过滤器或穿孔过滤器表面包上滤网形成包网过滤器，如图 3-15 所示。包网可采用直径为 0.2～1.0 mm 的镀锌铁丝、铜丝、不锈钢丝或尼龙丝编成。与缠丝过滤器相比，包网过滤器制造容易，但网孔易结垢堵塞。包网过滤器适用于粗砂、砾石、卵石含水层。

（5）填砾过滤器。当含水层颗粒为中细砂时，上述过滤器孔径很难与其相适应，这时在含水层和过滤器之间填入一定级配的砾石，形成滤水阻沙的反滤层，称为填砾过滤器。填砾既阻止了沙粒进入管井，又增大了过滤器与土层的接触面积，增大了进水量。

砾石的平均粒径应是土层平均粒径的 6～8 倍。砾石层厚度为 75～150 mm，含水层颗粒细者选大值。当含水层中包含有合适的砾石时，可形成天然反滤层，即通过洗井或过量抽水，将较细的颗粒吸入管井排走，留下较粗的砾石成为反滤层。

（6）砾石水泥过滤器。它是由砾石和水泥胶结而成的无砂混凝土管，具有较大的空隙率和一定的透水性。常用的砾石粒径为 3～5 mm，灰砾比为 1∶6，水灰比为 0.32～0.46，空隙率可达 20%。砾石过滤器取材容易，制造方便，但强度低、质量大、易堵塞且不易清洗。

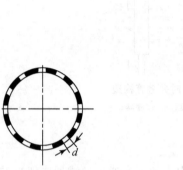

图 3-14　穿孔过滤器　　　　　　图 3-15　包网过滤器

1. 穿孔管；2. 包网；3. 垫筋；4. 缠丝；5. 连接管

4）沉淀管

沉淀管位于管井的最下端，用以沉淀储存进入井内的沙粒和自地下水中析出的沉淀物。沉淀管长度根据井深和含水层出沙大小确定，一般为 2～10 m。

2. 管井的建造

管井的建造需要经过下列几个步骤：

（1）钻凿井孔。钻凿井孔的主要方法有冲击钻进和回转钻进，对井深小于 20 m 的浅井还可以用挖掘法、击入法、水冲法。冲击钻进是依靠冲击钻头在重力作用下不断对岩土层进行冲击而切碎土层，间隔一段时间取出钻杆钻头，用抽筒取出碎岩土。钻进过程中应采用清水、泥浆或套筒护壁，以防井壁坍塌。

回转钻进是依靠回转钻头旋转时对土层的切削、挤压、研磨破碎作用钻凿井孔。碎岩土由循环流动的泥浆带出井外。泥浆循环有正循环和反循环两种方式，正循环时，泥浆泵从泥浆池吸取泥浆，经空心钻杆将泥浆送入井孔底部，与碎岩土混合后经由钻杆外围的井孔上升至井口并流入泥浆池，经沉淀去除岩土后泥浆循环使用。反循环时，泥浆泵的吸入口与空心钻杆顶端相连，通过钻杆将井孔底部岩土泥浆混合液吸出并排入泥浆池，经沉淀去除岩土后从井口流入井孔。反循环式钻杆内的上升流速较大，可将较大粒径的岩土吸出井孔，但受到泥浆泵吸上高度的限制，钻杆的长度不能太长，钻进不能太深。

（2）下管。下管前应认真核对各岩层性质、厚度，及时修正管径构造。一般可采用顶端吊装下管法，井深大、重量大、抗拉强度低的井管可采用浮管下管法，即用托盘从底部托住井管，吊点设在托盘上，下管到位后收回吊绳。

（3）填砾。在过滤器周围填塞人工砾石，形成反滤层。为防止砾石压实后高度减小而使过滤器顶端露出，填筑时砾石顶面应高出过滤器顶 8～10 m。

（4）井外封闭。用直径 25 mm 左右的湿润黏土球填塞过滤器以外的井管外围空隙，以封闭不良含水层的水进入管井，井口封闭的范围应扩大，以防地表污水下渗。

（5）洗井和抽水试验。洗井是为了洗净管井建造过程中留下的泥浆，同时冲洗掉附近含水层中细小的颗粒，减小正常出水中的含沙量。洗井的方法有：活塞洗井、压缩空气洗井、联合洗井。抽水试验是为了检测出水水质，校核管井出水量，测定水位降落与出水量的关系，为选择抽水设备、确定安装高程及维护管理提供依据。

3.4.2　大口井

大口井因口径大而得名，其直径一般为 5～8 m，深度在 15 m 以内，适用于从埋深小于 12 m，厚度为 5～20 m 的含水层取水。大口井广泛用于开采补给条件良好的浅层地下水。

1. 大口井的构造

大口井由井筒、井口和进水部分组成，如图 3-16 所示。

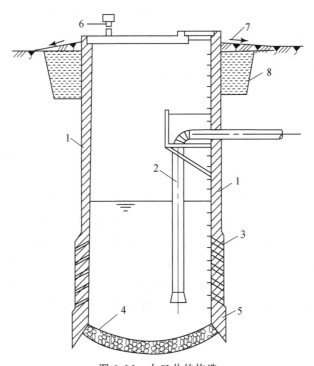

图 3-16　大口井的构造

1. 井筒；2. 吸水管；3. 井壁进水孔；4. 井底反滤层；5. 刃脚；6. 通风管；7. 排水坡；8. 黏土层

（1）井筒。井筒是大口井的主体，用以加固围护井壁，支撑井外土层，形成大口井的腔室，同时也起到隔离不良含水层的作用。井筒可用钢筋混凝土、砖或石材建造。用沉井法施工的井筒最下端应做成刃脚，以利于下沉过程中切削土层。刃脚部分的外径比上部井筒外径大 10～20 cm，这样切削出来的井孔直径大于上部井筒外径，井筒就不会与土层接触，因而减小了井筒下沉摩擦阻力。刃脚的高度不应小于 1.2 m。

（2）井口。井口是大口井露出地表的部分，由于大口井直径大，含水层浅，容易受到污染，因此应特别做好井口的污染防治工作。井口应加盖封闭，盖板上开设入孔和透气孔，雨污水及爬虫等不得进入井内。井口应高出地表 0.5 m 以上，井口周围设置宽度和高度均不小于 1.5 m 的环形黏土封闭带。用卧式泵抽水时，往往将水泵安装在专门建设的泵房内，水泵吸水管伸入大口井吸水；有的大口井直接将抽水设备安装在井盖上，并建有井室，此时应注意泵房污水对大口井的污染，穿越井盖的管线应加设套管。

（3）进水部分。进水部分有井壁进水孔或透水井壁、井底反滤层。井壁进水孔是在井筒上开设水平或向外倾斜的孔洞，并在空洞内填入一定级配的砾石反滤层，形成滤水阻砂的进水孔。水平孔一般采用直径为 100～200 mm 的圆孔或 100 mm×150 mm～200 mm×250 mm 的方孔，斜孔一般采用直径为 100～200 mm 的圆孔。开孔率为 15% 左右，孔口上下交错排列。

透水井壁类似于管井砾石水泥过滤器，用无砂混凝土制成，可以整体浇筑，也可以由砌块砌筑。由于无砂混凝土的强度低，所以应每隔 1～2 m 高度设置钢筋混凝土圈梁。将整个井底做成透水的砾石反滤层，形成透水井底。井底进水面积大，进水效果好，是大口井的主要进水部分。反滤层做成锅底状，分 3～4 层铺设，砾石自下向上逐渐变粗，最下层粒径应与土层颗粒粒径相适应，每层厚度为 0.2～0.3 m，刃脚处渗透压力大，应加厚20%～30%。含水层粒径细小时，反滤层层数和厚度应适当增加。

2. 大口井的建造

大口井的施工方法有大开槽法和沉井法。

（1）大开槽法。该方法是先在井位处开挖基坑到设计井底高程，再在基坑内铺设井底反滤层、浇筑井筒，然后再在井外回填土。大开槽法土方量大，施工排水费用高，对含水层扰动大，一般只适用于建造直径小于 4 m，深度小于 9 m 或地质条件不宜采用沉井施工的大口井。但该方法不仅适用于整体浇筑的井筒，也适用于砌筑的井筒；它还便于井底反滤层的铺设，且可在井外填筑反滤层，改善进水条件。

（2）沉井法。该方法是先在井位处地面上浇筑好井筒，再在井筒内挖土，井筒在重力作用下下沉，直至设计高程，然后在井底铺设反滤层。沉井法施工土方量少，排水费用低，对含水层及周围建筑物的影响小，能用于软弱土层，但施工技术要求高。

3.4.3　辐射井

辐射井由集水井和向四周辐射状伸出的水平或倾斜集水管组成，如图 3-17 所示。辐射井比大口井更适合于开采浅层地下水，一般适用于开采埋深不大于 12 m，含水层厚度小于 10 m、补给条件好的含水层。常将辐射管沿河岸平行布置，拦截河流地下补给水；或垂直伸入河床下，集取河床潜流水和河流下渗水。

集水井用于汇集辐射管来水并安装抽水设备，它也是辐射管施工的场所，采用钢筋混凝土建造，直径不宜小于 3 m。当含水层厚度较大时，可将井底做成透水反滤层，起到直

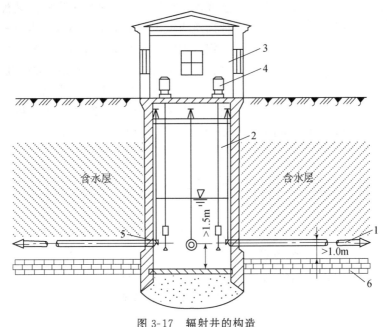

图 3-17　辐射井的构造

1. 辐射管；2. 集水井；3. 泵房；4. 泵机组；5. 阀门；6. 不透水层

接进水的作用。

辐射管是直径为 50～250 mm 的穿孔管，当管径为 50～75 mm 时管长不超过 10 m，管径为 100～250 mm 时管长不超过 30 m。辐射管孔眼可用圆孔或条形孔。孔眼应交错排列，开孔率为 15％～20％，在靠近集水井 2～3 m 的集水管上不设穿孔。补给充分时可设置多层辐射管，层距为 1.5～3 m，每层 3～6 根。辐射管应有向井内倾斜的坡度，以利于集水排沙。采用顶管施工时辐射管采用厚壁钢管，套管施工时可采用薄壁钢管、铸铁管及非金属管。

辐射管多采用顶管施工，以集水井为工作室，用油压千斤顶或拉链起重器将辐射管或套管顶入含水层。套管施工时，应在顶管到位的套管内放入辐射管，在辐射管和套管的间隙内填入砾石反滤层，最后拔出套管。为了减小顶进阻力，顶进时利用喷射水枪向顶进面喷射高速水流冲刷土层，冲刷下来的泥浆顺辐射管流入井内。

3.4.4　渗渠

渗渠是水平敷设在含水层中的穿孔渗水管渠。渗渠主要是依靠较大的长度增加出水量，因而埋深不宜大，一般为 4～7 m，很少超过 10 m。它适宜于开采埋深小于 2 m，含水层厚度小于 6 m 的浅层地下水。常平行埋设于河岸或河漫滩，用以集取河流下渗水或河床潜流水。由于渗渠集取的是表层地下水或河流下渗水，其补给途径短，净化效果差，受地表污染大，水质具有地表水的特点，使用时应视具体情况再做相应处理。

渗渠由渗水管渠、集水井和检查井组成，如图 3-18 所示。渗水管渠常采用钢筋混凝

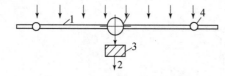

图 3-18 渗渠
1. 渗水管渠；2. 集水井；3. 泵站；4. 检查井

土或混凝土管，也可采用浆砌石或装配式混凝土配件砌筑成城门洞形暗渠，小水量也可采用铸铁管和石棉水泥管。在管渠的上 1/2～1/3 范围内开设进水孔，孔眼为直径 20～30 mm 的圆孔或 20 mm×（60～100）mm 的条孔，管外填 3～4 层人工反滤层，如图 3-19 所示。管渠的直径和坡度应能满足输送最大流量的要求，管内充满度为 0.4～0.8，流速为 0.5～0.8 m/s。

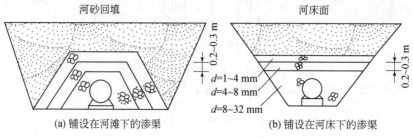

图 3-19 渗渠人工反滤层构造

集水井用以汇集管渠来水，安装水泵吸水管，同时兼有调节、蓄水和沉沙作用。

检查井设置在管渠末端、拐弯和端面改变处，直线段每隔 30～50 m 设一个检查井，以便于清理、检修。检查井下部直径不小于 1 m，进口直径不小于 0.7 m。检查井和集水井都应做好卫生防护，防止地表污染物或地表水进入。

3.5 城市给水管道系统工程

输配水管网是城市给水系统的重要组成部分，担负着向用户输送、分配水的任务，以满足用户对水量、水压的要求。由于给水管网的分布面广、距离长、材质要求高，因此它在给水系统中所占的投资比例高，占总投资的 60%～80%，在总投资中有着举足轻重的作用。在输配水过程中需要消耗大量的能量，供水企业的能耗有 90% 用于一级、二级泵站的水力提升，这部分能耗占制水成本的 30%～40%。同时，配水管网运行状态的好坏直接影响到供水压力和水量，影响到服务质量。因此，输配水管网在给水系统中占据着重要的位置，加强管网的设计、施工、运行管理和研究，不仅可以减少投资、降低运行成本、增加供水企业的经济效益，而且对于提高服务质量、增加企业信誉、提高人民的生活水平具有重要的现实意义。

3.5.1 给水管道系统的组成与布置

1. 输水管渠的布置

在输水过程中基本没有流量分出的管渠称为输水管渠，它主要是指从水源到水厂的浑水输水管渠、从水厂到用水区或从用水区到远距离大用户的清水输水管。

输水管渠虽然管线单一、构成简单，但输水距离长，管径大，对投资的影响大，对供水安全有重要的影响。因此，输水管规划布置时应认真对待每一个影响因素，力求采用最合理的输水方案以节约投资，提高供水安全性。

1）输水管定线

输水管定线时，首先在地形图上初步选定几条可能的输水线路，然后再实地踏勘、测量，必要时进行地质勘探。将各方案细化，并弄清各种方案的优缺点，最终经技术经济比较确定最后的输水线路。输水管定线时应遵循下列原则：

（1）尽量缩短输水线路长度，土石方量少，少占农田，减少拆迁，减少与河流、铁路、公路、山岳及山谷的交叉，降低工程投资；

（2）选择较好的地形地质条件，尽可能沿现有或规划道路布设，避开滑坡、塌方、岩层、沼泽、侵蚀性土壤和洪水泛滥区，以便于施工和维护，提高供水安全性；

（3）充分利用地形，优先考虑重力输水或部分重力输水，降低运行费用；

（4）考虑近远期结合和分期实施措施。

2）输水方式

输水方式有重力输水和压力输水两种。当水源位置低于给水区，或高于给水区但其间高差不足以提供输水所需的能量时，需采用泵站加压供水，输水距离长时，还要在输水途中设置加压泵站；当水源位置高于用水区时，可采用重力自流输水。

长距离输水常根据具体情况采用重力和压力相结合的输水方式，如从位置较高的山区水库向平原城市供水，前端可利用高差采用重力输水，经过一定输水距离后能量消失殆尽，再采用水泵加压输水；或输水管要翻过山梁时，上坡时采用压力输水送至山顶水池，再从水池向山下重力输水。输水管可采用压力管道、无压隧洞或暗管、明渠，清水输管一般采用压力管道，未经处理的原水除可采用压力管道输送外，还可以采用无压的隧洞和暗管、明渠输送。无压的隧洞和暗管对管材要求低，其水流不得充满整个过水端面，水面上必须留有足够的透气空间与大气相通，否则会出现爆管等安全事故。明渠输水的水头损失小，造价低，输水量大，但存在渗漏、蒸发等水量损失，沿途还会受到人类活动、农药、地表冲刷等污染，供水安全性不如管道。长距离输水可根据实际情况采用多种形式相结合的管渠方式。

3）输水管条数

输送设计流量可以用一根粗管，也可以用数根细管。管道的条数越多，供水安全性越高，投资也就越大。一般地，当供水安全性要求较高时采用两条输水管，每隔一定距离设连接管连接两根输水管，并在节点处设置阀门，用以隔离事故管段。发生事故时应保证能供应 70% 的设计流量。当供水安全性要求较低或采用双管供水不可行、不经济时，可采用一根管渠输水，在管渠末端设储水池，保证管渠发生事故时的用水量，储水池储水量应能满足检修期内 70% 的用水量。当供水安全性要求低或多水源供水时，可采用单管供水。

输水管应有不小于 $1:5D$ 的坡度（D 为管径，以 mm 计），以便在管线的下凹点安装排水阀，在上凸点安装排气阀。管线坡度小于 $1:1000$ 时，应每隔 $0.5\sim1.0$ km 设排气阀。地形起伏大时，应避免在位置较高处管道出现负压，否则，有可能吸入管外污水或空气。

2. 配水管网的布置

配水管网分布于整个用水区，其任务是将输水管送来的水分配给用户。

1）管网组成

按照在管网中所起作用的不同，可将配水管道分为干管、连接管、分配管、接户管。

干管的作用是将水输送给各用水区域，同时也向沿途用户供水。干管对各用水区的用水起着控制作用。

连接管用于连接各干管，以均衡各干管的水量和水压。当某一干管发生故障时，用阀门隔离故障点，通过连接管重新分配各干管流量，保证事故点下游的用水。

分配管的作用是从干管取水分配到各街坊或某一小的用水区域以及向消火栓供水，大中城市的分配管管径不宜小于 150 mm，小城镇分配管管径不宜小于 100 mm，以防消防时管网水压太低。

接户管是从分配管或直接从干管、连接管引水到用户去的管线，用户可以是一个企事业单位，也可以是一座独立的建筑。

管网布置指的是干管和连接管的布置。

2）管网形式

管网有树状、环状、树状和环状结合三种布置形式。

树状网管道从供水点向用户呈树枝状延伸，各管道间只有唯一的通道相连。

树状网供水直接，构造简单，管道总长度短，投资省，但当管线发生故障时，故障点以后的管线均要停水，供水安全性差。当管网末端用户用水量小或停止用水时，水流在管道中停留的时间太长，会引起水质恶化。树状网一般适用于小城镇和小型企业。

环状网的各干管间设置了连接管，形成了闭合环。管道间的连接有多条通路，某一点的用水可以从多条途径获得，因而供水的安全可靠性高。但管线总长度长，投资大。

城市配水管网往往采用环状和树状相结合的布置形式，即在城市的中心区采用环状网，提高供水安全性，而采用树状网向周边卫星城镇供水，节约投资；或采用近期树状网远期环状网的建设形式。

3）管网定线

管网定线时要充分了解各供水点位置及其供水能力、用户的组成及其分布、用户的用水量、城市的地形地貌、城市规划等资料，进行多方案分析比较，选择合理的管线布置方式。一般应遵循下列原则：

(1) 符合城镇规划，近远期结合，留有发展余地；

(2) 管线覆盖整个供水区，供水均匀，保证水量、水压；

(3) 合理选择管网形式，保证供水可靠，事故影响范围小；

(4) 力求管线短，交叉少，施工维护方便。

管网定线时首先要确定干管的走向、条数、位置。一般以最短的距离从水厂向用水区敷设几条平行的干管，干管的间距一般为 500～800 m。干管应尽量沿规划道路布置，埋设在人行道或慢车道下，避免在高级路面下通过。干管尽量从用水量大、两侧均用水的地区通过，避免沿河、广场、公园等不用水的地区通过。干管还应从地势较高处通过，以减小管中压力。管道应避开地质不良的地区，以利于施工维护。干管间的连接管间距一般在 800~1000 m。

3.5.2　给水管道系统的工况

给水管道是用来输送分配水流，以满足用户对水量、水压的要求，其工况就是指其输送水流的流量和压力。

1. 给水管道系统的流量关系

给水系统在一天中处理和输送的水量应等于用户一天的用水量，为了满足最不利情况下的供水能力，供水系统应按一年中用水量最大的一天用水量——最高日用水量 Q_d 设计。

1）输水管渠的工作流量

由于水处理构筑物要求流量稳定，因而取水构筑物和输水管渠一天中各时流量是基本均匀的，其设计流量为

$$Q_I = a \frac{Q_d}{T} \tag{3-2}$$

式中，Q_d 为最高日用水量，m^3/d；a 为水厂自用水系数，对地下水厂 $a=1$，对地表水厂 $a=1.05~1.1$；T 为取水构筑物一天工作的时数，h。

2）配水管网工作流量

一天中管网用水量是随时变化的，夜间用水量小，白天用水量大，且在早晨、中午、晚间出现三个用水高峰。一般夜间各小时用水量小于平均时用水量，白天各时用水量大于平均时用水量。给水系统越小、生活用水用户越多，用水就越不均匀，变化就越大。所有供水点的总供水量应随着用水量的变化做相应调整，可通过调节水泵的开启台数、采用变频调速泵或调节重力供水管上阀门的开启度进行调整。规模较小的城镇还可采用间断供水的形式，即集中在需水量大的时段供水，其他时段停止供水以节约能耗和减少漏水。

一天中用水量最大的那一小时的用水量称为最大时用水量 Q_h，为了保证用户各时刻的用水量和水压，配水管网、清水输水管按最大时用水量设计。

3）调节构筑物容积

从上述分析可看出，各时刻处理构筑物处理的水量与管网的用水量是不一致的，其间的差值由水厂清水池、管网水塔或高地水池、水库泵站调节。水库泵站是建设在管网中的清水池及其加压泵站，清水池夜间从管网进水，用水量大时再用水泵从清水池抽水向管网供水。

水厂清水池用以调节处理水量与二级泵站抽水量的差别，当处理水量大于抽水量时，多余的水量储存在清水池中；当处理水量小于二级泵站抽水量时，差额由清水池中水量补给。当管网中无其他调节构筑物时，清水池的调节容积为最高日用水量的 10%~20%，系统小者选大值。

为了使二级泵站不要随管网用水量变化而频繁调节水泵，而是在某一段时间内流量相

对稳定，需要用水塔、高地水池、水库泵站调节二级泵站供水量与管网用水量的差别。其调节容积为管网总用水量的 5%～10%。大中型城市管网一般不用水塔而采用水库泵站调节，或在二级泵站内安装一台变频调速水泵供水，以适应用水量的变化。

2. 给水管道系统的水压关系

1）输水管的压力关系

一级泵站将原水从最低水位 Z_0 提升并输送至水处理构筑物最高水位 Z_c，水泵吸水管路的水头损失为 h_s，在水泵进口处水压最低；经水泵提升后压力增加了 H_p，在压水管路输送过程中水头损失为 h_d，直至 Z_c 水位，则一级泵站的扬程为

$$H_p = Z_c - Z_0 + h_s + h_d \tag{3-3}$$

当供水流量小于设计流量时，吸水管和压水管水头损失小于 h_s 和 h_d，水泵扬程小于 H_p，管路上的压力也相应降低。

2）输水管及配水管网的水压关系

二级泵站从清水池吸水，加压后输送分配给用户，并保证用户所需的水压。为了满足用水点处的水压及接户管的水头损失，城市给水管道必须具备一定的自由水压 H_c。所谓自由水压是指管道压力水头高出当地地面的高度。当用水区建筑物为一层时自由水压不小于 10 m，建筑物为二层时自由水压不小于 12 m，其后每增加一层，自由水压增加 4 m。消防时，不论建筑层数是多少，只要求自由水压不小于 10 m 即可。管网中最难供水的点称为控制点，控制点可能是距离远、位置高或建筑层数多（不考虑个别建筑层数特别高的建筑）的用水点。控制点的供水要求往往决定着二级泵站的扬程和管网的水压。各工况下的管网水压关系介绍如下：

（1）无水塔管网。二级泵站的扬程为

$$H_p = (Z_c + H_c) - Z_0 + h_s + h_c \tag{3-4}$$

式中，Z_c、H_c 分别为控制点地面高程、自由水压，m；Z_0 为清水池最低水位，m；h_s、h_c 分别为吸水管水头损失、输配水管水头损失，m。

消防时流量增大，可增开消防泵，输配水水头损失增大，控制点自由水压减小。夜间用水量较小时，管线水头损失减小，控制点自由水压增高。

（2）前置水塔管网。水塔设在输水管末端、配水管网的前端，最高用水时水塔必需的高度为

$$H_t = (Z_c + H_c) - Z_t + h_c \tag{3-5}$$

水泵设计扬程为

$$H_p = (Z_t + H_t + H_0) - Z_0 + h_s + h_n \tag{3-6}$$

式中，Z_t、H_t 分别为水塔地面高程、水塔高度，m；H_0 为水塔最高水位与最低水位之差，m；h_n 为水厂到水塔管路的水头损失，m；其余符号意义同前。

（3）后置水塔管网。当远离水厂处地势较高难供水时，常在管网末端设置对置水塔，用水时，泵站和水塔同时向管网供水，在它们之间存在供水分界线，水塔高度和水泵扬程分别为

$$H_t = (Z_e + H_e) - Z_t + h_{c_2} \tag{3-7}$$

$$H_p = (Z_c + H_c) - Z_0 + h_s + h_{c_1} \tag{3-8}$$

式中，h_{c_1}、h_{c_2} 分别为从水厂到控制点的水头损失、从水塔到控制点的水头损失，m；其余符号意义同前。

　　管网用水量较小时，水塔从管网进水，用水量最小时往往是水塔进水量最大的时候。最大转输时，由于在消防时管网用水量增加，管网水头损失增大；最大转输时，水塔成为最远的用水点；管网中某一最不利管段发生故障时，管网过水能力下降，水头损失增大，这些情况都可能造成供水困难。因此，应在这三种情况下校核所选水泵的供水能力，对事故校核，只要求水泵能供应 70％的设计流量；对消防校核，只要求控制点的自由水压达到 10 m。

　　(4) 重力供水管网。重力供水水源的水位在各时刻是基本不变的，如图 3-20 中 2 线所示。

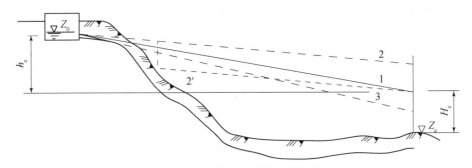

图 3-20　重力供水管网水压关系

1 线：最高用水时；2 线：最小用水时；2′线：最小用水时关小阀门；3 线：消防时

　　在最小用水时管网水头损失减小，管网大部分水压偏高。有时为了降低管网水压，减少爆管和漏水，可适当关小出水管阀门。重力供水水池的高程按最大用水时计算：

$$Z_0 = Z_e + H_e + h_c \tag{3-9}$$

式中，h_c 为从重力供水水池到控制点的水头损失，m；其余符号意义同前。

　　值得一提的是，在尽可能提高管网水压以满足用户对水压要求的同时，还应注意降低管网某些时刻、某些区域的过高水压。过高的水压既浪费能量又容易引起爆管、漏水，造成不必要的经济损失和停水。可实时采集管网水压信息，根据管网水压及时调节供水量和水压，我国不少水厂有采用管网优化调度系统和变频调速泵的成功经验。对管网局部高压可采用减压阀等减压措施。

3.5.3　给水管网的水力计算简介

　　管道平面位置确定后，需要根据用户的用水量计算管段流量，确定管径，计算管段的水头损失，进而计算水泵扬程和水塔高度。

1. 管段流量的确定

　　由于管道位置和用户分布不同，各管段的流量不同。为了计算管段流量，引进比流量、沿线流量、节点流量几个概念。

1) 比流量

从城市管网上取水的用户很多，其位置和取水量各不相同，不可能对其一一加以准确计算。根据取水量大小将用户分成两类，一类是数量少、用水量大的用户，其位置、用水量需准确计算；另一类是数量众多、用水量少的用户，其位置和用水量不一一计算，而是粗略地认为是从管道沿途上均匀分配出去的。那么，从单位长度管线上分配出去的流量称为长度比流量，可用下式计算：

$$q_s = (Q_h - \sum Q_j) / \sum L \tag{3-10}$$

式中，q_s 为长度比流量，L/(s·m)；Q_h 为管网最高日最高时流量，L/s；$\sum Q_j$ 为单独计算的大用户用水量之和，L/s；$\sum L$ 为管道总计算长度（不计入两侧均不供水的管道，当管道沿河等地敷设只有一侧供水时，计入实际长度的一半），m。

这种简化计算方法简单，没有考虑各管线沿途供水宽度和供水面积的差别，计算不尽合理。为此，可采用更接近实际情况的面积比流量计算方法，即认为所有小用户的用水量是均匀分布在整个用水面积上的，则单位面积上的用水量称为面积比流量，用下式计算：

$$q_A = (Q_h - \sum Q_j) / \sum A \tag{3-11}$$

式中，q_A 为面积比流量，L/(s·km²)；$\sum A$ 为用水区总面积，km²；其余符号意义同前。

2) 沿线流量

某一管段沿途分配出去的流量总和叫沿线流量，用下式计算：

$$q_L = q_s L \tag{3-12}$$

或

$$q_L = q_A A \tag{3-13}$$

式中，q_L 为沿线流量，L/s；L 为管线的供水计算长度，m；A 为管线担负的供水面积，km²；其余符号意义同前。

管段担负的供水面积可用对角线法或角平分线法划分。街坊方正时采用前者，街坊狭长时采用后者。

3) 节点流量

用节点将管线分隔为许多独立的计算管段，每个计算管段在设计计算中被认为是一个单元，有各自的管段流量和管径。凡是管道的交叉点、大用户集中流量接出点或过长管段的中途需设置节点。

管段中实际通过的流量有两部分：一部分是为后续管段转输的流量 q_t，另一部分是该管段沿途分配出去的沿线流量 q_L。转输流量 q_t 从管段的进口到出口沿程不变，而沿线流量在管段进口处为 q_L，沿程均匀减小，直至出口处为零。管段的总流量是这两部分流量的叠加之和，沿程呈梯形变化，进口处流量为 $(q_t + q_L)$，出口处流量为 q_t，如图 3-21 (a) 所示。

沿程变化的流量对管径选择和水头损失计算都不方便，因而需进一步简化，使管段沿程流量成为定值。简化的方法是，将一部分沿线流量 aq_L（$a < 1$）简化到管段出口端面处

流出，剩余沿线流量 $(1-a)q_L$ 从管段进口端面处流出。这样管段流量变为 (q_t+aq_L)，且沿程不变，如图 3-21（b）所示。简化的原则是：简化前后管段总出流量 q_L 不变；简化前后管段的水头损失不变。要满足第二个原则，a 必须在 0.5～0.577 变化，q_t/aq_L 小者取大值。为方便计算，取 $a=0.5$，即管段沿线流量的简化方法是：将管段的沿线出流量一半简化到管段的起点流出，一半简化到末点流出。

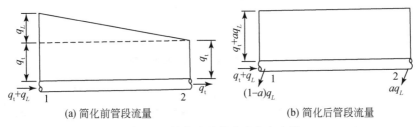

(a) 简化前管段流量　　　　　　　　　　(b) 简化后管段流量

图 3-21　沿线流量简化成节点流量

经上述简化后，所有用户的用水量都从节点上流出，从节点上流出的流量称为节点流量。节点流量中包括大用户集中节点流量和从管段沿线流量简化过来的沿线节点流量，有几个管段与该节点相连，就会有几个沿线流量简化到该节点上，节点流量用下式计算：

$$Q_i = 0.5\sum q_L + Q_j \tag{3-14}$$

式中，Q_i 为节点流量；i 为第 i 节；其余符号意义同前。简化后所有节点流量之和应等于管网总用水量。

4）管段计算流量

用水量简化为节点流量后，可根据管段与节点的相互关系计算管段流量。对于树状网，任一管段的计算流量等于其后所有节点流量之和，管段 3-4 和管段 2-3 的计算流量为

$$q_{3\text{-}4} = Q_4 + Q_5 + Q_6$$
$$q_{2\text{-}3} = Q_3 + Q_4 + Q_5 + Q_6 + Q_7 + Q_8 + Q_9$$

对于环状网，管段计算流量的计算比较复杂，因为一个节点的流量可从多个不同的管段获得，节点流量 Q_6 既可从 3-6 管段获得，也可从 5-6 管段获得，即 $q_{3\text{-}6}^{(0)}+q_{5\text{-}6}^{0}=Q_6$。虽 Q_6 已知，但是也不能确定 $q_{3\text{-}6}^{(0)}$ 和 $q_{5\text{-}6}^{(0)}$ 的值。

2. 管径的确定

管段计算流量确定后，可用下式计算确定管径：

$$D = \sqrt{\frac{4q}{\pi v}} \tag{3-15}$$

式中，D 为管径，m；Q 为管段计算流量，m^3/s；v 为管中流速，m/s。

管中流速按经济流速选定。所谓经济流速是指，按该流速计算确定的管径使得管网的一次性投资和运行费用之和最小。管径和管网投资随着管段流速的增大而减小，管网的水头损失和泵站扬程及其运行费用随着管段流速的增大而增大。设 C 为管网一次性投资，M 为年运行费用，则在投资偿还期 t 年内，管网总费用为 $W=C+tM$，它们与管段流速的关系如图 3-22 所示。

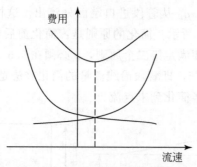

图 3-22　管网费用与流速的关系

当流速为某一值 V_e 时，管网总费用最省，可用以计算确定管径。经济流速受到管材价格、施工费用、电费等诸多因素影响，因此，各地经济流速是不同的，不同管径的经济流速也不同。无可靠资料时，可按表 3-1 平均经济流速计算确定管径。

表 3-1　平均经济流速

管径/mm	平均经济流速/(m/s)
100～350	0.6～0.9
≥400	0.9～1.4

另外，为避免发生水锤，管道流速不宜超过 2.5～3.0 m/s；为防止杂质在管道中沉积，输送原水的管道流速不应小于 0.6 m/s。

3. 水头损失的计算

管网水头损失包括沿程水头损失和局部水头损失，局部水头损失一般较小，不单独计算，而取沿程水头损失的 10% 左右。均匀流管段的水头损失可用谢才公式计算：

$$v = C\sqrt{RI} \tag{3-16}$$

式中，v 为管内平均流速，m/s；C 为谢才系数；R 为过水断面水力半径，m；I 为水力坡降。

不同管材的水力计算已编制有水力计算表，可直接查用。

4. 管网的水力计算

1）树状网水力计算

举例说明树状网水力计算的步骤和方法。

【例 3-1】某镇给水管网布置及管段长度如图 3-23 所示。管网最高用水时用水量 $Q = 97.15$ L/s，分布于 12 个节点上，节点流量标注于图上。各节点要求的最小服务水头相同 $H_c = 20$ m。各节点地面高程及吸水井最低水位列于表 3-2。试进行树状网水力计算。

表 3-2　节点地面高程

节点	0	1	2	3	4	5	6	7	8	9	10	11	12	吸水井	水塔
地面高程/m	32	32.5	32.1	31.4	32.7	34.2	33.15	31.8	32.1	32	32.3	32	32.3	29	32

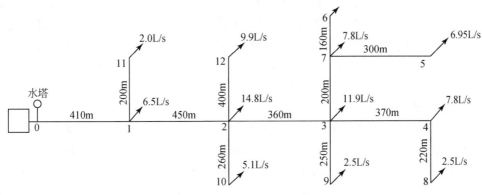

图 3-23　树状网水力计算例题

解：管网计算前需要进行原始资料的准备，简化管网计算图形，计算节点流量。本例题前期准备工作已完成，在此基础上进行水力计算的步骤如下：

（1）选择控制点，确定干线。控制点一般是距泵站较远、地势较高或要求的服务水压较高的点。本例题中 5 节点的距离较远且高程最高，选为控制点。则从控制点到泵站的管线 5—4—3—2—1—0 为干线，其余为支线。由于控制点最难供水，控制点水压高程及干线上管段的水头损失决定着泵站的扬程。

（2）干线水力计算。列表进行干线水力计算，如表 3-3 所示，由节点流量计算管段流量填入表中第 3 栏。根据管段计算流量查《铸铁管水力计算表》，得各管段管径、流速和相应水力坡度，填入表中第 4 栏、第 5 栏、第 6 栏。由于干管的水头损失影响着水泵的扬程，因此所选的管径和流速应满足前述经济流速的要求。

用管长乘以水力坡度得管段水头损失，填入第 7 栏。

由控制点 5 的自由水压 20 m 加上地面高程 34.2 m，得到其要求的水压高程为 54.2 m。由该水压高程向上游逐段加上管段水头损失，得到干线上其他节点的水压高程，填入表中第 9 栏。将干线上所有节点的水压高程减去相应的地面高程得各节点自由水压，填入表中第 11 栏，并检验各节点自由水压是否满足最小服务水头的要求。

表 3-3　干线水力计算

管段	管长 /m	流量 /(L/s)	管径 /mm	流速 /(m/s)	水力坡度	水头损失 /m	节点	水压高程 /m	地面高程 /m	自由水压 /m
(1)	(2)	(3)	(4)	(5)	(6)	(7)	(8)	(9)	(10)	(11)
5-4	300	6.95	100	0.9	0.018 1	5.43	5	54.2	34.2	20.0
4-3	200	34.15	250	0.7	0.003 45	0.69	4	59.63	32.7	26.93
							3	60.32	31.4	28.92
3-2	360	58.85	300	0.83	0.003 7	1.33	2	61.56	32.1	29.55
2-1	450	88.65	350	0.92	0.003 71	1.67	1	63.32	32.5	30.82
1-0	410	97.15	350	1.01	0.001 437	1.79	0	65.11	32.0	33.11

（3）支线水力计算。支线的起点为干线的某一节点，其水压高程已计算出，末点的地面高程加上要求的最小服务水头得到末端节点要求的最小水压高程。起点水压高程与末点要求的水压高程的差即支线上允许的水头损失，因而支线计算时，管段流速不必再满足经济流速的要求，只要求选用尽可能小的管径，尽量利用干线上提供的水压，并使管段流速不超过最大流速，管径不小于最小管径。

2）环状网水力计算

由于环状网的节点流量可以从不同的管路获得，在未选定管径前不能确定各管段中的流量。为了便于说明，以仅有一个环的管网为例说明环状网水力计算的思路。

（1）连续方程和能量方程。设 A，B 管段管径未确定时，其管段流量 q_A，q_B 的值是不能确定的，但知道 $q_A + q_B = Q$。该式反映的是节点流量平衡条件：流入节点的流量等于流出节点的流量，若规定流入节点的流量为负，流出节点的流量为正，则进出节点的流量代数和为零，用公式表示为

$$\sum Q = 0 \qquad (3\text{-}17)$$

式（3-17）称为节点连续方程。

式（3-17）反映的是环能量平衡条件：环内顺时针方向流动的管段水头损失等于逆时针方向流动的管段水头损失，若规定顺时针方向水头损失为正，逆时针方向水头损失为负，则环内水头损失代数和为零，用公式表示为

$$\sum h = 0 \qquad (3\text{-}18)$$

式（3-18）称为环能量方程。

一般地，若环状网有 J_D 个节点，P 个管段，L_S 个环，则其数量满足下式关系：

$$P = J_D + L_{s-1} \qquad (3\text{-}19)$$

环状网能建立 J_{D-1} 个独立的节点连续方程，L_S 个环能量方程，两类方程的总数量为 $(J_D + L_{s-1})$，刚好等于管段的总数量 P，因而可联立求解出 P 个管段流量。因此，得出环状网水力计算的步骤。

第一步：依据一定的原则人为地初步分配各管段的流量，满足节点连续方程。

第二步：利用初步分配的流量，按照经济流速的要求选择管径。

第三步：在管径已选择的基础上，计算各管段的流量，使之既满足连续方程，又满足能量方程；计算管段水头损失。

第四步：选择控制点，计算各节点水压高程和水泵扬程。

（2）初步分配管段流量。在管径未知而节点流量确定的情况下初步分配各管段流量，是人为地对各管段的输水方案做出规划，以此作为选择管径的依据。给某个管段分配较大的流量，就会按照经济流速选出较大的管径。若安装了较大的管径，实际也会有较大的流量流经该管。流量初分配除了必须满足节点连续方程外，还应使水流流经的距离短、保证供水安全等。一般应遵循以下原则：

第一，力求使二级泵站供水沿最短的管线输送到各用水点，以缩短大管径的管线长度，减小水头损失。根据这一原则，可初步确定各管段的流向。

第二，从二级泵站到控制点之间选定几条主要的平行干管线，尽量使这些平行干管中

分配的流量大致均匀，避免一条管段担负过大的流量，以减小事故时影响范围。

第三，干管线之间的连接管，其作用是调剂平行干管之间的水量和水压，平时流量不大，只有在某条干管损坏时才转输较大的流量。因此，连接管中可分配较少的流量。

流量分配可从水源输入点开始，利用节点流量平衡条件，逐节点对各管段进行流量初步分配。初步分配的管段流量以 $q_{ij}^{(0)}$ 表示，如图 3-24 所示。"i，j"表示节点编号，"0"代表初步分配。

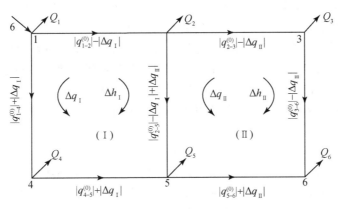

图 3-24　管段流量校正

（3）管网平差。管段流量初步分配后，按照经济流速的要求选定各管段管径。

管径确定后，管网即在确定的管径和节点流量下工作，其工作状态是确定的，下一步的工作是求解出该工况下实际发生的管段流量。在实际运行中，各管段流量必定满足节点连续方程、环能量方程。初步分配的管段流量已满足节点连续方程，但不一定满足能量方程，即实际发生的管段流量并不等于初步分配的管段流量。

如前所述，可联合求解连续方程和能量方程得各管段流量，但由于能量方程是关于管段流量的非线性方程，用手工求解困难，必须借助于计算机求解。

哈代·克罗斯法（Hardy-Cross）是一种适合手工计算的管网水力计算方法，它是在初步分配的管段流量基础上，逐步校正管段流量，使其逼近实际管段流量，满足能量方程。

用初步分配的流量代入已选出的管段中计算水头损失，则各环内水头损失代数和是一不为零的值 Δh，Δh 称为闭合差，如图 3-24 中 Δh_{I} 和 Δh_{II}。Δh_{I} 为顺时针方向 I 环内顺时针方向的水头损失大于逆时针方向的水头损失，顺时针方向流动的管段流量大，逆时针方向流动的管段流量偏小。为此，可将 I 环内所有顺时针方向流动的管段流量减小 Δq_{I}，将所有逆时针方向流动的管段流量增加 Δq_{I}，即在 I 环内施加逆时针校正流量 Δq_{I}。同理，II 环闭合差 Δh_{II} 为顺时针方向，Δq_{II} 为逆时针方向。这种为消除环内闭合差所进行的流量调整计算，称为管网平差。校正流量仍然满足连续方程。

由于计算的是 Δq 的近似值，经一次校正后，管段流量并不一定能达到其实际值，Δh 也就不为零，需要进一步校正。对于手工计算，当每个基环的闭合差小于 0.5 m，任意连成的大环闭合差小于 1.0 m 时认为符合要求。

【例 3-2】 一环状网，最高时用水量 $Q=219.8$ L/s，各节点地面高程及节点流量见表 3-4，最小服务水压 20 m，试进行管网平差计算。

解：（1）给节点和环编号。

（2）管段流量初分配。根据水源和用水情况确定管段流向。流量分配可从起点开始，几条平行的干管线分配大致相近的流量。

（3）选定管径，计算各管段水头损失。根据初步分配的流量和经济流速选定各管段管径并计算管段水头损失，填入表中第 4 栏、第 6 栏。对于连接管，虽然分配的流量较小，但为了保证消防和事故时的供水要求，应适当放大其管径。

（4）计算各环闭合差及校正流量。将环内各管段水头相加得各环闭合差。

（5）计算第一次校正后各管段流量、水头损失及各环闭合差。将各管段初步分配流量加校正流量得第一次校正后管段流量。应特别注意两环间的公共管段。

利用校正后管段流量重新计算各管段水头损失和闭合差，经计算，各环闭合差均小于 0.5 m，大环闭合差小于 1.0 m，可终止计算。

（6）选定控制点，计算各节点水压高程和自由水压。

手工进行环状网平差计算，工作量大，效率低，只适合于环数很少的管网。较大型的管网应采用计算机平差，已有多种管网平差程序，平差原理有哈代·克罗斯法、联合求解连续方程和能量方程法、单独求解连续方程法等。

表 3-4　节点流量与地面高程

项目	节点									
	1	2	3	4	5	6	7	8	9	二级泵站
节点流量/(L/s)	6.0	31.6	20.0	23.6	36.8	25.6	16.8	30.2	19.2	—
地面高程/m	7.1	7.2	7.5	6.9	7.0	6.8	7.7	7.5	7.2	7.0

3.5.4　给水管网的技术经济评价

前述的经济流速是从某一段管道的角度出发，选出使管网费用最小的管径。而管网技术经济计算是通盘考虑所有的管段，选出一个最佳的所有管段管径的组合，使管网的总费用最小，也可称为管网的优化设计。对环状网来说，如果管段流量未分配确定，而是作为化变量进行最优，则优化的结果是某些管段的流量为零。因为按照水源以最短的距离向点供水的原则，水流自然不会舍近求远流经那些仅为加强干管之间的连接管。这样会致使环状网退化为树状网，从而降低供水的可靠性。

因此，管网技术经济计算是在管段流量确定的情况下，优化各管段的管径，使管网总费用最小。常采用优化方法进行管网技术经济计算。

1. 目标函数与约束条件

1）目标函数

优化设计追求的是管网建设和运行费用之和最小，优化变量是各管段管径。因此，目标函数可写成如下形式：

$$\min W(D)=C/t+M \tag{3-20}$$

式中，W 为管网总费用年折算值，万元/年；C 为管网建设费用，万元；M 为管网年运行费，万元；t 为投资偿还期，年。

2）约束条件

(1) $H_c \geqslant H_{cmin}$，即各节点自由水压不小于最小服务水头。

(2) $D_{ij} \geqslant D_{min}$，即管径不小于最小管径。

(3) $V_{ij} \leqslant V_{max}$，即管段流速不大于最大允许流速。

(4) $f_k(h)=\sum h_{ij}=0$，即满足能量方程，使环内水头损失代数和为零。

(5) $\sum Q=0$，即满足节点连续方程。

2. 管网费用计算

管网费用分为管网建设费和年运行费。建设费包括管材费用和施工安装费用，年运行费包括动力费和折旧大修费。

3.5.5　管网信息资料管理

可采用图纸、表格、附件和用户卡片等传统的方式，但这种方法不利于信息的更新和查询，使用不便。为了克服这一缺点，可利用计算机进行信息资料管理，其优点是容量大、便于资料的更新、使用便捷。计算机管理的管网信息包括图形信息和数据信息，图形信息是指给水系统的平面结构、节点详图、用户分布等；数据信息包括节点参数、管段参数、仪器设备信息、水源参数、用水量信息、用户档案等。目前较流行的管网信息管理系统是在地理信息系统（GIS）的基础上开发的，它能实现图形与数据间的交叉传递，使得数据的更新、查询、调用更加形象化。国内外都开发了不少这样的软件，我国不少城市的给水系统已经建立了管网图形信息管理系统。

3.5.6　管网运行状态的监测与模拟

管网的运行状态是分析供水服务质量、确定管网优化调度和管网改造的依据。由于用户的用水量是随时变化的，因此管网的运行状态也是随时变化的，要想获得较准确的管网信息必须实测管网水压和流量。

水压普测是同时测定某一工况下所有管网节点的水压，利用普测水压在管网平面图上绘制等水压线，水压线压差一般为 0.5～1.0 m，由此反映各条管线的负荷和服务质量，水压线过密表示该处管网负荷大，应对管网负荷大或服务水压低的地区进行管网改造。水压普测时的临时测压设备可安装在消火栓和水龙头等处。

除了临时的普测外，还应安装永久性测压设备连续测定部分节点的水压，数据可采用自动记录仪实地记录，也可以采用有线或无线直接传输到计算机信息管理系统。永久性测压设备应安装在有代表性的点或特殊点（如控制点、水厂出水口等）。

另外，还应在水厂出口或主要干管安装测流设备，测定瞬时流量，并累计总过水量 f 以帮助反映管网状态和进行水量平衡分析。

目前，不少管网采用 SCADA 系统采集并显示管网水压、流量信息以及部分设备的运行情况。

管网模拟是利用计算机实时模拟管网的运行状态，以便管理人员全面了解管网的水压、流量信息，为优化调度提供依据。模拟的方法有水力模型法和状态估计法。水力模型法是收集管网平差所需的管网结构参数、节点流量、水源供水量，经管网平差求得管网运行状态参数。这种模拟方法技术成熟，计算量小，但数据的准备工作量大，且节点流量是由以往的用水资料推求得到的，而不是实时的用水量，因而这种模拟并非真正意义上的实时模拟。状态估计法是利用少量的管网实测水压和流量数据，利用计算机求解状态估计数学模型，估计推求所有的节点水压。由于采用了实测数据，因而模拟结果更接近实际运行状态，但这种方法的计算量较大，用于实时模拟时需要在管网中安装实时监测传输设备。我国上海、深圳等城市都建立了管网水力模拟模型。

3.5.7　管网优化调度

当一个管网系统由几个水源供水时，应合理调配各水源的供水量，确定各泵站的水泵启闭方案，使得供水均匀，既保证服务水压，又不至于水压过高，以降低供水电费。由于管网的用水量及其分布是随时变化的，因而必须利用遥测设备随时掌握管网运行状况，及时做出调度。

调度方案的确定可以采用经验法和优化模型法。经验法就是管理人员依据管网运行状态和运行经验对各水厂的水泵启闭做出安排，该方法要求管理人员熟悉管网及各泵站的设备的情况，人为做出的调度方案有时并不一定是最优的。优化模型法是依据保证供水质量、降低供水成本的要求建立管网优化调度数学模型，利用实时采集的水压信息求解数学模型，得出最优的调度方案。

调度方案一般由中央控制室做出，调度指令可由各水厂分别执行，也可通过遥控装置由中央控制室直接调度各供水设备。

3.5.8　管网检漏与修漏

据统计，我国城市管网的平均漏水量约占总供水量的 12%，每年的漏水量是相当可观的。漏水无形中增加了供水价格，对大孔性或湿陷性黄土地区，漏水还会影响到建筑物地基。在水资源日趋紧张的情况下，减少漏水相当于新增了水源，因而是非常必要的。

漏水的原因很多，如由于水压过高或地面重压引起的爆管，由于锈蚀引起的管壁烂洞、接口漏水、附件漏水等。检漏的方法有以下几种。

（1）水量平衡分析。管网的用水包括计量用水、未计量的用水（如绿化、消防等）、漏水，漏水量等于总供水量减去总用水量。由于未计量用水的估计存在误差，因而用水量平衡分析计算出的漏水量存在一定误差，但可从总体上了解管网的漏水水平。

（2）分区检漏。关闭某一区域管网的所有进水阀门及区域内的用户管，安装一根连接区域内外的小管，并在小管上安装流量计或水表，则流量计或水表示数即为区域内的漏水量。该方法只在允许短期停水的区域进行。

（3）实地观察法。即从地表观察漏水的迹象，如晴天路面湿润、路面下沉等。

（4）听漏。当管道或附件漏水时，会产生轻微的噪声，可采用听漏棒或检漏仪测听。听漏一般在夜间进行，以免其他噪声干扰，采用听漏棒时需要一定的经验判定漏水声。

供水企业还应建立一支反应速度快、施工质量高的检漏与修漏队伍，准备必要的抢修设备和材料，保证检修速度和质量。

3.5.9　管网防腐蚀与除垢

管内水流和管外土壤的低 pH、高含盐量以及流散电流会引起金属管道的腐蚀，腐蚀降低了管道的强度，容易产生爆管和管壁烂洞，还会增大内壁粗糙度。防止管道腐蚀的方法有以下 3 种。

（1）采用非金属管材。

（2）在金属管内壁涂油漆、水泥砂浆、沥青等防腐隔层。

（3）阴极保护法。将直流电源的负极连接在金属管材上，阳极连接在埋在管道附近的废铁上；或将铝、镁、锌等金属埋在管道附近，并用导线连接到管道上。

水中难溶盐沉淀、悬浮物沉淀、铁细菌及藻类等微生物的滋长繁殖会引起管道内壁结垢，结垢使得内壁粗糙度增大。为了防止腐蚀和结垢，除了对新埋设的金属管道采用水泥砂浆涂衬外，还应对已埋地的管道进行刮管涂料，以恢复管道的过水能力。刮管的方法有以下 3 种。

（1）高速水流冲洗。将流速提高到正常流速的 3～5 倍，可冲刷较松软的积垢。

（2）刮管器刮除。将刮管器放入管道中，用钢丝绳等工具来回拉动，可刮除较坚硬的结垢。

（3）酸洗法。将一定浓度的盐酸或硫酸溶液放入水管中，浸泡 14～18 h 以去除碳酸盐和铁锈等积垢，再用清水冲洗干净，直到出水不含溶解的沉淀物和酸为止。为防止酸侵蚀管壁，应在酸洗液中加入缓蚀剂。刮管后的管内壁应及时用水泥砂浆或聚合物水泥砂浆涂衬。

3.6　城市排水系统工程

3.6.1　概述

在城镇，从住宅、工厂和各种公共建筑中不断地排出各种各样的污水和废弃物，需要及时妥善地排除、处理或利用。在人们的日常生活中，盥洗、淋浴和洗涤等都要使用水，用后便成为生活污水。现代城镇的住宅，不仅利用卫生设备排除污水，而且随污水排走粪便和废弃物，特别是有机废弃物。生活污水含有大量腐败性的有机物以及各种细菌、病毒等致病性的微生物，也含有为植物生长所需要的氮、磷、钾等肥分，应当予以适当处理和利用。

在工业企业中，几乎没有一种工业不用水。在总用水量中，工业用水量占有相当大的比例。水经生产过程使用后，绝大部分成为废水。工业废水有的被热所污染，有的则夹带着大量的污染杂质，如酚、氰、砷、有机农药、各种重金属盐类、放射性元素和某些相当稳定生物难以降解的有机合成化学物质，甚至还可能含有某些致癌物质等。这些物质多数既是有害和有毒的，但也是有用的，必须妥善处理或回收利用。

城市雨水和冰雪融水也需要及时排除，否则将积水为害，妨碍交通，影响人们的生产和日常生活，甚至危及人们的生命安全。

在人们生产和生活中产生的大量污水，如不加控制，任意直接排入水体（江、河、湖、海、地下水）或土壤，使水体或土壤受到污染，将破坏原有的自然生态环境，以致引起环境问题，甚至造成公害。因为污水中总是或多或少地含有某些有毒、有害物质，毒物过多将毒死水中或土壤中原有的生物，破坏原有的生态系统，甚至使水体成为"死水"，使土壤成为"不毛之地"。而生态系统一旦遭到破坏，就会影响自然界生物与生物、生物与环境之间的物质循环和能量转化，给自然界带来长期的、严重的危害。污水中的有机物则在水中或土壤中，由于微生物的作用而进行好氧分解，消耗其中的氧气。如果有机物过多，氧的消耗速度将超过其补充速度，使水体或土壤中氧的含量逐渐降低，直至达到无氧状态。这不仅同样危害水体或土壤中原有生物的生长，而且此时有机物将在无氧状态下进行另一种性质的分解——厌氧分解，从而产生一些有毒和恶臭的气体，毒化周围环境。为保护环境避免发生上述情况，现代城市就需要建设一整套的工程设施来收集、输送、处理和处置污水，此工程设施就称为排水工程。

排水工程作为国民经济的一个组成部分，对保护环境、促进工农业生产和保障人民的健康，具有巨大的现实意义和深远的影响。应充分发挥排水工程的积极作用，使经济建设、城乡建设与环境建设同步规划、同步实施、同步发展，以实现经济效益、社会效益和环境效益的统一。

3.6.2　排水系统的体制及其选择

在城市和工业企业中通常有生活污水、工业污水和雨水。这些污水可以采用一套沟道系统或是采用两套或两套以上的、各自独立的沟道系统来排除，污水的这种不同的排除方式所形成的排水系统的体制，简称排水体制，又称排水制度。排水系统主要有合流制和分流制两种系统。

合流制排水系统是将生活污水、工业废水和雨水混合在同一套沟道内排除的系统。早期的合流制排水系统是将排除的混合污水不经处理和利用，就近直接排入水体，故称为直排式排水系统。以往国内外老城市几乎都是采用这种排水系统，对水体污染严重。改造老城市直排式合流制排水系统时，常采用截流式合流制排水系统（图 3-25）。这是在早期建设的基础上，沿水体岸边增建一条截流干沟，并在干沟末端设置污水处理厂。同时，在截流干沟与原干沟相交处设置溢流井。晴天和初降雨时，所有污水都排送至污水处理厂，经处理后排放水体；随着雨量的增加，雨水径流相应增加，当来水流量超过截流干沟的输水能力时，将出现溢流，部分混合污水经溢流井直接溢入水体。这种排水系统虽比直接式有了较大的改进，但在雨天，仍可能有部分混合污水因直接排放而污染水体。

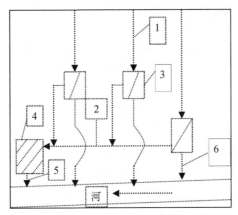

图 3-25　截流式合流制排水系统

1. 干管；2. 截流主干管；3. 溢流井；4. 污水处理厂；5. 出水口；6. 溢流出水口

分流制排水系统是将污水和雨水分别在两套或两套以上各自独立的沟道内排除的系统。排除生活污水、工业废水或城市污水的系统称为污水排水系统；排除雨水的系统称为雨水排水系统。由于排除雨水的方式不同分流制排水系统又分为完全分流制和不完全分流制两种。

完全分流制排水系统既有污水排水系统，又有雨水排水系统（图 3-26）。生活污水、工业废水通过污水排水系统排至污水处理厂，经处理后排入水体；雨水则通过排水系统直接排入水体。

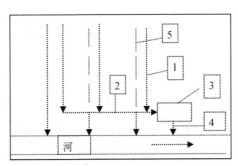

图 3-26　分流制排水系统

1. 污水干管；2. 污水主干管；3. 污水处理厂；4. 出水口；5. 雨水干管

不完全分流制排水系统只设有污水排水系统，各种污水排水系统送至污水处理厂，经处理后排入水体；雨水则通过地面漫流进入不成系统的明沟或小河，然后进入较大的水体。

在一座城市中，有时是混合制排水系统，即既有分流制也有合流制的排水系统。混合制排水系统一般是具有合流制的城市需要扩建排水系统时出现的。在大城市中，因各区域的自然条件以及修建情况可能相差较大，因地制宜地在各区域采用不同的排水体制也是合理的。例如，美国的纽约以及我国的上海等城市便是因这样形成的混合制排水系统。

合理地选择排水系统的体制，是城市和工业企业排水系统规划和设计的重要问题。它不仅从根本上影响排水系统的设计、施工、维护管理，而且对城市和工业企业的规划和环境保护影响深远，同时也影响排水系统工程的总投资和初期投资费用以及维护管理费用。通常，排水系统体制的选择应满足环境保护的需要，根据当地条件，通过技术经济比较确定。而环境保护应是选择排水体制时所考虑的主要问题。下面从不同角度来进一步分析各种体制的使用情况。

从环境保护方面来看，如果采用合流制将城市生活污水、工业废水和雨水全部截流送往污水处理厂进行处理，然后再排放，从控制和防止水体的污染来看，是较好的；但这时截流主干管尺寸很大，污水处理厂容量也增加很多，建设费用也相应地增高。采用截流式合流制时，在暴雨径流之初，原沉淀在合流管渠的污泥被大量冲起，经溢流井溢入水体，所谓的"第一次冲刷"。同时，雨天时有部分混合污水经溢流井溢入水体。实践证明，采用截流式合流制的城市，水体仍然遭受污染，甚至达到不能容忍的程度。为了改善截流式合流制这一严重缺点，今后探讨的方向是应将雨天时溢出的混合污水予以储存，待晴天时再将储存的混合污水全部送至污水处理厂进行处理。雨水污水储水池可设在溢流出水口附近，或者设在污水处理厂附近，这是在溢流后设储存池，以减轻城市水体污染的补充设施。有时是排水系统的中、下游沿线适当地点建造调节、处理（如沉淀池等）设施，对雨水径流或雨污混合污水进行储存调节，以减少合流管的溢流次数和水量，去除某些污染物以改善出流水质，暴雨过后再由重力流或提升，经管渠送至污水处理厂处理后再排入水体。或者将合流制改建成分流制排水系统等。分流制是将城市污水全部送至污水处理厂进行处理。但初雨径流未加处理就直接排入水体，对城市水体也会造成污染，有时还很严重，这是它的缺点。近年来，国外对雨水径流的水质调查发现，雨水径流特别是初降雨水径流对水体的污染相当严重，甚至提出对雨水径流也要严格控制。分流制虽然具有这一缺点，但它比较灵活，比较容易适应社会发展的需要，一般又能符合城市卫生的要求，所以在国内外获得了较广泛的应用。

从造价方面来看，据国外已有经验认为合流制排水管道的造价比完全分流制一般要低20％～40％，可是合流制的泵站和污水处理厂比分流制的造价要高。从总造价来看完全分流制比合流制可能要高。从初期投资来看，不完全分流制因初期只建污水排水系统，因而可节省初期投资费用；此外，又可缩短施工期，发挥工程效益也快。而合流制和完全分流制的初期投资均比不完全分流制要大。所以，我国过去很多新建的工业基地和居住区均采用不完全分流制排水系统。

从维护方面来看，晴天时污水在合流制管道中只是部分流，雨天时才接近满管流，因而晴天时合流制管道内流速较低，易于产生沉淀。但据经验，管中的沉淀物易被暴雨水流冲走，这样，合流管道维护管理费用可以降低。但是，晴天和雨天时流入污水处理厂的水量变化很大，增加了合流制排水系统污水处理厂运行管理中的复杂性。而分流制系统可以保持管内的流速，不致发生沉淀，同时，流入污水处理厂的水量和水质比合流制变化小得多，污水处理厂的运行易于控制。

混合制排水系统的优缺点，介于合流制和分流制排水系统之间。

3.6.3　排水系统的主要组成部分

下面就城市污水、工业废水、雨水等各排水系统的主要组成部分分别加以介绍。

1. 城市污水排水系统的主要组成部分

城市污水包括排入城市污水管道的生活污水和工业废水。将工业废水排入城市生活污水排水系统，就组成城市污水排水系统。城市生活污水排水系统由下列几个主要部分组成。

1）**室内污水管道系统及设备**

室内污水管道系统及设备的作用是收集生活污水，并将其排送至室外居住小区污水管道中去。在住宅及公共建筑内，各种卫生设备既是人们用水的容器，也是承受污水的容器，它们又是生活污水排水系统的起端设备。生活污水从这里经水封管、支管、竖管和出户管等室内管道系统流入室外居住小区管道系统。在每一出户管与室外居住小区管道相接的连接点设检查井，供检查和清通管道之用。

2）**室外污水管道系统**

分布在地面下的依靠重力流输送污水至泵站、污水处理厂或水体的管道系统称为室外污水管道系统。它又分为居住小区污水管道系统及街道污水管道系统。

（1）居住小区污水管道系统。敷设在居住小区内，连接建筑物出户管的污水管道系统，称为居住小区污水管道系统。它分为接户管、小区污水支管和小区污水干管。接户管是指布置在建筑物周围接纳建筑物各污水出户管的污水管道。小区污水支管是指布置在居住小区内与接户管连接的污水管道，一般布置在小区内道路下。小区污水干管是指在居住小区内，接纳各居住小区内小区支管流来的污水的污水管道，一般布置在小区道路或市政道路下。

（2）街道污水管道系统。街道污水管道系统敷设在街道下，用以排除居住小区管道流来的污水。在一个市区内它由城市支管、干管、主干管等组成（图 3-27）。

支管是承受居住小区干管流来的污水。在排水区界内，常按分水线划分成几个排水流域。在各排水流域内，干管汇集输送由支管流来的污水，也常称流域干管。主干管是汇集输送由两个或两个以上干管流来的污水管道。市郊干管是从主干管把污水输送至总泵站、污水处理厂或通至水体出水口的管道，一般在污水管道系统设置区范围之外。

（3）管道系统上的附属构筑物。管道系统上的附属构筑物有检查井、跌水井倒虹管，等等。

3）**水泵站及压力管道**

污水一般以重力流排除，但往往由于受到地形等条件的限制而发生困难，这时就需要设置泵站。泵站分为局部泵站、中途泵站和总泵站等。压送从泵站出来的污水至高地自流管道或至污水处理厂的承压管段，称压力管道。

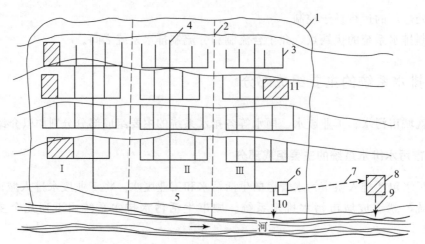

图 3-27　城市污水排水系统总平面示意图

Ⅰ，Ⅱ，Ⅲ．排水流域；1．城市边界；2．排水流域分界线；3．支管；4．干管；5．主干管；6．总泵房；
7．压力管道；8．城市污水处理厂；9．出水口；10．事故排出口；11．工厂

4）污水处理厂

供处理和利用污水、污泥的一系列构筑物及附属构筑物的综合体称污水处理厂。

5）出水口及事故排出口

污水排入水体的渠道和出口称出水口，它是整个城市污水排水系统的终点设备。事故排出口是指在污水排水系统的中途，在某些易于发生故障的组成部分前面，如在总泵站的前面，所设置的辅助性出水渠，一旦发生故障，污水就通过事故排出口直接排入水体。

2. 工业废水排水系统的主要组成部分

工业废水排水系统，由下列几个主要部分组成：

（1）车间内部管道系统和设备。主要用于收集各生产设备排出的工业废水，并将其排送至车间外部的厂区管道系统中去。

（2）厂区管道系统。敷设在工厂内，用以收集并输送各车间排出的工业废水的管道系统。

（3）污水泵站及压力管道。

（4）废水处理站。是回收和处理废水与污泥的场所。

3. 雨水排水系统的主要组成部分

雨水排水系统，由下列几个主要部分组成。

（1）建筑物的雨水管道系统和设备。主要是收集工业、公共或大型建筑的屋面雨水，并将其排入室外的雨水管渠系统中去。

（2）居住小区或工厂雨水管渠系统。

（3）街道雨水管渠系统。

（4）排洪沟。

（5）出水口。

3.6.4　排水系统的布置形式

城市、居住区或工业企业的排水系统在平面上的布置，随着地形、竖向规划，污水处理厂的位置、土壤条件、河流情况，以及污水的种类和污染程度等因素而定。在工厂中，车间的位置、厂内交通运输线及地下设施等因素都将影响工业企业排水系统的布置。

在实际情况下，单独采用一种布置形式的较少，通常是根据当地条件，因地制宜地采用综合布置形式。

3.6.5　城市雨污水管道系统

污水管道系统是由收集和输送城市污水的管道及其附属构筑物组成的。雨水灌渠系统是由雨水口、雨水灌渠、检查井、出水口等构筑物所组成的。它们的建设依据是批准的当地总体规划及排水工程总体规划。

1. 污水管道系统的设计

做好污水管道系统的规划设计必须以可靠的资料为依据。设计人员接受设计任务后，需做一系列的准备工作。一般应先了解、研究设计任务书或批准文件的内容，弄清本工程的范围和要求，然后赴现场踏勘，分析、核实、收集、补充有关的基础资料。进行排水工程（包括污水管道系统）设计时，通常需要有以下几方面的基础资料。

1）有关明确任务的资料

凡进行城镇（地区）的排水工程新建、改建和扩建工程的设计，一般需要了解与本工程有关的城镇（地区）的总体规划以及道路、交通给水、排水、电力、电信、防洪、环保、燃气、园林绿化等各项专业工程的规划。这样可进一步明确本工程的设计范围、设计时限、设计人口数；拟用的排水体制；污水处置方式；受纳水体的位置及防治污染的要求；各类污水量定额及其主要水质指标；现有雨水，污水管道系统的走向，排出口的位置和高程，存在问题；与给水、电力、电信、燃气等工程管线及其他市政设施可能的交叉；工程投资情况等。

2）有关自然因素方面的资料

（1）地形图。进行大型排水工程设计时，在初步设计阶段要求有设计地区和周围 25～30 km 范围的总地形图，比例尺为 1∶10 000～1∶25 000，等高线间距 1～2 m。中小型设计，要求有设计地区总平面图，城镇可采用比例尺为 1∶5000～1∶10 000，等高线间距 1～2 m；工厂可采用比例尺为 1∶500～1∶2000，等高线间距 0.5～2 m。在施工图阶段，要求有比例尺 1∶500～1∶2000 的街区平面图，等高线间距 0.5～1 m；设置排水管道的沿线带状地形图，比例尺为 1∶200～1∶1000；拟建排水泵站和污水处理厂处，管道穿越河流、铁路等障碍物处的地形图要求更加详细，比例尺通常采用 1∶100～1∶500，等高线间距 0.5～1 m。另外还需排出口附近河床横断面图。

（2）气象资料。包括设计地区的气温（平均气温、极端最高气温和最低气温）；风向和风速；降水量资料或当地的雨量公式；日照情况；空气湿度等。

(3) 水文资料。包括接纳污水的河流的流量、流速、水位记录、水面比降，洪水情况和河水水温、水质化验资料，城市、工业取水及排污情况，河流利用情况及整治规划情况。

(4) 地质资料。主要包括设计地区的地表组成物质及其承载力；地下水分布及其水位、水质；管道沿线的地质柱状图；当地的地震烈度资料。

3) 有关工程情况的资料

包括道路的现状和规划，如道路等级、路面宽度及材料；地面建筑物和地铁；其他地下建筑的位置和高程；给水、排水、电力、电信电缆、燃气等各种地下管线的位置；本地区建筑材料、管道制品、电力供应的情况和价格；建筑、安装单位的等级和装备情况等。

在掌握了较为完整可靠的设计基础资料后，设计人员根据工程的特点，对工程中一些原则性的、涉及面较广的问题提出了不同的解决方法，这样就构成了不同的设计方案。

这些方案除满足相同的工程要求之外，在技术经济上是互相补充、互相对立的。因此必须对各设计方案深入分析其利弊和产生的各种影响。例如，对城镇（城区）排水工程设计方案的分析中，必然会涉及排水体制的选择问题；接纳工业废水并进行集中处理和处置的可能性问题；污水分散处理或集中处理问题；与给水、防洪等工程协调问题；污水处理程度和污水、污泥处理工艺的选择问题；污水出水口位置与形式选择问题；设计期限的划分与相互衔接的问题等，其涉及面十分广泛而且政策性强。又如，对城镇污水管道系统设计方案分析中，会涉及污水管道的布局、走向、长度、断面尺寸、埋设深度、管道材料，与障碍物相交时采用的工程措施，中途泵站的数目与位置等诸多问题，使确定的设计方案体现国家有关方针、政策，既技术先进，又切合实际，安全适用，具有良好的环境效益、经济效益和社会效益。因此对提出的设计方案需要进行技术经济比较评价，经过综合比较所确定的最佳方案即为最终的设计方案。

2. 污水管道设计流量的确定

污水管道及其附属构造物能保证通过的污水最大流量称为污水设计流量。进行污水管道系统设计时常采用最大日最大时流量为设计流量，其单位为 L/s。污水设计流量包括生活污水和工业废水两大类，现分述如下：

1) 生活污水设计流量

(1) 居住区生活污水设计流量按下式计算：

$$Q_1 = \frac{nNK_z}{24 \times 3600} \tag{3-21}$$

式中，Q_1 为居住区生活污水设计流量，L/s；n 为居住区生活污水定额，L/(cap·d)；N 为设计人口数；K_z 为生活污水量总变化系数；cap 为"人"的计量单位。

(2) 居住区生活污水定额。居住区生活污水定额可参考居民生活污水定额或综合生活污水定额。

①居民生活污水定额。居民每人每天日常生活中洗涤、冲厕、洗澡等产生的污水量[L/(cap·d)]。②综合生活污水定额。指居民生活污水和公共设施（包括娱乐场所、宾

馆、浴室、商业网点、学校和机关办公室等地方）排出污水两部分的总和 [L/(cap • d)]。

（3）设计人口。指污水排水系统设计期限终期的规划人口数，是计算污水设计流量的基本数据。该值是由城镇（地区）的总体规划确定的。在计算污水管道服务的设计人口时常用人口密度与服务面积相乘得到。

人口密度表示人口分布的情况，是指住在单位面积上的人口数，以 cap/hm^2 表示。若人口密度所用的地区面积包括街道、公园、运动场、水体等在内时，该人口密度称作总人口密度。若所用的面积只是街区内的建筑面积时，该人口密度称作街区人口密度。在规划或初步设计时，计算污水量是根据总人口密度计算。而在技术设计或施工图设计时，一般采用街区人口密度计算。

（4）生活污水量总变化系数。由于居住区生活污水定额是平均值，因此根据设计人口和生活污水定额计算所得的是污水平均流量。而实际上流入污水管道的污水量时刻都在变化。夏季和冬季的污水量不同。一日中，日间和晚间污水量不同，日间各小时的污水量也有很大的差异。一般来说，居住区的污水量在凌晨几个小时最小，上午 6：00～8：00 和下午 17：00～20：00 流量较大。就是在 1h 内，污水量也是有变化的，但这个变化比较小，通常假定 1h 过程中流入污水管道的污水是均匀的。这种假定，一般不至于影响污水排水系统设计和运转的合理性。

污水量的变化程度通常用变化系数表示。变化系数分日、时及总变化系数。一年中最大日污水量与平均日污水量的比值称为日变化系数 K_d。最大日中最大时污水量与该日平均时污水量的比值称为时变化系数 K_h。最大日最大时污水量与平均日平均时污水量的比值称为总变化系数 K_z。

显然

$$K_z = K_d \times K_h$$

通常，污水管道的设计断面系根据最大日最大时污水流量确定，因此需要求出总变化系数。然而一般城市缺乏日变化系数和时变化系数的数据，要直接采用上式求变化系数有困难。实际上，污水流量的变化情况随着人口数和污水定额的变化而定。若污水定额一定，流量变化幅度随人口数增加而减少；若人口数一定则流量变化幅度随污水定额增加而减少。因此，在采用同一污水定额的地区，上游管道由于服务人口少，管道中出现的最大流量与平均流量的比值较大。而在下游管道中，服务人口多，来自各排水地区的污水由于流行时间不同，高峰流量得到削减，最大流量与平均流量的比值较小，流量变化幅度小于上游管道。也就是说，总变化系数与平均流量之间有一定的关系，平均流量越大，总变化系数越小。

表 3-5 是我国 GBJ14—87《室外排水设计规范》采用的居住区生活污水量总变化系数值。

表 3-5　生活污水量总变化系数

污水平均日流量/(L/s)	5	15	40	70	100	200	500	≥1000
总变化系数 K_z	2.3	2.0	1.8	1.7	1.6	1.5	1.4	1.3

注：①当污水平均日流量为中间数值时，总变化系数用内插法求得；②当居住区有实际生活污水量变化资料时，可按实际数值采用

(5) 企业生活污水及淋浴污水的设计流量按下式计算：

$$Q_2 = \frac{A_1 B_1 K_1 + A_2 B_2 K_2}{3600T} + \frac{C_1 D_1 + C_2 D_2}{3600} \tag{3-22}$$

式中，Q_2 为工业企业生活污水及淋浴污水设计流量，L/s；A_1 为一般车间最大班职工数，人；A_2 为热车间最大班职工数，人；B_1 为一般车间职工生活污水量标准，L/(人·班)；B_2 为热车间职工生活污水量标准，L/(人·班)；K_1 为一般车间生活污水时变化系数；K_2 为热车间生活污水时变化系数；C_1 为一般车间最大班使用淋浴的职工人数，人；C_2 为热车间最大班使用淋浴的职工人数，人；D_1 为一般车间淋浴污水量标准，L/(人·班)；D_2 为热车间淋浴污水量标准，L/(人·班)；T 为每班工作时数，h；淋浴时间以 60 min 计。

2）工业废水设计流量

工业废水设计流量按下式计算：

$$Q_3 = \frac{mMK_z}{3600T} \tag{3-23}$$

式中，Q_3 为工业废水设计流量，L/s；m 为生产过程中每单位产品的废水量，L/单位产品；M 为产品的平均日产量；T 为每日生产时数，h；K_z 为总变化系数。

3）地下水渗入量

在地下水位较高地区，因当地土质、管道及接口材料、施工质量等因素的影响，一般均存在地下水渗入现象，设计污水管道系统时宜适当考虑地下水渗入量（Q_4）。一般以单位管道延长米或单位服务面积公顷计算，日本规程（指针）规定采用经验数据为：每人每日最大污水量的 10%～20%。

4）城市污水设计总流量计算

城市污水总的设计流量是居住区生活污水、工业企业生活污水和工业废水设计流量三部分之和。在地下水位较高地区，还应加入地下水渗入量。因此，城市污水设计总流量一般为

$$Q = Q_1 + Q_2 + Q_3 + Q_4 \tag{3-24}$$

3. 污水管道的水力计算

1）水力计算的基本公式

污水管道水力计算的目的，在于合理地、经济地选择管道断面尺寸、坡度和埋深。由于这种计算是根据水力学规律，所以称作管道的水力计算。为了简化计算工作，管道的水力计算中仍采用均匀流公式。常用的均匀流基本公式为

流量公式：

$$Q = Av \tag{3-25}$$

流速公式：

$$v = C\sqrt{RI} \tag{3-26}$$

式中，Q 为流量，m^3/s；A 为过水断面面积，m^2；v 为流速，m/s；R 为水力半径（过水断面面积与湿周的比值），m；I 为水力坡度（等于水面坡度，也等于管底坡度）；C 为流速系数或称谢才系数。

C 值一般按曼宁公式计算，即：$C = 1/nR^{1/6}$，代入式（3-25）和式（3-26）得

$$v = \frac{1}{n} R^{\frac{2}{3}} I^{\frac{1}{2}} \tag{3-27}$$

$$Q = \frac{1}{n} A R^{\frac{2}{3}} I^{\frac{1}{2}} \tag{3-28}$$

式中，n 为管壁粗糙系数。该值根据管渠材料而定，水管道的管壁粗糙系数一般采用 0.014。

2）污水管道水力计算的设计数据

从水力计算公式可知，设计流量与设计流速及过水断面面积有关，而流速则是管壁粗糙系数、水力半径和水力坡度的函数。为了保证污水管道的正常运行，在《室外排水设计规范》（GBJ14—87）中对这些因素作了规定，在污水管道进行水力计算时应予以遵守。

（1）设计充满度。在设计流量下，污水在管道中的水深 h 和管道直径 D 的比值称为设计充满度（或水深比）。当 $h/D = 1$ 时称为满流；$h/D < 1$ 时称为不满流。

污水管道的设计有按满流和不满流两种方法。我国按不满流进行设计，其最大设计充满度的规定如图 3-28 所示。

在计算污水管道充满度时，不包括淋浴或短时间内突然增加的污水量，但当管井小于或等于 300 mm 时，应按满流复核。这样规定的原因是：①污水流量时刻在变化，很难精确计算，而且雨水或地下水可能通过检查井盖或管道接口渗入污水管道。因此，有必要保留一部分管道断面，为未预见水量的增长留有余地，避免污水溢出妨碍环境卫生。②污水管道内沉积

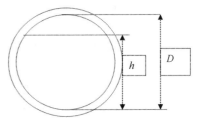

图 3-28　充满度示意图

的污泥可能分解析出一些有害气体。此外，污水中如含有汽油、苯、石油等易燃液体时，可能形成爆炸性气体，故需留出适当的空间，以利管道的通风，排除有害气体，对防止管道爆炸有良好效果。③便于管道的疏通和维护管理。

（2）设计流速。和设计流量、设计充满度相应的水流平均速度叫做设计流速。为了防止管道中产生淤积或冲刷，设计流速不宜过小或过大，应在最大和最小设计流速范围之内。

最小设计流速是保证管道内不至于发生淤积的流速。这一最低的限值与污水中所含悬浮物的成分和粒度有关；与管道的水力半径、管壁的粗糙系数有关。根据国内污水管道实际运行情况的观测数据并参考国外经验，污水管道的最小设计流速为 0.6 m/s，含有金属、矿物固体或重油杂质的生产污水管道，其最小设计流速宜适当加大，其值要根据试验或运行经验确定。

最大设计流速是保证管道不被冲刷损坏的流速。该值与材料有关，通常，金属管道的最大设计流速为 10 m/s，非金属管道的最大设计流速为 5 m/s。

（3）最小管径。一般在污水管道系统的上游部分，设计污水流量很小，若根据流量计算，则管径会很小。根据养护经验证明，管径过小极易堵塞，如 150 mm 支管的堵塞次数，有时达到 200 mm 支管堵塞次数的两倍，使养护管道的费用增加。而 200 mm 与 150 mm 管道在同样埋深下，施工费用相差不多。此外，因采用较大的管径，可选用较小的坡度，使管道埋深减小。因此，为了养护工作的方便，常规定一个允许的最小管径。在街区和厂区内最小管径为 200 mm，在街道下为 300 mm。在进行管道水力计算时，上游

管段由于服务的排水面积小，因而设计流量小，按此流量计算得出的管径小于最小管径，此时就采用最小管径值。因此，一般可根据最小管径在最小设计流速和最大充满度情况下能通过的最大流量值，进一步估算出设计管段服务的排水面积。若设计管段服务的排水面积小于此值，则直接采用最小管径和相应的最小坡度而不再进行水力计算。在这些管道中，当有适当的冲洗水源时，可考虑设置冲洗井。

（4）最小设计坡度。在污水管道系统设计时，通常使管道埋设坡度与设计地区的地面坡度基本一致，但管道坡度造成的流速应等于或大于最小设计流速，以防止管道内产生沉淀。这一点在地势平坦或管道走向与地面坡度相反时尤为重要。因此，将对应于管道流速为最小设计流速时的管道坡度叫做最小设计坡度。

从水力计算公式看出，设计坡度与设计流速的平方成正比，与水力半径的 2/3 次方成反比。由于水力半径是过水断面积与湿周的比值，因此不同管径的污水管道应有不同的最小坡度。管径相同的管道，因充满度不同，其最小坡度也不同。当在给定设计充满度条件下，管径越大，相应的最小设计坡度值也就越小，所以只需规定最小管径的最小设计坡度值即可。具体规定是：管径 200 mm 的最小设计坡度为 0.004；管径 300 mm 的最小设计坡度为 0.003。

3）污水管道的埋设深度

通常，污水管网占污水工程总投资的 50%～75%，而构成污水管道造价的挖填沟槽、沟槽支撑、湿土排水、管道基础、管道铺设各部分的比重，与管道的埋设深度及开槽支撑方式有很大关系。因此，合理地确定管道深埋对于降低工程造价是十分重要的。管道埋设深度有以下两个意义。

（1）必须防止管道内污水冰冻和因土壤冻胀而损坏管道。《室外排水设计规范》规定：无保温措施的生活污水管道或水温与生活污水接近的工业废水管道，管底可埋设在冰冻线以上 0.15 m。有保温措施或水温较高的管道，管底在冰冻线以上的距离可以加大，其数值应根据该地区或条件相似的经验确定。

（2）必须防止管壁因地面荷载而受到破坏。埋设在地面下的污水管道承受着覆盖其上的土壤静荷载和地面上车辆运行产生的动荷载。为了防止管道因外部荷载影响而损坏，首先要注意管材质量，另外必须保证管道有一定的覆土厚度。因为车辆运行对管道产生的动荷载，垂直压力随着深度增加而向管道两侧传递，最后只有一部分集中的轮压力传递到底下管道上。从这一因素考虑并结合各地埋管经验，车行道下污水管最小覆土厚度不宜小于 0.7 m。非车行管道下的污水管道若能满足管道衔接的要求以及无动荷载的影响，其最小覆土厚度也可适当减小。

（3）必须满足街区污水连接管衔接的要求。城市住宅、公共建筑内污水要能顺畅排入街道污水管网，就必须保证街道污水管网的埋深大于或等于街区污水管网的埋深。而街区污水管起点的埋深又必须大于或等于建筑物污水出户管的埋深。街区污水管道起点最小埋深值，可根据图 3-29 和式（3-29）计算出

$$H = h + IL + Z_1 - Z_2 + \Delta h \qquad (3\text{-}29)$$

式中，H 为街道污水管网起点的最小埋深，m；h 为街区污水管起点的最小埋深，m；Z_1 为街道污水管起点检查井处地面标高，m；Z_2 为街区污水管起点检查井处地面标高，m；I

为街区污水管和连接支管的坡度；L 为街区污水管和连接支管的总长度，m；Δh 为连接支管与街道污水管的管内底高差，m。

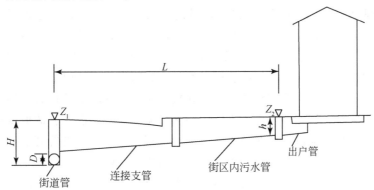

图 3-29 街道污水管最小埋深示意图

对每一个具体管道，从上述三个不同的因素出发，可以得到三个不同的管顶覆土厚度值或管底埋深，这三个数值中的最大一个值就是这一管道的允许最小覆土厚度或深度。

除考虑管道的最小埋深外，还应考虑最大埋深问题。污水在管道中依靠重力从高处流向低处。当管道的坡度大于地面坡度时，管道的埋深就越来越大，尤其在地形平坦时更为突出。埋深越大，则造价越高，施工期也越长。管道埋深允许的最大值称埋深，该值的确定应根据技术经济指标及施工方法而定，一般在干燥土壤中超过 $7\sim8$ m；在多水、流沙、石灰岩地层中，一般不超过 5 m。

4）污水管道水力计算的方法

在进行污水管道水力计算时，通常污水设计流量为已知值，需要确定管道和敷设坡度。为使水力计算获得较为满意的结果，必须认真分析设计地区的情况并充分考虑水力计算设计数据的有关规定。所选择的管道断面尺寸必须要在充满度和设计流速的情况下，能够排泄设计流量。管道坡度应参照地面坡度和规定确定。一方面要使管道尽可能与地面坡度平行敷设，这样可不增大埋深；另一方面，坡度又不能小于最小设计坡度的规定，以免管道内流速达不到最小设计流速，当然也应避免管道坡度太大而使流速大于最大设计流速，否则也会导致管壁受冲刷。

4. 污水管道的设计

1）确定排水区界和划分排水流域

排水区界是污水排水系统设置的界线。凡采用完善卫生设备的建筑区都应设置污水管道，它是根据城镇总体规划的设计规模决定的。

在排水区界内，根据地形及城镇（地区）的竖向规划，划分排水流域。一般在丘陵及地形起伏的地区，可按等高线划出分水线，通常分水线与流域分界线基本一致。在地形平坦无显著分水线的地区，可依面积的大小划分，使各相邻流域的管道系统能合理分担排水面积，使干管在最大合理埋深情况下，流域内绝大部分污水能以自流方式接入。

2）管道定线和平面布置的组合

在城镇（地区）总平面图上确定污水管道的位置和走向，称污水管道系统的定线。正确的定线是合理的、经济的设计污水管道系统的先决条件，是污水管道系统设计的重要环节。管道定线一般按主干管、干管、支管顺序依次进行。定线应遵循的主要原则是：应尽可能地在管线较短和埋深较小的情况下，让最大区域的污水自流排出。定线通常考虑的几个因素是：地形和用地布局；排水体制和线路数目；污水处理厂和出水口位置；水文地质条件；道路宽度；地下管线及构筑物的位置；工业企业和产生大量污水的建筑物的分布情况。

在一定条件下，地形一般是影响管道定线的主要因素。定线时应充分利用地形，使管道的走向符合地形趋势，一般宜顺坡排水。在整个排水区域较低的地方，例如集水线或河岸低处敷设主干管及干管，这样便于支管的污水自流接入，而横支管的坡度尽可能与地面坡度一致。在地形平坦地区，应避免小流量的横支管长距离平行与等高线敷设，让其尽早接入干管。宜使干管和等高线垂直，主干管与等高线平行敷设。由于主干管管径较大，保持最小流速所需坡度小，其走向与等高线平行是合理的。当地形倾向河道的坡度很大时，主干管与等高线垂直，干管与等高线平行，这种布置虽然主干管的坡度较大，但可设置为数不多的跌水井，而使干管的水力条件得到改善。有时，由于地形的原因还可布置成几个独立排水系统。例如，由于地形中间隆起而布置成两个排水系统，或由于地面高程有较大差异而布置成高低区两个排水系统。

污水主干管的走向取决于污水处理厂和出水口的位置。因此，污水处理厂和出水口的数目与布设位置将影响主干管的数目和走向。

采用的排水体制也影响管道定线。分流制系统一般有两个或两个以上的管道系统，定线时必须在平面和高程上互相配合。

考虑到地质条件、地下构筑物及其他障碍物对管道定线的影响，应将管道，特别是主干管布置在坚硬密实的土壤中，尽量避免或减少管道穿越高地、基岩浅露地带或基质土壤不良地带。尽量避免或减少与河道、山谷、铁路及各种地下构筑物交叉，以降低施工费用，缩短工期及减少日后养护工作的困难。管道定线时，若管道必须经过高地，可采用隧洞或设提升泵站；若需经过土壤不良地段，应根据具体情况采取不同的处理措施，以保证地基与基础有足够的承载能力。当污水管道无法避开铁路、河流、地铁或其他地下建（构）筑物时，管道最好垂直穿过障碍物，并根据具体情况采用倒虹管、管桥或其他工程设施。

管道定线时还需考虑街道宽度及交通情况。污水干管一般不宜敷设在交通繁忙而狭窄的街道下。

管道定线，不论在整个城市或局部地区都可能形成几个不同的布置方案。对不同的设计方案在同等条件和深度下，进行技术经济比较，选用一个最好的管道定线方案。

3）控制点的确定和泵站的设置地点

在污水排水区域内，对管道系统的埋深起控制作用的地点称为控制点，如各条管道的起点大都是这条管道的控制点。这些控制点中离出水口最远的一点，通常就是整个系统的控制点。具有相当深度的工厂排出口或某些低洼地区的管道起点，也可能成为整个管道系统的控制点。这些控制点的管道埋深影响整个污水系统的埋深。

确定控制点的标高，一方面应根据城市的竖向规划，保证排水区域内各点的污水都能够排出，并考虑发展，在埋深上适当留有余地；另一方面，不能因照顾个别控制点而增加整个管道系统的埋深。对此通常采取一些措施，如加强管材强度，填土提高地面高程以保证最小覆土厚度，设置泵站提高管位的方法，减小控制点管道的埋深，从而减小整个管道系统的埋深，降低工程造价。

4）设计管段及设计流量的确定

每一设计管段的污水设计流量可能包括以下几种流量：

（1）本段流量 q_1，是从管段沿线街坊流来的污水量；

（2）转输流量 q_2，是从上游管段和旁侧管段流来的污水量；

（3）集中流量 q_3，是从工业企业或其他大型公共建筑物流来的污水量。

对于某一设计管段而言，本段流量沿线是变化的，即从管段起点的零增加到终点的全部流量，单为了计算的方便，通常假定本段流量集中在起点进入设计管段。它接受本管段服务地区的全部污水流量。

本段流量可用下式计算：

$$q_1 = F q_0 K_z \qquad (3\text{-}30)$$

式中，q_1 为设计管段的本段流量，L/s；F 为设计管段服务的街区面积，hm^2；K_z 为生活污水量总变化系数；q_0 为位面积的本段平均流量，即比流量 $[L/(s \cdot hm^2)]$，可用下式求得：

$$q_0 = n p / 86400 \qquad (3\text{-}31)$$

式中，n 为居住区生活污水定额，L/(cap·d)；P 为人口密度，cap/hm^2。

从上游管段和旁侧管段流来的平均流量以及集中流量对这一管段是不变的。初步设计时，只计算干管和主干管的流量。技术设计时，应计算所有管道的流量。

5）污水管道的衔接

管道的衔接通常有水面平接和管顶平接两种，如图 3-30 所示。

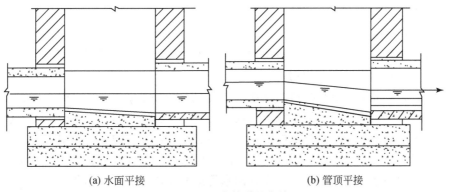

(a) 水面平接　　　　　　　　　　　(b) 管顶平接

图 3-30　污水管道的衔接

水面平接是在水力计算中，使上游管段终端和下游管段起端在指定的设计充满度下的水面相平，即上游管段终端与下游管段起端的水面标高相同。由于上游管段中的水面变化较大，水面平接时在上游管段内的实际水面标高有可能低于下游管段的实际水面标高，因此，在上游管段中易形成回水。

管顶平接是指在水力计算中，使上游管段终端和下游管段起端的管顶标高相同。采用管顶平接时，在上述情况下就不至于在上游管段产生回水，但下游管段的埋深将增加。这对于平坦地区或设置较深的管道，有时是不适宜的。这时为了尽可能减少埋深，而采用水面平接的方法。

无论采用哪种衔接方法，下游管段起端的水面和管底标高都不得高于上游管段终端 K 面和管底标高。

5. 雨水管渠系统的设计

雨水管渠系统是由雨水口、雨水管渠、检查井、出水口等构筑物所组成的一整套工程设施。雨水管渠系统的任务就是及时地汇集并排除暴雨形成的地面径流，防止城市居住区与工业企业受淹，以保障城市人民的生命安全和生活生产的正常秩序。

在雨水管渠系统设计中，管渠是主要的组成部分，所以合理而又经济地进行雨水管渠设计具有很重要的意义。雨水管渠设计的主要内容包括：确定当地暴雨强度公式；划分排水流域，进行雨水管渠的定线，确定可能设置的调节池，泵站位置；根据当地气象与地理条件、工程要求等确定设计参数；计算设计流量和进行水力计算，确定每一设计管段的断面尺寸、坡度、管底标高及埋深；绘制管渠平面图及纵剖面图。

1) 雨水管渠设计流量的确定

雨水设计流量是确定雨水管渠断面尺寸的重要依据。城镇和工厂中排除雨水的管渠，由于汇集雨水径流的面积较小，所以可采用小汇水面积上其他排水构筑物计算设计流量的推理公式来计算雨水管渠的设计流量。

(1) 雨水管渠设计流量计算公式。

雨水设计流量按下式计算：

$$Q = \psi q F \tag{3-32}$$

式中，Q 为雨水设计流量，L/s；ψ 为径流系数，其数值小于 1；F 为汇水面积，hm^2；q 为设计暴雨强度，$L/(s \cdot hm^2)$。

式 (3-32) 是根据一定的假设条件，由雨水径流成因加以推导而得出的，是半经验半理论的公式，通常称为推理公式。该公式用于小流域面积计算暴雨设计流量已有 100 多年的历史，至今仍被国内外广泛使用。

从式 (3-32) 可知，雨水管道的设计流量 Q 随径流系数 ψ、汇水面积 F 和设计暴雨强度 q 而变化。为了简化叙述，假定径流系数 ψ 为 1。从前述可知，当在全流域产生径流之前，随着集水时间的增加，集流点的汇水面积随着增加，直至增加到全部面积。

而设计降雨强度 q 与降雨历时成反比，随降雨历时的增长而降低。因此，集流点在什么时间所承受的雨水量是最大值，是设计雨水管道需要研究的重要问题。

在设计中采用的降雨历时等于汇水面积最远点雨水流达集流点的集流时间，因此，设计暴雨强度 q、降雨历时 t、汇水面积 F 都是相应的极限值，这便是雨水管道设计的极限强度理论。根据这个理论来确定设计流量的最大值，作为雨水管道设计的依据。

极限强度法，即承认降雨强度随降雨历时的增长而减小的规律性，同时认为汇水面积的增长与降雨历时成正比，而且汇水面积随降雨历时的增长较降雨强度随降雨历时增长而减小的速度更快。因此，如果降雨历时 t 小于流域的集流时间 r_0 时，显然仅有一部分面积参与径流，根据面积增长较降雨强度减小得更快，因而得出的雨水径流量小于最大径流量。如果降雨历时 t 大于集流时间 r_0，流域全部面积已参与汇流，面积不能再增长，而降雨强度则随降雨历时的增长而减小，径流量也随之由最大逐渐减小。因此，只有当降雨历时等于集流时间时，全面积参与径流，产生最大径流量。所以雨水管渠的设计流量可用全部汇水面积 F 乘以流域的集流时间 r_0 时的暴雨强度 q 及地面平均径流系数 ψ（假定全流域汇水面积采用同一径流系数）得到。

（2）设计重现期 P 确定。

从暴雨强度公式可知，暴雨强度随着重现期的不同而不同。在雨水管渠设计中，若选用较高的设计重现期，计算所得设计暴雨强度大，相应的雨水设计流量大，管渠的断面相应大。这对防止地面积水是有利的，安全性高，但经济上则因管渠设计断面的增大而增加了工程造价；若选用较低的设计重现期，管渠断面可相应减小，这样虽然可以降低工程造价，但可能会经常发生排水不畅，地面积水而影响交通，甚至给人民的生活及工业生产造成危害。因此，必须结合我国国情，从技术和经济方面统一考虑。

雨水管渠设计重现期规定的选用范围是根据我国各地目前实际采用的数据，经归纳综合确定的。我国地域辽阔，各地气候、地形条件及排水设施差异很大。因此，在选用雨水管渠的设计重现期时，必须根据当地的具体条件合理选用。我国部分城市采用的雨水管渠的设计重现期见表 3-6，可供参考。

表 3-6　国内部分城市采用的重现期

城市	重现期/a	城市	重现期/a
北京	一般地形的居住区或城市间道路 0.33~0.5 不利地形的居住区或一般城市道路 0.5~1 城市干道，中心区 1~2 特殊重要地区或盆地 3~10 立交路口 1~3	成都	1
		重庆	小面积小区 1~2、面积 30~50 hm² 小区 5、大面积或重要地区 5~10
上海	市区 0.5~1 某工业区的生活区 1，厂区一般车间 2，大型、重要车间 5	武汉	1
		济南	1
无锡	小巷 0.33，一般 0.5，新建区 1	天津	1
常州	1	齐齐哈尔	0.33~1
南京	0.5~1	佳木斯	1
杭州	0.33~1	哈尔滨	0.5~1
宁波	0.5~1	吉林	1
广州	1~2，主要地区 2~20	长春	0.5~2
长沙	0.5~1	营口	郊区 0.5，市区 1
白城	郊区 0.5，市区 1	西安	1~3
四平	1	唐山	1
通辽	0.5	保定	1~2
鞍山	0.5	昆明	0.5
浑江	1	贵阳	3
兰州	0.5~1	沙市	1
西宁	0.33~0.5		

（3）径流系数 ψ 的确定。

降落在地面上的雨水，一部分被植物和地面的洼地截留，一部分渗入土壤，余下的一部分沿地面流入雨水管渠，这部分进入雨水管渠的雨水量称为径流量。径流量与雨量的比值称为径流系数，其值小于 1。

径流系数的值因汇水面积的地面覆盖情况、地面坡度、地貌、建筑密度的分布、路面铺砌等情况的不同而异。例如，屋面为不透水材料覆盖，ψ 值大；沥青路面的 ψ 值也大；而非铺砌的土路面 ψ 值就较小。地形坡度大，雨水流动较快，其 ψ 值也大；种植植物的庭园，由于植物本身能截留一部分雨水，其 ψ 值就小，等等。但影响 ψ 值的主要因素则为地面覆盖种类的透水性。此外，还与降雨历时、暴雨强度及暴雨雨型有关。例如，降雨历时较长，由于地面渗透损失减少，ψ 就大些；暴雨强度大，其值也大；最大强度发生在降雨前期的雨型，前期雨大的，ψ 值也大。

由于影响因素很多，要精确地求定其值是很困难的。目前在雨水管渠设计中，径流系数通常采用按地面覆盖种类确定的经验数值。ψ 值见表 3-7。

表 3-7　径流系数 ψ 值

地面种类	ψ 值	地面种类	ψ 值
各种屋面、混凝土和沥青路面	0.90	干砌砖石和碎石路面	0.40
大块石铺砌路面和沥青表面处理的碎石路面	0.60	非铺砌土路面	0.30
级配碎石路面	0.45	公园和绿地	0.15

通常汇水面积是由各种性质的地面覆盖所组成，随着它们所占的面积比例变化，ψ 值也各异，所以整个汇水面积上的平均系数值 ψ 是按各类地面面积用加权平均法计算而得到（表 3-7）。

（4）集水时间 t 的确定。

前面已经说明，只有当降雨历时等于集水时间时，雨水流量为最大设计流量，因此，计算雨水设计流量时，通常用汇水面积最远点的雨水流达设计的断面的时间 t 作为设计降雨历时 t。为了与设计降雨历时的表示符号 t 相一致，在下面叙述中集水时间的符号亦用 t 表示。

对管道的某一设计断面来说，集水时间 t 由地面集水时间 t_1 和管内雨水流行时间 t_2 两部分组成。可用公式表述如下：

$$t = t_1 + m t_2 \tag{3-33}$$

式中，m 为折减系数，管道采用 2，明渠采用 1.2，陡坡地区管道采用 1.2～2。

第一，地面集水时间 t_1 的确定。根据《室外排水设计规范规定》：地面集水时间视距离长短和地形坡度及地面覆盖情况而定，一般采用 $t_1 = 5～15\,\text{min}$。按照经验，一般对在建筑密度较大、地形较陡、雨水口分布较密的地区或街区内设置的雨水暗管，宜采用较小的 t_1 值，可取 $t_1 = 5～8\,\text{min}$。而在建筑密度较小、汇水面积较大、地形较平坦、雨水口布置较稀疏的地区，宜采用较大值，一般可取 $t_1 = 10～15\,\text{min}$。起点井上游地面流行距离不超过 120～150 m 为宜。

第二，管渠内雨水流行时间 t_2 的确定。t_2 是指雨水在管渠内的流行时间，即

$$t_2 = \sum \frac{L}{60v} \, (\text{min}) \qquad\qquad (3\text{-}34)$$

式中，L 为各管段的长度，m；v 为各管段满流时水流速度，m/s；60 为单位换算系数，1 min＝60s。

第三，折减系数 m 值的确定。我国《室外排水设计规范》建议折减系数的采用为：暗管 $m=2$，明渠 $m=1.2$。在陡坡地区，暗管的 $m=1.2\sim2$。在其他国家，如美国和日本，该值为 1；原苏联该值随暴雨公式中指数变化范围为 $2.0\sim2.8$，当地面坡度大于 0.03 时，该系数的值一律采用 1.2。

（5）雨水径流量的调节。

随着城市化的进程，不透水地面面积增加，使雨水径流量增大。而利用管道本身的空隙容量调节最大流量作用是有限的。如果在雨水管道系统上设置较大容积的调节池，把雨水径流的洪峰流量暂存其内，待洪峰径流量下降至设计排泄流量后，再将储存在池内的水慢慢排出。由于调节池暂时地调蓄了洪峰径流量，削减了洪峰，这样就可以极大地降低下游雨水干管的断面尺寸，如果调节池后设有泵站，则可减少装机容量。这些都可以使工程造价降低很多，这在经济方面无疑是很有意义的。

如有可供设置雨水调节池的天然洼地、池塘、公园水池等地点，其位置取决于自然条件。若考虑需筑坝、挖掘等方式建造调节池时，则需要选择合理的位置，一般可在雨水干管中游或有大流量管道的交会处；正在进行大规模住宅建设和新城开发的区域；在拟建雨水泵站前的适当位置，设置人工的地面或地下调节池。

2）雨水管渠系统的设计与计算

雨水管渠系统设计的基本要求是能通畅地、及时地排走城镇或工厂汇水面积内的暴雨径流量。为防止暴雨径流的危害，设计人员应深入现场进行调查研究，踏勘地形，了解排水走向，收集当地的设计基础资料，作为选择设计方案及设计计算的可靠依据。

（1）雨水管渠系统平面布置的特点。

第一，充分利用地形，就近排入水体。雨水管渠应尽量利用自然地形坡度以最短的距离靠重力流排入附近的池塘、河流、湖泊等水体中，如图 3-31 所示。

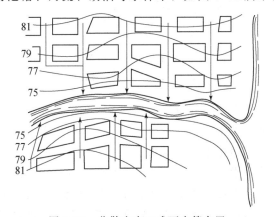

图 3-31　分散出水口式雨水管布置
75～81：分散出水口分布

一般情况下，当地形坡度变化较大时，雨水干管宜布置在地形较低处或溪谷线上；当地形平坦时，雨水干管宜布置在排水流域的中间，以便于支管接入，尽可能扩大重力流排除雨水的范围。

当管道排入池塘或小河时，由于出水口的构造比较简单，造价不高，雨水干管的平面布置宜采用分散出水口式的管道布置形式，且就近排放，管线较短，管径也较小，这在技术上、经济上都是合理的。

但当河流的水位变化很大，管道出口离常水位较远时，出水口的构造比较复杂，造价较高，就不宜采用过多的出水口，这时宜采用集中出水口式的管道布置形式。当地形平坦，且地面平均标高低于河流常年的洪水位标高时，需将管道出口适当集中，在出水日前设雨水泵站，暴雨期间雨水经抽升后排入水体。这时，为尽可能使通过雨水泵站的流量减少到最小，以节省泵站的工程造价和经常运转费用，宜在雨水进泵站前的适当地点设置调节池。

第二，根据城市规划布置雨水管道。通常，应根据建筑物的分布、道路布置及街区内部的地形等布置雨水管道，使街区内绝大部分雨水以最短距离排入街道低侧的雨水管道。

雨水管道应平行道路布设，且宜布置在人行道或草地带下，而不宜布置在快车道下，以免积水时影响交通或维修管道时破坏路面，若道路宽度大于 40 m 时，可考虑在道路两侧分别设置雨水管道。

第三，合理布置雨水口，以保证路面雨水排除通畅。雨水口布置应根据地形及汇水面积确定，一般在道路交叉口的汇水点、低洼地段均应设置雨水口，以便及时收集地面径流，避免因排水不畅形成积水和雨水漫过路口而影响行人安全。道路交叉口处雨水口的布置可参见图 3-32。

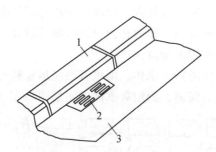

图 3-32 雨水口布置
1. 路边石；2. 雨水口；3. 道路路面

第四，雨水管道采用明渠或暗管应结合具体条件确定。在城市市区或工厂内，由于建筑密度较高，交通量较大，雨水管道一般应采用暗管。在地形平坦地区，埋设深度或出水口深度受限制地区，可采用盖板渠排除雨水。

第五，设置排洪沟排除设计地区以外的雨洪径流。许多工厂或居住区傍山建设，雨季时设计地区外大量雨洪径流直接威胁工厂和居住区的安全。因此，对于靠近山麓建设的工厂和居住区，除在厂区和居住区设雨水道外，还应考虑在设计地区周围或超过设计区设置排洪沟，以拦截从分水岭以内排泄下来的雨洪，引入附近水体，保证工厂和居住区的安全。

（2）雨水管渠水力计算的设计数据。

为使雨水管渠正常工作，避免发生淤积、冲刷等现象，对雨水管渠水力计算的基本数据作如下的技术规定。

第一，设计充满度。雨水中主要含有泥沙等无机物质，不同于污水的性质；加上暴雨径流量大，而相应设计重现期的暴雨降雨历时一般不会很长，故管道设计充满度按满流考虑，即 $h/D=1$。明渠则应有等于或大于 0.20 m 的超高，街道边沟应有等于或大于 0.03 m 的超高。

第二，设计流速。为避免雨水所挟带的泥沙等无机物质在管渠内沉淀下来而堵塞管道，雨水管渠的最小设计流速应大于污水管道，满流时管道内最小设计流速为 0.75 m/s；明渠内最小设计流速为 0.40 m/s。

为防止管壁受到冲刷而损坏，影响及时排水，对雨水管渠的最大设计流速规定为：金属管最大设计流速为 10 m/s；非金属管最大设计流速为 5 m/s；明渠中水流深度为 0.4～1.0 m 时，最大设计流速宜按表 3-8 采用。

表 3-8　明渠最大设计流速

明渠类别	最大设计流速/(m/s)	明渠类别	最大设计流速/(m/s)
粗砂或低塑粉质黏土	0.80	草皮护面	1.60
粉质黏土	1.00	干砌块石	2.00
黏土	1.20	浆砌块石或浆砌砖	3.00
石灰岩及中砂岩	4.00	混凝土	4.00

注：当水流深度 h 在 0.4～1.0 m 范围以外时，表列流速应乘以下列系数：①h<0.4 m，系数 0.85；②h>1 m，系数 1.25；③h≥2 m，系数 1.40

第三，最小管径和最小设计坡度。雨水管道的最小管径为 300 mm，相应的最小坡度为 0.003，雨水口连接管最小管径为 200 mm，最小坡度为 0.01。

第四，最小埋深与最大埋深。具体规定同污水管道。

（3）雨水管渠系统的设计步骤和水力计算。

首先要收集和整理设计地区的各种原始资料，包括地形图，城市或工业区域总体规划，水文、地质、暴雨等资料作为基本的设计数据。然后根据具体情况进行设计。一般雨水管道按下列步骤设计。

第一，划分排水流域和管道定线。应根据城市的总体规划图或工厂的总平面图，按实际地形划分排水流域。

第二，划分设计管段。根据管道的具体位置，在管道转弯处，管径或坡度改变处，有支管接入处或两条以上管道交会处以及超过一定距离的直线管段上都应设置检查井。把两个检查井之间流量没有变化且预计管径和坡度也没有变化的管段定为设计管段，并从管段上游往下游按顺序进行检查井的编号。

第三，划分并计算各设计管段的汇水面积。各设计管段汇水面积的划分应结合地形坡度、汇水面积的大小以及雨水管道布置等情况而划定。地形较平坦时，可按就近排入附近雨水管道的原则划分汇水面积;地形坡度较大时,应按地面雨水径流的水流方向划分汇水面积。

第四,确定各排水流域的平均径流系数值。通常根据排水流域内各类地面的面积数或所占比例,计算出该排水流域的平均径流系数,也可根据规划的地区类别,采用区域综合径流系数。

第五,确定设计重现期 P 和地面集水时间 t_1。前面已叙述过确定雨水管渠设计重现期的有关原则和规定。设计时应结合该地区的地形特点、汇水面积的地区建设性质和气象特点选择设计重现期。各排水流域雨水管道的设计重现期可选用同一值,也可选用不同的值。

根据该地区建筑密度情况、地形坡度和地面覆盖种类,街区内设置雨水暗管与否等,确定雨水管道的地面集水时间。

第六,求单位面积径流量 q_0。q_0 是暴雨强度 q 与径流系数 Ψ 的乘积,称为径流模数。只要求得各管段的管内雨水流行时间 t_2,就可求出相应于该管段的 q_0 值。

第七,列表进行雨水干管的设计流量和水力计算,以求得各管段的设计流量,以及确定各管段的管径、坡度、流速、管底标高和管道埋深值等。计算时需先定管道起点的埋深或是管底标高。

第八,绘制雨水管道平面图及纵剖面图。

6. 合流制的管渠系统

1) 合流制管渠系统的使用条件与布置特点

合流制管渠系统是在同一管渠内排除生活污水、工业废水及雨水的管渠系统。常用的有截流式合流制管渠系统,它是在临河的截流管上设置溢流井。晴天时,截流管以非满流将生活污水和工业废水送往污水处理厂处理。雨天时,随着雨水量的增加,截流管以满流将生活污水、工业废水和雨水的混合污水送往污水处理厂处理。当雨水径流量继续增加到混合污水量超过截流管的设计输水能力时,溢流井开始溢流,并随雨水径流量的增加,溢流量增大。当降雨时间继续延长时,由于降雨强度的减弱,雨水溢流井处的流量减小,溢流量减小。最后,混合污水量又重新等于或小于截流管的设计输水能力,溢流停止。

合流制管渠系统因在同一管渠内排除所有的污水,所以管线单一,管渠的总长度减少。但合流制截流管、提升泵站以及污水处理厂都较分流制大,截流管的埋深也因为同时排除生活污水和工业废水而要求比单设的雨水管渠的埋深大。在暴雨天,有一部分带有生活污水和工业废水的混合污水溢入水体,使水体受到一定程度的污染。我国及其他一些国家,由于合流制排水管渠的过水断面很大,晴天流量很小,流速很低,往往在管底造成淤积,降雨时雨水将沉积在管底的大量污物冲刷起来带入水体,形成污染。因此,排水体制的选择,应根据城镇和工业企业的规划、环境保护要求、污水利用情况、原有排水设施、水质、水量、地形、气候和水体等条件,从全局出发,通过经济技术比较,综合考虑确定。一般地说,在下述情形下可考虑采用合流制。

(1) 排水区域内有一处或多处水源充沛的水体,其流量和流速都足够大,一定量的混合污水排入后对水体造成的污染危害程度在允许的范围以内。

（2）街坊和街道的建设比较完善，必须采用暗管渠排除雨水，而街道横断面又较窄，管渠的设置位置受到限制时，可考虑选用合流制。

（3）地面有一定的坡度倾向水体，当水体高水位时，岸边不受淹没。污水在中途不需要泵汲。

显然，上述条件的第一条是主要的，也就是说，在采用合流制管渠系统时，首先应满足环境保护的要求，即保证水体所受的污染程度在允许的范围内，只有在这种情况下才可根据当地城市建设及地形条件合理地选用合流制管渠系统。当合流制管渠系统采用截流式时，其布置特点是有以下四点。

（1）管渠的布置应使所有服务面积上的生活污水、工业废水和雨水都能合理地排入管渠，并能以可能的最短距离坡向水体。

（2）沿水体岸边布置与水体平行的截流干管，在截流干管的适当位置上设置溢流井，使超过截流干管设计输水能力的那部分混合污水能顺利地通过溢流井就近排入水体。

（3）必须合理地确定溢流井的数目和位置，以便尽可能减少对水体的污染、减小截流干管的尺寸和缩短排放渠道的长度。从对水体的污染情况看，合流制管渠系统中的初雨水虽被截留处理，但溢流的混合污水总比一般雨水脏，为改善水体卫生，保护环境，溢流井的数目宜少，且其位置应尽可能设置在水体的下游。从经济上讲，为了减小截流干管的尺寸，溢流井的数目多一点好，这可使混合污水及早溢入水体，降低截流干管下游的设计流量。但是，溢流井过多，会增加溢流井和排放渠道的造价，特别在溢流井离水体较远、施工条件困难时更是如此。当溢流井的溢流堰口标高低于水体最高水位时，需在排放渠道上设置防潮门、闸门或排涝泵站，为减少泵站造价和便于管理，溢流井应适当集中，不宜过多。

（4）在合流制管渠系统的上游排水区域内，如果雨水可沿地面的街道边沟排泄，则该区域可只设置污水管道。只有当雨水不能沿地面排泄时，才考虑布置合流管渠。

目前，我国许多城市的旧市区多采用合流制，而在新建区和工矿区则一般多采用分流制，特别是当生产污水中含有毒物质，其浓度又超过允许的卫生标准时，则必须采用分流制，或者必须预先对这种污水单独进行处理到符合要求后，再排入合流制管渠系统。

2）合流制排水管渠的设计流量

截流式合流制排水管渠的设计流量，在溢流井上游和下游是不同的。现分述如下。

（1）第一个溢流井上游管渠的设计流量。

如图 3-33 所示，第一个溢流井上游管渠（1-2 管段）的设计流量为生活污水设计流量（Q_s）、工业废水设计流量（Q_i）与雨水设计流量（Q_r）之和，即

$$Q = Q_s + Q_i + Q_r \tag{3-35}$$

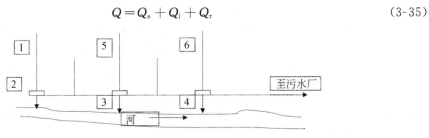

图 3-33　设有溢流井合流管渠

在实际进行水力计算中，当生活污水与工业废水量之和比雨水设计流量小得很多，如有人认为，生活污水量与工业废水量之和小于雨水设计流量的 5％时，其流量一般可以忽略不计，因为它们的加入与否往往不影响管径和管道坡度的决定。即使生活污水量和工业废水量较大，也没有必要把三部分设计流量之和作为合流管渠的设计流量，因为这三部分设计流量同时发生的可能性很小。所以，一般以雨水的设计流量（Q_r）、生活污水的平均流量（$\overline{Q}_s$）、工业废水最大班的平均流量（$\overline{Q}_i$）之和作为合流管渠的设计流量。

$$Q = \overline{Q}_s + \overline{Q}_i + Q_r \tag{3-36}$$

这里，生活污水的平均流量是指对于居住区而言，总变化系数采用 1；对于工业企业内生活污水量和淋浴污水量而言，采用最大班的平均秒流量，即时变化系数采用 1。

在式（3-36）中，$\overline{Q}_s + \overline{Q}_i$ 为晴天的设计流量，它有时称旱流流量 Q_f，由于 Q_f 相对较小，因此按该式计算所得的管径、坡度和流速，应用晴天的旱流流量 Q_f 进行校核，检查管道在输送旱流量时是否满足不淤的最小流速要求。

（2）溢流井下游管渠的设计流量。

合流制排水管渠在截流干管上设置了溢流井后，对截流干管的水流情况影响很大。不从溢流井泄出的雨水量，通常按旱流流量 Q_f 的指定倍数计算，该指定倍数称为截流倍数 n_0，如果流到溢流井的雨水流量超过 $n_0 Q_f$，则超过的水量由溢流井溢出，并经排放渠道泄入水体。

这样，溢流井下游管渠（如图 3-33 中的 2-3 管段）的雨水设计流量即为

$$\overline{Q}_r = n_0(\overline{Q}_s + \overline{Q}_i) + Q_1 \tag{3-37}$$

式中，Q_i 为溢流井下游排水面积上的雨水设计流量，按相当于此排水面积的集水时间计算而得。

溢流井下游管渠的设计流量是上述雨水设计流量与生活污水平均流量及工业废水最大班平均流量之和，即

$$Q = n_0(Q_s + Q_i) + Q_1 + Q_s + Q_i + Q_2 = (n_0 + 1)(Q_s + Q_i) + Q_1 + Q_2$$
$$= (n_0 + 1)Q_f + Q_1 + Q_2 \tag{3-38}$$

式中，Q 为溢流井下游排水面积上的生活污水平均流量与工业废水最大班平均流量之和。

为节约投资和减少水体的污染点，往往不在每条合流管渠与截流干管的交汇点处都设置溢流井。

3）合流制排水管渠的水力计算要点

合流制排水管渠一般按满流设计。水力计算的设计数据，包括设计流速、最小坡度和最小管径等，基本上和雨水管渠的设计相同。合流制排水管渠的水力计算内容包括：①溢流井上游合流管渠的计算；②截流干管和溢流井的计算；③晴天旱流情况校核。

溢流井上游合流管渠的计算与雨水管渠的计算基本相同，只是它的设计流量要包括雨水、生活污水和工业废水。合流管渠的雨水设计重现期一般应比同一情况下雨水管渠的设计重现期适当提高，有人认为可提高 10％~25％，因为虽然合流管渠中混合废水从检查井溢出街道的可能性不大，但合流管渠泛滥时溢出的混合污水比雨水管渠泛滥时溢出的雨水所造成的损失要大些，为了防止出现这种可能情况，合流管渠的设计重现期和允许的积水程度一般都需从严掌握。

对于截流干管和溢流井的计算，主要是要合理地确定所采用的截流倍数 n_0，根据 n_0 值，可按式（3-28）决定截流干管的设计流量和通过溢流井泄入水体的流量，然后即可进行截流干管和溢流井的水力计算。从环境保护的角度出发，为使水体少受污染，应采用较大的截流倍数。但从经济上考虑，截流倍数过大，会大大增加截流干管、提升泵站以及污水处理厂的造价，同时造成进入污水处理厂的污水水质和水量在晴天和雨天的差别过大，给运转管理带来相当大的困难。为使整个合流管渠排水系统的造价合理和便于运转管理，不宜采用过大的截流倍数。通常，截流倍数 n_0 应根据旱流污水的水质和水量以及总变化系数，水体的卫生要求，水文、气象条件等因素确定。我国《室外排水设计规范》规定采用 $1\sim5$，并规定，采用的截流倍数必须经当地卫生主管部门同意。在工作实践中，我国多数城市一般都采用截流倍数 $n_0=3$。美国、日本及西欧各国，多采用截流倍数 $n_0=3\sim5$；原苏联则按排放条件的不同来规定 n_0 值，如表 3-9 所示。目前，由于人们越来越关心水体的保护，采用的 n_0 值有逐渐增大的趋势，如美国，对于供游泳和游览的河段，采用的 n_0 值甚至高达 30 以上。

表 3-9　不同排放条件下的 n_0 值

排放条件	n_0
在居住区内排入大河流	$1\sim2$
在居住区内排入小河流	$3\sim5$
在区域泵站和总泵站前及排水总管的端部，根据居住区内水体的不同特性	$0.5\sim2$
在处理构筑物前根据不同的处理方法与不同构筑物的组成	$0.5\sim1$
工厂区	$1\sim3$

溢流井是截流干管上最重要的构筑物。最简单的溢流井是在井中设置截流槽，槽顶与截流干管的管顶相平。也可采用溢流堰式或跳越堰式的溢流井。

关于晴天旱流流量的校核，应使旱流时的流速能满足污水管渠最小流速的要求。当不能满足这一要求时，可修改设计管段的管径和坡度。应当指出，由于合流管渠中旱流流量相对较小，特别是在上游管段，旱流校核时往往不易满足最小流速的要求，此时可在管渠底设低流槽以保证旱流时的流速，或者加强养护管理，利用雨天流量刷洗管渠，以防淤塞。

4）排水管渠的材料与接口及基础

A. 常用的排水管渠

（1）混凝土管和钢筋混凝土管。混凝土管和钢筋混凝土管适用于排除雨水、污水，可在专门的工厂预制，也可在现场浇制，分为混凝土管、轻型钢筋混凝土管、重型钢筋混凝土管三种。管口通常有承插式、企口式、平口式。

混凝土管的管径一般小于 450 mm，长度多为 1 m，适用于管径较小的无压管。当管道埋深较大或敷设在土质条件不良地段，为抗外压，当管径大于 400 mm 时通常都采用钢筋混凝土管。

混凝土管和钢筋混凝土管便于就地取材，制造方便，而且可根据抗压的不同要求，制成无压管、低压管、预应力管等，所以在排水管道系统中得到普遍运用。混凝土管和钢筋混凝土管除用做一般自流排水管道外，钢筋混凝土管及预应力钢筋混凝土管亦可用做泵站的压力管及倒虹管。它们的主要缺点是低抗酸、碱侵蚀及抗渗性差、管节短、接头多、施工复杂。另外，大管径管的自重大，搬运不便。

（2）陶土管。陶土管是由塑性黏土制成的。为防止在焙烧过程中产生裂缝，通常加入耐火黏土及石英砂（按一定比例），经过研细、调和、制坯、烘干、焙烧等过程制成。根据需要可制成无釉、单面釉、双面釉的陶土管。若采用耐酸黏土和耐酸填充物，还可制成特种耐酸性陶土管。

普通陶土排水管（缸瓦管）最大公称直径可到 300 mm，有效长度 800 mm，适用于居民区室外排水管。耐酸陶瓷管最大公称直径国内可做到 800 mm，一般在 400 mm 以内，管节长度有 300 mm、500 mm、700 mm、1000 mm 几种，适用于排除酸性废水。

带釉的陶土管内外壁光滑，水流阻力小，不透水性好，耐磨损，抗腐蚀。但陶土管质脆易碎，不宜远运，不能受内压；抗弯抗拉强度低，不宜敷设在松土中或埋深较大的地方；管节短，需要较多的接口，增加施工麻烦和费用。由于陶土管耐酸抗腐蚀性好，适用于排除酸性废水或管外有侵蚀性地下水的污水管道。

（3）金属管。常用的金属管有铸铁管及钢管。室外重力流排水管道一般很少采用金属管，只有当排水管道承受高内压、高外压或对渗漏要求特别高的地方，如排水泵站的进出水管、穿越铁路、河道的倒虹管或靠近给水管道和房屋基础时，才采用金属管。

（4）浆砌砖、石或钢筋混凝土大型管渠。排水管道的预制管管径一般小于 2 m，实际上当管道设计断面大于 1.5 m 时，通常就在现场建造大型排水渠道。建造大型排水渠道常用的建筑材料有砖、石、陶土块、混凝土块、钢筋混凝土块和钢筋混凝土等。采用钢筋混凝土时，要在施工现场支模制造，采用其他材料时，在施工现场主要是铺砌或安装。在多数情况下，建造大型排水渠道，常采用两种以上材料。

（5）其他管材。随着新型建筑材料的不断研制，用于制作排水管道的材料也日益增多。例如，在英国已正式生产玻璃纤维筋混凝土管（在强度上优于普通混凝土管）。美国除采用聚氯乙烯、丙烯腈、丁二烯、苯乙烯，空隙填充珍珠岩水泥的"构架管"外，还采用一种加筋的热固性树脂管。这种管由环绕耐腐蚀衬里的玻璃纤维和微性玻璃球构成，重量轻，不漏水，抗腐蚀性好。日本的排水管材除离心混凝土管外，有强化塑料管、聚氯乙烯管，玻璃纤维筋离心混凝土管近年来也大量使用。硬聚氯乙烯管用做排水管道在国内也日益普遍，目前还限于小口径管道。

B. 排水管道的接口

排水管道的不透水性和耐久性，在很大程度上取决于敷设管道时接口的质量。管道接口应具有足够的强度、不透水、能抵抗污水或地下水的侵蚀并有一定的弹性。根据接口的弹性，一般分为柔性、刚性和半柔半刚性 3 种接口形式。

柔性接口允许管道纵向轴线交错 3～5 mm 或交错一个较小的角度，而不致引起渗漏。常用的柔性接口有沥青卷材及橡皮圈接口。沥青卷材接口用在无地下水、地基软硬不一、沿管道轴向沉陷不均匀的无压管道上。橡皮圈接口使用范围更加广泛，特别是在地震区，对管道抗震有显著作用。柔性接口施工复杂，造价较高。在地震区采用有独特的优越性。

刚性接口不允许管道有轴向的交错，但比柔性接口施工简单，造价较低，因此，采用较广泛。常用的刚性接口有水泥砂浆抹带接口、钢丝网水泥砂浆抹带接口。刚性接口抗震性能差，用在地基比较良好，有带形基础的无压管道上。

半柔半刚性接口介于上述两种接口形式之间，使用条件与柔性接口相似。常用的是预制套环石棉水泥接口。下面介绍几种常用的接口方法。

（1）水泥砂浆抹带接口。

在管子接口处用 1∶2.5～1∶3 水泥砂浆抹成半椭圆形或其他形状的砂浆带，带宽 120～150 mm，属于刚性接口。一般适用于地基土质较好的雨水管道，或用于地下水位以上的污水支线上。企管口、平管口、承插管均可采用此种接口。

（2）钢丝网水泥砂浆抹带接口，如图 3-34 所示，属于刚性接口。将抹带范围的管外壁凿毛，抹 1∶2.5 水泥砂浆一层厚 15 mm，中间采用 20 号 10mm×10mm 钢丝网一层，两端插入基础混凝土中，上面再抹砂浆一层厚 10 mm。适用于地基土质较好的具有带形基础的雨水、污水管道上。

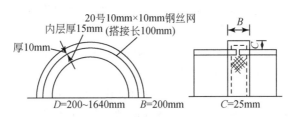

图 3-34　钢丝网水泥砂浆抹带接口

（3）石棉沥青卷材接口。属于柔性接口。石棉沥青卷材为工厂加工，沥青砂玛碲脂质量配比为沥青∶石棉∶细砂＝7.5∶1∶1.5。先将接口处管壁刷净烤干，涂上冷底子油一层，再刷沥青砂玛碲脂厚 3 mm，再包上石棉沥青砂卷材，再涂 3 mm 厚的沥青砂玛碲脂，这叫"三层做法"。若再加卷材和沥青砂玛碲脂各一层，便叫"五层作法"。一般适用于地基沿管道轴向沉陷不均匀地区。

（4）橡胶圈接口，如图 3-35 所示。属柔性接口。接口结构简单，施工方便，适用于施工地段土质较差，地基硬度不均匀，或地震地区。

（5）预制套环石棉水泥（或沥青砂）接口，如图 3-36 所示，属于半柔半刚性接口。水、石棉、水泥质量比为水∶石棉∶水泥＝1∶3∶7（沥青砂配比为沥青∶石棉∶砂＝1∶0.67∶0.67）。适用于地基不均匀地段，或地基经过处理后管道可能产生不均匀沉陷且位于地下水位以下，内压低于 10 m 的管道上。

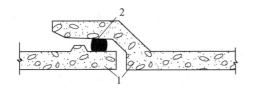

图 3-35　橡胶圈接口

1. 橡胶圈；2. 管壁

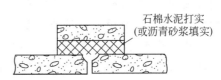

图 3-36　预制套环石棉水泥（或沥青砂）接口

C. 排水管道的基础

排水管道的基础一般由地基、基础和管座 3 个部分组成, 如图 3-37 所示。

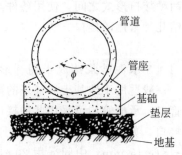

图 3-37　管道基础断面

为保证排水管道系统能安全正常运行, 除管道工艺本身设计施工应正确外, 管道的地基与基础要有足够的承受荷载的能力和可靠的稳定性, 否则排水管道可能产生不均匀沉陷, 造成管道错口、断裂、渗漏等现象, 导致对附近地下水的污染, 甚至影响附近建筑物的基础。一般应根据管道本身情况及其外部荷载的情况、覆土的厚度、土壤的性质合理地选择管道基础。目前常用的管道基础有以下 3 种。

(1) 砂土基础。砂土基础包括弧形素土基础及砂垫层基础。

弧形素土基础是在原土上挖一弧形管槽 (通常采用 90 弧形), 管子落在弧形管槽里。这种基础适用于无地下水、原土能挖成弧形的干燥土壤; 管道直径小于 600 mm 的混凝土管、钢筋混凝土管、陶土管; 管顶覆土厚度在 0.7~2.0 m 的街坊污水管道、不在车行道下的次要管道及临时性管道。

砂垫层基础是在挖好的弧形管槽上, 用带棱角的粗砂填 10~15 cm 厚的砂垫层。这种基础适用于无地下水, 岩石或多岩石土壤, 管道直径小于 600 mm 的混凝土管、钢筋混凝土管及陶土管, 管顶覆土厚度 0.7~2 m 的排水管道。

(2) 混凝土枕基。混凝土枕基是只在管道接口处才设置的局部基础。通常在管道接口下用 C8 混凝土做成枕状垫块。此种基础适用于干燥土壤中的雨水管道及不太重要的污水支管。常与素土基础或砂垫层基础同时使用。

(3) 混凝土带形基础。混凝土带形基础是沿管道全长铺设的基础。按管座的形式不同可分为 90°、135°、180°三种管座基础, 这种基础适用于各种潮湿土壤, 以及地基软硬不均匀的排水管道, 管径为 200~2000 mm。无地下水时在槽底老土上直接浇混凝土基础; 有地下水时常在槽底铺 10~15cm 厚的卵石或碎石垫层, 然后才在上面浇混凝土基础, 一般采用强度等级为 C8 的混凝土。当管顶覆土厚度在 0.7~2.5 m 时采用 90°管座基础, 管顶覆土厚度为 2.6~4 m 时用 135°基础, 覆土厚度在 4.1~6 m 时采用 180°基础。在地震区, 土质特别松软, 不均匀沉陷严重地段, 最好采用钢筋混凝土带形基础。

对地基松软或不均匀沉降地段, 为增强管道强度, 保证使用效果, 北京、天津等地的施工经验是对管道基础或地基采取加固措施, 接口采用柔性接口。

5) 排水管渠系统中的构筑物

为了排除污水, 除管渠本身外, 还需在管渠系统上设置某些附属构筑物, 包括雨水口、连接暗井、溢流井、检查井、跌水井、水封井、倒虹管、冲洗井、防潮井和出水口等。

（1）雨水口与连接暗井及溢流井。雨水口是在雨水管渠或合流管渠上收集雨水的构筑物。街道路面的雨水首先经雨水口通过连接管流入排水管渠。雨水口的设置位置，应能保证迅速有效地收集地面雨水。一般应在交叉路口、路侧边沟的一定距离处以及没有道路边石的低洼地方设置，以防止雨水漫过道路或造成道路及低洼地区积水而影响交通。道路上雨水口的间距一般为 25～50 m（视汇水面积而定），在低洼和易积水的地段，应根据需要适当增加雨水口的数量。雨水口的构造包括进水箅、井筒和连接管 3 部分，如图 3-38 所示。

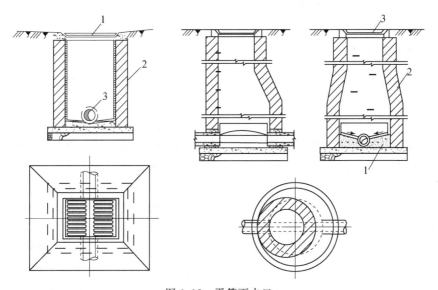

图 3-38　平箅雨水口
1. 进水箅；2. 井筒；3. 连接管

雨水口以连接管与街道排水管渠的检查井相连。当排水管径大于 800 mm 时，也可在连接管与排水管连接处不另设检查井，而设连接暗井。连接管的最小管径为 200 mm，坡度一般为 0.01，长度不宜超过 25 m，接在同一连接管上的雨水口一般不宜超过 3 个。

（2）检查井。检查井通常设在管渠交会、转弯、管渠尺寸或坡度改变、跌水等处以及相隔一定距离的直线管渠段上。检查井在直线管渠段上的最大间距，一般可按表 3-10 采用。

表 3-10　检查井的最大间距

管径或暗渠净高/mm	最大间距/m		管径或暗渠净高/mm	最大间距/m	
	污水管道	雨水（合流）管道		污水管道	雨水（合流）管道
200～400	30	40	1100～1500	90	100
500～700	50	60	>1500，且≤2000	100	120
800～1000	70	80	>2000	可适当增大	

检查井一般采用圆形，由井底（包括基础）、井身和井盖（包括盖底）三部分组成。

3.6.6　排水管渠系统的管理与维护

1. 管理和养护的任务

排水管渠在建成通水后，为保证其正常工作，必须经常进行养护和管理。排水管渠内常见的故障有：污物淤塞管道；过重的外荷载、地基不均匀沉陷或污水的侵蚀作用使管渠损坏、裂缝或腐蚀等。管理养护的任务是：①验收排水管渠；②监督排水管渠使用规则的执行；③经常检查、冲洗或清通排水管渠，以维持其通水能力；④修理管渠及其构筑物，并处理意外事故等。

2. 排水管渠的清通

管渠系统管理养护经常性的和大量的工作是清通排水管渠。清通的方法主要有水力方法和机械方法两种。

当管渠淤塞严重，淤泥已黏结密实，水力清通效果不好时，需要采用机械清通方法。机械清通工具的种类繁多，按其作用分有耙松淤泥的骨骼形松土器、有清除树根及破布等沉淀物的弹簧刀和锚式清通工具，如胶皮刷、铁簸箕、钢丝刷、铁牛等。清通工具的大小应与管道管径相适应，当淤泥数量较多时，可先用小号清通工具，待淤泥清除到一定程度后再用与管径相适应的清通工具。清通大管道时，由于检查井井口尺寸的限制，清通工具可分成数块，在检查井内合并后再使用。

近年来，国外开始采用气动式通沟机与钻杆通沟机清通管渠。气动式通沟机借压缩空气把清泥器从一个检查井送到另一个检查井，然后用绞车通过该机尾部的钢丝绳向后拉，清泥器的翼片即行张开，把管内淤泥刮到检查井井底部。钻杆通沟机是通过汽油机或汽车引擎带动一机头旋转，把带有钻头的钻杆通过机头中心由检查井通入管道内，机头带动钻杆转动，使钻头向前钻进，同时将管内的淤积物清扫到另一个检查井中。

排水管渠的养护工作必须注意安全。管渠中的污水通常能析出硫化氢、甲烷、二氧化碳等气体，某些生产污水能析出石油、汽油或苯等气体，这些气体与空气中的氮混合能形成爆炸性气体。煤气管道失修，渗漏也能导致煤气逸入管渠中造成危险。

第4章　城市防洪排涝工程

4.1　城市防洪排涝知识

4.1.1　城市防洪排涝的意义和任务

1. 城市防洪排涝的重要性

城市作为区域政治、经济和文化中心，人口密集，工商业发达，财富比较集中。城市的特点决定了一旦发生洪灾，可能造成的损失将会远远超过非城市地区，并容易产生较大的政治影响。我国历次较大的洪水灾害，城市的灾害损失都占有较大的比例，如1991年华东大水中，江苏省直接经济损失233亿元，虽然城市受灾绝对面积在整个受灾面积中的比例不大，但经济损失却占全省的一半以上。

我国人口和耕地大部分集中在河道中下游地区，大部分重要城市和经济开发区也都位于大江大河两岸和河口三角洲地区。位于河口三角洲的城市，除了受江河洪水影响以外，还受沿海风暴潮的影响，后者的影响往往还是主要的，这更增加了城市防洪的复杂性。长江、黄河、淮河、海河、珠江、辽河及松花江等七大江河的中下游，是我国防洪的重点地区，而位于这些地区的重要城市又是重中之重。

城市洪涝灾害是与城市化进程一致的，并且与人类活动和洪水特性有关。由于社会经济的发展，生产力水平的提高，社会财富和人口不断向城市集中，城市洪水灾害的损失呈不断增长的趋势。随着城市的发展，城市洪灾更为严重，灾害损失还有继续上升的趋势。例如，河南省郑州市，在新中国成立前是一个只有5万人、建设区面积2 km²的小城市，到2011年已发展为具有人口600万、面积300 km²的大城市，新中国成立以来发生的1954年、1980年、1984年和1991年四次较大洪水，淹没面积分别为13.0 km²，11.2 km²、18.0 km²和5.5 km²，直接经济损失分别为200万元、1300万元、4000万元和7000多万元，洪灾损失逐年增加的趋势极为明显。洪水灾害甚至会影响城市的发展进程。我国古都开封，在宋朝时就有100多万人口，其繁华兴盛当时自不必说，就是放在现代也是一个举足轻重的城市。但由于其特殊的地理位置，经常遭受黄河洪水危害，几度兴废，其发展受到严重制约。

城市洪水灾害不仅对城市造成严重影响，而且会对整个社会发展造成较长时期的不良影响，甚至影响社会的稳定。城市是国家和地区的政治、经济、文化中心和重要的交通枢纽，在整个国民经济中具有举足轻重的地位，其影响自然较一般地区重要，因此城市的防洪历来是防洪的重点。做好城市防洪工作，不仅对于城市具有重要意义，而且对于国家和地区经济发展具有重要作用。

2. 城市防洪现状

我国历史上不乏城市洪灾的记录。1915 年珠江水系的西江、北江同时发生超 100 年一遇的大水,广州被水淹 1 个星期。1931 年江淮并涨,长江中下游自沙市、武汉到南京,沿江城市全部被淹,汉口被淹达 100 天,淮河南岸的蚌埠、淮南两市一并被淹没。1932 年松花江大水,哈尔滨沦为泽国、受淹达 1 个月。1939 年海河流域大水,天津被淹,市区积水两个月。1949 年新中国成立之初,由于强风暴潮,上海不但郊区江堤海塘决口,市区也大部分被淹。

1949 年以来,随江河流域的治理和城市防洪工程的进展,城市防洪能力得到很大的提高,并相继战胜了 1954 年长江洪水、1957 年松花江大水、1958 年黄河大水、1963 年海河大水和 1997 年黄浦江 500 年一遇高潮位,保障了武汉、哈尔滨、郑州、天津和上海等城市的安全。但是,武汉、哈尔滨、郑州、天津等城市在上述大洪水中得以保全,除了得力于所在的江河治理、周围有关蓄滞洪区的牺牲以及城市本身的防洪建设以外,都经过了紧张艰苦的防汛抢险斗争。实际上,我国大多数城市的防洪标准还比较低,我国部分城市现有防洪标准见表 4-1。

表 4-1　我国部分城市现有防洪标准

城市	农业人口/万人	河流	现有防洪标准	规划防洪标准
北京	510	永定河	右岸可能最大洪水	右岸可能最大洪水
天津	420	海河	20~50 年一遇	50~200 年一遇
上海	687	黄浦江	大部分 1000 年一遇	1000 年一遇
武汉	296	长江	接近 1954 年洪水（29.73 m）	1954 年型洪水
广州	256	西江、北江	近 100 年一遇	300~500 年一遇
哈尔滨	225	松花江	100 年一遇	300 年一遇
南京	191	长江	1954 年洪水	100 年一遇
齐齐哈尔	87	嫩江	50 年一遇	200 年一遇
长春	147	伊通河	100 年一遇	300 年一遇
成都	159	沙河	10 年一遇	100 年一遇
南宁	60	邕河	20 年一遇	50~100 年一遇
济南	116	黄河	60 年一遇	100 年一遇
福州	100	闽江	100 年一遇	100 年一遇
合肥	75	南淝河	20 年一遇	100 年一遇
重庆	368	长江	10 年一遇	100 年一遇
长沙	135	湘江	10~20 年一遇	50~100 年一遇

据 2010 年统计,全国 670 个设市城市,有防洪任务的有 639 个城市。在这些城市中,现有防洪标准低于国家标准的占 68%,其中人口在 100 万以上的 34 个,达到国家标准的

仅 6 个，低于 20％，达到和超过 100 年一遇的只占 4％，标准低于 20 年一遇的占城市总数的 50％，即 300 多个，标准为 5 年一遇或更低的 100 多个。如果把范围扩大到县城以下的镇，就有 3000 多个，其中少数经济发达的、1990 年工农业产值已超过 10 亿元的，除个别防洪标准较高外，大多数只具备与周围农田一样的防洪能力。因此，需要继续抓紧城市防洪工程建设。

3. 城市洪涝特点

城市洪涝灾害显著的特点是内涝，即外河洪水位抬升，城区雨洪内水难以有效排除而致涝灾，外洪破城而入并非普遍现象。

"洪涝不分"是城市防洪治涝中普遍存在的问题，不仅在一个地区内洪涝水相互干扰，而且在一个城市中，外洪阻碍内涝排水，从而酿成涝灾。以太湖流域为例，1991 年以来在太湖流域规划治理中，考虑到望虞河、太浦河是太湖洪水外排的主要通道，因此，规划中采用通过它们分泄太湖洪水。但从 1999 年汛情中发现，在超标准洪水来临时，这两条通道排水力度不够。主要因为望虞河河道西线口门没有完全封闭，致使内地涝水大量涌入河道，在一定程度上影响了排泄太湖洪水的速度。另一条排泄太湖洪水的主要河道是太浦河，太浦河南北两岸的封闭工程没有全部建成，两岸涝水抢占河道，加上位于下游的拦路港、红旗塘河道没有拓浚，关键时刻不得不延误太浦闸开闸泄流时间。1999 年梅雨强度大的地方恰好在太湖的东南部，其低洼地区的积涝与太湖洪水争抢河道，造成涝水阻挡洪水的被动局面。

城市修建防洪堤，有的形成封闭圈，城区暴雨径流往往因排泄滞缓而积水成涝，这是城市堤防带来的问题。有些城市不得不修建堤防，堤防修得越高越封闭，如果治涝措施跟不上，城市就越容易受涝，城市越大，涝的问题越突出。1991 年淮河、太湖大水后进行的洪涝灾害调查结果就证明，城市防洪治涝的协调解决是很重要的。

4. 城市防洪特点

据有关部门研究，我国到 21 世纪中叶人口将达到零增长，届时人口总数可达 16 亿左右，经济发展将达到中等发达国家的水平，城市人口约占全国人口的 70％，国内生产总值的 90％ 可能集中于城市。因此，城市的安全将是整个社会经济持续稳定发展的关键因素。我国大中城市大约 90％ 濒临江河海洋，都受到一定程度洪水威胁，可能造成巨大的经济损失。随着城市人口的增加，经济的迅速发展和现代化程度的不断提高，城市防洪将出现一系列新的特点，主要有以下五点：

（1）城市防洪安全对经济发展和社会稳定的影响不断扩大；

（2）城市分布由分散的点向线和面发展，城市界限逐步消失，城市防洪由局部点的保护逐步扩大到城市群和面的保护；

（3）城市化水文效应的不断增强，市区内洪涝水的排蓄条件不断恶化，市区防洪、除涝的任务和困难与日俱增；

（4）城市现代化对交通、供水、能源、通信、信息系统的依赖程度越来越大，地下交通、商业、仓储、管线网络等工程设施越来越多，保护这些设施免于被水淹没，防止各种

网络系统的局部破坏,任务日益艰巨;

(5)城市之间相互依存的关系更为密切,一座大中城市受灾往往影响周围众多城市的社会经济发展。

5. 城市防洪的主要任务

城市防洪的主要任务是:根据城市的自然地理位置以及江河洪水的特性,在流域或水系防洪工程体系的框架下,通过建设必要的防洪、除涝、排水等水利设施,提高城市防洪标准,改善和提高城市防洪管理水平,改善河道行洪条件,从而保障城市的正常运行和人民安居乐业;当发生特大洪水(超过本市防洪标准)时,应有预案对策,以保证社会稳定、人民生活与生产不发生大的动荡,使损失控制在最小的范围内。根据现代城市水灾特点和对防洪的要求,进行防洪建设必须考虑以下问题:

(1)城市防洪、排水体系必须与江河流域防洪体系紧密结合;

(2)城市防洪应与城市发展布局相互协调;

(3)城市防洪与城市规划必须相互协调配合,城市防洪工程设施与城市其他基础设施紧密结合,发挥防洪工程的综合作用并与城市景观相协调;

(4)要十分重视市区排水设施的建设,妥善安排排水出路,排水标准与防洪标准要相互协调,要在总体上减少水灾损失和社会影响;

(5)城市基础设施,特别是地下工程必须考虑局部短时淹没可能造成的影响及相应的对策;

(6)城市规划必须慎重考虑行洪河滩的利用,防洪标准下的行洪河滩不许修建影响行洪的永久性设施;

(7)受洪水威胁的城市必须考虑遭遇超标准洪水时的应对措施;

(8)在城市化水平较高的地区,城乡界限逐渐消失,城乡防洪、排涝必须统一规划、统一安排、统一管理;

(9)积极进行城市防洪减灾的宣传,树立市民对水灾的风险意识。

在城市建设和发展中,还有许多新情况要加以考虑:城市建设改变了局部气候条件,不注意保留绿地和水面,使城市成为一个热源,产生了热岛效应,其结果使城市上空对流旺盛,强对流天气就容易发生,从而增加了城市暴雨出现的概率和强度;由于不透水地面面积比例的增加,下垫面条件改变,径流系数提高,汇流速度加快,暴雨产生的洪水流量更大、更集中,增加了城市低洼地区进水的机会;许多城市的河道、湖泊、池塘在建设过程中被填成陆地,或在河滩人为设障,削弱了城市蓄泄洪水的能力,更增加了洪涝威胁的严重性等。

城市规划和城市建设都必须重视防洪排水。增加城市绿地面积并采用入渗型路面,不但美化环境,也可以增加雨水的下渗和含蓄。一般不要填塞城市内河道和水面,以保持城市内部的蓄泄能力。适当布置一些公园、运动场、停车场,还可以临时滞蓄或排泄洪水。城市老区往往占有较高的地势,新区往往向洼地发展,新区建设必须填高地面或同步建设防洪排水工程,不能图一时侥幸而带来长久的后患。按照城市与江河的相对位置不同,城市防洪可分为以下四种类型:

（1）位于海滨或河口的城市，有风暴潮、河口洪水等产生的增水问题，如上海、广州、福州等城市。

（2）位于大江大河沿岸的城市，主要受江河洪水的影响，如武汉、南京、哈尔滨、开封等城市。

（3）位于河网地区的城市，由于地势低洼，市区内河道纵横交错，又因航运等原因主要河道不能建闸控制，往往要分许多片进行圈圩防护，如苏州、无锡等城市。

（4）依山傍水的城市，除河流洪水外，还受山洪、山体塌滑等威胁，如银川、太原、延安等城市。

4.1.2　城市的防洪标准和防洪设计标准

为了适应国民经济各部门、各地区的防洪要求和防洪建设的需要，维护人民生命财产的安全，根据我国的社会经济条件，1994 年国家建设部制定和颁布了《防洪标准》（GB50201—94）。《防洪标准》中所说的防洪标准分为防护对象的防洪标准（即地区防洪标准）和水工建筑物设计的洪水标准（即水库或其他工程本身的防洪标准）两种。为防治洪水危害，保护城镇安全，统一城镇防洪规划、设计和建设的技术要求，在 1992 年制定和颁布了中华人民共和国行业标准《城市防洪工程设计规范》（CJJ50—92）。

防护对象的防洪标准应以防御的洪水或潮水的重现期表示；对特别重要的防护对象，可采用可能最大洪水表示。根据防护对象的不同需要，防洪标准可采用设计一级或设计、校核两级。各类防护对象的防洪标准，应根据防洪安全的要求，并考虑经济、政治、社会、环境等因素，综合论证确定。有条件时，应进行不同防洪标准所可能减免的洪灾经济损失与所需的防洪费用的对比分析，合理确定。

当防护对象为城镇时，应按《防洪标准》以及《城市防洪工程设计规范》中有关规定确定其防洪标准。城镇根据其社会经济地位的重要性和人口数量划分四等，见表 4-2。

表 4-2　城镇等别

城镇等别	分等标准	
	重要程度	城市人口/万人
一	特别重要城镇	≥150
二	重要城镇	50～150
三	中等城镇	20～50
四	一般城镇	≤20

注：①城镇人口是指市区和近郊区非农业人口；②城镇是指国家按行政建制设立的直辖市、市、镇

对于情况特殊的城镇，经上级主管部门批准，防洪标准可以适当提高或降低；当城镇分区设防时，可根据各防护区的重要性选用不同的防洪标准；沿国际河流的城镇，防洪标准应当专门研究确定；临时性建设物的防洪标准可适当降低，以重现期在 5～20 年范围内分析确定（表 4-3）。

表 4-3 防洪标准

城镇等别	防洪标准（重现期）/年		
	河（江）洪、海潮	山洪	泥石流
一	≥200	100～50	>100
二	200～100	50～20	100～50
三	100～50	20～10	50～20
四	50～20	10～5	20

注：①标准上下限的选用应考虑受灾后造成的影响、经济损失、抢险难易以及投资的可能性等因素；②海潮系指设计高潮位；③当城镇地势平坦排泄洪水有困难时，山洪和泥石流防洪标准可适当降低。

防洪建筑物级别，根据城镇等别及其在工程中的作用和重要性分为四级，可按表 4-4 确定。

表 4-4 防洪建筑物级别

城镇等别	永久性建筑物级别		临时性建筑物级别
	主要建筑物	次要建筑物	
一	1	3	4
二	2	3	4
三	3	4	4
四	4	4	—

注：①主要建筑物系指失事后使城镇遭受严重灾害并造成重大经济损失的建筑物，如堤防、防洪闸等；②次要建筑物系指失事后不致造成城镇灾害或者造成经济损失不大的建筑物，如丁坝、护坡、谷坊等；③临时性建筑物系指防洪工程施工期间使用的建筑物，如施工围堰等

4.1.3 水利水电枢纽工程的等级和防洪标准

水工建筑物的洪水标准取决于水工建筑物的等级，我国规定的分等指标见表 4-5，分级指标见表 4-6。

表 4-5 水利水电枢纽工程的等别

工程等别	水库		防洪		治涝	灌溉	供水	水电站
	工程规模	总库容/(10^8 m³)	城镇及工矿企业重要性	保护农田/万亩	治涝面积/万亩	灌溉面积/万亩	城镇及工矿企业重要性	装机容量/(10^4 kW)
Ⅰ	大（1）型	≥10	特别重要	≥500	≥200	≥150	特别重要	≥120
Ⅱ	大（2）型	10～1.0	重要	500～100	200～60	150～50	重要	120～30
Ⅲ	中型	1.0～0.10	中等	100～30	60～15	50～5	中等	30～5
Ⅳ	小（1）型	0.10～0.01	一般	30～5	15～3	5～0.5	一般	5～1
Ⅴ	小（2）型	0.01～0.001	—	≤5	≤3	≤0.5	—	≤1

表 4-6 水工建筑物级别

工程等别	永久性水工建筑物级别		临时性水工建筑物级别
	主要建筑物	次要建筑物	
I	1	3	4
II	2	3	4
III	3	4	5
IV	4	5	5
V	5	5	—

设计永久性水工建筑物所采用的洪水标准，又分为正常运用和非正常运用两种情况。正常运用的洪水标准较低（即频率较大），称设计标准，相应的洪水称为设计洪水；非正常运用的洪水标准较高，即频率较小，称校核标准，相应的洪水称校核洪水。

规划设计时，设计洪水用来决定水利水电枢纽工程（如水库）的设计洪水位，当设计洪水来临时要考虑水库的一切工程都要维持正常工作；校核洪水用来决定水库校核洪水位，当校核洪水来临时，可以允许水库的最高水位至坝顶之间的安全超高留得少一些，水电站的正常工作可以允许暂时受破坏，即暂时停止运用，但水库的主要建筑物，如大坝、溢洪道等必须确保安全。水库工程水工建筑物的防洪标准见表 4-7。

表 4-7 水库工程水工建筑物的防洪标准

水工建筑物级别	防洪标准（重现期）/年				
	山区、丘陵区			平原区、滨海区	
	设计标准	校核标准		设计标准	校核标准
		混凝土坝、浆砌石及其他水工建筑物	土坝、堆石坝		
1	1 000～500	5 000～2 000	可能最大洪水（PMF）或 10 000～5 000	300～100	2 000～1 000
2	500～100	2 000～1 000	5 000～2 000	100～50	1 000～300
3	100～50	1 000～500	2 000～1 000	50～20	300～100
4	50～30	500～200	1 000～300	20～10	100～50
5	30～20	200～100	300～200	10	50～20

注：平原区、滨海区栏的规定确定；当平原区、滨海区的水库枢纽工程挡水建筑物的挡水高度高于 15 m，上下游水头差大于 10 m 时，其防洪标准可按山区、丘陵区栏的规定确定

4.1.4 城市的涝灾标准和排涝标准

1. 城市涝灾与洪灾的关系

城市涝灾与洪水灾害一样，均是由于地表径流过多造成的灾害，但两者之间又有一定

区别。

(1) 城市洪水一般来源于城市防洪保护区之外，而造成涝灾的水多来自保护范围之内。

(2) 洪水径流量大，而涝水径流量小。

(3) 防治措施不同。城市防洪一般采用上游工程拦蓄和市区堤防工程等措施来防范，将洪水阻截在城市保护区之外；城市涝灾防治则通过市区的管渠、泵站等，将区内的暴雨积水自流或抽排到保护区之外。

城市涝灾与洪水灾害之间也有联系。一般情况下，当江河发生洪水时，市区也将发生暴雨和涝灾。江河发生洪水，江河洪水位较高，增加市区排涝难度，洪水灾害也会加重洪涝灾害。山洪沟漫溢与市区积水混成一体，最后洪水和涝水实际上已不可分。对于坡度不太大的山洪，其水力学性质与涝水基本相似，市政工程中习惯上将其称为雨水工程。

城市涝灾与洪灾一样，也是对人类威胁很大的一种水灾，并且，涝灾是比洪灾更普遍的一种水灾。城市一次涝灾损失虽然没有洪灾损失大，但由于其影响的面积大，发生频率高，城市总的涝灾损失往往高于洪灾。因此，对城市涝灾要予以重视。济南市是全国 25 个重点防洪城市之一，黄河洪水是其防洪重点，但市区涝水灾害也很严重，近代的水灾主要是涝灾，1987 年 8 月 26 日一次降水量 300 mm，市区最大积水深达 1.9 m。加上山洪暴发，市区小清河漫溢，造成 47 人死亡，16 万人被困，直接和间接经济损失 5.1 亿元。杭州市 1951～1989 年的 39 年间，共发生暴雨 128 次，平均每年 3.3 次，大暴雨 14 次，造成严重灾害的 7 次。安徽省淮南市的洪水灾害很严重，但由于地形和地理位置等方面的原因，历史上涝灾更为严重，除了大旱年份外，几乎每年都有涝灾发生。

2. 城市排涝标准及其确定

排涝标准是指遇上多少年一遇暴雨，多少日雨量，在多少天内排除，它是设计排水系统的主要依据。设计标准高则保护区发生涝灾的风险小，涝灾损失低，但所建排涝工程规模大，工程投资费用和运营维护费用高；排涝标准降低，排涝工程投资和维护费用小，但保护区的涝灾风险和涝灾损失增大。因此，排涝标准应综合考虑排涝系统的净效益、地区经济条件和发展，依据国家和地方部门的有关规定确定。

涝灾治理要贯彻统一规划、综合治理、蓄排兼顾、以排为主的原则。统一规划就是从全局出发，考虑到上、下游，左、右岸，区内、外，主、客水之间的关系，排水系统的建立应是有利于整个区域的排涝，同时兼顾到局部的利益。综合治理就是要在建立排涝系统时同时考虑环境、航运、渔业等方面的要求，以保证取得最大的效益。蓄排兼顾、以排为主说明尽快排泄涝水是排水系统的主要选择，但要充分利用排水系统区内的蓄水功能，这样可以减小排水系统的规模和造价，也可以减小涝灾损失。

在实施过程中要根据区域总体规划和经济条件，区别轻、重、缓、急，近、远期相结合，全面规划、分期实施，随区内经济发展逐步提高排涝标准和排涝系统的规模。在区内，也应根据保护对象的重要程度和损失情况，分别采用不同的排涝标准。为了提高排涝系统的效益，应从实际出发，因地制宜制订规划方案，尽可能做到就地取材，降低工程建设费用。

　　城市治涝工程措施基本上与防洪工程相同。利用小型的明渠、暗沟或埋设管道，把低洼地区的暴雨径流输送到附近的主要河流、湖泊。暴雨径流排出口可能与外河高水位遭遇的地方，需要修建防洪闸和排涝泵站。城市小面积径流过程特点是有很尖的峰，因此，利用洼地、池塘或蓄水池滞蓄暴雨径流，对于减少排涝渠断面和泵站设计排涝能力、降低工程造价具有重要作用。当然，由于城市地价昂贵，蓄水池造价较高，因此蓄水池位置、容积等要根据技术经济评价确定。同时，对于市区蓄水池，要积极开发利用其旅游、景观价值。有的城市还将蓄水池建于地下，即地下水库，对于减少占地具有重要意义。

　　排涝非工程措施的作用不能忽视。近年来，非工程措施在排涝方面的应用得到更多的重视，包括水文气象情势预报、灾情预测和评估、涝灾风险图绘制、防灾减灾对策，以及水土保持等其他措施。这些非工程措施对地区涝灾防治可以起到工程措施难以发挥的作用，最大限度地提高了排涝减灾的效益。

4.1.5　城市防洪排涝的规划与建设

1. 规划的依据及原则

1）指导思想及目标要求

城市防洪排涝规划的指导思想和目标要求是：全面贯彻党中央、国务院和各省、市、区关于防洪工作的方针政策，从战略高度认识和推进城市防洪排涝工作，以满足人民群众对防洪安全的基本要求为根本出发点，加快基础设施建设，提高防洪排涝管理水平。从保障经济社会可持续发展的高度，在建设与管理、速度与效益、数量与质量相统一的基础上，构筑保障城市经济社会安全的高标准的防洪排涝减灾体系。

城市防洪要按照全面规划、综合治理、因地制宜、讲究实效的原则，坚持综合治理、统筹兼顾、分步实施。在城市防洪规划思想上，坚持城市防洪重点依托流域、区域治理，构筑防洪外围屏障和外排出路体系；在实施步骤上，按照统一规划，分期实施、突出重点、兼顾一般，在充分发挥已有工程作用的基础上，通过建设部分调控骨干工程，因地制宜地提高城市防洪标准和改善城市水环境；在防洪措施上，采取工程措施与非工程措施相结合，建设与管理并重；在城市防洪方案选择上，要进行多方案综合比较和分析，确定最优组合，并根据轻重缓急，客观需要与实际条件，提出分期实施意见。

2）编制依据

（1）《中华人民共和国水法》；

（2）《中华人民共和国防洪法》；

（3）《水利产业政策》（国务院国发［1997］35 号文印发）；

（4）GB50201—94《防洪标准》；

（5）CJJ50—92《城市防洪工程设计规范》；

（6）水利部［1998］215 号《关于印发城市防洪规划编制大纲》（修订稿）的通知；

（7）所在省防洪条例、水利工程管理条例、河道管理实施办法、城市防洪规划编制工作意见等；

（8）城市所在流域防洪建设的意见、规划报告、工作大纲；

(9) 城市总体规划及所在省、市水利计划及规划；

(10) 其他有关法律、法规、规程。

3) 编制原则

城市防洪规划的基本原则是："以防洪治涝为主，结合水环境治理，统筹规划，分期实施，统一管理，充分利用和改造现有工程设施，在加强工程措施规划的同时，兼顾非工程措施规划。"同时，在规划过程中注重以下几个方面：

(1) 城市防洪规划必须服从流域、区域总体防洪要求。城市防洪规划是流域、区域防洪规划的组成部分，城市防洪规划以流域、区域治理为依托，构筑防洪外围保障和外排出路体系。

(2) 城市防洪规划必须服从城市总体规划。城市防洪规划是城市总体规划的一部分，城市防洪设施是城市基础设施的重要组成部分，规划要体现和满足城市经济和社会发展的要求，并与城市总体规划、城镇体系规划和国土规划相协调。

(3) 城市防洪规划要与治涝规划相结合。城市防洪设施是城市挡御外部洪水侵害的首要条件，城市排涝设施是减小城市内涝损害的必备基础。城市防洪规划必须针对城市雨洪及内涝的特点，选取相应的治理模式，防洪结合治涝，防止因洪致涝。

(4) 城市防洪规划工程措施要与非工程措施相结合。工程措施是基础，非工程措施是补充。在工程规划的同时，要兼顾管理设施和机构体制的规划，要兼顾指挥系统、预警预报系统和决策支持系统的规划。

(5) 城市防洪规划要与交通、城建、环保、旅游等相结合。城市防洪治涝工程设施建设要与城市基础设施建设相结合，充分利用各种基础设施的综合功能，新建项目要尽量结合城市景观等城市发展的其他要求。

(6) 城市防洪规划要规划与现状相结合，近期与远期相结合。城市防洪规划要充分利用已有工程设施，近期防洪排涝工程的建设，要为远期提高标准、扩大规模留有余地，以有限的投资发挥最大的工程效益和社会效益。

2. 规划的内容及方法

城市防洪排涝规划就是在研究城市洪涝特性及其影响的基础上，根据区域自然地理条件、社会经济状况和国民经济发展的需要，确定防洪排涝标准，通过分析比较，合理选定防洪排涝方案，从而确定工程和非工程措施。防洪排涝规划设计的任务是：

(1) 分析计算城区各河段现有防洪工程的防洪能力及加高堤防和河道控制水位时的防洪能力，分析城市洪水出路及现有排涝能力。

(2) 调查研究洪涝灾害的历史、现状及其成因，根据防护对象的重要性，结合考虑现实可能性，选定适当的防洪设计标准和排涝标准。

(3) 分析研究各种可能的防范措施方案，提出城市防洪排涝整体规划方案，并拟定工程设计的任务。

3. 防洪规划设计的方法步骤

1) 基本资料的收集、整理和分析

城市防洪整体规划设计所需的基本资料，一般应包括：

（1）历史资料。河道变迁、历史灾情、水利工程状况等。

（2）自然资料。地形、水文、气象、地质、土壤等。

（3）社会经济资料。

对搜集到的资料，应进行整理、审查、汇编，并对可靠性和精度做出评价。要对区域的河道、水文（特别是洪水）、气象、地形、地质及社会经济等方面的基本特性有较深入的认识。

2）防洪标准的选定及现有河段防洪能力的计算

防洪标准可按照 GB50201—94、CJJ50—92 和 SL252—2000 选定。

现有河段安全泄量（允许泄量）的计算，一般先选择防洪控制断面（点），并根据拟定的各断面的控制水位，在稳定的水位流量关系曲线上查得。如果河段受壅水顶托、分流降落、断面冲淤、湖泊围垦等因素的影响时，应对控制断面的水位流量关系曲线进行修正；如果受多因素影响时，应根据较恶劣的组合情况修正。各河段安全泄量确定后，即可根据各控制断面的流量频率曲线，确定现有防洪能力。

3）防洪规划设计方案的拟订、比较与选定

在拟订防洪方案时，应首先摸清区域内各主要防护对象的政治经济地位、地理位置及其对防洪的具体要求，然后再参照上述各项原则，根据区域基本特性和各国民经济部门的发展需要，结合水利资源的综合开发，拟订综合性的防洪技术措施方案。拟订方案时要抓住主要问题。各种防洪方案应力求简明，并具有代表性，切忌方案数量过多而代表性不足，形成单纯罗列的现象。

防洪方案的比较与选定，是在上述拟订方案的基础上，集中可比的几个方案，计算其工程量、投资、淹没、效益等指标，然后通过政治、经济、技术综合分析比较予以确定。

关于各类工程防洪措施的设计方法，如堤防、分洪滞洪措施、河道整治、防洪水库及水库群的具体规划方案，包括传统方法和系统工程方法的详细介绍，可参阅有关的专门论著。

4. 排涝规划设计的方法步骤

排涝规划的程序包括如下步骤。

（1）收集资料。主要是与排涝规划有关的各类资料，包括区域总体发展规划、航道建设计划与规划、河道及水利工程管理办法及条例，土壤和地形特性，水文气象观测数据，原有水利工程设计资料，历史上该地区涝灾成因和灾害情况。同时应深入现场进行查勘和调查。

（2）确定标准。要根据保护区域的重要性，当地的经济条件，排涝工程建设的难易程度和费用，涝水造成的灾害损失程度，工程使用年限等因素综合考虑，确定相应的排涝标准。根据排涝工程建设的需要与投资的可能，可以采用全面规划，分期实施方针，对近远期工程分别定出不同的排涝标准。在同一区域中，如果土地利用性质差别较大，应根据不同防护对象的重要性，采用不同的排涝标准。

（3）分析计算。根据收集的资料和排涝标准，按规划的原则拟订各类可能的排涝方案，采用合适的水文学和水力学方法，计算工程和相应的尺寸，每一方案的投资费用和排涝效益。

(4) 筛选方案。根据计算结果进行分析，主要从排涝净效益的角度评价方案的优劣，同时兼顾考虑区域的发展要求和目前的经济条件，最终提出推荐方案，并撰写规划报告。

(5) 上级审批。排涝规划需经有关部门组织评审，并经上级主管部门审批后生效。

5. 城市防洪排涝规划报告编制

各个城市的自然条件及洪涝特点不同，其防洪排涝规划的内容及侧重点也应有差异。城市防洪排涝规划报告一般应包括以下内容：

(1) 前言：包括规划的缘由、工作分工等。

(2) 城市概况：包括自然概况、城市社会经济概况。

(3) 防洪排涝现状和存在问题：包括历史洪涝灾害，防洪、治涝现状，存在问题等。

(4) 规划目标和原则：规划的依据、目标、原则。

(5) 防洪、治涝水文分析计算：包括设计暴雨、设计洪水和治涝水文分析计算方法及成果。

(6) 防洪工程设施规划：防洪规划方案、防洪工程设施。

(7) 治涝工程设施规划：治涝规划方案、治涝工程设施。

(8) 非工程措施规划：包括防洪、治涝指挥系统，防洪、治涝预案，防灾减灾，清障规划及分、滞洪区管理等。

(9) 环境影响分析。

(10) 投资估算：包括依据及方法、规划方案投资估算、资金筹措方案等。

(11) 经济评价：费用、效益、经济评价。

(12) 规划实施的意见和建议。

(13) 相应的附表及附图。

6. 不同类型城市防洪总体规划

城镇防洪规划的首要目标是防洪保安。但是随着国民经济的持续快速增长和社会的不断进步，人们的环境意识日益增强，对环境的要求越来越高。发达国家不惜重金整治、美化城镇河岸已给我们提供了先例。从城镇防洪规划目标来说，必须将城镇防洪保安的建设与水环境的改造集合起来，将防洪堤、岸滩、水域有机结合，改造城镇中心区的水环境，使城镇防洪工程不仅是保证防洪安全的生命线，也是城镇必不可少的景观线。

1) 沿江河城镇防洪总体规划

我国沿江河城镇的地理位置、流域特征、洪水特征、防洪现状以及社会经济状况等千差万别。在考虑总体规划时要从实际出发，因地制宜。一般注意以下五方面事项：

(1) 以城镇防洪设施为主，与流域防洪规划相配合。首先应以提高城镇防洪设施标准为主，当不能满足城镇防洪要求或达不到技术经济合理时，需要与流域防洪规划相配合（如修建水库、分洪蓄洪等），并纳入流域防洪规划。对于流域中可供调蓄的湖泊，应尽量加以利用，采用逐段分洪、逐段水量平衡的原则，分别确定防洪水位。

(2) 泄蓄兼顾，以泄为主。市区内河道一般较短，河道泄洪断面往往被市政建设侵占而减少，影响泄洪能力，所以城镇防洪总体规划应按泄蓄兼顾，以泄为主的原则；尽量采用加固河岸、修筑堤防、河道整治等措施，加大泄洪断面，提高泄洪能力。在无法以加大泄量来满足防洪要求或技术经济不合理时，才考虑修建水库和滞洪区来调控洪水。修建水库和滞洪区还应考虑综合利用，提高综合效益。

（3）因地制宜，就地取材。城镇防洪总体规划要因地制宜，从当地实际出发，根据防护地段保护对象的重要性和受灾损失等情况，可以分别采用不同防洪标准，构筑物选型要体现就地取材的原则，并与当地环境相协调。

（4）全面规划，分期实施。总体规划要根据选定的防洪标准，按照全面规划、分期实施、近远期结合、逐步提高的原则来考虑。现有工程应充分利用，加以续建、配套、加固和提高。根据人力和财力的可能性，分期分批实施，尽快完成关键性工程设施，及早发挥作用，为继续治理奠定基础。

（5）与城镇总体规划相协调。防洪工程布置，要以城镇总体规划为依据，不仅要满足城镇近期要求，还要适当考虑远期发展需要，使防洪设施与市政建设相协调。

第一，滨江河堤防作为交通道路、园林风景时，堤宽与堤顶防护应满足城镇道路、园林绿化要求，岸壁形式要讲究美观，以美化城镇。

第二，堤线布置应考虑城镇规划要求，以平顺为宜。堤距要充分考虑行洪要求。

第三，堤防与城镇道路桥梁相交时，要尽量正交。堤防与桥头防护构筑物衔接要平顺，以免水流冲刷。

第四，通航河道应满足航运要求，城镇航运码头布置不得影响河道行洪。码头通行口高程低于设计洪水位时，应设计通行闸。

第五，支流或排水渠出口与干流防洪设施要妥善处理，以防止洪水倒灌或排水不畅，形成内涝。

当两岸地形开阔，可以沿干流和支流两侧修筑防洪墙，使支流泄洪通畅。在市区内，应不影响城镇美观。当有水塘、洼地可供调蓄时，可以在支流出口修建泄洪闸。平时开闸宣泄支流流量，当干流发生洪水时关闸调蓄，必要时还应修建排水泵站。

2）山区城镇防洪总体规划

山区河流两岸的城镇，不仅受江河洪水威胁，而且受山洪的危害更为频繁。山洪沟一般汇水面积较小，沟床纵向坡度大，洪水来得突然，水流湍急，挟带泥沙，破坏力强，对城镇具有很大危害。

山区城镇防洪总体规划，一般考虑以下事项：

（1）与流域防洪规划相配合。山区城镇防洪一般包括临江河地段保护和山洪防治两部分。临江河地段防洪规划，可参照上述沿江河城镇防洪总体规划注意事项进行。当依靠修筑堤防加大泄量仍不能满足防洪要求时，可以结合城镇给水、发电、灌溉，在城镇上游修建水库来削减洪峰。但是，水库设计标准要适当提高，以确保城镇安全。

（2）工程措施与植被措施结合。对水土流失比较严重、沟壑发育的山洪沟，可采用工程措施与生物措施相结合。工程措施主要为沟头保护，修筑谷坊、跌水、截洪沟、排洪沟和堤防等；植被措施主要为植树、种草，以防止沟槽冲刷，控制水土流失，使山洪安全通过市区，消除山洪危害。

（3）按水流形态和沟槽发育规律分段治理。山洪沟的地形和地貌千差万别，但从山洪沟的发育规律来看，具有一定的规律性。

上游段为集水区。防治措施主要为植树造林、挖鱼鳞坑、挖水平沟、修水平梯田等。防止坡面侵蚀，达到蓄水保土目的。

中游段为沟壑地段。水流在此段有很大的下切侵蚀作用。为防止沟谷下切引起两岸崩塌，一般多在冲沟上设置多谷坊，层层拦截，使沟底逐渐实现川台化，为农牧业创造条件。

下游段为沉积区。由于山洪沟坡度减缓，流速降低，泥沙淤积，水流漫溢，沟床不定，一般采取整治和固定沟槽，使山洪安全通过市区，排入干流。

（4）全面规划，分期治理。山洪治理应全面规划。在治理步骤上可以将各条山洪沟根据危害程度区别轻重缓急；在治理方法上应先治坡，后治沟，分期治理。集中人力和物力，在实施工程措施的同时，做好水土保持工作，治好一条沟后，再治另一条沟。

（5）因地制宜选择排泄方案。①当有几条山洪沟通过市区时，应尽可能地就近、分散排至干沟。②当地形条件许可时，山洪应尽量采取高水高排，以减轻滨河地带排水负担。③当山洪沟汇水面积较大，市区排水设施承受不了设计洪水时，如果条件允许也可在城镇上游修建截洪沟，把山洪引至城镇下游排入干流。④如城镇上游无条件修建截洪沟，而有条件修水库时，可以修建缓洪水库来削减洪峰流量，以减轻市区防洪设施的负担。

3）沿海城镇防潮总体规划

沿海潮汛现象比较复杂，不同地区潮型不同，潮差变化较大。防潮工程总体规划一般考虑以下事项。

（1）正确确定设计高潮位和风浪侵袭高度。沿海城镇不仅遭受天文潮袭击，更主要的是来自风暴潮，特别是天文潮和风暴潮相遇，往往使城镇遭受更大灾害。因此，必须详细调查研究，分析海潮变化规律，正确确定设计高潮位和风浪侵袭高度，然后针对不同潮型，采取相应的防潮设施。

（2）要尽可能符合天然海岸线。沿海城镇的海岸和海潮的特性关系密切，必须充分掌握这方面的资料。天然海岸线是多年形成的，一般比较稳定。因此，总体布置要尽可能地不破坏天然海岸线，不要轻易向海中伸入或作硬性改变，以免影响海水在岸边的流态和产生新的冲刷或淤积。有条件时可保留一定的滩地，在滩地上种植芦苇，起到防风、消浪的作用。

（3）要充分考虑海潮与河洪的遭遇。河口城镇除受海潮袭击外，还受河洪的威胁；而海潮与河洪又有各种不同的遭遇情况，其危害也不尽相同，因此要充分分析可能出现最不利的遭遇，以及对城镇的影响。特别是出现天文潮、风暴潮与河洪三碰头，其危害最为严重。在防洪措施上，除了采取必要的防潮设施外，有时还需要在河流上游采取分（蓄）洪设施，以削减洪峰；在河口适当位置建防潮闸，以抵挡海潮影响。

（4）与市政建设和码头建设相协调。为了美化环境，常在沿海地带建设道路、滨海公园以及游泳场等。防潮工程在考虑安全和经济情况下，构筑物造型要美观，使其与优美的环境相协调。沿海城镇码头建设要与港口码头建设协调一致。但应注意码头建设不要侵占行洪河道，避免入海口受阻，增加洪水对城镇的威胁。

（5）因地制宜选择防潮工程结构形式和消浪设施。当海岸地形平缓，有条件修建海堤和坡式护岸时，应优先选用坡式护岸，以降低工程造价。为了降低堤顶高程，通常采用坡面加糙的方法来有效地削减风浪。

4.2　城市防洪排涝工程建设与管理

4.2.1　城市防洪排涝的管理体制与机构

1. 管理体制

各城市防洪排涝体系建成后，将有大量的工程设施及固定资产，在保障市区居民安全和社会经济发展中具有举足轻重的作用。必须有健全的管理机构和高素质的管理队伍，才能保证防洪排涝调度管理工作的科学、合理、高效，充分发挥这些工程的巨大防洪效益。

（1）建立原则。贯彻高效、统一、专业和精简的管理方针。顺应城乡水务一体化管理方向，体现现代化管理水平。防洪排涝实行统一领导、统一调度，实行首长负责制。

（2）基本框架。在规划目标完成后，实行城市防洪大一统管理模式，其基本框架如图4-1 所示。

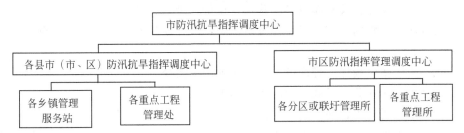

图 4-1　城市防洪管理基本框架

（3）管理体制。城市防洪排涝工程实行统一管理与分级管理相结合的管理制度。市区防洪工程设施由市水行政主管部门主管，对流域工程设立直属管理单位，对各区域性工程由市水行政主管部门委托所在地的区水行政主管部门管理。对规划范围内的河、库、闸坝、泵站设置管理所（处），实行统一管理，以保证工程效益的充分发挥。

2. 管理机构及任务

1）市区防汛指挥管理调度中心

市区防汛指挥管理调度中心为市区防汛指挥部的执行机构，全面负责市区防汛抗旱各项日常事务。其职责为：

（1）执行上一级指挥调度中心指令。

（2）具体执行市区防汛指挥部的防汛决策，并负责市区范围内各防洪、除涝、调水工程的运行调度。

（3）负责市区各防汛工程岁修、急办项目的审查、报批和督办。

（4）负责下属各分区或各联圩管理所和单项工程管理所的业务指导、培训管理（人事管理由主管部门市水利局承担）。

（5）雨情、水情、工情、灾情信息收集整理上报。

（6）负责本调度中心系统的运行、管理和维护。

2）各分区或联圩管理所

各分区或联圩管理所为各分区或联圩联防指挥部的执行机构，同时又是市区防汛指挥管理调度中心的派出机构。全面负责本分区或联圩内防汛抗旱的各项日常事务。其职责为：

（1）负责本分区或联圩内外河道、圩堤（防洪墙）、圩口闸、排涝泵站及其他附属设施的管理、运行、维修、保养。

（2）负责本分区或联圩内各防汛工程的汛前、汛后检查，岁修、急办项目的方案制订，概预算编制上报及具体实施。

（3）执行上级防汛指挥调度中心指令。

（4）具体执行本分区或联圩联防指挥部的各项防汛决策。

（5）及时收集上报本分区或联圩内的雨情、水情、险情和灾情。

3）各重点单项工程管理所

各重点单项工程管理所为市区防汛指挥管理调度中心的派出机构。其职责为：

（1）负责本单项工程及附属设施的管理、运行、维修、养护。

（2）负责所管工程的汛前、汛后检查，岁修、急办项目方案制订，概预算编制上报及具体实施。

（3）执行市区防汛指挥管理调度中心的各项调度指令。

（4）积极参与所在分区或联圩的防汛抗旱工作。

（5）及时上报所管工程的水情、工情和灾情。

上述中心及管理所为常设管理机构。应按照国家水利工程定员定编规定，结合市区防洪排涝实际情况，核定并给足相应的管理人员，以保证城市各项防洪排涝管理和调度工作落到实处。

3. 管理设施及保障措施

1）观测及监测设施

利用原国家水文站网并与市防汛指挥系统联网，观测市区雨量、各控制断面处的河水位及过境流量。各联圩内河水位利用所建闸站，设置遥测站点，将信息直接输入市区防汛指挥调度中心。结合城区景点建设，选择合适地点，建立水位标志塔，让市民随时直观地了解内外河水位。市区防汛指挥调度中心可设水位语音查询服务台，市民拨通指定电话，即可了解内外河实时水位。

大型闸站均应按规范要求，设置沉陷、位移及渗透等监测项目，并配备水准仪、经纬仪等必要的观测设备。

2）运行管理维护设施

配备管理房屋、通信工具、交通工具、维修及配件加工设备等，以便做好日常维护工作。

3）管理经费来源

市区防洪排涝工程需日常运行费、管理费及维修费，必须有一定的经费来源保障。经费来源渠道主要为：

（1）市财政专项资金；

（2）防洪保安基金；

（3）城市建设维护费中切块；

（4）受益单位和个人分摊（不应与防洪保安基金冲突）；

（5）预留经营场所，发展经营项目，作为部分管理经费贴补。

4.2.2　城市防洪排涝的工程措施

1. 城市防洪排涝的工程措施概述

防洪排涝工程措施是指用工程防止或减轻洪涝损失的措施。大致可分为：水库、堤防、河道整治与疏浚、分洪、滞洪、泵站、水土保持和植树造林、避水工程等。

（1）水库。目的是滞留一部分洪水，削减洪峰，降低水库下游水位和洪峰流量，避免各支流集水区洪峰流量同时汇集，减轻洪水对堤防的威胁。同时，还可以蓄留一部分洪水，提高枯水期流量，供下游各用水部门使用。

（2）堤防。这是平原地区为扩大洪水河床、加大泄洪能力、避免两岸受洪灾威胁的行之有效的措施。

（3）河道整治和疏浚。目的是拓宽和浚深河槽，裁弯取直，消除阻碍水流的障碍物等，使洪水河床平顺通畅，从而加大泄洪能力。

（4）分洪、滞洪。目的是为了减少某一河段的洪水流量，使其控制在河床的安全泄量以下。分洪是在过水能力不足的河段上游适当地点，修建分洪闸，开挖分洪道，分担主河段的洪水流量，减少对高度发展地区的灾害。分流后主河的流量减少，水位降低。滞洪是将河槽不能容纳的洪水分入洼地等洪泛区。

（5）泵站。汛期排水区的涝水、渍水不能及时排出，需用泵站提排；但在容泄区的枯水期或洪峰过后，可以自由排水。因此，排水泵站常建成自流排水和泵站提排两套排水系统的泵站枢纽。

（6）水土保持和植树造林。可以控制冲刷，改善径流汇集的条件，并可降低洪峰流量及因洪水挟带泥沙垫高河槽所遭受的损失。

（7）避水工程。这是指在洪水淹没的范围内，规划撤退道路，加高建筑物的基础，采用耐、抗洪水的设计与材料，建造二层楼房以备转移等，以减少洪水淹没浸水的损失。其中有些措施可列为非工程措施。

2. 城市防洪排涝的主要工程与管理

1）堤防工程及其维护管理

（1）堤防概述。堤防是沿江河、湖泊、海洋的岸边或蓄滞洪区、水库库区的周边修建的防止洪水漫溢或风暴潮袭击的挡水建筑物。这是人类在与洪水做斗争的实践中最早使用而且至今仍被广泛采用的一种重要防洪工程。因所处的环境不同,各个城市的堤防亦有不同的类型和特点。

堤防按所在的位置和作用不同,可分为河堤、湖堤、水库堤防、围堤和海堤五种。这五种堤防因工作条件不尽相同,其设计断面也略有差别。

对于河堤,因洪水涨落较快,高水位持续历时一般不会太长,少则数小时,多则也不会超过一两个月,其承受高水位压力的时间不长,堤身浸润线往往不能发展到最高洪水位的位置,故堤防断面尺寸相对可以小些。

对于湖堤,由于湖水位涨落缓慢,高水位持续时间较长,一般可达五六个月之久,且水面辽阔,风浪较大,故堤身断面尺寸应比河堤大,且临水面应有较好的防浪护面,背水面需有一定的排渗设施。

水库堤防随着水库的兴建而产生,多修筑在水库的回水末端或库区局部地段,用于减少水库的淹没损失,库尾堤防还需根据水库淤积引起翘尾巴的范围和防洪要求适当向上游延伸,水库堤防断面设计一般与湖堤相同。

围堤用于临时滞蓄或抵挡超标准洪水,其实际工作机会远不及河堤和湖堤那样频繁,但修建标准一般应与干堤相同。

海堤仅在涨潮时或风暴引起海浪袭击时着水,高水位持续时间甚短,但由于风浪破坏作用较大,尤其是当台风侵袭时,近岸浪高可达 4～5 m。对于强潮河口,因受海流、风浪、增水等相互影响,堤防规划设计时要认真考虑,堤防断面也要求较大,并远较河堤坚固,海堤临水面一般设有消波效果较好的防浪设施,另外多采用生物与工程相结合的保滩护堤措施。

(2) 堤防工程岁修和管理。堤防通常是城市防洪的外围屏障,必须依据相关的管理规定加强管理,经常保持工程完好;实行统一领导,分级管理的原则;组织和发动群众经常查处隐患;严禁在堤身附近地区取土、挖沟、建房和修建其他危害堤身安全的工程或进行危害堤防安全的活动。

为了确保汛期堤防的安全,各堤段必须设立专门管理机构,除负责平时对堤防的检查、维护和管理外,每年伏秋大汛后,根据当年汛期堤岸上发现的险情和堤防所受的损伤,进行修复,消除隐患,填残补缺,加高培厚,平整险工等。此项工作因需年年进行,故称岁修。

2) 险工的处理

汛期若出现大溜顶冲或护坡损毁,危及堤防安全,则应报请上级机关,在当地或上游修建适当的河道整治建筑物,引导主流中移或加固堤岸、修复护坡,防止进一步淘刷。如果河岸已坍塌逼近大堤,影响大堤安全,则应考虑修建护岸工程或退建新堤。

3) 堤身加高培厚

汛期若发现局部堤段标准不足时,应按照设计标准在堤顶和堤身背水坡侧加高培厚。培土前,应清除堤基和坡面上的杂草树木等,耙松堤基面上老土,堤坡面挖成高约 0.2 m、宽约 0.3 m 的阶梯状牙口,然后进土压实,其要求与筑新堤相同。

4) 渗漏处理

汛期凡堤防渗漏严重的地段或地下透水层因横贯堤身、产生管涌流土险情的,均做过临时性的抢护处理，但质量往往难以保证，如有的堤段抢险中曾用粮食、芦草、棉絮、草袋等易腐烂材料，岁修中应予挖除，并按防渗设计要求重新处理。

5）消除堤身隐患

造成堤身隐患的因素很多。动植物造成的隐患如鼠、蛇、蚁等洞穴，腐烂的树根形成的孔洞等；也有人为造成的洞穴隐患，如排水沟、堤脚水井等以及抢险时用的梢料草木日久腐烂成洞；堤防施工欠佳，新旧堤接头或穿堤建筑物与堤身结合不好也会产生堤身下沉或裂缝等隐患；汛期堤防渗漏严重也可形成暗洞隐患，或者雨水冲沟陷窝造成的隐患等。这些隐患，均应在岁修中妥善处理。

检查堤身内部隐患，过去一般采用人工或机械锥探法，目前可使用堤防隐患探测仪和电子补偿仪对堤防进行普查。查明隐患后，可根据情况进行压力灌浆或翻修处理。压力灌浆法适于处理较深的隐患。对于范围较大的隐患，一般应翻筑回填。

6）护坡植树，加强管理

在堤坡下部用浆砌块石等方式护坡，上部种植树木草皮，是用工程措施、生物措施将护堤整险同美化环境和充分利用堤防两侧土地资源相结合的一种好办法。当然，城区堤防绿化必须与沿岸景观建设相结合，美化、绿化、亮化相结合，并应以不影响河道行洪能力和有利于防洪抢险为原则。

此外，管理部门应对防汛器材和通信设备等严加管理，对沿堤涵闸经常认真检查，及时发现和处理各种问题。教育群众，严格遵守河道管理的各项规定，严禁在河道内设防及在堤坡上砍伐树木、铲刮草皮、种植作物等，制止各种损害堤防的行为发生。

3. 水闸的常见故障及其维护管理

1）土基上水闸常见的问题及其特征

(1) 地基不均匀沉陷引起闸墩的开裂，如闸室的倾斜、闸室构件（梁、板等）的支座变位、上下游护坦因闸室及翼墙沉陷引起的开裂以及边墙倾倒或歪斜等。引起地基不均匀沉降的原因是地基不均匀和荷载不均匀两个方面。前者较为被人们注意，在选择闸址时需对地基情况进行详细的钻探和分析，尽力避开产生不均匀沉降的地基。而后者常被人们所忽视。由于整个水闸各部分的荷载各不相同，如不采取相应的调节措施，致使岸墙沉降大于闸室，闸室沉降大于护坦，边孔沉降大于中孔等，这些成为水闸普遍的现象。

(2) 混凝土构件因温度变化和超载运用而开裂。目前常见的有工作桥、人行桥、胸墙、护坦和底板等各个构件在不同条件下出现开裂。例如，工作桥或人行桥，当支座采用固支时，因闸墩体积较大，断面尺寸远大于桥面，在温降时，受闸墩约束的桥面板不能自由伸缩，因而出现拉应力过大而开裂。有些简支结构因接头处的摩阻力过大，支座处受摩阻力约束而出现裂缝。胸墙及工作桥与闸墩接头处出现裂缝是水闸中常见的现象。超载运用则是闸顶公路桥普遍存在的问题。

(3) 水闸闸门启闭失灵及水闸局部冲毁。平时检查养护不善、调度运用不当造成水闸闸门启闭失灵及水闸局部冲毁。经统计分析，直属某水利管理单位管辖的 13 座大型水闸和 3 座中型水闸，运用以来发生 70 余次事故，属于控制运用不当及维修养护不够者占事故的 90%，其中闸门启闭失灵造成的事故有 6 次。

（4）反滤层失效及渗透变形。渗流控制不严造成反滤层失效及渗透变形，其原因主要是水闸总体布置和防渗设计存在缺陷，施工方法和程序不合理等。

（5）出闸翼墙被冲毁。出闸翼墙扩散角过大、消力池尺寸过小及结构过于单薄而遭冲毁。扩散角过大易形成水流脱壁，两侧出现回流压迫主流，使单宽流量集中，当海漫尺寸过短，回流易冲刷海漫后的河（渠）床。消力池过短，不能产生完全水跃，水流能量冲刷海漫；当护坦过薄、材料强度低时，在底部高流速及脉动压力作用下易冲毁。

（6）泥沙淤积。泥沙淤积成为当前水闸存在的普遍问题之一。无论是山区和山麓区修建的水闸、多沙河流上的水闸或沿海附近的挡潮闸，闸前闸后都存在不同程度的淤积现象，直接影响水闸的正常运用。

软基上的水闸除上述问题外，尚有因地基不均匀沉降引起支臂扭曲、推移质泥沙对底板的磨蚀、寒冷地区的冬季冰冻以及地震对闸室的稳定影响等诸多问题。

2）土基上水闸的维护及管理

根据土基上水闸存在的主要问题及产生原因，在运行管理和养护维修方面应做到以下几点。

（1）根据各地的具体条件，制定一套行之有效的管理制度和操作规程，并建立岗位责任制以保证规章制度的贯彻执行。统一指挥、统一管理，以保证水闸的正常运行和操作管理、养护维修的规范化。对闸门和启闭机等金属构件及时养护，如闸门导轮每月注油一次；定期检查钢丝绳每米内的断头数不得超过规范要求；两台启闭机控制一个闸门的要有同步措施；启闭机各轴平行度要经常调整以符合设计要求；闸门制动设备要和接通或断开动力的延时相适应，防止外加扭矩等。总之，应按原水利电力部制定的《水闸工程管理通则》及有关规定，结合各闸具体要求，制定实施细则，真正做到管理有章法，出事可查明。并应对管理干部进行技术培训，防止违章操作。

（2）严格把住设计和施工的质量关。管理单位在接受任务前，应对设计和施工情况进行认真细致的查验，及时提出设计和施工中存在的问题，如在运用前能补救的应及时补救，闸基在施工中存在质量问题的部位需及时加固者应采用灌浆或打桩及时补救，以免运行时造成重大损失。其他如消力池长度、护坦厚度、扩散角大小等不合要求者，亦应采取有效措施，以防运行时冲毁。

（3）对于闸墩及桥梁因温度变化而引起的支座摩擦产生的拖曳力形成的裂缝，一方面应改进支座结构形式，经常在摩擦部位加润滑油，防止垫板生锈从而加大摩擦力；另一方面用环氧砂浆进行补强，以防裂缝进一步扩大，对超荷运行引起的开裂，除补强外，应严格控制运行条件。

（4）河口挡潮闸前后的淤积是较难解决的问题。目前解决途径有：从规划设计入手，选好闸址，制订合理运用方案以尽量减轻淤积；其次是清淤，但耗资甚巨。

（5）我国早期建成的水闸及其他混凝土工程，发现许多细小裂缝，有些属于前面提到的（如温度、沉降、干缩、冻融及超荷运行等）物理和运行管理原因，有些是属于化学方面的原因造成的，如碳化、"碱-骨料反应"、氯盐的侵蚀、侵蚀性气体或液体（环境水）的腐蚀等，造成钢筋锈蚀、混凝土膨胀形成裂缝，有的部位混凝土大块剥落，钢筋外露锈蚀，严重威胁工程安全。

碳化作用是混凝土中的氢氧化钙吸收空气中的二氧化碳生成碳酸钙和水的化学作用。使 pH 下降，失去对钢筋的保护作用，空气中的氧气、水分和二氧化碳通过碳化层与钢筋接触，使钢筋产生锈蚀。对水闸等建筑物的碳化现象要加强检测，对锈蚀钢筋除锈，锈蚀面积大的加设新筋，并采用掺入阻锈剂的砂浆进行修补加固。

4. 泵站工程及其维护管理

城市排涝泵站是排除城区涝水的重要提水工程。泵站工程是利用机电提水设备增加水流能量，通过配套建筑物将水由低处提升至高处，以满足兴利除害要求的综合性系统工程。泵站工程被广泛地应用于农田灌溉排水、市政供排水、工业生产用水及跨流域调水等许多方面。泵站工程的主体部分为水泵，现就水泵的运行、维护进行介绍。

1) 常见故障及原因

水泵是一种比较简单的机械，操作比较容易，运行比较可靠，故障率并不高。但是，由于产品制造质量较差、选型不合理、安装不正确、操作不当、维护保养不够等，也会发生故障。应诊断分析，查找原因，对症下药。水泵的常见故障及原因有以下几种。

（1）水泵启动后不出水。可能原因为：①在水泵启动前没有充水或者充水量不足；抽真空时未达到要求的真空值；水没有从进水管到达水泵叶轮室或未达叶轮中心。②叶轮转向不正确。③水泵转速过低。④水泵选型不当，水泵扬程不能满足泵站实际扬程的需要，即小于实际扬程，故不能出水。⑤管道堵塞。⑥水泵叶片损坏或叶片装反。杂物及汽蚀损坏叶片或可调整叶片反装。

（2）水泵出水量不足。可能原因为：①水泵进水管路漏气。②水泵填料密封处漏气。③进水管口淹没深度不够，进水池中有吸气漩涡进入水泵。④水泵转速偏低。一是电压下降，二是转动皮带松滑，使水泵的转速降低。⑤水泵密封口环磨损，间隙过大。⑥水泵进水管路、管口或叶轮被杂物部分堵塞或缠绕。⑦进水池水位下降或出水池水位上升，实际扬程增大，流量减小，此属正常情况。若进水池因拦污栅堵塞造成非正常水位下降则应予以处理。⑧水泵叶片角度改变。叶片的固紧螺母松动，在动水压力作用下叶片角度变小，导致流量变小。⑨水泵叶片部分损坏。叶片因机械或空蚀破坏导致流量减小。

（3）水泵运行功率偏高。可能原因为：①水泵运行转速偏高。这可能是动力机转速配套不当，高套了一挡转速。②水泵叶轮与泵壳之间的间隙过小，运转时有机械摩擦；填料盖压得过紧；填料与泵轴摩擦力大；泵轴发生损坏等。③实际运行工况改变，扬程增大，功率增大较快。离心泵扬程低于额定扬程，功率增加。④立式轴流泵安装不当。安装时没有校平校直，电动机座或皮带轮座与水泵上下橡胶轴承孔不同心，泵轴摆度大，泵轴与橡胶轴承摩擦加大，致使泵轴功率上升。⑤水泵叶片安放角偏大。半调节叶片水泵调节刻度不准确容易造成叶片角度的偏差。

（4）水泵运行时产生的噪声和振动，如果都在允许范围内则属于正常，若超出允许范围，就说明有可能发生故障。水泵运行中有异常噪声和振动，可能原因为：①水泵底座的地脚螺钉螺母松动或校正垫片未能垫实，发生松动，造成机组的振动。②泵轴弯曲，叶轮因叶片损坏失去动平衡，在运转时产生附加的不平衡力，引发水泵振动。③水泵进水位过低，淹没深度不够，有挟气漩涡或涡带进入水泵，这都可能诱发水泵振动。④滚动轴承损坏，滑动轴承的间隙过大也会产生噪声和振动。⑤叶轮口环间隙过小，导致口环的机械摩擦，产生摩擦噪声和振动，使泵轴功率增大。

（5）轴承异常温升，可能原因为：①轴承润滑不良，润滑油过多或过少，油质不好，不清洁有杂质，如铁屑、砂粒等，也会使轴承发热。②皮带传动的皮带过紧，使轴承受力增大而发热。③离心泵叶轮平衡孔被堵塞导致轴向力增大，轴承受力增大也会发热。④轴承间隙配合松紧不当，安装欠妥，使轴承发热。轴承长期使用，滚球损坏或局部磨损失圆，转动不灵活引起轴承温度升高。

（6）填料函发热或漏水量过大，可能原因为：①填料压得过紧而造成摩擦力加大，同时填料函压紧后还阻碍了水封的形成，压力水不能通过填料，对泵轴形成水封和润滑冷却。②填料装填位置不正确。水封管的开口未能对准水封环，使压力不能进入填料，无法进行润滑和冷却，导致填料函发热。③填料磨损大或使用日久失去弹性、填料压盖不紧等是漏水过多的主要原因。

2）水泵的运行、维护及保养

（1）水泵运行前的准备。做好启动前各项准备和检查工作，对保证水泵顺利启动和安全运行是十分重要的。启动前主要检查准备工作为：①盘车，检查机组水泵轴、转轮、电机转子等转动部分转动是否灵活。②启闭出水管上的闸阀，看其是否灵活，离心泵出水闸阀在启动前应处于关闭状态。③轴承中润滑油质量是否满足运行要求。④检查固定机组等设备的地脚螺钉和连接螺钉等紧固件有否松动或脱落。⑤检查电气系统设备是否正常，仪器仪表是否完好。⑥检查进水池前池是否有杂物等，如有应及时清除，以免堵塞水泵，危害水泵安全运行。⑦初次运行应检查动力机转向是否符合水泵转向要求，二者必须一致。

（2）运行维护。在水泵机组投入运行以后，值班人员应随时注意下列事项，一旦发现有不正常的情况，应立即查明原因并及时处理。①机组有不正常的响声和振动。正常运行，机组声音平稳，有节奏韵律。若声音忽高忽低，起伏不定，或者有异常的响声，无论有无规律，均可能是运行故障的信号。如遇此类情况，应及时停止运行，加以检查。②轴承温度和油量的变化。一般滑动轴承的最大允许温度为85℃，滚动轴承最大允许温度为90℃时，温度过高可以停机检查。轴承内的润滑油应保持正常需要。油量不足要及时补充，尤其对用机油润滑的轴承更应保持足够的油量。③动力机的温度变化。如果动力机温度超出其允许值，应停机，并检查处理。④水泵填料密封情况。填料函温升大，应适当放松填料压盖，如漏水大，则应适当压紧填料盖。一般填料函滴水应以60滴/min左右为宜。⑤各种仪器仪表指示的变化。仪表指示值、指针如果变化剧烈或者跳动，则可能出现故障，应及时查明。⑥进水位的变化。若进水位过低，低于最低运行水位，可能造成水泵空蚀振动，应停止运行。如系杂物堵塞应及时清除。⑦做好值班记录。除正常的定时检查记录外，如有异常应增加记录次数，包括故障排除措施等。并在交班时说明。

（3）水泵机组的保养。水泵保养是一项十分重要的工作。良好的维护与保养，可以提高机组运行效益和运行可靠性，延长机组的使用寿命，切不能敷衍了事。①传动皮带的保养。及时调整皮带松紧度。一组三角皮带中，应松紧一致。通常在运行一定时间后，因磨损和拉伸，皮带的长度略有增长，应及时调整。皮带更新的时候，一组皮带必须同时更换，规格、型号、材料、公差符号等均应相同；如在运行中发现皮带打滑，一般最好不要涂皮带蜡，应查明原因，确需涂蜡，应清除表面油污后再处理；皮带应保持清洁，避免沾染机油、柴油或汽油等油类物质，油类物质能腐蚀皮带，使其打滑，还会降低其强度，缩短使用寿命。如有沾污要及时用温水清洗干净；皮带不用卸除后要存放在避光处，避免接触高温，以防止其受热变质，影响使用。皮带使用寿命厂家均有保证。如果达不到厂家保证值，应检查使用是否得当，维护保养是否到位，产品质量有无问题等，并及时加以解决，必要时应与厂家联系。②每运行 500 h 更换一次。对于用黄油润滑的滚动轴承，运行 1500 h 应予以更换。更换时应先用汽油将轴承洗净，然后再加新的黄油。水泵轴承一般用耐水的钙基黄油，这种黄油遇水不易溶解，但不耐高温。电机轴承一般用钠基黄油，可耐高温，但易溶于水。这两种黄油特性不同，不能用错。用黄油润滑的轴承，油量不可太多或太少，一般用量为轴承箱净容量的 1/2～2/3 为宜。对于用润滑油的轴承，油量应达到规定要求的刻度。新油必须清洁，无杂质、杂物。③非运行期的维护和保养。停机后，应把机组表面的水和污物擦拭干净。对停机后较长时间不用的，应将泵壳内的水放净。对运行中出现的故障需要彻底处理的，应再作处理；钢管易锈蚀，当机组停用时，应按每年油漆一次进行保养，清洁表面后涂红丹漆，涂水柏油（沥青），涂刷后置于干燥地方存放；根据检修制度，对水泵拆装检修；封好出水管口和出水通气孔口，以免杂物进入水泵装置内。

4.2.3　城市防洪排涝的非工程措施

1. 非工程措施概述

防洪排涝非工程措施，顾名思义是对应防洪排涝工程措施而言的，是从 20 世纪 50 年代后期才开始倡导并逐步被人们接受的一个新概念。美国第一次正式使用"防洪工程措施"的名词，是在 1964 年众议院 465 号文件中。根据国内外的一些文献介绍，所谓防洪非工程措施，比较通用的说法是指通过法令、政策、经济手段和工程以外的其他技术手段，以减少洪涝损失的措施。

防洪非工程措施的另一种解释为，防洪工程措施是按照人们的要求用工程手段去改变洪水的天然特性，以防治和减少洪水所造成的灾害的措施，又称为改造自然的措施。而防洪非工程措施并不去改变洪水的天然特性，而是力求去改变洪水灾害的影响，以达到减少损失的目的，又可称为适应自然的措施。

防洪非工程措施日益引起重视和迅速发展的原因，是防洪工程措施不能解决全部的防洪问题。多数工程防御标准不高，提高标准在经济上不合理，而超标准洪水又可能发生；防御工程特别是带有控制性的大工程投资大，建设周期长，占地多，移民和环境问题突出，开发的条件越来越差，可兴建的工程也越来越少，对一些发展中国家在短期内难以建设起足以控制洪水的工程；洪泛区开发利用不尽合理、管理较差以及人口和财产的迅速增长，导致世界各国虽然建造了大量防洪工程，但因洪水所造成的损失却仍然有增无减。

防洪非工程措施的内容是逐步丰富扩大的，而且有些内容与防洪工程措施难以分得很清楚，不同文献的概括和分类也不尽相同，不同国家都有自己的使用习惯。

防洪非工程措施的基本内容大体可概括为：建立健全防洪排涝责任体系；制定防洪排

涝预案；洪水情报预报和警报；防洪排涝指挥系统；行洪及排涝河道的清障与管理；政策法规措施；防洪区管理；防洪保险；自适应设施和防汛抢险斗争等。

我国自 20 世纪 80 年代中期以后，倡导了防洪非工程措施，明确了防洪工程措施与防洪非工程措施相结合的方针，对防洪事业起到了重要作用。对城市防洪排涝而言，非工程措施也是城市防洪减灾不可缺少的组成部分，是解决城区防洪排涝安全，配合工程措施达到防洪除涝目标的重要手段。

2. 非工程措施的主要内容

1）建立健全防洪排涝责任体系，逐级落实行政首长与技术责任制

防汛抗洪是一项综合性很强的工作，需要动员和调动各部门各方面的力量，分工合作，同心协力，共同完成。

（1）防汛组织。《防洪法》规定，防汛抗洪工作实行各级人民政府行政首长负责制，统一指挥，分级、分部门负责。国务院设立国家防汛指挥机构，负责领导、组织全国的防汛抗洪工作，其办事机构设在国务院水行政主管部门。在国家确定的重要江河、湖泊可以设立由有关省、自治区、直辖市人民政府和该江河、湖泊的流域管理机构负责人等组成的防汛指挥机构，指挥所管辖范围内的防汛抗洪工作，其办事机构设在流域管理机构。

结合各省的情况，省、市、县（市、区）人民政府应分别设立由有关部门、当地驻军、人民武装部负责人等组成的防汛抗旱指挥部，在上级防汛指挥机构和本级人民政府的领导下指挥本行政区域的防汛抗洪工作，其常设办事机构设在同级水行政主管部门，具体负责防汛指挥机构的日常工作。防汛指挥机构各成员单位按照分工各司其职，做好防汛抗洪工作。经设区市人民政府决定，可以设立设区市的城市市区防汛办事机构，在同级防汛抗旱指挥部的统一领导下，负责设区市的城市市区防汛抗洪日常工作。

（2）防汛职责。为了加强防汛责任制，使防汛工作逐步走上正规化、规范化、法制化的轨道，各级人民政府行政首长、防汛抗旱指挥部及各有关防汛组织的防汛职责如下。

第一，地方各级人民政府行政首长主要职责。①负责组织制定本地区有关防汛的政策性、规范性文件，做好防汛宣传和思想动员工作，组织全社会力量参加抗洪抢险；②负责建立健全本地区防汛指挥机构及其常设办事机构；③按照本地区的防洪规划，广泛筹集资金，多渠道增加投入，加快防洪工程建设，不断提高防御洪水的能力；④负责制订本地区防御洪水和防御台风方案；⑤负责本地区汛前检查、险工隐患的处理、清障任务的完成、应急措施的落实，做好安全度汛的各项准备；⑥贯彻执行上级重大防汛调度命令并组织实施；⑦负责安排解决防汛抗洪经费和防汛抢险物资；⑧组织各方面力量开展灾后救助工作，恢复生产，修复水毁工程，保持社会稳定。

第二，县级以上地方人民政府防汛抗旱指挥部主要职责。①在上级防汛抗旱指挥部和本级人民政府的领导下，统一指挥本地区的防汛抗洪工作，协调处理有关问题；②部署和组织本地区的汛前检查，督促有关部门及时处理影响安全度汛的有关问题；③按照批准的防御洪水方案，落实各项措施；④贯彻执行上级防汛指挥机构的防汛调度指令，按照批准的洪水调度方案，实施洪水调度；⑤清除影响行洪、蓄洪、滞洪的障碍物以及影响防洪工程安全的建筑物及其他设施；⑥负责发布本地区的汛情、灾情通告；⑦负责防汛经费和物

资的计划、管理和调度；⑧检查督促防洪工程设施的水毁修复。

第三，市防汛抗旱指挥部成员单位职责。①计委。协调安排区内防汛抗旱工程建设、除险加固、水毁修复、抗洪抗旱救灾资金和电力、物资计划。②建设局。负责城市防洪排涝规划的制定和监督实施，加强城市防洪排涝工程的管理，组织城市规划区防洪排涝工作。③财政局。负责安排和调拨防汛抗旱经费，并监督使用，及时安排险工隐患处理、抢险救灾、水毁修复经费。④水利局。提供雨情、水情、旱情、工情、灾情，做好防汛调度和抗旱水源的调度；制订全市防汛抗旱措施以及防汛工程维修、应急处理和水毁工程修复计划；部署全市防汛准备工作；提出防汛抗旱所需经费、物资、设备、油电方案；负责防汛抗旱工程的行业管理，按照分级管理的原则，负责所属工程的安全管理。⑤公安局。负责维护防汛抢险秩序和灾区社会治安秩序，确保抗洪抢险、救灾物资运输车辆畅通无阻；依法查处盗窃、哄抢防汛抗旱物资、材料及破坏水利、水文、通信设施的案件，打击犯罪分子，协助做好水事纠纷的处理；遇特大洪水紧急情况，协助防汛部门组织群众撤离和转移，保护国家财产和群众生命安全；协助做好河湖清障及抢险救灾通信工作。⑥交通局。负责抢险救灾物资调运；负责安排各行、滞洪区人员的撤退和物资运输的交通安排；汛情紧张时，根据防汛要求，通知船只限速行驶直至停航、车辆绕道；协同公安部门，保证防汛抢险救灾车辆的畅通无阻。⑦民政局。负责洪涝旱灾地区灾民的生活安置和救灾工作。⑧卫生局。负责为灾民提供基本的医疗保健服务和进行防病知识的指导，搞好"三管一灭"工作，即管水、管粪、管饮食，消灭鼠蚊蝇。严格进行疫点处理，防止疫情扩散；对易感人群进行应急接种，提高其对传染病的免疫力。⑨贸易局。负责有关防汛物资供应和调度防汛抗灾所需的物资。⑩供电局。负责保证防汛抢险及抗旱排涝用电。⑪电信局。负责所辖电信设施的防洪安全，确保防汛通信畅通，及时、准确传递防汛和气象信息，对付特大洪涝灾害要做好有线、无线应急通信的两手准备。⑫环保局。负责水质监测，及时提供水源污染情况，做好污染源的调查与处理工作。⑬供销社。负责草包、毛竹、芦席、塑料薄膜等防汛物资的储备与供应，必要时组织供应超计划货源；做好防汛抢险和生产救灾物资的调运供应工作。汛情紧张阶段，有储备任务的单位要日夜值班，确保抢险物资随时调拨。⑭石油公司。负责防汛抗旱油料，即柴油、汽油、煤油、润滑油等货源的组织、储备、供应和调运。⑮物资局。负责钢材、木材、水泥、民用爆破器材等物资的供应，负责解决防汛抢险所需新增车辆等。⑯建材公司。负责防汛抢险所需石料、油毛毡等建筑材料的组织供应。⑰铁路分局。负责保证防汛抢险物资、设备和抗灾人员的铁路运输。⑱气象局。负责及时提供天气预报和实时气象信息，以及对灾害性天气的监测预报。⑲军分区。协调驻区部队、武装警察部队和民兵支持地方抗洪抢险，保护国家财产和人民生命安全，并协助地方完成分洪滞洪和清障等任务。

（3）各级防汛抗旱指挥部办公室职责。各级防汛抗旱指挥部办公室是各级防汛抗旱指挥部的常设办事机构，其职责是掌握信息、研究对策、组织协调、科学调度、监督指导，应做到机构健全、人员精干、业务熟悉、善于管理、指挥科学、灵活高效、协调有力、装备先进。

2）制定防洪排涝预案

各城市要认真贯彻"安全第一、常备不懈、以防为主、防抢结合"的方针，全面部署，保证重点，统一调度，团结抗洪。根据防洪规划的调度要求，结合目前城区防汛的实际情况，拟订防洪预案，使防洪排涝工作主动、有序地进行。现结合江苏某城市实际，介绍防洪预案的基本内容。

（1）防御准备阶段。每年进入汛期后，根据水文气象预报，区域即将发生暴雨、大暴雨，但代表站水位尚低于防洪警戒水位 3.50 m 时，进入防御准备阶段。①各级防汛办公室加强防汛值班，实行 24 h 值班制，密切注意雨情、水情的变化。根据气象情况对辖区内下阶段的防汛工作提出对策，做好防御准备工作。②水文、气象部门加强对天气、水情的监测、预报，并与市防汛办公室保持密切联系，及时提供情况。③市防汛办公室要督促有关部门对堤防、排水泵站、水闸等有关防汛设施进行全面检查，确保正常运行。④市防汛办公室要督促、检查有关防汛抢险物资、抢险队伍落实情况，及早做好准备。⑤房管部门要认真做好危房加固，街道、乡镇要事前确定疏散安置点，做好危房住户临时疏散安置计划。⑥除城市中心区外，各包围圈和圩区应及时关闭外围水闸，并利用闸泵抢排，尽快将包围圈内河水位降至预降水位。

（2）防御行动阶段。根据水文气象预报，特大暴雨来临，洪水延续和水位上涨，代表站水位达到防洪警戒水位 3.50 m 时，进入防御行动阶段。①各级防汛指挥部领导进岗到位，根据当时实际情况检查部署各项防汛准备工作。防汛办公室及时通报情况，上传下达，做好防汛调度。②水文、气象部门要加强对雨情、水情的监测预报，及时向市防汛办公室通报情况。③各防汛网络单位应按各自的职责做好防汛工作。电信部门要确保雨情、水情、险情、灾情电报、电话的及时准确传递；电力部门要加强线路设备检查、抢修，确保排水泵站、水闸的供电，及时调度解决抗灾电力；市政部门要做好城市排水、排涝和堤防安全工作；物资部门要保证有关防汛救灾物资的组织调运和供应工作；交通部门要及时抢修道路，保证防汛抢险车辆的畅通。④所有水闸、泵站管理单位人员实行 24 h 在岗值班。要广泛动员辖区内工厂、企事业单位、居委会对进水、积水地区进行自救和互救。对重要堤防险段、危房、易受淹地区要组织好抢险队伍、抢险物资和人员撤离的准备。⑤城市中心区关闸控制，各圩区利用外围闸泵及时排水，尽可能将圩区内河水位维持在预降水位，暂时来不及排出的水量利用内河进行调蓄，一有机会及时排出。

（3）全线投入阶段。洪水延续，水位上涨，代表站水位达到 5.00 m 时（100 年一遇），发布防汛紧急警报。①全市各级政府和企事业单位的领导应立即进入各自岗位值班指挥，并进一步检查各项防御措施落实情况。市政府发布防汛动员令，领导深入防汛第一线，进一步做好宣传动员工作，落实防汛各项措施和群众安全转移措施。②水文、气象部门要进一步加强对雨情、水情、灾情的实时监测、预报，及时向市防汛办公室通报情况。③市防汛指挥部门要根据实时雨情、水情、灾情的监测、预报情况，做好城市及区域防汛决策、调度。当代表站水位超过 4.7 m 时，打开城区外围，沿运河与城区相邻一侧控制，确保城区安全。④市政管理部门要做好辖区内低洼积水地段的强排和加强堤防的巡查力度，抢险人员到位待命，对受淹或可能受淹地区的人员、物资及时转移到安全地带。

（4）灾后处理阶段。降雨基本停止，洪水已经过境，水位下降到警戒水位以下。①各级防汛指挥部领导和防汛负责人恢复正常值班。各级防汛办公室应及时总结抗洪的经验教训，了解掌握灾情损失，统计汇总并及时向上一级报告。②水利、市政部门检查水毁水利工程和市政设施，组织力量及时修复。③各有关部门迅速组织力量，恢复生产和人民群众的生活秩序。受灾地区的政府、街道要做好群众的政治思想工作，安定群众情绪，民政部门要做好救灾工作，安排好居民生活；保险部门及时做好理赔工作。

3）超标准洪水减灾措施

当城市中心区发生超过 200 年一遇洪水或其他分区发生超过 100 年一遇洪水时，即为该城市的超标准洪水。其减灾措施有以下五条：

（1）加强领导，落实防汛抗洪行政首长责任制。防汛抗洪工作在市长的统一指挥、市政府和市防洪指挥部的统一领导下，实行分级负责制，组织好抢险队伍和抢险物资，做好抗御特大洪水的一切准备。

（2）市防汛办公室将掌握的雨情、水情、灾情及时提供给指挥部领导，做好参谋。防汛指挥部总指挥通过广播、电视、电话、电报等发出紧急指令，动员广大干部群众全力投入抗洪抢险工作。

（3）防洪抗灾工作始终坚持把人民生命安全放在第一位，做好人员转移工作，尽量减少人员伤亡。对暴雨、洪水侵袭时如何安全转移做到事先有预案，在转移时做到有组织、有计划进行。

（4）加强防洪调度指挥。发生超标准洪水时，流域上下游要共同承担责任和义务，上分下泄，弃一般保重点，最大限度减少洪灾损失。必要时，要采取城区外圩区控制排水滞洪、附近低洼地区破圩临时滞洪措施，确保城市特别是城市中心区安全。

（5）根据水文气象预报，将发生超标准暴雨、洪水时，各包围圈及时关闭外围水闸，并利用闸泵抢排，雨前尽可能将包围圈内河水位降至 2.50 m 以下。同时利用沿长江泵闸，乘潮排水，全力降低区域水位。

4）其他预案内容

（1）抢险物料的储备与调运。在做好汛前检查的基础上，根据工程的规模、可能发生的险情和抢护方法，确定准备物料的种类及其数量，包括砂石材料、木料与竹材、编织物料、梢料、土工合成物料、绑（扎）材料、油料、防汛照明设备、救生设备、爆破材料等。根据险情的性质选用合适的抢险物料进行抢护，重点险工患段防汛物资就地储备，对所备物料要认真翻晒，查清数量，随用随调，供销、物资、运输部门要积极配合，确保防汛抢险物资及时调运。沿堤各单位要根据防汛任务和工程情况备足防汛抢险所需物资。汛前要在病险涵闸和险工患段备足积土，供抢险时使用；对运输通道及旱桥等要备足积土和塑料袋，以便及时封堵；各抢险队伍必须配备锹、筐、手电筒、棍棒等抢险工具；汛前要维护好堤顶防汛抢险路面，确保防汛抢险车辆畅通无阻。

（2）抢险队伍组织与培训。为抗御洪水，排除险情，市区防汛分指挥部及各分区要组织基干民兵、青壮年为主的防汛抢险骨干队伍，层层落实行政首长责任制，配备必要的交通运输和抢险通信设备，对抢险队伍要有计划、有组织地进行培训，突出重点地采取不同层次、不同方式培训防汛抢险知识和技术，并根据培训内容进行实地演习，从而提高防汛抢险队伍的实战能力。届时还应与当地驻军加强联系，通报汛情，实行军民联防，汛前明确防汛重点，共同制订抢险方案。

（3）防汛抢险。防汛抢险是指汛期防洪工程设施发生危及工程安全的事态时所采取的紧急抢护措施，是防汛的一项中心工作。由于汛期各类水工建筑物在高水位、大流量的作用下，极易暴露出一些险情，而且演变过程极快，发展多半是急促短暂的，抢护工作刻不容缓。抢险及时，方法合理，就能获得防汛斗争的全胜；否则，若抢险不力，会前功尽弃，甚至造成整个防汛体系全线崩溃。因此，防汛抢险工作一要做好巡查，及时发现险情；二要做到正确分析险情，根据工程设计施工、管理和运行方面的情况，进行全面分析，做出准确的判断，拟订正确的抢护方案；三要抢险及时，不得优柔寡断，防止险情扩大；四要因地制宜，就地取材，要做好抢险物料的供应，确保抢险需要。在抢险中要加强领导，统一指挥，组织好防汛抢险人力，发挥抢险骨干力量的作用。在防汛抢险形势严峻的城市，有条件的应组建训练有素、技术熟练、反应迅速、机械化程度高的机动抢险队伍。

（4）低洼地区的人员转移。在遭遇特大洪水的非常情况下，要做好低洼地区群众及财产的转移安置工作，将有关人员安排在附近的高地、高层建筑上临时躲避。低洼地区的居民转移由市防汛指挥部统一指挥，当防汛指挥部发出转移命令后，低洼地区的居民由有关区政府组织本辖区各街道办事处、居委会带领群众迅速转入高地或本地区学校、机关以及各区事先确定的砖混以上结构的楼房中临时避难，必要时可由公安部门参与，协助做好群众的撤离转移工作。低洼地区拟转移居民的数量、去向、生活安排等相关问题应预先计划，周密安排，确保临危不乱，井井有条。

（5）治安工作与卫生防疫。遭遇大洪水以后，城区的正常生产和生活秩序发生变化，给维护社会治安带来一定的困难。公安部门要预先考虑，安排警力维护防汛抢险和灾区社会治安工作，确保汛期抢险救灾物资车辆优先通行；打击盗窃防汛物资、公私财物，破坏水利、水文通信设施的犯罪分子，维护水利工程、通信设施及其他公私财物的安全；协助防汛部门组织群众撤离和转移，保护国家财产和群众生命财产的安全。

遭遇洪水灾害以后，将会破坏卫生设施，污染生活环境，使灾民饮食生活不正常，健康水平下降，疾病流行的可能性增大。历史记载中大灾之后疫病流行的事例很多。为此，卫生防疫部门应十分重视灾区的卫生医疗救护和防疫工作，派出医疗队和医务人员，救死扶伤，尽最大的努力医治伤病员，控制疾病的发生和流行。

4.2.4　防洪排涝现代化指挥系统建设

城市防洪排涝是一项系统工程，涉及面广，要求高，必须建立科学、高效的指挥系统，使各控制建筑物的调度运行满足防洪除涝和水环境改善等要求，实现城市防汛治涝调度的自动化和现代化。

城市防洪治涝指挥系统是所属流域防汛指挥系统的一部分，也是所在省防汛抗旱指挥部实施调度、决策、指挥的辅助支持系统。防洪治涝指挥系统一般由信息采集系统、通信系统、计算机网络系统和决策支持系统组成。利用现代化的信息采集、处理技术和现代化的通信手段，对水情、工情实现实时监控、自动测报，迅速、准确地预测、评估和统计灾情，为防汛治涝决策提供现代化的科学手段。用水利信息化推动水利现代化，构建数字水利的新格局。

1. 防汛指挥网络

按照以条包块管、条块统管、属地管理的原则建立防汛指挥网络。

（1）成立市区防汛抗旱指挥部，由分管市长任指挥，属地主要负责人和主要部门负责人任副指挥或成员。下设常设办事兼管理机构——"市区防汛指挥管理调度中心"。

（2）各分区成立"防汛抗洪联防分指挥部"，由属地主要负责人任指挥，相关重点单位负责人任副指挥或成员，"各分区或联圩防洪工程管理所"兼为常设办事机构。

2. 预警预报系统

防汛预报和警报由市防汛指挥调度中心发出。市区防汛指挥管理调度中心与市防汛指挥调度中心联网，得到预警预报信息后通过市区内的通信网络，迅速传达至各工程管理单位和相关部门、单位。各部门、单位按防洪预案要求组织防洪。

3. 通信网络

因市区范围一般不大，公用电话网保证率较高。防汛通信主要依赖公用有线无线通信网。当台风暴雨等造成公用通信网中断时，请公安部门配合，启用电台及对讲机进行调度指挥。

4. 决策支持系统

（1）与市防汛指挥调度中心联网，实现资源共享。

（2）建立市区防洪工程数据库，并将防洪调度方案、抗洪抢险救灾方案以及与防洪有关的各类信息储入系统，为防汛决策指挥提供支持。

5. 防洪工程自动监测和远程集中控制系统

为适应城市现代化建设和管理的需要，应逐步建立市区防洪工程自动监测和远程集中控制系统，实行集中统一调度。

4.2.5 行洪及排涝河道清障与管理

市区河道是环境、景观的一部分，更是行洪信道和排水出路，必须加强整治，确保平顺通畅，提高行洪排涝能力。

1. 行洪及排涝障碍情况

城市防洪规划范围内主要的行洪排涝障碍有五类：一是常年停泊在市区河道内的各类船只，这些船只不但堵塞河床、妨碍排水，而且还产生大量垃圾污染河水、淤垫河床；二是广大市民弃置在河内的各种垃圾，这种情况尤其在建成区的外围更加突出；三是工厂、企业及居民在行洪排涝河道内违章搭建的各种各样的建筑物；四是路河交叉点不按标准建桥，随意设置小断面过路洞，汛期成为阻水障碍；五是沟河先污染后填埋，造成水网破坏，行洪排涝能力下降。

2. 清障原则及整治内容

1）清障原则

根据《中华人民共和国水法》规定：所有河道中，一律不准设置任何行洪障碍，对已建的碍洪建筑物——围堤、坝埂、废渣、码头、房屋和垃圾等，一律按照"谁设障、谁清除"的原则，限期拆除。

2）整治内容

（1）加强规划、建设和管理工作，设立河岸规划保护蓝线，蓝线一般距河岸 20 m，在规划保护范围内任何单位均不得占用。

（2）河道分年清淤，消除盲沟、死水，使河道脉络相通，提高河道调蓄能力。

（3）偏离市区一定距离设立船只停泊区，对进城船只实行许可证发放制度，控制通行时间和数量。

（4）整顿清理沿河工厂企业的码头、堆场、吊机等影响泄洪、排涝的建筑物，限期拆除。

（5）保证市区排水河道间距，加强河网建设，河道两侧服从河道整治规划、环境绿化的要求，两岸在土地开发建设中实行开发商同步实施沿河驳岸工程建设制度。

3）清障措施

（1）由公安、水政、航政、环保、市容等相关单位组成联合执法队，统一行动，驱逐非法停泊在市区河道内的所有船只。

（2）按属地管理原则，责成相关街道、村组限期清除堵塞河道的各种垃圾，成立市区河道保洁队伍。

（3）由市政府发布公告，要求有关工厂、企业和居民限期拆除根据《城市防洪实施办法》等所确定的河道管理范围内的任何违章建筑物，逾期则予强行拆除。

（4）建立全民清障机制，在市规划区范围内设立若干举报电话，采取一定激励措施鼓励市民检举一切违章行为。

（5）建立巡查机制，由水政部门组织力量，成立专门的小分队，常年不间断地进行市区河道的巡回检查，及时制止水上设障行为。

此外，加强水法和河道管理条例的宣传教育，加强水政执法力度，力保河道行洪排涝通畅。

4.2.6　政策法规措施

在人类早期活动中主要是被动地躲避洪水，随着生产力的发展，人类逐渐学会了主动地开发利用水资源。但水资源的开发利用、灾害防治等必须靠集体的协同努力以及彼此之间的共识，这就形成了人类的水事活动。在水资源日益短缺、水事纠纷事件不断增加、水事关系日益复杂的情况下，为了使各自的行为有一个准则，并使水管理规范化、制度化、正规化，就产生了与水相关的法律文件和法规。这些政策法规的制定和执行亦可减轻洪涝灾害的损失或调整灾害的分担方式，自然也属于防洪减灾的非工程措施。

《中华人民共和国水法》于 1988 年 1 月 21 日第六届全国人民代表大会常务委员会审议通过，自 1988 年 7 月 1 日起施行，这是我国水事方面的第一个法律文件，标志着我国进入了依法治水的新时期。此后，我国先后颁布了《中华人民共和国水土保持法》、《中华人民共和国防洪法》，修改了《中华人民共和国水污染防治法》，国务院制定了《中华人民共和国河道管理条例》、《取水许可制度实施办法》、《城市供水条例》等 17 个水行政法规，各省、自治区、直辖市还制定了《中华人民共和国水法》实施办法等地方性水法规和规章 678 个，基本上构成了我国所有水事活动的水法规体系。

防洪工作是一项具有较强行政职能的社会公益型事业，它涉及各个部门和各个层次，需要权威性的政策法规来规范全社会的行为。如上所述，多年来国家对防汛抗灾制定了许多的政策法规，要充分运用现有的政策法规来服务于防汛减灾工作，同时要积极争取一些新政策新法规的出台。要用好并完善防洪工程的投入政策，加强对防洪工程的维修改造；要用好并完善防洪工程的管理政策和效益补偿政策；要制定行、滞洪区安全建设与管理政策、补偿救助政策、防洪保险政策，以及生产扶持倾斜政策；制定水资源开发利用的防洪补偿政策等，逐步使防汛管理工作由过去依靠行政管理，转变到法治管理的轨道上来。

为了实现依法治水、依法管水的目标，进一步推动水利事业的改革与发展，必须完善水法制体系。水法制体系建设包括水行政立法、水行政执法、水行政司法、水行政保障等四方面的内容。

（1）水行政立法。目前，我国已经基本形成了比较完善的水法规体系。但是，由于社会经济的发展，现在的情况与当初制定法律文件的情况发生了很大变化，有些法律条文已经不太适应目前的国情，需要不断进行修改和完善，使之适应社会主义市场经济体制的要求，适应不断发展的社会形势。

（2）水行政执法。水行政执法的目的是为了贯彻国家法律和有关水法规，调整在开发、利用、保护和管理水资源和防治水害过程中各种社会经济关系，维护正常的水事秩序，保护水、水域和水工程，更好地为发展经济、提高人民生活水平服务。水行政执法的依据主要是国家的法律和有关的水法规、水政策等。水行政执法的实施形式包括：水行政检查、监督，水行政许可与水行政审批，水行政处罚和水行政强制执行。目前，全国已形成省、市、县三级水行政执法体系，以实施取水许可、打击各种破坏水工程行为、清理行洪河道障碍为重点，开展执法工作，使水事秩序趋于好转。

（3）水行政司法。水行政司法是指水行政主管部门依照行政司法程序，进行水行政调解、水行政裁决和水行政复议，以解决水事争议的活动。水行政司法的作用是：保护国家和社会组织、个人的合法权益不受非法侵犯；促进水管理相对人和水行政机关依法办事；减轻人民法院负担和当事人负担；强化水行政主管部门的执法地位，维护正常的水利秩序，适时解决错综复杂的水事矛盾。

（4）水行政保障。水行政保障就是为确保水行政行为，特别是水行政执法的合法性、合理性、有效性而采取的措施或创造的条件。这些措施和条件包括思想、物质、组织、制度等方面，从而构成有机的行政保障体系。水行政保障主要形式有三种：一是水行政法制监督；二是水行政法律意识培养；三是水行政法制监督的特殊形式——水行政诉讼。

4.3　城市设计暴雨

由于在城市化地区，人类活动频繁，防洪规划中涉及的水文变量往往显著地受到人类活动的影响。例如，城市化后的洪峰模数可以是天然流域洪峰模数的数倍至数十倍，水位受到人类活动的影响也是显著的。一般情况下，与洪水相比，降雨受城市化影响较小，故常假定降雨资料满足一致性。同时，平原河网的特性决定了河网水流方向变化的随机性，河网水量交换关系比较复杂，一般无法应用直接法推求设计洪水，因此在平原河网区城市防洪规划中多采用设计暴雨推求设计水位、设计洪峰或设计洪水过程线的途径。其中，计算的关键是在产流和汇流，计算中要充分反映出现状及规划各阶段城市化的影响程度。

4.3.1　河网区城市设计暴雨时空分布研究

设计暴雨过程即暴雨的时间分布及空间分布。因此，城市防洪规划中的设计暴雨计算需要从时间和空间分布上来研究。

1. 设计暴雨时间分布研究

由于城市化地区，尤其在城市中心区，地下管网设施比较完善，所以在城市防洪规划中必须考虑管道的排水因素，以解决管道设计暴雨与河道设计暴雨时程分配的衔接问题。为了保证能够可靠地排除管道系统汇入河网的涝水，满足管道系统排水要求，用于河道排涝规划的设计暴雨的雨强过程线中，时段最大雨强应该大于或等于管道设计雨强。如果不满足这一条件，必须调整河道排涝设计暴雨过程，适当调整时段雨强，或者重新选择合适的典型暴雨过程，以满足上述条件。如果经调整难以满足上述条件，其原因可能是采用的河道设计暴雨重现期过小，不能与管道设计重现期相配合，需增大河道设计暴雨重现期标准。一般情况下，城市防洪规划中的暴雨历时取 24 小时、3 天和 7 天三种。

2. 设计暴雨空间分布研究

对于天然流域，有文献认为 300 km 以下为小流域，可以用点雨量代替面雨量。但是，对于超短历时的暴雨，如 1 小时、3 小时、6 小时的暴雨，暴雨在区域分布的不均匀性远远大于降雨历时在 24 小时以上的暴雨。如果超短历时暴雨采用以点雨量代表面雨量的方法，会使得超短历时暴雨的区域平均雨量显著偏大，影响河道最大设计排涝流量的计算结果。解决的方法是对于短历时暴雨，如果有可能，应采用两个站以上的点雨量推求面雨量，或者研究短历时暴雨点面关系，用以推求设计面雨量。如果河道调蓄能力较大，可以采用相对较长的设计暴雨历时，如 6 小时、12 小时、24 小时。对于短历时暴雨的空间分布规律，还需要更密集的雨量站资料加以分析。为了考虑不利的影响，城市设计暴雨中心尽可能位于城市中心，采用城市中心区雨量与区域设计暴雨同频率，其他地区雨量以相应的原则进行暴雨的空间分配。

4.3.2　面雨量计算方法

当研究区的面积较大时，不能简单地以点设计雨量代替面设计雨量，应计算出面雨量，对于研究区内雨量资料充分的地区，常用的面雨量计算方法有以下三种。

（1）算术平均法：当研究区域内雨量站的分布比较均匀、地形起伏变化不大时，可根据各站同时观测的雨量用算术平均法来推求。

（2）泰森多边形法：先用直线连接相邻雨量站（包括研究区周边的雨量站），构成若干个三角形，再作每个三角形各边的垂直平分线，这些垂直平分线把研究区域分成 n 个多边形，研究区边界处的多边形以研究区边界为界。每个多边形内有一个雨量站，以每个多边形内雨量站的雨量代表该多边形面积的雨量，最后按面积加权推求研究区平均雨量。

（3）等雨量线法：当研究区内雨量站分布较密时，可根据各雨量站同时段观测的雨量绘制等雨量线图，然后用等雨量线图推求研究区平均雨量。

4.3.3　雨量频率参数估算方法

研究区的时段暴雨频率分布曲线的配线过程可利用计算机软件来实现。其中，时段雨量平均值按矩法估计，C_v 和 C_s 的初值按经验频率点据与 P-Ⅲ型理论曲线绝对离差和最小为准则得出，然后通过目估适当调整确定。对频率分布参数调整的原则是：

（1）时段雨量均值按矩法计算，且均值应保持不变；

（2）侧重考虑频率曲线中上部点据与分布曲线的配合优劣以提高曲线外延的合理性；

（3）各时段雨量频率曲线在同一机率格纸上适线，注意统计参数随降雨时段变化具有渐变性，频率曲线在分析和使用范围不相交且曲线形状合理。

4.3.4　设计暴雨过程分配方法

在城市防洪规划中设计暴雨过程分配一般采用：先选定典型暴雨分配过程，再进行时段控制缩放的方法。

1. 典型暴雨的确定

对于防洪规划来说，保证计算结果合理性的关键是选择典型暴雨，其基本原则是：

（1）历史上已经发生过的流域性特大暴雨，雨量时空分布资料充分、可靠；

（2）造成特大洪涝灾害的暴雨，水文气象条件较接近规划情况；

（3）暴雨类型和时空分布特征具有代表性；

（4）对规划工程不利的雨型。

2. 设计暴雨过程的分配

1）同倍比法

采用同倍比法在指定设计时段内对典型暴雨过程的缩放公式为

$$P_{P,j} = \frac{X_P}{X_D} P_{D,j} \tag{4-1}$$

式中，$P_{P,j}$ 为第 j 时段设计雨量，mm；$P_{D,j}$ 为第 j 时段典型雨量，mm；X_P 为设计雨量，mm；X_D 为典型雨量，mm。

在同倍比缩放推求设计暴雨时空分布方案时，选择典型暴雨时应注意中心城区尽可能与典型暴雨的中心相一致，以减少典型暴雨缩放后的扭曲变形，保证规划结果更为合理和可靠。

该方法计算出的暴雨时间和空间分布的形状不会发生变化，仅降雨强度同倍比改变，缺点是仅一个时段的雨量满足设计频率，当规划区域设计暴雨的敏感历时未知或变化时，或者各项防洪工程具有不同的敏感历时，同倍比法得出的设计暴雨结果无法满足上述要求。

2）同频率法

如果方案为中心城区雨量与区域雨量同频率，其他区域的相同，则中心城区设计雨量按下式计算：

$$P_{O,j} = k_{O,t_i-t_{i-1}} P_{D,j} \tag{4-2}$$

$$k_{O,t_i-t_{i-1}} = \frac{X_{OP,t_i} - X_{OP,t_{i-1}}}{X_{OD,t_i} - X_{OD,t_{i-1}}} \tag{4-3}$$

式中，$P_{O,j}$ 为中心城区第 j 时段设计雨量，mm；$P_{D,j}$ 为中心城区第 j 时段典型雨量，mm；$k_{O,t_i-t_{i-1}}$ 为降雨历时为 t_{i-1} 至 t_i 之间雨量缩放系数；X_{OP} 为中心城区 t 统计时段设计雨量，mm；X_{OD} 为中心城区 t 统计时段典型雨量，mm。

其他区域的相应雨量：

$$P_j = k_{t_i-t_{i-1}} P_{D,j} \tag{4-4}$$

$$k_{t_i-t_{i-1}} = \frac{X_{M,t_i} - X_{M,t_{i-1}}}{X_{D,t_i} - X_{D,t_{i-1}}} \tag{4-5}$$

$$X_{Mt} = \frac{X_{Pt}F - X_{Ot}F_O}{F_M} \tag{4-6}$$

式中，P_j 为其他区域第 j 时段相应设计雨量，mm；$P_{Di,j}$ 为其他区域第 j 时段典型雨量，mm；$k_{t_i-t_{i-1}}$ 为降雨历时为 t_{i-1} 至 t_i 之间雨量缩放系数；X_M 为其他区域统计时段相应雨量，mm；X_D 为其他区域统计时段典型雨量，mm；F_O 为中心城区面积，km^2；F_M 为其他区域相应面积，km^2。

同频率方法可以保证指定设计时段规划区域和中心城区雨量等于设计频率，满足各种规划方案水文计算要求。

4.4　城市产汇流计算方法

4.4.1　坡面产汇流计算方法

城市地区下垫面比较复杂，但根据城市化的程度不同一般可将城市地区划分为郊区和建成区。

1. 郊区产汇流计算

对于城市化不很显著的郊区(包括农业区和天然流域),针对地势条件、土地利用性质及资料条件可采用下面不同的水文模型和水文方法推求设计洪水过程。

1)平原区灌排模型

平原区灌排模型适用于非城建区的平原流域,包括水田、旱地、蔬菜地、经济作物用地、水产养殖基地等。模型将流域划分为水田、旱地、非耕地、水面四部分,模拟作物耗水与蒸发、排水与灌溉、产水与汇水等过程,在此基础上推求出流域出流过程线。平原区灌排模型运行流程见图 4-2。

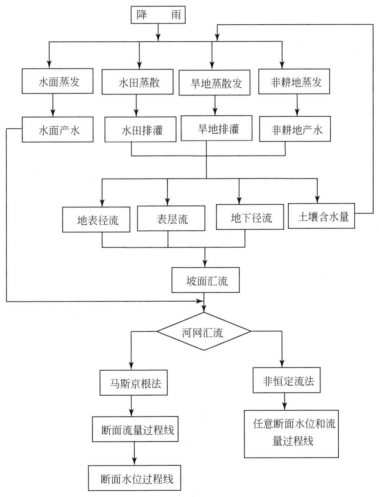

图 4-2　平原区灌排模型运行流程图

2)蓄满产流模型

对于地面坡度较大的天然流域的产汇流,可以采用流域水文学模型。新安江蓄满产流模型是我国应用最广泛的流域降雨径流模型,较为适合我国天然流域。模型属分散概念性模型,模型参数具有一定的物理意义,可以根据实测水文资料或通过地区综合方法求得,其运行流程见图 4-3。

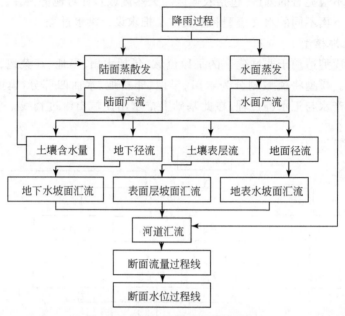

图 4-3 蓄满产流模型运行流程图

蓄满产流模型是适用于湿润地区的产流计算模型,尤其是人类活动影响较小的山丘区,是我国应用最广泛的流域性产流模型之一。

蓄满产流是指包气带土壤含水量达到田间持水量之前不产流,此时为"未蓄满"状态,其降雨全部被土壤吸收,补充包气带缺水量;当包气带土壤含水量达到田间持水量时,此时为"蓄满"状态,其降雨扣除雨期蒸散发后全部形成净雨。即所谓的只有在蓄满的地方才产流,而且产流期的土壤下渗滤肯定为稳定下渗滤,这样下渗的雨量形成地下径流(净雨),超渗的雨量则成为地上径流(净雨)。将设计暴雨过程输入模型,逐时段计算其产流量,可得到产流量过程,即设计净雨过程。其产流公式如下:

$$E = \beta_1 \times E_P \times \frac{W_O}{WM}$$

$$W'_{mm} = WM \times (1 + B) \tag{4-7}$$

$$A = W'_{mm} \times \left[1 - \left(1 - \frac{W_O}{WM} \right)^{\frac{1}{1+B}} \right] \tag{4-8}$$

当 $P - E \leqslant 0$ 时,不产流:

$$R = 0$$

当 $A + P - E < W'_{mm}$ 时,产流量为

$$R = P - E - (WM - W_O) + WM \left(1 - \frac{A + P - E}{W'_{mm}} \right)^{(1+B)} \tag{4-9}$$

当 $A + P - E \geqslant W'_{mm}$ 时

$$R = P - E - (WM - W_O) \tag{4-10}$$

式中，E_p 为蒸发皿蒸发量，mm；β_1 为蒸发折算系数；W_0 为初始土壤含水量，mm；WM 为流域的蓄水容量，即流域最大蓄水量，mm；E 为蒸发量，mm；B 为蓄水容量曲线，mm；R 为产流量，即净雨，mm。

以上净雨过程求得后，便可根据净雨过程及降雨径流关系曲线来推求设计洪水过程，即汇流过程。

2. 建成区产汇流计算

对于城市化后的建成区，其产汇流计算方法常见的有推理公式法、单位线法、等流时线法等，我国普遍多采用推理公式法，并将其作为常规的城市雨水管道设计方法。

推理公式法把整个排水区域作为一个单元，仅在最下游出水口估计流量，并假设降雨在排水流域上均匀分布，流域任何一点在设计条件下产生的径流到流域出口都具有唯一的汇水时间，其在选择系数时需要大量的人工判断和经验以提供合理的结果。由于它考虑最大流量的设计，简化了很多雨水管道设计的水文现象，是现有雨水管道设计方法中最直接简单的方法，所以在国内外城市现行排水规划设计中应用很普遍，但其无法得出设计流量过程线。在城市雨水径流计算方法中，推理公式法是世界上应用最广泛的方法，它本质上是推求洪峰流量的方法。其基本形式为

$$Q_\tau = C i_\tau A \tag{4-11}$$

式中，Q_τ 为洪峰流量；C 为系数；i_τ 为降雨强度；A 为区域面积。

由式（4-11）可知，推理公式法的基本原理是在稳定降雨强度下，当汇水面积最大、最远点的雨水流到设计断面时，将出现最大流量。或者说，当降雨历时等于集水时间（就是汇水面积上最远点的水流到设计断面的时间）时，会出现最大流量。

由于推理公式法比较简单，所需资料不多，而且对于较小城市流域，往往是能满足精度要求的，所以一直是雨水道径流计算的主要方法，但也存在许多问题。

（1）该法假定降雨强度在整个历时内是常数，汇流面积随时间是线性增加的，但实际上雨强是不断改变的，当历时较长时尤其如此。同时，当流域面积较大，形状复杂时，汇流面积随时间的增加往往是非线性的。

（2）该法假定设计暴雨历时等于流域的汇流时间，用汇流时间代入暴雨公式中求设计雨强，而降雨是随机事件，其历时很可能超过推理公式中应用的汇流时间。

（3）径流系数反映了降雨损失情况，它与许多因素有关，如雨强大小、降雨历时、土壤下渗能力、地表坡度以及流域的地面性质，而用推理公式进行实际计算时，往往只考虑到地面性质，从而给计算带来误差。

（4）土壤前期湿度条件很可能对洪峰流量有显著的影响，而应用推理公式法却不能反映这种影响。

（5）应用推理公式法，不能推算出流量过程线。这样，当需要设计雨水调节池、抽水泵站等水工建筑物和进行水质研究时，该法就不能胜任。

由于上述问题，目前建成区的产汇流计算多采用城市雨洪模型来模拟计算。目前国外应用的城市雨洪计算模型有：城市雨洪管理模型（SWMM），美国辛辛那提大学的 CURM 模型，美国陆军工程兵团的蓄水、处理与溢流模型（STORM），伊利诺排水模型

（ILLUDAS），水文计算模型（HSP），英国的沃林福特（WALLINGFORD）方法等，其中几个常用模型的特点介绍如下。

（1）城市雨洪管理模型（SWMM）。此模型于 1971 年由美国环保局提出，由四个主要子程序块组成。径流程序块是关于径流过程线推演及与之联系的污染物负荷计算的；传输程序块对通过排水系统的径流过程线和单一污染物质随时间变化过程进行模拟，存储和接受模块分别模拟污水处理厂的作用和出流量对接受河道的影响。该模型在地表处理上将流域概化为不透水和透水区两部分。透水区计算采用了改进的霍顿公式；在不透水区处理时，则将不透水区分为两部分，其中 25% 的不透水面积上洼蓄为零，另外 75% 的面积上净雨必须扣除初损。

（2）美国辛辛那提大学 CURM 模型。该模型是与 SWMM 类似的以计算机为基础的模型。此模型在地表处理时，将流域概化为不透水和透水区两部分。对于完全不透水区，在对通过下水道系统的雨水口径流过程线进行演算之前，需要扣除下渗量、地表蓄水量、地表漫流量和边沟流量和；而透水区的下渗计算采用霍顿公式，储蓄采用指数型关系来模拟。

（3）美国陆军工程兵团的蓄水、处理与溢流模型（STORM）。此模型与前几种模型的区别在于：前几种方法需要确定地区的下渗资料，而 STORM 模型只需要知道土壤类型、土地利用情况这些较容易确定的资料，便可通过综合指标计算出净雨过程。

（4）英国沃林福特模型（WALLINGFORD）。该模型由水力学研究站、水文学会和气象局于 1974～1981 年在英国推行。该方法将每个子流域分为确切表面、屋顶及透水区三部分。在计算各种表面产流时，必须先计算流域总的出流百分率，以确定各地表的处理率。

国内的城市雨洪模型以徐向阳教授的平原城市雨洪模型为代表。模型分为地面排水和管网排水两部分，原理简述如下。

（1）地面系统的概化。将汇水面积划分为若干个单元区域，每个单元区域由铺砌面积和透水面积两部分组成，其中铺砌面积假定是完全不透水面积和透水面积的组合。每个单元设一个出流口。降落在单元面积上的雨水，产流后通过坡面汇流经出流口汇入管网系统的调蓄节点。

（2）产流计算。在铺砌面积上完全不透水面积的产流量由降水量 P 扣除洼蓄量 D 得出：

$$R_1 = P - D \tag{4-12}$$

在透水面积（包括铺砌面积上的透水面积）上降雨损失主要为下渗，当时段降雨强度大于下渗强度时透水面积产生径流：

$$R_2 = (i - f)\Delta t \tag{4-13}$$

假定透水面积下渗率满足霍顿公式：

$$f = (f_0 - f_c)e^{-kt} + f_c \tag{4-14}$$

可以推导出：

$$f = f_0\left(1 - \frac{W}{W_m}\right) + f_c\frac{W}{W_m} \tag{4-15}$$

式中，W 和 W_m 分别为土壤含水量和土壤持水量。土壤含水量采用递推公式为

$$W_{j+1} = \beta(P - R_2 + W_j) \tag{4-16}$$

式中，β 为折减系数，主要与日蒸发能力和土壤含水量有关。

单元区域平均径流深为

$$R = abR_1 + (1-a)bR_2 + (1-b)R_2 \tag{4-17}$$

式中，a 为单元区域内完全不透水面积与铺砌面积比；b 为铺砌面积与单元区域面积比。

（3）坡面汇流。坡面汇流采用非线性水库方程模拟：

$$V = cq^{\frac{2}{3}} \tag{4-18}$$

式中，V 为地面系统蓄水容积；q 为经调蓄后的出流；c 为坡面调蓄系数。

（4）管网排水。管网排水部分采用河网非恒定流原理，对运动波方程概化，其摩阻坡降采用曼宁公式推求，其基本方程组为

$$\begin{cases} \dfrac{\partial A}{\partial t} + \dfrac{\partial Q}{\partial x} = 0 \\ Q = \dfrac{1}{n} J^{\frac{1}{2}} R^{\frac{2}{3}} A \end{cases} \tag{4-19}$$

假定管网系统入流均发生在节点上，节点水量平衡方程为

$$\sum Q_i = dV/dt \tag{4-20}$$

式中，Q 为节点的流量（流入为正，流出为负）；V 为节点容量。

若节点无调节容积，则

$$\sum Q_i = 0 \tag{4-21}$$

如果上游与节点入流超出下游满管出流时，根据管网布设情况，超载水量溢流进入河道或暂时蓄存于调节池，否则漫溢于节点地面，待退水阶段下游管道流量小于满管流量时再流出。

4.4.2　河道汇流计算方法

河道汇水计算方面有马斯京根法、调蓄演算法、曼宁公式法、水面曲线法、非恒定流法。前四种只适合于具有稳定水位流量关系或者比较单一的河道，而非恒定流法可以用于河网地区，但不适用于急流状态下的水力计算。

河网洪水演算是近 20 年来得到较快发展的领域。河网中的洪水运动由于受到水流之间相互联系和干扰的影响，比单一河道或多支流河道的洪水运动要复杂。

根据水力学理论来处理河网洪水演算一般有两种方法：其一为河网单元划分法；其二为基于圣维南方程组数值解的方法。

1871 年圣维南（B. Saint Venant）就导出了明渠渐变非恒定流的基本微分方程组——圣维南方程组，它描述的是明渠非恒定渐变流断面水力要素随时间和空间变化的函数关系式，圣维南方程组的成功导出为研究水流运动规律奠定了理论基础。

非恒定流法就是以圣维南方程组为基础建立的水力计算模型，其本质是水流在明渠中运动的一维非恒定流基本方程，由连续方程和动力方程组成。非恒定法涉及明渠水流控制

方程组的简化、方程组的离散和求解、初始边界条件的确定、模型的率定和验证等问题，其研究重点主要还是集中于对圣维南方程组的求解。

河道洪水演算的基础是圣维南方程组。建立在求解完全圣维南方程组基础上的河道洪水演算方法称为动力波演算法，是目前最具普遍性的一种洪水演算方法。动力波演算法是一个庞大的方法体系，其中在河道洪水演算中常用的一种方法是由 Cunge 等首先建议，后来得到不断完善的一种差分数值解法。该法采用四点隐式差分格式将方程组在时间和空间上进行离散化，以时段初的系数值代替其时段平均值使方程组线性化，最后对演算河段可得到一个闭合的线性代数方程组。

用完全圣维南方程组求解环状河网洪水演算，原则上与单一河流和多支河流的动力波演算相同，但由于环状河网中绝大多数河道两端节点之间水位或流量未知，所以在求解技巧上会有所不同。当仍采用四点隐式差分格式离散圣维南方程组时，河网洪水演算方法有直接解法和分级解法之分。早期针对小型河网，曾采用直接求解由内河道河段方程和外河道河段方程及边界条件组成的方程组。但是这种直接解法对于大型河网实际上难以应用，因为所形成的系数矩阵过于庞大。分级解法的基本思路是设法将未知数往河道的端点集中，待求出河端未知数后，再将每一河道作为单一河道来求解。上述直接解法实际上可称为一级解法。在此基础上，如果对河道中间断面未知量形成的子矩阵先行求解，消去中间断面未知量，表达成基本未知量的函数，从而使方程组的系数矩阵降阶，易于求解，这就成为二级解法。如果对二级解法的基本未知量再进一步消元，则可形成以节点水位为基本未知量的三级解法。三级解法对求解大型河网十分适用，已在实际生产中得到广泛的应用。特别当演算河段中存在支流交会、集中旁侧入流、分洪蓄洪、堰闸控制和河道分汊等情况时，可用"虚拟单元河段"等方法来处理它们对洪水波运动的影响。

目前基于河网水动力学模型大体可以分为节点-河道模型、单元划分模型、混合模型以及人工神经网络模型四类。水动力学模型涉及明渠水流控制方程组的简化、方程组的离散和求解、初始边界条件的确定、模型的率定和验证等问题。

（1）节点-河道模型。基本思想是：将河网中的每一河道视为单一河道，其控制方程均为一维圣维南方程组；河道连接处称为节点，每个节点处均应满足水流连续性方程和能量守恒方程。求解由边界条件、圣维南方程组和节点衔接方程联立的闭合方程组，即可得到各河段内部断面的未知水力要素。

（2）单元划分模型。由于节点-河道模型不能完全反映湖泊等非河道水体的特性，所以影响了模型的准确性和可靠性。为此，提出了单元划分模型，其基本思想是：将水力特性相似、水位变化不大的某一片水体概化为一个单元，单元间流量交换的媒介是连接河道，其本身无调蓄作用。假定单元间存在两种连接方式——河型连接和堰型连接。在无水工建筑物或障碍物（不存在局部水头损失）的情况下认为是河型连接；堰型连接存在局部水头损失，又可分为自由出流和淹没出流两种形式。取单元几何中心的水位为单元代表水位，给出水位与水面面积关系。将计算河网分解为一定数量的单元，再进行分组，然后确定各单元间的连接类型。对每个单元给出微分形式的质量平衡方程，经有限差分法离散后得到以单元水位为基本未知量的方程组，进而求解各单元的代表水位和单元间流量。

（3）混合模型。一般河网地区地势平坦，区内无长大的天然河流；大多数河流坡降平缓，流量很小，农灌渠道不计其数，再加上泵站、水闸、船闸等水利控制工程，使河网的水力学描述更加复杂，因而很难在建模工作中完全如实地模拟如此庞大复杂的水系。节点-河道模型和单元划分模型都不能很好地适应水网的特性，前者失之过繁，后者失之过简。将节点-河道模型和单元划分模型中与平原河网特性相适应的优点综合起来，构成新的数学模型，即混合模型。其基本思想是：将平原河网的水域分为骨干河道和成片水域两类，对骨干河道采用节点-河道模型；对成片水域采用单元划分的方法将其划分为单元，再引入当量河宽的概念，把成片水域的调蓄作用概化为骨干河道的滩地，将其纳入节点-河道模型一并计算。

(4) 人工神经网络模型。人工神经网络是采用计算机来模拟生物神经网络的结构和功能，由大量神经元构成的并行分布式系统，它以大规模并行处理、分布式存储结构，良好的自适应性、容错性，以及较强的学习、记忆、联想等功能特性引起了越来越多的关注。人工神经网络与平原河网在结构上有许多相似之处，两者都是由各个内部单元通过并联或串联形成一个相互制约的整体网络结构，通过调整系统内部各个"神经元"之间的相互作用可以达到系统输入变量和输出变量之间的最优化或平衡。因此，人工神经网络理论可用于复杂河网水动力模型的数值模拟。

4.4.3　圩区汇流计算方法

由于圩区内产流不能直接到达圩外，汇流主要受到排涝模数的限制。圩区内部本身的河沟、塘坝有一定的蓄水能力，只有超过圩内最大蓄水深度（一般圩内水位变幅控制在 $20\sim40$ cm）的那一部分水需靠动力（用排涝模数来表示）抽排到圩外河道。但应考虑排涝模数的限制，产水量超过排涝模数的那部分被迫暂时蓄于圩区内，并一有机会立即排出到圩外。由于圩区的汇流受到排涝模数及产流过程等多种因素的影响，无固定的汇流公式。以农业圩区排涝计算为例，圩区排涝模数计算按 t 日涝水 T 日排出，圩区内沟塘可调蓄水量可在 T 日后排出，公式为

$$M = 0.0116(R_t - kZ)/T \tag{4-22}$$

式中，M 为圩区设计排涝模数，$m^3/(s \cdot km^2)$；R_t 为 t 日暴雨产生的涝水径流，mm；T 为排涝历时，日；k 为圩区内水面率；Z 为圩内沟溏预降水深，mm。

4.4.4　非圩区汇流计算方法

一般采用基于圣维南方程组数值解的方法。

1. 方程的基本形式

假设有一控制表面包围一个控制体积，并使控制体积的内部和外部是被唯一定义的，那么，通过控制表面由外部进入控制体积的流体净质量等于这一体积所增加的净质量。通过这一质量守恒定律可以推导出一维非恒定流运动基本方程中的质量方程。

对于控制体而言，作用于控制体积的冲量与通过控制体表面的进出流体的净动量的矢

量和等于这一体积内的动量增量。通过这一动量守恒定律可以推导出一维非恒定流运动基本方程中的动量方程。

联立质量方程与动量方程，即得到一维非恒定流运动的基本方程组，也称为圣维南方程组。方程有多种表达方式，基本的形式如下：

$$
\begin{cases}
B \dfrac{\partial Z}{\partial t} + \dfrac{\partial Q}{\partial x} = q \\[2mm]
\dfrac{\partial Q}{\partial} + \dfrac{\partial}{\partial x}\left(\alpha \dfrac{Q^2}{A}\right) + gA \dfrac{\partial Z}{\partial x} + gA \dfrac{|Q|Q}{K^2} = qv_x
\end{cases}
\tag{4-23}
$$

式中，x、t 分别为距离（m）和时间（s），为自变量；A 为过水断面面积，m^2；B 为水面宽，m；Q 为流量，m^3/s；Z 为水位，m；α 为动量校正系数，是断面位置及水位的函数；K 为流量模数；q 为旁侧入流，m^3/s，入流为正，出流为负；v_x 为入流沿水流方向的速度，m/s，若旁侧入流垂直于主流，则 $v_x = 0$。

2. 方程的差分格式

由于圣维南方程组是一阶双曲型拟线性微分方程，从理论上推求其解析解只有在方程简化到很特殊的情况下才能做到，在实际工程上一般采用的是其数值解。推求其数值解有两类基本的方法，一是基于该方程的特征线形式的特征线法，二是基于偏微分方程的有限差分法。圣维南方程组有很多差分格式。

Preissmann 隐式差分格式实际是一个四点隐格式，设有平面上二维函数关系 $f = f(x, t)$，则其离散格式为式（4-18）和式（4-19），离散示意图见图 4-4。

$$
\begin{cases}
f\,|\,m = \dfrac{\theta}{2}(f_{i+1}^{j+1} + f_i^{j+1}) + \dfrac{(1-\theta)}{2}(f_{i+1}^{j} + f_i^{j}) \\[2mm]
\dfrac{\partial f}{\partial x}\,\bigg|\,m = \theta\left(\dfrac{f_{i+1}^{j+1} - f_i^{j+1}}{\Delta x}\right) + (1-\theta)\left(\dfrac{f_{i+1}^{j} - f_i^{j}}{\Delta x}\right) \\[2mm]
\dfrac{\partial f}{\partial x}\,\bigg|\,m = \dfrac{f_{i+1}^{j+1} + f_i^{j+1} - f_{i+1}^{j} - f_i^{j}}{2\Delta t}
\end{cases}
\tag{4-24}
$$

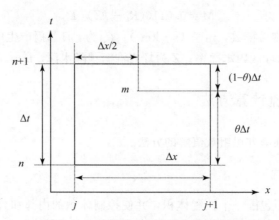

图 4-4　四点隐式差分格式离散示意图

式中，f 为变量，可以代表流量、水位等；θ 为权重系数，$0 \leqslant \theta \leqslant 1$。

$$\begin{cases} f\,|\,m = \dfrac{(f_{i+1}^j + f_i^j)}{2} \\[3mm] \dfrac{\partial f}{\partial x}\,\bigg|\,m = \theta\!\left(\dfrac{f_{i+1}^{j+1} - f_i^{j+1}}{\Delta x}\right) + (1-\theta)\!\left(\dfrac{f_{i+1}^{j} - f_i^{j}}{\Delta x}\right) \\[3mm] \dfrac{\partial f}{\partial t}\,\bigg|\,m = \dfrac{f_{i+1}^{j+1} + f_i^{j+1} - f_{i+1}^{j} - f_i^{j}}{2\Delta t} \end{cases} \tag{4-25}$$

3. 圣维南差分方程组

将简化的四点隐式格式（4-19）代入连续方程，可得下列关系：

$$\begin{cases} B\dfrac{\partial Z}{\partial t} + \dfrac{\partial Q}{\partial x} = q \\[3mm] \dfrac{\partial Z}{\partial t} = \dfrac{Z_{i+1}^{j+1} - Z_{i+1}^{j} + Z_i^{j+1} - Z_i^{j}}{2\Delta t} \\[3mm] \dfrac{\partial Q}{\partial x} = \theta\!\left(\dfrac{Q_{i+1}^{j+1} - Q_i^{j+1}}{\Delta x_i}\right) + (1-\theta)\!\left(\dfrac{Q_{i+1}^{j} - Q_i^{j}}{\Delta x_i}\right) \end{cases} \tag{4-26}$$

整理后，得

$$Q_{i+1}^{j+1} - Q_i^{j+1} + C_i Z_i^{j+1} + C_i Z_i^{j+1} = D_i \tag{4-27}$$

若将式（4-21）中表示时段末 $j+1$ 时刻的上角标省略，则式（4-27）变为

$$Q_{i+1} - Q_i + C_i Z_i + C_i Z_i = D_i \tag{4-28}$$

式中，

$$C_i = \dfrac{\Delta x_i}{2\Delta t \theta} B_{i+\frac{1}{2}}^{j} \tag{4-29}$$

同理，将简化的四点隐式格式（4-19）代入连续方程，可得下列关系：

$$\begin{cases} \dfrac{\partial Q}{\partial t} + \dfrac{\partial}{\partial x}\!\left(\alpha\dfrac{Q^2}{A}\right) + gA\dfrac{\partial Z}{\partial x} + gA\dfrac{|Q|Q}{K^2} = 0 \\[3mm] \dfrac{\partial Q}{\partial t} = \dfrac{Q_{i+1}^{j+1} - Q_{i+1}^{j} + Q_i^{j+1} - Q_i^{j}}{2\Delta t} \\[3mm] \dfrac{\partial Z}{\partial x} = \theta\!\left(\dfrac{Z_{i+1}^{j+1} - Z_i^{j+1}}{\Delta x_i}\right) + (1-\theta)\!\left(\dfrac{Z_{i+1}^{j} - Z_i^{j}}{\Delta x_i}\right) \end{cases} \tag{4-30}$$

整理后得

$$E_i Q_i - F_i Z_i + G_i Q_{i+1} + F_i Z_{i+1} = \varphi_i \tag{4-31}$$

式中，

$$\begin{cases} E_i = \dfrac{\Delta x_i}{2\theta\Delta t} - (\alpha u)_i^j + \dfrac{g}{2\theta}\!\left(\dfrac{A|Q|}{K^2}\right)_i^j \Delta x_i \\[3mm] G_i = \dfrac{\Delta x_i}{2\theta\Delta t} + (\alpha u)_{i+1}^j + \dfrac{g}{2\theta}\!\left(\dfrac{A|Q|}{K^2}\right)_{i+1}^j \Delta x_i \\[3mm] F_i = (gA)_{i+\frac{1}{2}}^j \\[3mm] \varphi_i = \dfrac{\Delta x_i}{2\theta\Delta t}(Q_{i+1}^j + Q_i^j) - \dfrac{1-\theta}{\theta}\!\left[\left(\alpha\dfrac{Q^2}{A}\right)_{i+1}^j - \left(\alpha\dfrac{Q^2}{A}\right)_i^j\right] - \dfrac{1-\theta}{\theta}gA_{i+\frac{1}{2}}^j(Z_{i+1}^j - Z_i^j) \end{cases}$$

$$\tag{4-32}$$

由上述推导可知，任一河段的差分方程为

$$\begin{cases} Q_{i+1} - Q_i + C_i Z_i + C_i Z_i = D_i \\ E_i Q_i - F_i Z_i + G_i Q_{i+1} + F_i Z_{i+1} = \varphi_i \end{cases} \qquad (4-33)$$

式中，C_i、D_i、E_i、F_i、G_i、φ_i 均可由初值计算，所以方程组为常系数线性方程组。

4. 单一河道求解

对于圣维南方程组在求解时还必须补充初始条件和边界条件才能使方程适定。对不同的上边界条件可以设定不同的递推关系用追赶法直接求解。

1）水位边界条件

对于水位已知的边界条件可设如下追赶方程：

$$\begin{cases} Q_j = S_{j+1} - T_{j+1} Q_{j+1} \\ Z_{j+1} = P_{j+1} - V_{j+1} Q_{j+1} \end{cases}, \quad j = L_1, L_1 + 1, \cdots, L_2 - 1 \qquad (4-34)$$

其中，

$$P_{L_1} = Z_{L_1}(t), \quad V_{L_1} = 0$$

$$\begin{cases} S_{j+1} = \dfrac{C_j Y_2 - F_j Y_1}{F_j Y_3 + C_j Y_4} \\[2mm] T_{j+1} = \dfrac{C_j G_j - F_j}{F_j Y_3 + C_j Y_4} \\[2mm] P_{j+1} = \dfrac{Y_1 + Y_3 S_{j+1}}{C_j} \\[2mm] V_{j+1} = \dfrac{Y_3 T_{j+1} + 1}{C_j} \end{cases}$$

$$Y_1 = D_j - C_j P_j$$
$$Y_2 = \Phi_j + F_j P_j$$
$$Y_3 = 1 + C_j V_j$$
$$Y_4 = E_j + F_j V_j$$

由此递推关系可得 $Z_{L_2} = P_{L_2} - V_{L_2} Q_{L_2}$，与下边界条件联立求解方程组得到 Q_{L_2} 和 Z_{L_2}，回代可求出 Q_j 和 Z_j。

2）流量边界条件

对于上边界流量已知的边界条件可设如下追赶方程：

$$\begin{cases} Z_j = S_{j+1} - T_{j+1} Z_{j+1} \\ Q_{j+1} = P_{j+1} - V_{j+1} Z_{j+1} \end{cases}, \quad (j = L_1, L_1 + 1, \cdots, L_2 - 1) \qquad (4-35)$$

式中，

$$P_{L_1} = Q_{L_1}(t)$$
$$V_{L_1} = 0$$

$$\begin{cases} S_{j+1} = \dfrac{G_j Y_3 - Y_4}{G_j Y_1 + Y_2} \\[2mm] T_{j+1} = \dfrac{C_j G_j - F_j}{G_j Y_1 + Y_2} \\[2mm] P_{j+1} = Y_3 - Y_1 S_{j-1} \\[2mm] V_{j+1} = C_j - Y_1 T_{j+1} \end{cases}$$

由此递推关系可得 $Q_{L_2} = P_{L_2} - V_{L_2} Z_{L_2}$，与下边界条件联立求解方程组得到 Q_{L_2} 和 Z_{L_2}，回代可求出 Q_j 和 Z_j。

3）水位流量关系边界条件

当计算时河道上边界给出的是水位流量关系，即 $Q_{L_1} = f(Z_{L_1})$，将此关系在 t_0 时刻泰勒展开，可以得到如下关系：

$$Q_{L_1} = f(Z_{L_1}^0) - f'(Z_{L_1}^0) Z_{L_1}^0 + f'(Z_{L_1}^0) Z_{L_1}^0 \tag{4-36}$$

即可同流量边界相同处理，其中，

$$\begin{cases} P_{L_1} = f(Z_{L_1}^0) - f'(Z_{L_1}^0) Z_{L_1}^0 \\ V_{L_1} = -f'(Z_{L_1}^0) \end{cases} \tag{4-37}$$

5. 河网水流计算

1）双追赶方程

对于环状河网的内河道而言，对一条具体河道，设其首断面为 L_1，末断面为 L_2，根据式（4-33）有如下差分方程：

$$\begin{cases} Q_{j+1}^{n+1} - Q_j^{n+1} + C_j Z_{j+1}^{n+1} + C_j Z_j^{n+1} = D_j \\ E_j Q_j^{n+1} + G_j Q_{j+1}^{n+1} + F_j Z_{j+1}^{n+1} - F_j Z_j^{n+1} = \Phi_j \end{cases}, \quad j = L_1, L_1+1, \cdots, L_2-1 \tag{4-38}$$

这样总共有 $2(L_2 - L_1 + 1)$ 个未知量，$2(L_2 - L_1)$ 个方程，由于河道两端都没有可用的边界条件，因此方程总个数比未知量个数少两个，方程不适定。

为求解方程，引进双追赶方程，以河道的首末两个断面的水位为基本变量，并认为有式（4-39）的关系存在：

$$Q_i = \alpha_i + \beta_i Z_i + \xi_i Z_{L_2} \tag{4-39}$$

这里的系数由下列递推公式求得：

$$\alpha_i = \frac{Y_1(\varphi_i - \alpha_{i+1} G_i) - Y_2(D_i - \alpha_{i+1})}{Y_1 E_i + Y_2}$$

$$\beta_i = \frac{Y_2 C_i - Y_1 F_i}{Y_1 E_i + Y_2}$$

$$\xi_i = \frac{\xi_{i+1}(Y_2 - Y_1 G_i)}{Y_1 E_i + Y_2}$$

$$Y_1 = C_i + \beta_{i+1}, \quad Y_2 = G_i \beta_{i+1} + F_i \tag{4-40}$$

式中，$i = L_1, L_1+1, \cdots, L_2-2$。对 $i = L_2-1$ 有

$$\alpha_{L_2-1} = \frac{\varphi_{L_2-1} - G_{L_2-1} D_{L_2-1}}{G_{L_2-1} + E_{L_2-1}}$$

$$\beta_{L_2-1} = \frac{C_{L_2-1} G_{L_2-1} + F_{L_2-1}}{G_{L_2-1} + E_{L_2-1}}$$

$$\alpha_{L_2-1} = \frac{\varphi_{L_2-1} - G_{L_2-1} D_{L_2-1}}{G_{L_2-1} + E_{L_2-1}}$$

$$\beta_{L_2-1} = \frac{C_{L_2-1} G_{L_2-1} + F_{L_2-1}}{G_{L_2-1} + E_{L_2-1}}$$

$$\xi_{L_2-1} = \frac{C_{L_2-1}G_{L_2-1} - F_{L_2-1}}{G_{L_2-1} + E_{L_2-1}}$$

同时，令

$$Q_i = \theta_i + \eta_i Z_i + \gamma_i Z_{L_1} \tag{4-41}$$

这里的系数由下列递推公式求得：

$$\theta_i = \frac{Y_2(D_{i-1} + \theta_{i-1}) - Y_1(\varphi_{i-1} + E_{i-1}\theta_{i-1})}{Y_2 - G_{i-1}Y_i}$$

$$\eta_i = \frac{F_{i-1}Y_1 - C_{i-1}Y_2}{Y_2 - G_{i-1}Y_1}$$

$$\gamma_i = \frac{\gamma_{i-1}(Y_2 + E_{i-1}Y_1)}{Y_2 - G_{i-1}Y_1}$$

$$Y_1 = C_{i-1} - \eta_{i-1}$$

$$Y_2 = E_{i-1}\eta_{i-1} - F_{i-1}$$

式中，$i = L_1+2$，L_1+3，$\cdots$，L_2。对 $i = L_1+1$ 有

$$\theta_{L_1+1} = \frac{E_{L_1}D_{L_1} + \varphi_{L_1}}{E_{L_1} + G_{L_1}}$$

$$\eta_{L_1+1} = -\frac{C_{L_1}E_{L_1} + F_{L_1}}{E_{L_1} + G_{L_1}}$$

$$\gamma_{L_1+1} = \frac{F_{L_1} - C_{L_1}E_{L_1}}{E_{L_1}G_{L_1}}$$

因此，任一断面上的流量均可分别表示为该断面水位与首断面水位值的函数以及该断面水位和末断面水位值的函数，只要知道首末断面的水位值就可以通过求解方程组得到任一断面的水位流量过程。

2）节点水位方程

求解河道首末断面的水位值也就是求解河道两端节点的水位值，当节点水位值求解结束后，对内河道上的任一断面可以通过求解方程组解得断面上的水位和流量；对外河道上的断面，则相当于给外河道赋予了下边界条件。为求解节点水位引进节点水位方程。

对于河网中的每个节点均要满足两个衔接条件，即水量连接条件和动力连接条件。

（1）水量衔接条件：进出每一节点的流量必须与该节点内实际水量的增减率相平衡。

$$\sum Q_i = \frac{\mathrm{d}\omega}{\mathrm{d}t} \tag{4-42}$$

式中，下标 i 为交汇于某一节点的所有河道的编号；ω 为节点的蓄水量。当节点不具有调蓄功能时，$\sum Q = 0$；节点具有调蓄功能时，式（4-42）可改写成如下形式：

$$\frac{\partial Z}{\partial t} = \frac{\sum Q_t}{S_t} \tag{4-43}$$

式中，S 为 t 时刻节点水面积，m^2；Z 为节点平均水位，m；$\sum Q$ 为节点流量和，m^3/s。

式（4-43）的差分格式形式为

$$Z_{t+\Delta t} = Z_t + \frac{\sum Q_t \Delta t}{S_t} \tag{4-44}$$

（2）动力衔接条件：某一节点上，各连接河道断面上水位和流量与节点平均水位之间必须符合实际的动力衔接条件，要求满足方程

$$Z_i = Z_n \tag{4-45}$$

式中，Z_i 为与节点相连的河道断面水位，m；Z_n 为节点平均水位，m。

　　3）方程求解

当河网概化好后，首先根据边界条件，按单一河道计算外河道的水位流量追赶方程系数，得到流入基本河网的流量与内河网节点水位关系式。然后计算内河道的水位流量双追赶方程系数，得到流入首、末节点的流量与首、末节点水位的关系式。

依据节点水量衔接条件和动力衔接条件建立节点水位方程：

$$AZ = R \tag{4-46}$$

式中，

$$A = \begin{bmatrix} a_{11} & a_{12} & \cdots & a_{1n} \\ a_{21} & a_{22} & \cdots & a_{2n} \\ \vdots & \vdots & & \vdots \\ a_{n1} & a_{n2} & \cdots & a_{nn} \end{bmatrix}$$

该方程的系数矩阵具有如下特征：①非零元素对称分布于主对角线；②矩阵为一个稀疏矩阵，矩阵中的大多数元素为零；③矩阵的非零元素集中在以主对角线为中心的斜带形区域，故可转换为带形矩阵。

由于该矩阵的这些特点，可以应用最优编码解法求解该线性方程组得到节点水位，将解得的节点水位回代式（4-30）和式（4-33），联立这两式组成的方程组得到内河各断面的水位流量过程。将与外河道相连的节点水位代入外河单一河道的追赶方程，逐步回代求得外河道各控制断面的水位和流量。

4.5　城市交叉建筑工程项目防洪影响评价

4.5.1　城市交叉建筑物

城市市区交通道路、桥梁、取水口、排水口、泵站等建筑物、构筑物，以及排水给水管道、输水渡槽及水、油、汽输送管道，通信、电力线路等极为密集，城市特别是市区的堤防和河流不可避免存在如何与这些建筑物、构筑物以及管线的交叉、连接问题（覃仲俊，2009）。

穿越堤防和河流的工程根据其用途不同，穿越的方式可能差异很大。例如，交通工程，公路、铁路一般以桥梁形式在上空穿越，而水、气、油等液体、气体的输送则多以地下管道、隧洞的方式穿越，这就使得城市防洪堤防与各类建筑物、构筑物的交叉方式主要有两种，即跨越方式和穿堤方式。因为建筑物、构筑物穿过堤身必然会增加堤防的不安全因素，所以一般尽量避免采用穿堤方式，而优先选用跨越方式。当确实有堤身需要时，则应减少穿堤建筑物、构筑物的数量，有条件地采取合并、扩建的办法处理，对于影响防洪

安全的应废除重建。

1. 穿堤建筑物、构筑物

穿堤建筑物、构筑物采用地下穿越方式时，不需考虑其对江河的过流断面变化、对河道河势的改变，主要是施工方法不同可能带来的不利影响和对江河河床基础、河堤现状带来改变而发生的可能的不利影响，如不同施工方案对洞周围岩基、堤基的扰动影响，不良工程地质条件对施工安全和防洪影响分析，工程实施对堤基的渗透稳定影响分析。穿堤的闸、涵、泵站等各类建筑物、构筑物的设计尽量满足下列要求：不影响防洪安全、采用轻型结构、对不均匀沉降的适应性好。

2. 跨堤建筑物、构筑物

桥梁、渡槽、管道等跨堤建筑物、构筑物的建设，桥墩（或渡槽排架）等若修筑于河道中，必然会导致江河的过流断面缩小，断面流速增大，水位壅高，而在河道两岸建设桥墩，又影响江河堤防设施的稳定、抗渗，从而直接威胁到防洪工程的安全。对于跨越式交叉建筑工程项目，主要考虑工程对河道行洪的影响、对河势的影响、对堤防安全的影响。以桥梁的设计为例（这里的桥梁，系指在城市防洪工程中、河道和排洪沟渠与堤防、公路和城市道路交叉处设置的桥梁），其设计洪水标准不应低于所在河道或排洪沟渠的防洪标准，纵轴线宜与河道正交，桥墩轴线宜与水流方向一致，通过水力计算确定桥梁的孔径，满足设计流量的要求，桥下净高应根据计算水位即设计水位加上壅高值和浪高或最高流冰水位确定；桥梁引道与堤防交叉处不宜低于堤顶。

4.5.2　城市交叉建筑工程项目防洪评价主要内容

城市交叉建筑工程项目的建筑物、构筑物跨越或穿过堤防河流，必然会对行洪造成危害，增加堤防的不安全因素，因此必须对城市交叉建筑工程项目进行防洪评价，分析项目建设的影响，对存在的主要问题提出有关建议。进行城市交叉建筑工程项目防洪评价，首先进行河道演变分析、水文分析计算、壅水分析计算、冲刷与淤积分析计算、河势影响分析计算，根据计算结果进行综合影响分析，选取综合评价指标，进行综合评价。

1. 河道演变分析

河道演变分析主要分析项目所在河段的历史演变过程与特点，以及近期河床的冲淤特性和河势变化情况，研究确定河床演变的主要特点、规律和成因，对项目建设后河道的演变趋势做出预估。根据有关实测资料和近期河道演变情况，分析河段内深泓、洲滩、汊道、岸线等平面变化、断面变化及河床冲淤特性等，对河道将来的演变趋势进行定性或定量分析。对防洪可能有较大影响、所在河段有重要防洪任务或重要防洪工程的建设项目，应通过数学模型计算、物理模型试验或其他试验手段进行专题研究。桥梁工程河床演变分析主要关注滩槽稳定、桥墩和边墩附近冲刷。

码头工程要分析岸线稳定、满足航深特征等高线的冲淤、上下航道的畅通、疏浚挖泥区的回淤等；引水工程要分析满足取水口高程的特征等高线的冲淤、沿岸边滩的变化；穿河隧道、管道工程要分析历年河床冲刷深度构成的包络线，径流、泥沙与河势变化可能带来的冲刷影响；跨越工程要分析岸滩稳定性及墩部冲淤变化，如堤外河床内无墩则分析断面附近岸滩的稳定；航道整治工程要分析选槽对河势的影响，中枯水航槽对河势与河岸稳定的影响。

2. 防洪评价计算

防洪评价计算包括水文分析计算、壅水分析计算、冲刷与淤积分析计算、河势影响分析计算，建设项目防洪影响的计算条件一般应分别采用所在河段的现状防洪、排涝标准或规划标准，建设项目本身的设计（校核）标准以及历史上最大洪水。

1）水文分析计算

水文分析计算的主要内容包括：资料的审查与分析、资料的插补和延长、采用的计算方法、有关参数的选取及其依据、不同频率设计流量及设计水位的计算成果、成果的合理性分析。

水文分析计算目的在于计算得到工程所在位置的设计洪水，设计洪水一般采用综合单位线和推理公式法两种方法进行计算。

推理公式：

$$Q_m = 0.278\left(\frac{S_{\mathrm{P}}}{\tau_{\mathrm{p}}^n} - \bar{f}\right)F$$

$$\tau = \frac{0.278L}{mJ^{1/3}O^{1/4}} \tag{4-47}$$

式中，m 为汇流参数；τ 为汇流历时；S_{P} 为雨强；L 为河道长度；f 为平均入渗强度；F 为区域面积；其他符合意义同前。

2）阻水面积计算

阻水面积计算依据桥梁实际跨越河流的斜向断面，分别计算各个桥墩的面积，圆端形桥墩阻水宽度采用式（4-48）计算。

$$\Delta D = \frac{b}{2\cos\theta} - \frac{b}{2}$$

$$l = \frac{b}{2}\tan\theta(a-b)$$

$$B = 2(\Delta D + l) + b = \frac{b}{\cos\theta} + (a-b)\tan\theta \tag{4-48}$$

$$B' = B\sin(90 - \theta) = b\cos\theta \tag{4-49}$$

式中，θ 为桥墩轴线与水流方向的夹角；a 为桥墩长度；b 为桥墩宽度；B、B' 分别为迹线方向和与水流垂直方向的阻水宽度。

3）壅水分析计算

由于跨河交叉建筑工程项目对河道水流的阻碍作用，桥下过水断面减少，使桥前水位抬高，形成一定的壅水，壅水高度一般采用经验公式或一维数学模型计算，壅水高度计算经验公式为

$$\Delta Z = \eta(\bar{V}_m^2 - \bar{V}_0^2) \tag{4-50}$$

式中，ΔZ 为桥前最大壅水高，m；η 为系数，根据河滩过水能力而定；$\bar{V}_0$ 为断面平均流速，m/s；$\bar{V}_m$ 为桥下平均流速，

$$\bar{V}_m = P\bar{V}_0 (m/s) \tag{4-51}$$

壅水曲线长度 L 近似估算式为

$$L = 2\Delta Z/l \tag{4-52}$$

式中，l 为计算河段河床比降。

距离阻水断面上游 L 米处断面的壅水高度按照下式计算：

$$\Delta Z_L = \left(1 - \frac{1 \times l}{2 \times \Delta Z}\right)^2 \Delta Z \tag{4-53}$$

一维网河数学模型的控制方程为

连续方程：

$$B\frac{\partial Z}{\partial t} + \frac{\partial Q}{\partial x} = q \tag{4-54}$$

动量方程：

$$\frac{\partial Q}{\partial t} + \frac{\partial}{\partial x}\left(\beta\frac{Q^2}{A}\right) + gA\left(\frac{\partial Z}{\partial x} + S_f\right) + U_1 q = 0 \tag{4-55}$$

式中，Z 为断面平均水位；Q、A、B 分别为断面流量、过水面积和水面宽度；x、l 分别为距离和时间；q 为旁侧入流，负值表示流出；β 为动量校正系数；S_f 为摩阻坡降，采用曼宁公式计算。

4）流速流态分析计算

桥孔水流流态分自由出流和非自由出流两种，根据临界水深 h_c 和下游水深 h_t 判断。

流态的判别：$h_t \leqslant 1.3h_c$，自由出流状态；$h_t > 1.3h_c$，非自由出流状态。一般尽量避免出现非自由出流状态。

河道和排洪沟渠桥位下游水深 h_t 和流速 V_t 根据设计流量 Q 用均匀流公式计算；桥下临界流速 V_t 取桥下河床的容许流速 V_m，则利用下式计算临界水深 h_c：

$$h_c = \frac{\alpha V_c}{g} = \frac{\alpha V_m}{g} \tag{4-56}$$

式中，α 为流速不均匀系数，一般 $\alpha = 1.0$。

5）冲刷和淤积分析计算

城市跨河交叉建筑工程项目所导致的河道冲刷和淤积计算采用罗肇森公式进行分析，公式如下：

$$P = \frac{\alpha \omega s_0 T}{\gamma_c}\left[1 - \left(\frac{v_2}{v_1}\right)^2\left(\frac{H_1}{H_2}\right)\right]\frac{1}{\cos n\theta} \tag{4-57}$$

式中，P 为年平均淤积强度，m；α 为淤积系数，取 0.67；ω 为泥沙沉降速度，m/s；s_0 为工程前水流挟沙能力；t 为泥沙沉降时间，按 1 年的总秒数计；r_c 为淤积物的干容量，kg/m³；H_1、H_2 分别为港池或回旋水域加深前、后平均水面下水深，m；θ 为水流与航道轴线的交角；n 为水流通过挖深航槽的转向系数。

6）基于二维水流数学模型的防洪计算

城市跨河跨堤交叉建筑工程项目所处河道水流一般为非恒定流，平面二维非恒定流运

动包含二阶紊动项的基本方程

$$\frac{\partial \zeta}{\partial t} + \frac{\partial uH}{\partial x} + \frac{\partial vH}{\partial y} = 0 \tag{4-58}$$

$$\frac{\partial u}{\partial t} + u\frac{\partial u}{\partial x} + v\frac{\partial u}{\partial y} - fv = -g\frac{\partial \zeta}{\partial y} - \frac{\tau_x}{\rho H} + \gamma\frac{\partial^2 u}{\partial x^2} + \gamma\frac{\partial^2 u}{\partial y^2} \tag{4-59}$$

$$\frac{\partial v}{\partial t} + u\frac{\partial v}{\partial x} + v\frac{\partial v}{\partial y} + fu = -g\frac{\partial \zeta}{\partial y} - \frac{\tau_y}{\rho H} + \gamma\frac{\partial^2 v}{\partial x^2} + \gamma\frac{\partial^2 v}{\partial y^2} \tag{4-60}$$

式中，ζ 为水位；d 为水深；$H = \zeta + d$ 为总水深；u 为 x 向流速；v 为 y 向流速；f 为科氏参量；ρ 为水的密度；τ_x 为 x 向底部切应力，$\tau_x = \rho g\frac{\sqrt{u^2+v^2}}{C^2}u$；$\tau_y$ 为 y 向底部切应力，$\tau_y = \rho g\frac{\sqrt{u^2+v^2}}{C^2}v$；$C = \frac{1}{n}H^{1/6}$，其中，$C$ 为谢才系数；n 为曼宁糙率系数；γ 为紊动黏性系数；g 为重力加速度。

对二维潮流方程的差分采用 ADI 法，所采用的网格为交错网格。基本方程离散时，流速、水位和水深在网格中应交错排列。

模型的建立方法为：首先，确定计算范围及地形资料。选择合适的计算区域是数学模型计算的基础，模型上、下边界的确定既要充分考虑工程的影响范围，还要考虑河道内建筑物的影响以及模型边界稳定所需的河道范围。其次，剖分网格。计算网格的大小应满足建设项目防洪评价对计算精度的要求，采用贴体正交曲线网格离散计算区域。网格大小疏密沿河道河势宽窄变化不等，拟建工程附近网格最密。最后，确定边界条件。上游边界为流量边界，采用设计频率流量；下游边界采用水位边界，采用设计水位。陆域边界取边法线流速为零，切线流速由曼宁–谢才公式确定。

3. 综合评价

根据建设项目的基本情况、所在河段的防洪任务与防洪要求、防洪工程与河道整治工程布局及其他国民经济设施的分布情况等，以及河道演变分析成果、防洪评价计算或试验研究结果，对建设项目的防洪影响进行综合分析。防洪综合影响分析需从以下方面进行：包括项目建设与有关规划的关系及影响、项目建设是否符合防洪防凌标准、有关技术和管理要求、项目建设对河道泄洪的影响、项目建设对河势稳定的影响、项目建设对堤防护岸及其他水利工程和设施的影响、项目建设对防汛抢险的影响、建设项目防御洪涝的设防标准与措施是否适当、项目建设对第三人合法水事权益的影响等。根据防洪综合影响分析，选取适当的评价指标，进行防洪综合评价。

4.5.3　城市交叉建筑工程项目防洪影响分析

1. 项目建设与有关规划的关系及影响分析

项目建设与有关规划的关系及影响分析应包括建设项目与所在河段有关水利规划关系分析和项目建设对规划实施的影响分析。

（1）建设项目与所在河段有关水利规划关系分析主要包括建设项目与所在河段的综合规划及防洪规划、治导线规划、岸线规划、河道（口）整治规划等水利规划之间的相互关系，分析项目的建设是否符合有关水利规划的总体要求与整治目标。

（2）项目建设对规划实施的影响分析包括分析项目建设对有关水利规划的实施是否产生不利的影响，是否会增加规划实施的难度。

2. 项目建设是否符合防洪防凌标准、有关技术和管理要求

根据建设项目设计所采用的洪水标准、结构形式及工程布置，分析项目的建设是否符合所在河段的防洪防凌标准及有关技术要求，分析项目建设是否符合水利部门的有关管理规定。

3. 项目建设对河道泄洪影响分析

根据建设项目壅水计算或试验结果，分析工程对河道行洪安全的影响范围和程度。对施工方案占用河道过水断面的建设项目，还需根据施工设计方案及工期的安排，分析工程施工对河道泄洪能力的影响。例如，对于桥梁工程包括分析桥梁高程桥梁跨度和桥梁密度等对河道泄洪的影响。①梁底高程。梁底高程应高于设计洪水位，同时考虑漂流物阻塞等的影响，应适当加超高。同时有通航要求的河道，通航净空应符合现行的通航标准规定。②桥梁的跨度。根据《中华人民共和国防洪法》的规定，"有堤防的河道、湖泊，其管理范围为两岸堤防之间的水域、沙洲、滩地、行洪区和堤防及护堤地；无堤防的河道、湖泊，其管理范围为历史最高洪水位或者设计洪水位之间的水域、沙洲、滩地和行洪区"。因此，河道上的桥梁建设，对于有堤防的河段在两大堤之间，无堤防河段在历史最高洪水位或设计洪水位之间，应采取全桥跨越。③桥梁的密度。如果桥梁太密，形成桥群效应，可能会使各桥之间产生的壅水造成叠加，降低两岸大堤防洪标准。桥梁的合理密度与桥梁结构、大桥轴线走向与水流夹角、河流水沙特性等有关，应保持各桥之间形成的壅水不能产生相互影响。

4. 项目建设对河势稳定影响分析

根据防洪数学模型计算结果，结合河道演变分析成果，综合分析工程对河势稳定的影响。主要内容包括：项目实施后总体流态和工程影响区域局部流态的变化趋势。对分汊河段应分析项目建设是否会引起各汊道分流比、分沙比的变化、对总体河势和局部河势稳定有无明显的不利影响、是否会影响河势的稳定以及对河流水质的不利影响。例如，对于桥梁工程主要可从以下四个方面进行分析。

（1）桥墩布置与水流的方向。桥墩的顺水流方向轴线与河流方向宜正交，这样的布置形式可使水流较为顺直，对下游河床和岸坡的稳定影响较小。

（2）桥墩布置和形式。重点防洪城市河段，主要行洪断面内，应尽可能少或不要布置桥墩，若布置桥墩，其阻水比和壅高值需控制在一定范围内。同时，为减小桥墩对流态的影响，其迎水面宜采用流线型。

（3）主河槽宽度。主河槽是行洪的主要通道，单宽流量大，冲淤变化剧烈，要求桥梁

单孔跨度大、桩基深。如果设计的主河槽宽度偏小，一旦河势变化，滩地变为主槽，有可能增大桥梁壅水高度和冲刷深度，危及防洪和大桥安全。

（4）河道的冲刷与淤积。河道的冲刷与淤积在桥梁的设计中占有重要地位，当河流上修建桥梁之后，受桥墩、桥台等影响，桥梁上游产生壅水，桥梁位置处因断面缩窄、流速增大而产生冲刷，冲刷深度关系到桥梁和防洪工程安全。

5. 项目建设对堤防、护岸和其他水利工程及设施的影响分析

城市交叉建筑工程项目对其影响范围内的各类水利工程与设施的安全和运行所带来的影响分析主要包括对堤脚或岸坡冲刷的影响；对已建护岸工程稳定的影响；对可能影响现有防洪工程安全的建设项目进行渗透稳定、结构安全和抗滑稳定影响分析，对水文观测的影响，对引水、排涝的影响以及对其他水利设施的影响。例如，桥梁对堤防的影响主要为施工布置和桥墩对堤防的影响。施工布置时分析施工方案是否影响堤防安全和运行问题。基础工程避免在汛期施工，靠堤防较近的墩台施工，应避免基础振动过大而影响堤防安全。如果桥墩布置在堤顶或临水坡，为避免产生不良影响，应要求建设单位对桥墩布置进行调整。由于受资料的限制以及堤身材料土工试验指标的准确性及代表性影响，其抗滑和渗流稳定计算的可靠性难以把握，并且施工时可能发生的各种不确定性又增加了桥墩处堤防发生渗透破坏的可能性。为防止堤防渗透破坏，可采用堤坡防渗等处理方式。地下穿越工程主要是分析不同施工方案对洞周围岩的扰动影响、不良工程地质条件对施工安全和防洪影响、工程实施对堤基的渗透稳定影响等。

6. 项目建设对防汛抢险的影响分析

对跨堤、临堤以及需临时占用防汛抢险道路或与防汛抢险道路交叉的建设项目进行防汛抢险影响分析。其主要内容应包括：

（1）根据建设项目跨堤、临堤建（构）筑物的平面布置、断面结构及主要设计尺寸，分析是否会影响汛期的防汛抢险车辆、物资及人员的正常通行。

（2）根据建设项目的施工平面布置、施工交通组织及工期安排情况，分析工程施工期对防汛抢险带来的影响。

（3）分析项目建设是否会影响其他防汛设施（如通信设施、汛期临时水尺等）的安全运行。

7. 建设项目防御洪涝的设防标准与措施是否适当

分析建设项目运行期和施工期的设防标准是否满足现状及规划要求，并对其所采用的防洪、排涝措施是否适当进行分析评价。

8. 项目建设对第三人合法水事权益的影响分析

根据城市交叉建筑工程项目的布置及施工组织设计，分析工程施工期和运行期是否影响附近取水口的正常取水、临近码头的正常靠泊等第三人的合法水事权益。在一些港区，码头工程星罗密布的河段对第三方合法水事权益的影响不可低估，同时可能影响第三方安

全运行。对环境影响分析根据交叉建筑工程项目类型和工程区的具体情况对环境的影响进行分析，没有影响或影响很小的方面可适当从简，以保护环境为最终目的。交叉建筑工程项目对环境影响分析的主要内容是：水质保护、环境空气质量保护、噪声防治、人群健康保护、水土流失防治、景观与绿化、环境管理与监测等。应识别主要环境影响因素，抓住重点，分析工程对环境的影响。交叉建筑工程项目环境影响分析涉及面广、内容繁杂、政策性强，其重点在于以下五方面。

(1) 对水质影响。一方面为生产废水，包括砂石料冲洗废水、混凝土拌和站废水和机械保养废水；另一方面为生活废水。

(2) 环境空气质量保护，有混凝土拌和系统降尘、交通扬尘防治、燃油机械尾气、施工现场和施工人员劳动保护。

(3) 噪声防治，包括砂石料加工、混凝土拌和系统和综合加工厂、施工区涉及敏感对象时对敏感对象的保护、对在噪声源处施工人员所采取的个人防护和劳动保护等。

(4) 人群健康保护设计，有生活饮用水保护、公共卫生设施及固体废物处置、施工场地卫生清理、食品卫生管理与监督、施工人员卫生防疫。

(5) 水土流失防治，包括弃渣处置、料场防护、其他施工迹地恢复等。

4.5.4　城市交叉建筑工程项目防洪综合评价指标体系

要对城市交叉建筑工程项目进行科学、客观的防洪综合评价，前提是要建立评价指标体系。指标体系的合理与否，将对评价结论产生决定性影响（詹道江和叶守泽，2004）。城市交叉建筑工程项目防洪综合评价涉及防洪系统和河流工程状况，评价指标体系范围广，指标多，本章将对城市交叉建筑工程项目防洪综合评价指标体系进行研究。

1. 建立指标体系的基本原则与方法

1) 建立指标体系的基本原则

评价指标是度量城市交叉建筑工程项目防洪状况的参数，是评价的基本尺度和衡量基准。在研究和确立评价指标体系时，应遵循如下指导原则。

(1) 科学性和可比性相结合的原则。按照科学理论定义指标的概念和计算方法，即指标的选择、权重系数的确定，数据的选取、计算与合成，必须以公认的科学理论为依据。同时要求所设计的指标必须以客观存在的事实为基础来获得数据，作为计算和评价的基础。

(2) 系统性与层次性相结合的原则。确定相应的评价层次，将各个评价指标按系统论的观点进行考虑，使主要因素不致遗漏，构成完整的评价指标体系。同时，确定评价层次时，层间因素应为递进关系，同层内因素应保持独立，避免指标重复。

(3) 整体性与代表性相结合的原则。城市交叉建筑工程项目防洪评价是多方面的，对诸多因子要全面衡量，进行综合分析和评价。从实用、可操作的角度看，评价指标不宜过多、过滥，应选择有代表性主要指标，构建综合评价指标体系。

(4) 动态性和静态性相结合的原则。指标体系既要反映发展状态，又要反映发展过程；城市交叉建设工程项目防洪状况是一个动态变化的过程，在不同的阶段有不同的特点，随时间、空间而变化，是动态和静态的统一。如果只运用静态的视角来构建指标体系是不够的，无法反映出其实际情况。还应该根据不同的情况和条件，采用动态的指标来反映其发展的客观情况，从而建立科学合理的城市防洪体系评价指标体系。

（5）定性与定量相结合的原则。城市交叉建设工程项目防洪影响是多方面的，有些可以定量化，有些却难以定量描述，因此，指标体系尽可能选择定量化的指标，对于难以量化的不能忽略，给予定性描述。

（6）可操作性与简易性相结合的原则。由于城市交叉建设工程项目防洪影响复杂性的缘故，一些传统指标往往是难操作的定性指标较多。建立层次复杂、数量庞大的指标群会使精确计算非常困难，并影响结果的可靠性。因此在构建评价指标体系时，要在尽可能简单的前提下，挑选一些易于计算，容易得到，并能在要求水平上有很好代表性的指标，使其具有较强的操作性。

2）指标确定方法

评价指标的形成过程是对评价对象进行理论分析、事实概括的过程。它通过抽象化的方法，根据那些有显著区别的特殊标识对事实资料进行综合，在特殊标识的基础上形成评价指标，从而把握对象的本质特征和客观规律的过程。评价指标的形成过程是一个从表面到内部、从现象到本质、从个别到一般、从偶然到必然的转变过程。建立评价指标体系一般要经过初步构建和筛选确定两步。

初步构建是根据科学的原理，对城市交叉建设工程项目防洪影响进行全面深入的系统分析，确立评价的目的、目标和意义，确定评价体系的层次，并对收集的基础资料数据进行指标的分析计算，初步构建城市交叉建设工程项目防洪综合评价指标体系。

筛选确定是在城市交叉建设工程项目防洪综合评价指标体系初步构建成功后，对初选的指标进行修改完善，指标筛选时应遵循指标体系建立的原则，保留那些能反映实际情况、有代表性且易于获得的指标，放弃那些重复、数据收集计算困难的指标，使建立的评价体系不仅科学、全面，而且简明、易于操作。

指标的筛选是一项复杂的系统工程，要求评估者对指标系统有充分的认识及多方面的知识积累，必须采用科学有效的方法对指标进行筛选，挑选出最精练、有效的指标才能合理地对城市交叉建设工程项目防洪影响进行综合评价。指标确定主要是从定性和定量两个角度进行指标的筛选，常用且比较有效的方法是专家打分法、频度统计法、主成分分析法等。

专家打分法又称德尔菲（Delphi）法，是一种主观方法，最早由赫尔姆和达尔克提出，在很多的决策领域得到应用。专家打分法依据系统的程序，采用专家匿名方式填写意见，即专家之间不互相讨论，不发生横向联系，只与调查人员发生关系，通过多轮次调查专家对问卷所提问题的看法，经过反复征询、归纳、修改，最后汇总成专家基本一致的看法，作为决策的依据。这种方法具有广泛的代表性，较为可靠。

频度统计法的主要原理是对目前相关研究文献进行频度统计，选择那些使用频度较高的指标。

主成分分析法最早是由美国心理学家 Charies Spearman 于 1904 年提出，其基本思想是用少数潜在的相互独立的主成分指标的线性组合来表示实测的多个指标，该线性组合反映原多个实测指标的主要信息，找出主导因素，是一种将多个指标化为少数几个不相关的综合指标（即主成分）的多元统计分析方法。分析法的主要步骤为：

第一步，对评价问题的内涵与外延做出合理解释，划分概念的侧面结构，明确评价的总目标与子目标。第二步，对每一个子目标或概念侧面进行细分解，直到每一个侧面或子目标都可以直接用一个或几个明确的指标来反映。第三步，设计每一个子层次的指标，包括定量指标和定性指标。

专家打分法简单实用，然而对于复杂的系统指标筛选来说，由于其主观性较强，难以完全达到预期的效果，会从一定程度上影响评价结果。频度统计法的不足之处在于城市交叉建设工程项目防洪影响指标体系在以往的研究里被提到的频度显然是非常之小，容易被忽略。而主成分分析法效果取决于指标间的相关性，如果相关性大，则第一特征根也会相对较大，第一主成分的贡献率也会较大，效果较好；反之，则效果较差。

2. 指标体系层次及分类

同样的指标可以进行多种不同的分类，而进行什么样的分类则取决于建立指标体系的根本目的是什么，即目标指向。建立指标体系的目标指向决定了指标体系的层次以及分类。城市交叉建设工程项目防洪综合评价主要是对城市跨越或穿越河流的工程项目进行防洪影响分析和评价，判断工程项目对河流防洪的影响，防洪影响是多方面的，不仅包括对河流、堤防、环境、第三方权益人等的影响，还包括是否符合政策法规等问题。因此，需要建立城市交叉建设工程项目防洪影响指标体系的目标指向和层次构架。

（1）指标体系目标指向。目标层是全面反映城市交叉建设工程项目防洪影响的系统层。城市交叉建设工程项目防洪综合评价就是对城市跨越或穿越河流的工程项目进行防洪影响综合评价。

（2）指标层次及分类。城市交叉建设工程项目防洪影响指标体系包括三个层次：目标层、一级指标层和二级指标层。目标层即其目标指向，对城市交叉工程项目进行防洪影响综合评价。

3. 城市交叉建筑工程项目防洪综合评价指标体系的基本内容

城市交叉建筑工程项目防洪综合评价指标体系由工程影响指标、环境影响指标、非工程影响指标和河流影响指标四个部分组成，四者同等重要，相辅相成，缺一不可。城市交叉建筑工程项目对防洪工程的影响不可忽视，防洪工程是防洪体系的基础，是抵御洪水的物质条件，工程措施是拥有基本防洪能力的根本保证；城市交叉建筑工程项目对环境的影响涉及建设过程中和建设后的环境影响，是防洪的软环境；城市交叉建筑工程项目对非工程措施的影响也是重要影响因素，任何工程体系无论多么完善，都不可能抵御所有洪水，只有通过工程措施和非工程措施的完美结合才能共同抵御超标准洪水和稀遇洪水；城市交叉建筑工程项目对河流的影响关系到洪水的宣泄和河势的稳定程度，是整个防洪体系的核心目的。

通过以上分析，本书在频度分析法得到的工程影响指标和河流影响指标的基础上，结合防洪评价的新要求和相关专家的意见，添加非工程措施指标和环境影响指标，构建一个初步的指标体系。再利用主成分分析法对初步的指标体系进行分析,剔除相关性较大的指标,以求指标体系更为精练。最后再次征询相关专家意见,利用他们对本专业的深入了解和丰富经验对本指标体系进行适当调整。本文基于以上思路和步骤最后得到工程影响指标、环境影响指标、非工程影响指标和河流影响指标四大类共 18 项指标,具体指标及指标说明见表 4-8。

表 4-8　城市交叉建筑工程项目防洪综合评价指标

目标层	一级指标	二级指标	指标说明
城市交叉建筑工程项目防洪综合评价	工程影响指标	堤防达标率	反映堤防防洪能力
		堤防损坏隐患	反映堤防损坏程度
		引水工程影响率	反映引水工程受影响程度
		排涝工程影响率	反映排涝工程受影响程度
	环境影响指标	水质达标率	反映水质情况
		水质破坏隐患	反映水质受影响程度
		废污水排放率	反映工程排放的废污水
		废污水处理率	反映对废污水的处理
		区域环境噪声平均值	反映工程的噪声污染
		空气达标率	反映工程对空气的影响
	非工程影响指标	防洪政策法规完善程度	反映政策层面完善情况
		防汛抢险预案完备程度	反映防洪的应急准备情况
		工程防洪标准	反映工程防洪目标
		第三方用水率	反映对第三人合法权益的影响
		河道管理能力	反映现有河道的使用水平
	河流影响指标	河道过流能力	反映河道泄洪能力
		河势稳定率	反映河流稳定情况
		河流淤积率	反映河流淤积情况

1) 工程影响指标

城市交叉建筑工程项目对其相邻工程的影响在防洪综合评价中占有重要的地位。防洪工程是防洪的基础,对防洪工程的影响关乎整个防洪方案的成败,如果城市交叉建筑工程项目导致了堤防或其他设施的损坏、渗漏或滑坡,将对防洪产生巨大的影响。

对于跨河穿河工程来说,其最直接影响的防洪工程就是堤防,因而堤防标准达标与否对其影响发挥着重要作用,不同的河段所需要的堤防等级也不一样,其表达式为

堤防达标率＝达到相应标准的堤防长度/堤防总长度

对于堤防工程而言,城市交叉建筑工程项目对它的影响直接体现在是否造成了堤防的损坏,是否存在不正确的施工方式或者不当的穿越方式可能导致堤防的损坏,堤防损坏隐患也是其重要指标,其表达式为

堤防损坏隐患＝｛施工方式,穿越方式,其他影响｝

在城市交叉建筑工程项目施工期间，可能会对工地附近的引水工程造成破坏或者暂停使用的情况，同时，建筑项目的修建方式和地点也可能和引水工程造成冲突，引水工程影响率反映了引水工程的受影响程度，其表达式为

$$引水工程影响率=交叉建筑修建后正常运行天数/修建前正常运行天数$$

排涝工程影响率反映了排涝工程的受影响程度，在城市交叉建筑工程项目施工期间，可能会对工地附近的排涝工程造成破坏或者暂停使用的情况，同时，建筑项目的修建方式和地点也可能和排涝工程造成冲突，其表达式为

$$排涝工程影响率=交叉建筑修建后正常运行天数/修建前正常运行天数$$

2）环境影响指标

交叉建筑工程项目对环境影响主要体现在水质保护、环境空气质量保护、噪声防治、人群健康保护等多个方面，应识别主要环境影响因素，抓住重点，分析工程对环境的影响。施工工地对水质的影响是显而易见的，水质达标率反映了河流水质的受影响程度，是水质指数、酸碱度、有毒物质含量、水色、浑浊度和细菌总数等的综合指标，其表达式为

$$水质达标率=水质达标天数/总施工天数$$

水质破坏隐患反映了可能对水质造成影响的因素，包括工程影响、人类活动等诸多因素。

废污水排放率反映了施工工地排放废污水的数量，其表达式为

$$废污水排放率=废污水排放量/河流单位时间水量$$

废污水处理率反映了废污水的处理情况，采用多种方法进行污水处理，尽量减少废污水往河流的排放量，其表达式为

$$废污水处理率=废污水处理量/废污水总排放量$$

区域环境噪声平均值反映区域环境内的噪声污染严重程度，指城市建成区内经认证的环境噪声网格监测的等效声级算术平均值。其表达式为

$$区域环境噪声平均值=各网格测得的等效声级之和/网格数$$

空气达标率反映了区域空气质量的合格率，反映了施工情况对空气质量的损害，其表达式为

$$空气达标率=空气质量合格天数/总天数$$

3）非工程影响指标

城市交叉建筑工程项目对非工程措施的影响也是重要影响因素，只有通过工程措施和非工程措施的完美结合才能共同抵御超标准洪水和稀遇洪水。

防洪政策法规是缔造防洪软环境的核心因素，一个完善的防洪政策法规环境会有效促进工程的防洪目标，因而其完善与否非常重要。防洪政策法规完善程度也是一个模糊指标，本书将其分为很完善、较完善、不完善和很不完善四个层次等级。

防汛抢险预案是事前制订的防汛现场采取措施、实施步骤的方案，防汛现场采取的措施是否得当是导致抗洪效果好坏的重要因素，它在很大程度上取决于防汛抢险预案制定的完备与否，这种事前的精心准备、科学决策才能使防汛现场临危不乱、有条不紊。防汛抢险预案完备程度也是一个模糊指标，本书将其分为很完善、较完善、不完善和很不完善四个层次等级。

　　工程防洪标准指河道上所建工程项目的防洪标准，其标准的高低决定了河道防洪能力的大小，防洪标准以百分率表达。

　　第三方用水率关注的是第三方的水事权益，考察建设项目对第三方用水的影响，其表达式为

第三方用水率＝工程建设后第三方用水/工程建设前第三方用水

　　河道管理同样是一个重要因素，尤其是河道上的交叉建筑工程越来越多，为加强对河道的日常管理，消除安全隐患，确保河道过流通畅，本书选取河道管理能力作为衡量指标，将其分为很强、较强、差和很差四个层次等级。

　　4）河流影响指标

　　河道过流能力反映了河道整体情况，虽然每段河道都有其设计过流能力，然而交叉工程项目的建设会使很多河段淤塞、改道或缩小过流断面，过流能力不断下降，因而河道过流能力达标率也是一个重要指标，其表达式为

河道过流能力＝工程建设后河道过流量/原河道过流量

　　河势稳定率反映工程对河势稳定的影响，如项目实施后河流总体流态和工程影响区域局部流态的变化趋势，其表达式为

河势稳定率＝工程建设后河流状态/原河流状态

　　河流淤积率反映工程造成的淤积，其表达式为

河流淤积率＝工程建设后年平均淤积程度/原年平均淤积程度

　　上述指标体系构成了城市交叉建筑工程项目防洪综合评价指标体系，为综合评价模型的建立奠定基础。

4.5.5　城市交叉建筑工程项目防洪综合评价模型

1. 防洪综合评价方法

　　1）综合评价原则

　　不同防洪措施如堤防、水库、分蓄洪区等，它们的性质不同，加上所在地的社会、经济和环境条件不同，因此综合影响评价的项目和方法应有所不同。选择防洪方案还要考虑方案实现难易以及工程建成后的管理问题。防洪综合评价一般应该遵循以下基本原则。

　　（1）定性分析与定量分析结合的原则。防洪综合评价应采取定量分析与定性分析相结合的方法，凡是能用货币定量表示的应尽量用货币表示；不能用货币表示但能用实物指标定量表示的，尽可能用实物指标表示；既不能用货币表示又不能用实物指标定量表示的，则进行定性描述。定性和定量是相对的。定量指标一定程度上存在误差，误差太大，则只具有定性意义。定性指标可以按照其重要程度、影响大小通过分级进行量化。

　　（2）模糊性与精确性结合的原则。防洪综合评价采用的技术参数要求尽可能精确，但许多指标如社会、环境影响具有模糊性。模糊性与精确性也是相对的，一定条件下可以相互转化。

　　（3）权威决策与专家群体决策结合的原则。技术权威的经验是非常宝贵的，但其局限性也是显然的，不同技术领域、不同部门专家的群体决策可以避免权威的决策片面性。

（4）现状分析与预测研究结合的原则。城市防洪工程的方案评判，要考虑到现状条件下防洪要求，但由于城市防洪工程的影响是深远的，因而对其可能产生的影响要进行预测。

2）常见综合评价方法

防洪综合评价涉及内容众多，受到很多因素的影响，各项内容又形成一个综合的整体，选择合适的评价方法是综合评价是否合理有效的关键。随着我国管理科学的快速发展，各种评价方法层出不穷，这些方法各有特点，常见的多指标综合评价方法主要包括：常规多指标综合评价法、模糊综合评判法以及多元统计综合评价法。这几种评价方法各自都有一定的适用范围，都具有一定的优缺点。

（1）常规多指标综合评价法。所谓"常规"是指多指标综合评价的一般方法，这种方法既没有自觉考虑用模糊方法来处理多指标综合评价，也没有考虑如何在评价变换中消除指标间相差的重要信息，而是用一般的数学方法进行无量纲化和合成处理。在常规多指标综合评价中，无量纲化是其中很重要的一个步骤，需要专门处理，按照无量纲化方法类型可将常规多指标综合评价法分为三类：直线型、折线型和曲线型。

（2）模糊综合评判法。模糊综合评判法是应用模糊关系合成的原理，从多个因素对被评判事物隶属等级状况进行综合评判的一种方法。在模糊综合评判中，指标的可综合性问题是在模糊综合评判过程中自然解决的，不需要专门的指标无量纲化处理。该方法适用性较强，既可用于主观指标的综合评判，又可用于客观指标的综合评判。由于在现实世界中亦此亦彼的模糊现象大量存在，所以模糊综合评判法的应用很广。特别是在主观指标的综合评判中，模糊综合评判法可以发挥模糊方法的独特作用，评价结果要优于其他方法。

（3）多元统计综合评价法。多元统计方法是近几十年在数理统计中迅速发展的一个分支，它所包含的具体方法比较多，应用范围也很广。用于多指标综合评价的统计方法主要有主成分分析法（principal component analysis，PCA）和因子分析法（factor analysis，FA）。

主成分分析法是通过适当的数学变换，使新变量成为原变量的线性组合，并寻求主成分量来分析事物的一种方法，是把多个指标化为少数几个指标的一种统计分析方法。因子分析法是在主分量的基础上发展起来的，因子分析的重心就是要从有关的变量交互相关的数据中，找出其中起决定作用的若干因子，从而得到对事物更深刻的认识。

3）常见权重确定方法

确定指标权重就是对各指标的重要性进行评价，指标越重要，其权重就越大；反之，则越小。权重一般要进行归一化处理，使之介于 0 与 1 之间，各指标权重之和等于 1。决定权重的方法主要有两两比较法、德尔菲法、层次分析法、因子分析法、熵值法等。

（1）两两比较法。采用多对分值、按照两两比较得分和一定的原则，将某项指标同其他各项指标逐个比较、评分，然后对每一个指标的得分求和，评分之和即为高度民主项指标的权重评分，最后经归一化处理后就是权重值。评分可采用 0-1 评分法、0-4 评分法、多比例评分法等。

（2）德尔菲法。德尔菲法是一种向专家发函，征求意见的调研方法，它常用于预测，也可用于确定指标的权重。该方法首先将拟定的综合评价指标体系及指标的说明以信函形式发给各位专家，请专家根据自己对各指标相对重要程度的判断，按规定的量值范围为各指标评定权值。专家意见返回后，组织者要作统计处理，检查专家意见的集中分散程度，以便决定是否再进行下一轮调查。

（3）层次分析法。层次分析法把复杂问题中的各种因素通过划分相互联系的有序层使之条理化，根据对一定客观现实的判断就每层次的相对重要性给予定量表示，然后利用数学方法确定每一层次元素的权重，并通过排序结构分析和解决问题。层次分析法实际上是两两比较法的一种深化，但其检验判断矩阵的一致性，所以比两两比较法更为科学。

（4）因子分析法。因子分析法是一种多元统计分析方法，它从所研究的全部原始变量中将有关信息集中起来，通过探讨相关矩阵的内部信赖结构，将多指标综合成少数因子（综合指标），再现指标与因子之间的相互关系，进一步探讨产生这些相关关系的内在原因。

（5）熵值法。熵值法是一种根据各指标数据传输给决策者的信息含量的大小来确定指标权重的方法。设有 n 个方案，m 项评价指标，x_{ij} 为第 j 项指标的原始数据，y_{ij} 为标准化后的数据。对于给定的第 i 项的指标，x_{ij} 的差异越大，则高度民主项指标对方案的比较作用越大，也即高度民主项指标包含和传输的信息越多。信息的增加意味着熵的减少，熵可以用来度量这种信息量的大小。

2. 基于模糊物元法的防洪综合评价数学模型

城市交叉建筑工程项目防洪综合评价涉及内容广泛，分项指标复杂，用合适的方法对客观的事物进行恰当的评价才能得到正确的结果。要对城市交叉建筑工程项目防洪体系进行定量综合评价，离不开数学模型。模糊数学是数学发展中的一次巨大飞跃，但模糊数学遇到不相容问题，则又显得无能为力。所谓不相容问题是指所给定的条件达不到需实现目的的问题，如著名的曹冲用小秤称大象就是一个典型的不相容问题。为了处理这类目的与条件不相容信息，物元分析正是应运而生的一门新兴学科。物元分析是我国蔡文教授于 20 世纪 80 年代所创立，蔡文教授自 1976 年开始研究处理不相容问题的规律、理论和方法。1983 年发表了论文《可拓集合和不相容问题》，标志着新学科"物元分析"的诞生。1987 年蔡文教授出版了第一本学术专著《物元分析》，对物元理论进行了系统总结。

物元分析的要点是把事物用"事物、特征、量值"三个要素来描述，这些要素就构成了"物元"。物元分析就是研究物元及其变换规律，并用于解决现实世界中的不相容问题。物元分析的理论框架有两个支柱：研究物元及其变化的物元理论；建立在可拓集合的基础上的数学工具。

近年来，随着科学技术的蓬勃发展，新兴学科、边缘学科、交叉学科不断涌现，把模糊数学和物元分析这两门新兴的实用数学有机地结合、加工提炼、渗透融合、形成一体从而形成了模糊物元分析。模糊物元分析具有结论正确、方法简便、计算可靠、实用性强的特点，本节即是以模糊物元法为主线建立模糊物元模型，从而对城市交叉建筑工程项目防洪体系进行综合评价，其建立步骤介绍如下：

1）确定待评物元

首先是明确评价的对象及表达形式，与待评城市防洪体系有关的数据或分析结果用物

元表示为

$$R_0 = \begin{bmatrix} P & c_1 & x_1 \\ & c_2 & x_2 \\ & \vdots & \vdots \\ & c_n & x_n \end{bmatrix} \tag{4-61}$$

式中，c_1，c_2，…，c_n 为城市防洪体系综合评价的 n 个指标；x_1，x_2，…，x_n 则分别为这些指标的量值。

2）确定各指标经典域和节域

经典域和节域是物元理论中的两个重要概念，经典域是指各评价指标关于各等级所取得的数值范围；节域则是指各指标总的取值范围。可分别表示为以下数学形式。

（1）经典域。

$$R_{0j} = (N_{0j} \quad C_i \quad X_P) = \begin{bmatrix} N_{0j} & c_1 & x_{p1} \\ & c_2 & x_{oj2} \\ & \vdots & \vdots \\ & c_n & x_{ojn} \end{bmatrix} = \begin{bmatrix} N_{0j} & c_1 & (a_{p1}, b_{p1}) \\ & c_2 & (a_{p2}, b_{p2}) \\ & \vdots & \vdots \\ & c_n & (a_{pn}, b_{pn}) \end{bmatrix} \tag{4-62}$$

式中，N_{0j} 为 N 事物的第 j 个评价等级；c_i 为第 i 个评价指标；x_{0ji} 为 N_{0j} 关于指标 c_i 所规定的量值范围，即各评价指标关于各等级所取得的数值范围，即经典域。

（2）节域。

$$R_P = (P \quad C_i \quad X_P) = \begin{bmatrix} P & c_1 & x_{p1} \\ & c_2 & x_{0j2} \\ & \vdots & \vdots \\ & c_n & x_{0jn} \end{bmatrix} = \begin{bmatrix} P & c_1 & (a_{p1}, b_{p1}) \\ & c_2 & (a_{p2}, b_{p2}) \\ & \vdots & \vdots \\ & c_n & (a_{pn}, b_{pn}) \end{bmatrix} \tag{4-63}$$

式中，P 为评价等级的全体；x_{pi} 为 P 关于 c_i 所取得的量值范围，即节域。

（3）确定权重。

权重是综合评价的重要一环，权重确定的合理与否将对评价结果产生重大影响，本着方便、可行的原则，本书选取层次分析法来对权重进行初步确定。

层次分析法是美国运筹学家 Saaty 在 20 世纪 70 年代提出来的一种新方法，它是将半定性半定量的问题转化为定量计算的一种有效方法。这种方法首先把复杂的决策系统层次化，然后通过逐层比较各种关联因素的重要性程度建立模型判断矩阵，并通过一套定量计算方法为决策提供依据。层次分析法特别适用于那些难以完全定量化的复杂决策问题，它在资源分配、政策分析选优排序等领域有着广泛的使用。

层次分析法步骤：

第一步，建立层次结构。

在深入分析所研究的问题后，将问题中所包含的因素划分为不同层次，如目标层、指标层和措施层等，并画出层次结构图表示层次的递阶结构和相邻两层因素的从属关系。

第二步，构造判断矩阵。

针对上一层的某元素，在下一层中两两元素进行相对重要性的判断并将其量化，从而构造成矩阵形式，即为判断矩阵。两两元素的量化值称为比例标度。比例标度采用 1，2，…，9 或其倒数作为相对重要性的判断量化值。比例标度 9 个数字的含义是：1 表示两元素重要性相等；3 表示一元素比另一元素稍重要；5 表示一元素比另一元素明显重要；7 表示一元素比另一元素强烈重要；9 表示一元素比另一元素极端重要；2，4，6，8 对应以上两相邻判断的中间情况。

第三步，一致性检验。

求出所构造的各层判断矩阵的最大特征值和特征向量，对特征向量进行归一化后即为各因素关于目标的相对重要性的排序权重。利用判断矩阵的最大特征根，可求 CI 和 CR 值：

$$CI = (\lambda_{\max} - m)/(m-1) \tag{4-64}$$

$$CR = CI/RI \tag{4-65}$$

式中，CR 为判断矩阵的随机一致性比率；m 为判断矩阵的阶数；CI 为判断矩阵的一般一致性指标；RI 为判断矩阵的平均随机一致性指标，RI 的具体值见表 4-9。

表 4-9　1～9 阶矩阵 RI 值

n	1	2	3	4	5	6	7	8	9
R	0	0	0.58	0.90	1.12	1.24	1.32	1.41	1.45

当 CR<0.1 时，认为层次单排序的结果有满意的一致性；否则，需要调整判断矩阵的各元素的取值，直至取得满意的一致性。

第四步，计算组合权重。

如果上一层次 A 包含 m 个因素 A_1，A_2，…，A_m，其层次总排序的权重分别为 a_1，a_2，…，a_m；下一层次 B 包含 n 个因素 B_1，B_2，…，B_n，它们对于因素 A_j（$j=1$，2，…，m）的层次单排序权重分别为 b_{1j}，b_{2j}，…，b_{nj}（当 B_k 与 A_j 无联系时，$b_{kj}=0$），则 B 层次总排序权重可按表 4-10 计算。

表 4-10　权重计算表

层次 B	A_1 a_1	…	A_m a_m	B 层次总排序权重
B_1	b_{11}	…	b_{1m}	$\sum a_j b_{1j}$
B_2	b_{21}	…	b_{2m}	$\sum a_j b_{2j}$
⋮	⋮	⋮	⋮	⋮
B_n	b_{n1}	…	b_{nm}	$\sum a_j b_{nj}$

第五步，总体一致性判断。

$$总体\ CR = \frac{每个判断矩阵的\ CI\ 与相应准则的权重的乘积之和}{与各个判断矩阵维数相同的\ RI\ 与相应准则的权重的乘积之和} \tag{4-66}$$

如果 CR≤0.1，则认为结果是符合要求的。

3）计算待评标本与各个评价等级的关联度

各个指标值到各评价等级范围值的距为

$$\rho(x_i, x_{0ji}) = \left| x_i - \frac{1}{2}(a_{0ji} + b_{0ji}) \right| - \frac{1}{2}(b_{0ji} - a_{0ji}) \tag{4-67}$$

$$\rho(x_i, x_{pi}) = \left| x_i - \frac{1}{2}(a_{pi} + b_{pi}) \right| - \frac{1}{2}(b_{0ji} - a_{0ji}) \tag{4-68}$$

式中，$\rho(x_i, x_{0ji})$ 为 x_i 点与区间 x_{0ji} 的距；$\rho(x_i, x_{pi})$ 为点 x_i 与区间 x_{pi} 的距。

关联度是用来刻画待评事物各指标关于各评价等级 j 的归属程度。在上述基础上，计算待判标本与各个评价等级的单项指标关联函数为

$$K_j(x_i) = \begin{cases} \dfrac{\rho(x_i, x_{0ji})}{\rho(x_i, x_{pi}) - \rho(x_i, x_{0ji})}, & \rho(x_i, x_{pi}) - \rho(x_i, x_{0ji}) \neq 0 \\[3mm] \dfrac{-\rho(x_i, x_{0ji})}{|b_{0ji} - a_{0ji}|}, & \rho(x_i, x_{pi}) - \rho(x_i, x_{0ji}) = 0 \end{cases} \tag{4-69}$$

若 $K_m(x_i) = \max K_j(x_i)$，$m \in \{1, 2, \cdots, j\}$，则判定待判标本 p 属于评价等级 N_{0m}；若 $K_m(x_i) \leqslant 0$，则表示 p 不属于评价等级 N_{0m}。

4）评价等级的判定

在计算待判标本 p 与各个评价等级 N_{0j} 的单项指标关联度 $K_j(x_i)$ 的基础上，得出 p 与多项指标综合关联度 $K_j(x)$：

$$K_j(x) = \sum_{i=1}^{n} \lambda_i K_j(x_i) \tag{4-70}$$

若 $K_m(x_i) = \max K_j(x_i)$，$m \in \{1, 2, \cdots, j\}$，则判定待判标本 p 属于评价等级 N_{0m}；若对一切 j，$K_m(x_i) \leqslant 0$，则表示 p 不属于评价等级 N_{0m}。

4.6 城市建筑工程防洪评价实例

4.6.1 工程概况

某市道路工程南环路互通立交包括主线 K0＋250～K1＋220、南环快速路改造、东辅道以及 A～H 等匝道的改造或新建工程，其中在立交范围内总共跨越规划河涌 6 次，拟建 6 座跨河桥梁，自上游而下分别为：①主线右幅桥、主线左幅桥；②A 匝道桥；③B 匝道桥；④D 匝道桥一；⑤D 匝道桥二；⑥C 匝道桥。桥跨均采用（13 m＋25 m＋13 m）三跨跨越 M 河涌。桥梁设计荷载：城-A 级，设计行车速度：60 km/h。桥梁上部结构采用 25 m 跨简支空心板及 13 m 跨简支空心板，下部结构采用矩形独柱桥墩，桩接盖梁桥台。桥梁基础采用钻孔灌注桩基础，桩径分别为 ϕ120 cm、ϕ140 cm。6 座跨河桥梁均为 4 排桥墩，主线右幅桥、主线左幅桥为每排 4 个桥墩，A 匝道桥为每排 3 个桥墩，I 匝道桥为每排 4 个桥墩，D 匝道桥一为每排 5 个桥墩，C 匝道桥每排 6 个桥墩；D 匝道桥二每排 6 个桥墩。

互通立交范围内主线右幅桥、主线左幅桥、A 匝道桥、I 匝道桥、D 匝道桥一、D 匝道桥二、C 匝道桥均有桥墩布置于 S 河涌堤防的堤身断面。这些桥墩占用了河道行洪面积，增大了局部水流阻力，阻挡、阻滞了水流，对河道行洪产生阻水作用，从而壅高行洪水位，对河道行洪造成一定程度的影响；同时，这些桥墩对堤防的防渗和稳定会带来不利影响。

4.6.2　防洪评价计算

1. 防洪标准、设计水位、设计流量

1）防洪标准

该工程跨河规划防洪标准为 20 年一遇。

2）设计流量

设计流量为 186 m^3/s。

3）设计水位

主线右幅桥、主线左幅桥：16.08 m；I 匝道桥：15.71 m；A 匝道桥：15.50 m；D 匝道桥一：15.42 m；D 匝道桥二：14.23 m；C 匝道桥：14.04 m。

2. 阻水面积比

20 年一遇设计水位条件下，各桥最大阻水比分别为：主线右幅桥、主线左幅桥 2.89%；A 匝道桥 2.82%；I 匝道桥 2.21%；D 匝道桥一 8.89%；D 匝道桥二 9.11%；C 匝道桥 3.02%。

3. 水文分析

由于该河是城市的内河，没有实测洪水资料，因此设计洪水采用暴雨资料进行推求。根据河所在位置，由《暴雨参数等值线图》（2003 年版）等值线图查得各种历时点暴雨统计参数 H_t、C_v，C_s 采用 $3.5C_v$，求得各种历时的设计暴雨，详见表 4-11。

表 4-11　《暴雨参数等值线图》设计暴雨量成果表

历时	参数			点面系数	设计暴雨/mm		
	H_t	C_v	C_s/C_v		$P=2\%$	$P=5\%$	$P=20\%$
6 h	98.9	0.50	3.5	0.938	209	175	121
24 h	132	0.45	3.5	0.965	287	240	166

该河集雨范围内根据产流特性可分为山地和平原地区两部分，城建区约占总集雨面积的 5%；山地约占总面积的 95%，因此本工程范围内是以山地洪水为主。同时为了贯彻"多种方法、综合分析、合理选定"的方针，设计洪水采用综合单位线法和推理公式法（1988 年修订）两种方法进行分别计算，见表 4-12。

表 4-12 设计洪峰流量成果表

断面位置	集水面积 /km²	河长 /km	设计洪峰流量/（m³/s）			
			P=5%		P=10%	
			综合单位线法	推理公式法	综合单位线法	推理公式法
1	3.25	1.633	58.0	47.7	46.0	37.0
2	4.48	3.15	64.4	52.5	51.0	41.0
3	11.09	4.825	142	124	110	97
4	15.79	5.891	155	141	122	111
5	22.39	7.471	191	177	148	139
6	25.43	8.421	206	186	162	146

将推理公式法计算的各断面 $P=5\%$ 设计流量在对数纸上点绘 $Q_p \sim F$ 关系图。其洪峰流量指数 $n_p=0.72$，说明此计算成果符合一般规律，合理可用，同时考虑流域整治前后下垫面变化情况，最后采用"推理公式法（1988 年修订）"计算的洪峰流量成果作为该河设计流量。

4. 壅水计算分析

壅水分析采用二维水流数学模型。

1）研究范围及网格布置

模型上边界取自主线右幅桥上游 200 m，下边界取自 C 匝道桥下游 200 m，模拟河道长度 920 m，水域面积约 0.03 km²。采用贴体正交曲线网格离散计算区域。网格大小疏密沿河道河势宽窄变化不等，拟建工程附近网格最密，网格最大尺寸为 3 m×1 m，网格最小尺寸为 1.2 m×0.8 m，布置网格共 68×749 个。

2）边界条件及计算步长

上游边界为流量边界，采用设计频率流量；下游边界采用水位边界，采用设计水位。计算步长取 0.25s。

3）壅水分析

互通立交工程 6 次穿越河涌，各桥均对河涌壅水产生影响。上游桥墩的壅水为下游桥的壅水回水和本身阻水产生壅水的叠加。C 匝道桥、D 匝道桥二位于橡胶坝下游；D 匝道桥一、A 匝道桥、I 匝道桥、主线桥位于橡胶坝上游。为便于分析，根据经验布置 15 个水位采样点。由计算结果分析得到：C 匝道桥、D 匝道桥二位于橡胶坝下游。20 年、10 年一遇设计洪水条件下，橡胶坝下游最大水位壅高值分别为 5.4 cm，4.7 cm。由于橡胶坝的跌水效应，C 匝道桥、D 匝道桥二产生的壅水仅仅发生在橡胶坝下游，对上游水位基本没有产生任何影响。

5. 流速、流态变化分析

流速、流态分析采用二维水流数学模型。为便于分析，根据经验布置 70 个流速采样点。由计算结果分析得到：工程实施后，除桥墩附近局部水域的流速大小、方向和流态将发生一定的调整外，工程河段无其他不良流态产生，主流归槽，整体流态平顺。工程后由于受桥墩收束和挤压的作用，桥孔间及桥孔上游附近流速有所增加；桥墩上游一定距离后，由于流量不变，而水位壅高，流速略有降低。20 年和 10 年一遇设计洪水条件下，C 匝道桥河段流速最大增加值分别 0.27 m/s、0.23 m/s，D 匝道桥二河段流速最大增加值分别为 0.33 m/s、0.31 m/s，D 匝道桥一河段流速最大增加值分别为 0.31 m/s、0.25 m/s，A 匝道桥河段流速最大增加值分别为 0.21 m/s、0.18 m/s，I 匝道桥河段流速最大增加值分别为 0.18 m/s、0.13 m/s，主线桥河段流速最大增加值分别为 0.18 m/s、0.16 m/s。因绕流作用，桥墩附近水流流向有较大幅度的调整，绕流区之外，流向改变不大，基本在 3° 以内。

4.6.3　防洪综合分析

1. 与防洪标准、有关技术和管理要求的适应性分析

根据《中华人民共和国水法》、《中华人民共和国防洪法》、《中华人民共和国河道管理条例》、《河道管理范围内建设项目管理的有关规定》等有关规定：有堤防的河道，其管理范围为两岸堤防之间的水域、沙洲、滩地（包括可耕地）、行洪区、两岸堤防及护堤地。修建桥梁设施，必须按照国家规定的防洪标准所确定的河宽进行，不得缩窄行洪通道。梁底高程必须高于设计洪水位，并按防洪和通航的要求留有一定的超高。主线左、右幅桥梁底高程 17.29 m，高于设计水位 16.08 m；I 匝道桥梁底高程 16.86 m，高于 20 年一遇设计水位 15.71 m；A 匝道桥梁底高程 16.50 m，高于 20 年一遇设计水位 15.50 m；D 匝道桥一梁底高程 16.54 m，高于 20 年一遇设计水位 15.42 m；D 匝道桥二梁底高程 16.54 m，高于 20 年一遇设计水位 14.23 m；C 匝道桥梁底高程 14.76 m，高于 20 年一遇设计水位 14.04 m。可见 S 道路工程华南路互通立交满足防洪高程要求。

2. 对河道泄洪、防汛抢险的影响分析

20 年、10 年一遇设计洪水条件下，橡胶坝下游最大水位壅高值分别为 5.4 cm、4.7 cm，橡胶坝上游最大水位壅高值分别为 5.6 cm、5.0 cm。可见，工程对河涌的行洪影响不大。拟建 S 道路工程华南互通立交跨涌桥梁梁底高程高于该河段的堤顶高程，应做好施工期防洪避洪问题，保证人员和设备的安全。

3. 对河流态及冲淤影响分析

工程实施后，除桥墩附近局部水域的流速大小、方向和流态将发生一定的调整外，工程河段无其他不良流态产生，主流归槽，整体流态平顺。工程后由于受桥墩收束和挤压的作用，桥孔间及桥孔上游附近流速有所增加；桥墩上游一定距离后，由于流量不变，而水位壅高，流速略有降低。20 年和 10 年一遇设计洪水条件下，C 匝道桥河段流速最大增加值分别为 0.27 m/s、0.23 m/s，D 匝道桥二河段流速最大增加值分别为 0.33 m/s、0.31 m/s，D 匝道桥一河段流速最大增加值分别为 0.31 m/s、0.25 m/s，A 匝道桥河段流速最大增加值分别为 0.21 m/s、0.18 m/s，I 匝道桥河段流速最大增加值分别为 0.18 m/s、0.13 m/s，主线桥河段流速最大增加值分别为 0.18 m/s、0.16 m/s。因绕流作用，桥墩附

近水流流向有较大幅度的调整，绕流区之外，流向改变不大，基本在 3°以内（芮孝芳，1996）。由于桥墩束水作用，桥墩间水流流速增加，水流挟沙能力也增大，在洪水期桥墩间河床将加剧冲刷，枯水期将减淤；由于桥墩阻水，桥墩上下游一定范围内，由于流速减小，将导致淤积；工程上游，由于水位抬高，流速比工程前略有减小，洪水期将导致上游河道冲刷减弱，枯水期淤积加强。D 匝道桥一的 1-4、1-5 桥墩以及 D 匝道桥二的 2-5、2-6 桥墩位于河道主槽，由于桥墩的阻水，靠近桥墩两侧水流紊动较强，将会产生局部淘刷、冲深。建议对该桥墩上、下游一定范围内进行抛石护底。

4. 对规划堤防工程的影响分析

按照《堤防工程设计规范》（GB50286—98）："为了堤防的稳定和防洪安全运用，并且不影响堤防的加固和扩建，跨堤建筑物、构筑物的支墩应布置在堤身设计断面之外。当需要布置在堤身背水坡时，必须满足堤身设计抗滑和渗流稳定的要求，满足跨堤建筑物与堤顶交通、防汛抢险、管理维修等方面的要求"。互通立交范围内主线右幅桥、主线左幅桥、A 匝道桥、I 匝道桥、D 匝道桥一、C 匝道桥、D 匝道桥二均有桥墩布置于堤防断面内，对 M 河涌的渗流和安全稳定将产生不利影响，必须采取有效的工程措施处理。目前涉河建筑物施工工期均未确定，建议跨涌桥梁施工要注意处理好桥墩与堤防接触的防渗处理，确保堤防的安全稳定。桥梁施工期间，不得在堤身布置大型施工机械设备，临近堤防的桥墩基础钢筋混凝土钻孔施工宜采用回旋钻，不宜采用冲击钻；因施工造成对堤防的破坏要及时按规划设计断面修复，尤其要做好桥墩与堤防接触的防渗处理，保证堤防的防渗与稳定。

4.6.4　防洪综合评价

1. 综合评价物元模型的计算

1）确定待评物元

由城市交叉建筑工程项目防洪综合评价体系并结合道路互通立交工程实际选取河道管理能力等 10 个指标，选取工程建立前后的情况作为待评物元，根据前述分析，各指标数值见表 4-13。

表 4-13　防洪综合评价待评物元及各指标值

	指标	现状河流	工程建立后
河流管理	防洪政策法规完善程度	较完善	较完善
	防汛抢险预案完备程度	较完善	较完善
	工程防洪标准	10	5
	河道管理能力	较强	较强
	河道过流能力/(m³/s)	61.2	100
	河势稳定率/%	74	85

续表

指标		现状河流	工程建立后
工程环境	堤防达标率/%	42.8	100
	堤防损坏隐患	洪水、其他	洪水、工程影响、其他
	水质达标率/%	58	76
	水质破坏隐患	人类活动	工程影响、人类活动

2）确定各指标经典域和节域

本书紧密结合工程的实际情况，参考已有的关于防洪的大量研究成果（张磊，2009），遵循国家制定的相关规范，综合考虑得到经典域和节域，见表 4-14。

表 4-14 防洪综合评价各指标经典域和节域

	指标	I级	II级	III级	IV级	N_p 节域
河流管理	防洪政策法规完善程度	8，10	6，8	4，6	0，4	0，10
	防汛抢险预案完备程度	8，10	6，8	4，6	0，4	0，10
	工程防洪标准	2，10	5，10	6，10	10，10	0，10
	河道管理能力	75，100	60，75	30，60	0，30	0，100
	河道过流能力	80，100	60，80	50，60	0，50	0，100
	河势稳定率	40，60	20，40	10，20	0，10	0，60
工程环境	堤防达标率	80，100	65，80	40，65	0，40	0，100
	堤防损坏隐患	0，10	2，10	5，10	8，10	0，10
	水质达标率	80，100	60，80	40，60	0，40	0，100
	水质破坏隐患	0，10	2，10	5，10	8，10	0，10

3）确定权重

利用层次分析法计算权重，将防洪综合评价指标分为三个层次：第一层次为防洪综合评价指标；第二层次分为河流管理指标和工程环境指标；第三层次为河流管理和工程环境所分别包括的各指标。按照此层次结构分别建立判断矩阵。

河流管理指标判断矩阵如表 4-15 所示。

表 4-15 河流管理指标判断矩阵

防洪政策法规完善程度	0.29	0.43	0.57	1.00	1.00	1.14
防汛抢险预案完备程度	0.25	0.38	0.50	0.88	0.88	1.00
工程防洪标准	0.29	0.43	0.57	1.00	1.00	1.14
河道管理能力	0.50	0.75	1.00	1.75	1.75	2.00
河道过流能力	1.00	1.50	2.00	3.50	3.50	4.00
河势稳定率	0.67	1.00	1.34	2.33	2.33	2.67

求得河流管理各指标权重为：（0.096 0.084 0.096 0.167 0.334 0.223）。

工程环境指标判断矩阵如表 4-16 所示。

表 4-16 工程环境指标判断矩阵

堤防达标率	1.00	3.00	2.50	3.50
堤防损坏隐患	0.33	1.00	0.83	1.17
水质达标率	0.40	1.20	1.00	1.40
水质破坏隐患	0.29	0.86	0.71	1.00

求得工程环境各指标权重为：（0.495 0.165 0.198 0.142）。

总体判断矩阵如表 4-17 所示。

表 4-17 总体判断矩阵

河流管理	1	1
工程环境	1	1

求得两项指标权重为：（0.5 0.5）。

综上求得各指标最终权重为：（0.048 0.042 0.048 0.0835 0.167 0.1115 0.2475 0.0825 0.099 0.071），并通过检验，分别符合一致性要求。

2. 综合评价结果

由以上的计算结果可知，该项目工程防洪综合评价等级为Ⅱ级（影响较弱），下面对各种影响进行具体分析。

对于工程防洪，已经有较全面的政策法规，也制定了较完备的防汛抢险预案，对于工程在建和修筑好之后的防洪抢险方案进行了详尽仔细的规划，使工程的安全度汛得到了政策保证。工程防洪标准为 20 年一遇。由计算可知，修筑 S 互通立交工程后对河道过流能力、河势稳定影响不大。修筑该项目工程同时对该河流进行堤防加固和护岸处理，因此对堤防的损坏较小，但要讲究施工方式方法，减小对堤防的破坏；桥梁施工期间，不得在堤身布置大型施工机械设备，临近堤防的桥墩基础钢筋混凝土钻孔施工宜采用回旋钻，不宜采用冲击钻；因施工造成对堤防的破坏要及时按规划设计断面修复，尤其要做好桥墩与堤防接触的防渗处理，保证堤防的防渗与稳定。

整体来说，由于工程范围内防洪体系比较完善，经过计算可知，工程对河流的影响不太大。综合防洪评价的各因素，工程防洪综合评价等级为Ⅱ级（影响较弱）。

第5章 城市污水处理回用工艺设计与适用性研究

5.1 概 述

5.1.1 全国水环境状况

目前，国家及各级政府对水环境污染状况高度重视，诸多相关的法律法规不断建立与完善并付诸实施，全国水环境不断恶化的状况得到一定遏制，至 2006 年，全国地表水总体水质属中度污染。在国家环境监测网实际监测的 745 个地表水监测断面中（其中，河流断面 593 个，湖库点位 152 个），Ⅰ～Ⅲ类，Ⅳ、Ⅴ类，劣Ⅴ类水质的断面比例分别为 40％、32％和 28％，主要污染指标为高锰酸盐指数、氨氮和石油类等。与 2005 年相比，2006 年全国地表水总体水质保持稳定，见图 5-1。其中长江、黄河、珠江、松花江、淮河、海河和辽河七大水系总体水质与 2005 年基本持平。国控网七大水系的 197 条河流 408 个监测断面中，Ⅰ～Ⅲ类，Ⅳ、Ⅴ类和劣Ⅴ类水质的

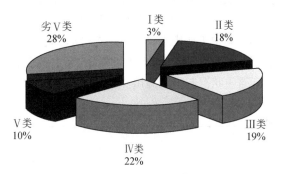

图 5-1 2006 年七大水系水质类别比例

断面比例分别为 46％、28％和 26％。其中，珠江、长江水质良好，松花江、黄河、淮河为中度污染，辽河、海河为重度污染。主要污染指标为高锰酸盐指数、石油类和氨氮。七大水系监测的 98 个国控省界断面中，Ⅰ～Ⅲ类，Ⅳ、Ⅴ类和劣Ⅴ类水质的断面比例分别为 43％、31％和 26％。海河和淮河水系的省界断面水体为中度污染。见表 5-1。

表 5-1 七大水系水质类别比例（2006 年）　　　　（单位：％）

七大水系	Ⅰ、Ⅱ类	Ⅲ类	Ⅳ类	Ⅴ类	劣Ⅴ类
长江	58	18	12	5	7
黄河	18	32	25	0	25
珠江	58	24	15	0	3
松花江	3	21	48	7	21
淮河	5	21	37	7	30

续表

七大水系	Ⅰ、Ⅱ类	Ⅲ类	Ⅳ类	Ⅴ类	劣Ⅴ类
海河	14	8	11	10	57
辽河	27	8	17	5	43
总体	27	19	23	5	26

综上所述，我国水环境污染治理工作仍是箭在弦上，不能松懈。在"节能减排"作为基本国策，国民环保意识不断提高的前提下，科学的兴建污水处理设施、将污水进行无害化处理、循环使用已成为国家发展进程中的一件大事。重视"环境保护"始于 20 世纪 70年代，在此期间兴建了一批污水处理设施和城市污水处理厂。特别是改革开放以来，工业废水治理和城市污水处理取得了一定的进展。据 1995 年统计，在全国 645 座城市中，已经投入数百亿资金建成大中型污水处理厂 167 座，其中包括像天津纪庄子污水处理厂、北京高碑店污水处理厂、上海苏州河污水截留设施等国内外知名的特大型城市污水治理项目，这些污水治理项目已经在降低水体污染、改善水体环境方面发挥了突出作用，并推动了我国城市污水处理技术发展和积累了大量建设管理经验。但这些进展与我国社会经济发展的速度相比还很不适应，与环境治理发达国家相比还有很大差距。全国城市污水处理率目前只有 57%，《2010 年中国环境状况公报》显示：全国废水排放总量为 617.3 亿 t，比上年增加4.7%；其中工业废水排放 237.5 亿 t，城镇生活污水排放 379.8 亿 t，2010 年化学需氧量排放量为 1238.1 万 t，比上年下降 3.1%；氨氮排放量为 120.3 万 t，比上年下降 1.9%，见表5-2。这一状况与国家提出"至 2010 年使整体环境质量有所改善"的发展目标是不相称的。

表 5-2 全国废水和主要污染物排放量年际变化

年度	废水排放量/亿 t			化学需氧量排放量/万 t			氨氮排放量/万 t		
	合计	工业	生活	合计	工业	生活	合计	工业	生活
2006	536.8	240.2	296.6	1428.2	541.5	886.7	141.3	42.5	98.8
2007	556.8	246.6	310.2	1381.8	511.1	870.8	132.3	34.1	98.3
2008	572.0	241.9	330.1	1320.7	457.6	863.1	127.0	29.7	97.3
2009	589.2	234.4	354.8	1277.5	439.7	837.8	122.6	27.3	95.3
2010	617.3	237.5	379.8	1238.1	434.8	803.3	120.3	27.3	93.0

根据原国家建设部、原国家环保总局、科技部 2000 年 5 月发布的《城市污水处理及防治技术政策》规定，到 2010 年，全国建制镇的污水处理率不低于 50%，设市城市的污水处理率不低于 60%，重点城市的污水处理率不低于 70%，而我国污水处理现状与这一政策要求还有很大距离。全国城市污水处理状况见表 5-3。

表 5-3 全国城市污水处理状况表

指标	1980 年	1990 年	1995 年	2000 年	2010 年
污水排放总量/（亿 m³/a）	40	299	353	402	425.6
污水平均增长率/%		3.4	3.3	3.3	5.8

续表

指标	1980 年	1990 年	1995 年	2000 年	2010 年
污水处理总量/（亿 m³/a）	63	194	538	2753	273.2
污水处理率/%	1.1	2.4	5.6	25	64.2
污水处理厂数量/座	52	135	234	427	2269

在各类水源污染中，城市河流湖泊污染尤其严重，据 2010 年监测的 5 个城市内湖中，昆明湖（北京）和东湖（武汉）为Ⅳ类水质，玄武湖（南京）为Ⅴ类水质，西湖（杭州）和大明湖（济南）为劣Ⅴ类水质，各湖主要污染指标为总氮和总磷。与 2009 年相比，5 个城市内湖水质均无明显变化。昆明湖为中营养状态，东湖、玄武湖、大明湖和西湖为轻度富营养状态，见表 5-4。

表 5-4　2010 年城市内湖水质评价结果

名称	营养状态指数	营养状态	水质类别	主要污染指标
东湖	57.4	轻度富营养	Ⅳ	总磷、总氮
玄武湖	56.2	轻度富营养	Ⅴ	总氮、总磷
大明湖	51.7	轻度富营养	劣Ⅴ	总氮
西湖	51.0	轻度富营养	劣Ⅴ	总氮
昆明湖	46.4	中营养	Ⅳ	总氮

5.1.2　城市污水处理设施的建设与发展

我国解决污水净化问题始于 20 世纪 70 年代，一些城市利用郊区的坑塘洼地、废河道、沼泽地等稍加整修或围堤筑坝，建成稳定塘，对城市污水进行净化处理，其中生活污水量占一半，其余为包括石油、化工、造纸、印染等多种工业废水。此阶段开始重视引进国外先进技术和设备，开展与国外的技术交流，逐步探索适合我国国情的工程技术和设计，为以后的建设奠定了基础。

20 世纪 80 年代，随着城市化进程的加快和城市水环境受到重视，城市排水设施建设有较快发展。国家适时调整政策，规定在城市政府担保还贷条件下，准许使用国际金融组织、外国政府和设备供应商的优惠贷款，由此推动大批城市污水处理设施的兴建。我国第一座大型城市污水处理厂——天津市纪庄子污水处理厂于 1982 年破土动工，1984 年 4 月 28 日竣工投产运行，处理规模为 26 万 m³/d。在此成功经验的带动下，北京、上海、广东、广西、陕西、山西、河北、江苏、浙江、湖北、湖南等省（自治区、直辖市）根据各自的具体情况分别建设了不同规模的污水处理厂几十座。

“八五”期间，随着城市环境综合治理的深化以及各流域水污染治理力度的加大，城市污水处理设施的建设经历了一个发展高潮时期。到 1995 年，我国城市排水系统排水管道长度约为 10 062 km，按服务面积计算，城市排水管网普及率为 64.8%。与 1990 年相比，城市排水管道增加 54 373 km，平均每年增长 10 874 km；与 1990 年相比，城市污水处理厂增加 99 座，平均每年建污水处理厂近 20 座。

"九五"期间，我国正式启动对"三河"（淮河、海河和辽河）、"三湖"（太湖、巢湖、滇池）流域和"环渤海"地区的水污染治理，国家给予相应资金和技术上的支持（唐玉斌，2006）。1996～1999 年竣工投入运行的城市污水处理项目有 22 个，投资 59.58 亿元，日处理规模 371.7 万 m^3；在建项目 109 个，计划投资 161.83 亿元。

据统计，到 2010 年年底，全国已建设城市污水处理厂 2269 座，其中二级处理厂 282 座，二级处理率约为 15%。

5.1.3 城市污水处理工艺技术现状与发展趋势

1. 工艺技术现状

我国现有城市污水处理厂 80% 以上采用的是活性污泥法，其余采用一级处理、强化一级处理、稳定塘法及土地处理法等。

"七五"、"八五"、"九五"国家科技攻关课题的建立与完成，使我国在污水处理新技术、污水再生利用新技术和污泥处理新技术等方面都取得了可喜的科研成果，某些研究成果达到国际先进水平；同时，借助于外贷城市水处理工程项目的建设，国外许多新技术、新工艺、新设备被引进到我国，AB 法、氧化沟法、A/O 工艺、A/A/O 工艺、SBR 法在我国城市污水处理厂中均得到应用。污水处理工艺技术由过去只注重去除有机物发展为具有除磷脱氮功能。国外一些先进、高效的污水处理专用设备也进入了我国污水处理行业市场，如格栅机、潜水泵、除砂装置、刮泥机、曝气器、鼓风机、污泥泵、脱水机、沼气发电机、沼气锅炉、污泥消化搅拌系统等大型设备与装置。

我国在 20 世纪 80 年代以前建设的城市污水处理厂大部分采用普通曝气法活性污泥处理工艺，由于该工艺主要以去除 BOD 和 SS 为主要目标，对氮磷的去除率非常低。为了适应水环境及排放要求，一些污水处理厂正在进行改造，增加或强化脱氮和除磷功能。

AB 法污水处理工艺于 80 年代初开始在我国应用于工程实践。由于其具有抗冲击负荷能力强、对 pH 变化和有毒物质具有明显缓冲作用的特点，故主要应用于污水浓度高、水质水量变化较大，特别是工业污水所占比例较高的城市污水处理。

目前氧化沟工艺是我国采用较多的污水处理工艺技术之一。应用较多的有奥贝尔氧化沟工艺，由我国自行设计、全套设备国产化，已有成功实例。DE 型氧化沟和三沟式氧化沟在中小型城市污水处理中也有应用。采用卡罗塞尔氧化沟工艺处理城市污水也较多。多种类型的 SBR 工艺在我国均有应用，如属第二代 SBR 工艺的 ICEAS 工艺，属第三代的 CAST 工艺、UNITANK 工艺等。随着我国对水环境质量要求的提高，修订后的国家《污水综合排放标准》（GB8978—1996）及《城镇污水处理厂污染物排放标准》（GB18918—2002）也越来越严，特别是对出水氮、磷的要求提高，使得新建城市污水处理厂必须考虑氮磷的去除问题，由此开发了改良 A/O，A/A/O 等工艺，并已开始在实际工程中应用，如天津东郊污水处理厂、北京清河污水处理厂等。

2. 发展趋势

目前我国新建及在建的城市污水处理厂所采用的工艺中，各种类型的活性污泥法仍为主流，占 90％以上，其余则为一级处理、强化一级处理、生物膜法及与其他处理工艺相结合的自然生态净化法等污水处理工艺技术。

从国情出发，我国城市污水处理发展趋势有以下七点：

（1）氮、磷营养物质的去除仍为重点也是难点；

（2）工业废水治理开始转向全过程控制；

（3）单独分散处理转为城市污水集中处理；

（4）水质控制指标越来越严格；

（5）由单纯工艺技术研究转向工艺、设备、工程的综合集成与产业化及经济、政策、标准的综合性研究；

（6）污水再生利用提上日程；

（7）中小城镇污水污染与治理问题开始受到重视。

5.2　城市污水处理工艺选择

目前，我国污水处理厂已经发展到 2269 座，城市污水处理工艺的优化选择将是工程界面临的首要问题。

5.2.1　城市污水处理厂工艺选择的原则

1. 技术合理

首先应采用能够保证处理要求和处理效果，技术合理、成熟可靠的处理工艺。同时可结合处理厂所在城市的具体情况和工程性质，积极稳妥地采用污水处理新技术和新工艺，对在国内首次选用的新工艺、新技术，必须经过中试或生产性试验，提供可靠的设计参数后方可采用。

一方面，应当重视工艺所具备的技术指标的先进性，同时必须充分考虑适合中国的国情和工程的性质。城市污水处理工程不同于一般点源治理项目，它作为城市基础设施工程，具有规模大、投资高的特点，且是百年大计，必须确保百分之百的成功。工艺的选择更注重技术先进而且成熟，对水质变化适应性强，出水达标且稳定性高，污泥易于处理的工艺。针对出水有回用要求的要选用深度处理工艺，对有脱氮、除磷要求的要考虑具有脱氮、除磷效果的工艺。

2. 经济节能

"运行费用低、造价低和占地少"是经济节能的基本要求。对于城市污水处理，运行费用主要是两大因素：一是提升泵房电耗，一般占运行费用的 20％～30％，主要与出水水位标高、进水管底高程和工艺流程损失有关；二是鼓风机房电耗，一般占运行费用的 50％～

60%，主要与进出水 BOD$_5$ 或氨氮等要求有关。因此不同工艺本身对电耗影响较小，即工艺对运行费用的影响相对较小，但造价和占地则不同，在比较工艺的积极性方面主要是投资和占地因素间的比较。

合理确定处理标准，选择简捷紧凑的处理工艺，尽可能地减少占地，力求降低地基处理和土建造价。同时，必须充分考虑节省电耗和药耗，把运行费用减至最低。对于我国现有的经济承受能力来说，经济节能尤为重要。

3. 易于管理

运行管理简单，控制环节少，易于操作。城市污水处理是我国的新兴行业，专业人才相对缺乏。在工艺选择过程中，必须充分考虑到我国现有的运行管理水平，尽可能做到设备简单，维护方便，适当采用可靠实用的自动化技术。应特别注重工艺本身对水质变化的适应性及处理出水的稳定性。

4. 重视环境

厂区平面布置与周围环境相协调，注意厂内噪声控制和臭气的治理，绿化、道路与分期建设结合好。最大限度地消除二次污染是污水处理厂进行工艺选择必须考虑的因素之一。

事实上，任何一种工艺总是有利有弊，关键在于适用性如何。在工程实践中，应该具体情况具体分析，因地制宜，综合比较，取长补短，做出较为优化的选择。

5.2.2 城市污水处理厂主要工艺及其适用性

污水处理就是采用各种方法将污水中所含的污染物分离出来，或将污水中有害物质转化成无害物质，从而使污水得到净化，可分为物理法、化学法和生物法三种。

物理法是在处理过程中不改变其化学性质，利用物理作用分离去除水中呈悬浮状态的物质。包括重力分离法、离心分离法、筛滤法等。

化学法主要利用化学反应的作用来处理或回收废水中的溶解物或胶体物，包括：混凝法、酸碱中和法、氧化还原法、离子交换法等，需较高的运行费用，多用于饮用水处理、特种工业用水处理、有毒工业废水处理等（韩剑宏，2007）。

生物法是利用微生物新陈代谢功能，使污水中呈溶解和胶体状态的有机污染物被降解并转化为无害物质，使污水得以净化。生物法包括活性污泥法和生物膜法。

1. 物理处理法

物理（一级）处理工段包括格栅、沉砂池、初沉池等构筑物，以去除粗大颗粒和悬浮物为目的，处理的原理在于通过物理法实现固液分离，将污染物从污水中分离，这是普遍采用的污水处理方式。物理（一级）处理是所有污水处理工艺流程必备工程（尽管有时有些工艺流程省去初沉池）。其处理流程为：污水先经过格栅，截留粗大的污染物，再进入沉砂池将污水中较大的无机颗粒（沙粒等）分离出来，然后进入沉淀池去除大部分悬浮固

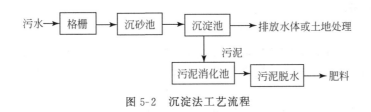

图 5-2　沉淀法工艺流程

体，见图 5-2。

城市污水一级处理 BOD_5 和 SS 的典型去除率分别为 25% 和 50% 左右。在生物除磷脱氮型污水处理厂，一般不推荐曝气沉砂池，以避免快速降解有机物的去除；在原污水水质特性不利于除磷脱氮的情况下，初沉池的设置与否以及设置方式需要根据水质特征的后续工艺加以仔细分析和考虑，以保证和改善脱氮除磷等后续工艺的进水水质。一级强化处理工艺运行虽然投资省，但处理效果差、运行费用高、污泥量大且后续处理有难度，因此采用较少。一般仅用于生化性较差的污水处理或当做二级生化处理的补充。

2. 生物处理法

经过一级处理后的污水，BOD 去除率只有 20% 左右，还必须进行二级处理，即生物处理。污水生化处理属于二级处理，以去除不可沉悬浮物和溶解性可生物降解有机物为主要目的，其工艺构成多种多样，可分成活性污泥法、生物膜法、生物稳定塘法和土地处理法四大类。目前大多数城市污水处理厂都采用活性污泥法。

生物处理的原理都是通过微生物的氧化分解、还原合成能力，将污水中的有机物分解成无机物，将有毒物质转化为无毒物质，同时得到微生物生长繁殖所需的营养与能量，最终使污水得以净化。

1）生物氧化塘

生物氧化塘又称氧化塘，它是利用自然地形或稍加人工修正的浅水塘，其对污水的净化过程和自然水体的自净过程很相近。氧化塘是一个面积比较大的池塘。污水进入池塘后，首先被塘内的水所稀释，降低了污水中污染物的浓度。

污染物中部分悬浮物逐渐沉积到水底形成污泥，使污水中污染物浓度降低。同时，污水中溶解和胶体状有机物在塘内大量繁殖的菌类、水生动物、藻类和水生植物的作用下逐渐分解，并被微生物等吸收，其中一部分在氧化分解的同时释放能量，另一部分用于合成新的有机物。在此进化过程中一些重金属和有毒有害组分可以很好地被去除。

氧化塘可以看做一个小的水生生态系统，它由作为生产者的藻类及水生植物和作为分解者的微生物所组成。污水在氧化塘内被净化的过程实质是一个水体自净的过程。氧化塘的工艺流程简单、造价低廉，节省能源、管理方便，运行费用低、能有效去除多种污染物，比较适合小规模的污水处理。

（1）优点：①构造简单，便于因地制宜，基建投资少；②易于维护方便，节省能源；③对水量水质的变动有较强的适应能力，能够实现污水资源化，对污水进行综合利用，变废为宝。

（2）缺点：①占地面积过多；②气候对稳定塘的处理效果影响较大；③易滋生蚊蝇，

散发臭味，恶化环境。

2）活性污泥法

活性污泥是由大量的各种各样的微生物和一些杂质纤维等互相交织在一起组成的微生物集团。活性污泥具有沉降、吸附以及氧化分解有机物的能力，是活性污泥法处理污水的主体。

活性污泥法的主要构筑物是曝气池和二次沉淀池，经过初次沉淀池进行预处理的污水与回流的活性污泥同时进入曝气池，使污水与活性污泥充分混合接触，并供以足够的溶解氧，使废水中的有机物被活性污泥中的微生物分解而得到稳定后，混合物进入二次沉淀池。活性污泥与澄清水分离后，一部分活性污泥不断回流到曝气池，用来分解氧化污水中的有机物，澄清水则溢流排放。国内污水处理工艺大多采用活性污泥法。活性污泥法主要分为以下几大类：传统活性污泥法及其改进型、氧化沟法及其改进型、SBR法及其改进型、生物膜法、AB法及其改进型以及其他类型，如 UNITANK，水解酸化-好氧法等。

（1）传统活性污泥法。传统活性污泥法又称普通活性污泥法，能够有效地去除污水中各种有机污染物质，技术成熟、运行稳定，特别适用于大型城市污水处理厂，工艺流程见图 5-3。

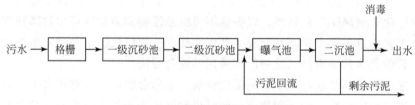

图 5-3 传统活性污泥法工艺流程

传统活性污泥法的优点：①承受冲击负荷能力强，易于管理，BOD 去除率可达 90%以上，去除有机物或 N、P 效率高；②工艺流程中设有初沉池；③处理规模超过一定量后，基建费可降低。因此，传统活性污泥法及其改进型出水水质稳定，处理全流能耗小，运行费用较低，并且规模越大，优势越明显。

传统活性污泥法的缺点：①传统活性污泥处理系统曝气容积大，占用土地多；②基建、运行费用高；③产生的污泥不稳定，需进行污泥稳定处理。

传统活性污泥法工艺由于基建投资高、污泥产量高、处理费用高、设备复杂、运行管理要求高，对于资金短缺和运行管理水平落后的小城镇来说不适合采用。

（2）氧化沟法。氧化沟污水处理技术是 20 世纪 50 年代在荷兰研制成功的，经过 50余年发展，已成为一种技术成型的污水处理工艺。氧化沟法是一种改良的活性污泥法，其曝气池呈封闭的沟渠形，污水和活性污泥混合液在其中循环流动，因此被称为氧化沟，又称环形曝气池。60 年代以来，氧化沟技术在欧洲、北美、非洲、大洋洲等地得到迅速推广和应用。经过多年的实践和发展，氧化沟处理技术不断完善，其封闭循环式的池形尤其适合于污水的脱氮除磷。

采用氧化沟处理污水时，一般不设初沉池，并且通常采用延时曝气。氧化沟由于构造简单，运行简便且处理效果稳定，越来越受到重视，特别对于中、小型污水处理厂，优越性更加突出。目前氧化沟已广泛应用于国内外城市污水及各类工业废水的处理。随着对氧化沟处理技术的充分认识和技术的不断进步，曝气装置的不断完善和多样化，氧化沟正以其基建费用低、运行管理方便、处理效果好和出水水质稳定等优点，逐步被大、中型污水处理厂所采用，见图 5-4。

图 5-4　氧化沟工艺流程

氧化沟工艺具有以下优点：①循环流量很大，进入沟内的污水立即被大量的循环水所稀释，因此具有承受冲击负荷的能力；②由于污泥龄长，活性污泥产量少且趋于好氧稳定。一般可不设初沉池和污泥消化池，简化了工艺流程，减少了处理构筑物；③可通过改变转盘、转刷、转碟的旋转方向、转速、浸水深度以及转盘、转刷、转碟的安装个数等，调节整体供氧能力和电耗，使池内溶解氧值控制在最佳工况。

氧化沟工艺具有以下缺点：①循环式，运行工况可以调节，管理相对复杂；②表面曝气法供氧，设备氧管量大；③污水停留时间长，泥龄长，电耗相对较高。

（3）SBR 法。SBR 法也称间歇曝气活性污泥法或序批式活性污泥法。SBR 法的主体构筑物是 SBR 法反应池，污水在这个反应池中完成反应、沉淀、排水及排除剩余污泥等工序，使处理过程大大简化。SBR 法采用周期交换运行的工作方式，每个周期的循环过程包括进水、反应、沉淀、排放和闲置五个工序，每个工序与特定的反应条件相联系（混合/静止，好氧/厌氧），这些反应条件促使污水物理和化学特性有选择地改变，使出水得到完全处理。SBR 工艺流程简单、管理方便、造价低、处理效果好、运行管理方便，很适合小城镇采用，工艺流程见图 5-5。

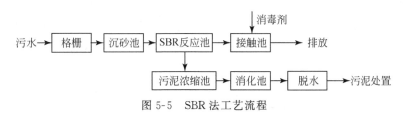

图 5-5　SBR 法工艺流程

SBR 工艺的优点如下：①有机物降解与沉淀均在一个构筑物内完成，无须设独立的沉淀池及其刮泥系统，节省占地，造价低；②承受水量、水质冲击负荷能力较强；③污泥沉降性能好，不易发生污泥膨胀；④通过控制曝气池内溶解氧的浓度，使池内交替出现缺氧、好氧状态，实现脱氮功能，没有混合液回流系统；⑤扩建方便。

SBR 工艺的缺点如下：①运行管理需要可靠的仪器和自控系统作保证；②人工操作难度大；③对曝气头的技术要求较高，普通曝气头易堵塞，维修困难；④这种方法厌氧池的氧化还原电位较高，除磷效果差，总容积利用率低，一般小于 50%，适用于污水量较小场合。

中小规模污水处理厂，特别当规模小于 10 万 m³/d 时，宜选用氧化沟工艺或其改进型和 SBR 法及其改进型。其原因：去除有机物及 N、P 效率高；抗冲击负荷能力强；不设初沉池或（及）二沉池，设施简单，省基建费，方便管理；基建费低，且规模越小，优势越明显；处理设备基本可实现国产化，设备费大幅降低。

氧化沟和 SBR 工艺均可以控制氮、磷，由于氧化沟和 SBR 工艺占地面积有较大差别，在氧化沟和 SBR 污水处理工艺之间选择主要考虑土地资源条件，土地资源条件紧张的地区宜采用 SBR 污水处理工艺，土地资源丰富的地区宜采用氧化沟污水处理工艺。

当没有脱氮、除磷要求，在非重点流域和非水源保护区的建制镇建设污水处理厂时，根据当地经济条件和水污染控制要求，可先实行一级强化处理，预留建设二级以上深度处理的能力。

（4）生物膜法。生物膜法是土壤自净的人工化，利用生长在固体滤料表面的生物膜来处理污水的方法。生物膜法适用于中小型规模的城市污水处理厂。生物膜法最常见的处理构筑物是生物滤池，在生物滤池中放置固体滤料，当污水在生物滤池中流动时，不断与滤料接触，微生物在滤料表面繁殖，形成生物膜。微生物吸附污水中悬浮的、胶体的和溶解状态的物质，使污水得到净化，工艺流程见图 5-6。

原污水 → 格栅 → 沉砂池 → 初沉池 → 生物滤池 → 二次沉淀池 → 出水

图 5-6　一段高负荷生物滤池工艺流程

生物膜法优点：生物滤池处理构筑物构造简单，操作容易，基建费用少，依靠自然通风供氧，运行费用较低。

生物膜法缺点：占地面积大，向周围散发臭味，影响周边环境，微生物附着在滤料固定的表面生长，对污水浓度或流量变化、季节和环境变化的适应性较差，而且出水水质中悬浮物浓度较高。

（5）AB 法。AB 法可有效地处理污染物质浓度高且水质水量变化剧烈的城市污水。AB 法污水处理工艺是两段活性污泥法，分为 A 段和 B 段。生物在 A 段通过吸附降解有机物，生物在 B 段通过氧化分解来进一步去除残存有机物。工艺流程如图 5-7 所示。

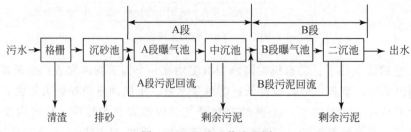

图 5-7　AB 法工艺流程图

AB 法的特征：系统不设初沉池，由吸附池和中间沉淀池组成 A 段为一级处理系统，A 段和 B 段各自拥有自己独立的污泥回流系统，两段完全分开，互不相混，有各自独立的微生物群体，A 段和 B 段分别在负荷相差悬殊的情况下运行。

对于城市污水处理厂，当需要进行脱氮除磷而原水 $BOD_5 < 250mg/L$ 时，不宜采用

AB 法，而宜采用 A/O 或 A²/O 法；当 BOD₅≤300 mg/L 时，采用 AB 法比采用 A/O 或 A²/O 法更为经济有效。

优点：①基建投资和运行费用低；②抗冲击负荷能力强，对进水水质有较强的适应性；③运行稳定，很少出现污泥膨胀等故障，出水水质好；④适于对超负荷的一段传统法进行改造，提高其处理能力，便于新建厂的分期建设，适合我国国情。

缺点：A 段污泥产量高，在超负荷下运行，容易发生厌氧反应，产生恶臭气体。

5.2.3　污水处理工艺优选理论方法研究

1. 污水处理工艺优选决策目标

污水处理过程是人类保护和改善水体水质的重要工程手段，同时，该过程也消耗能源、资源（如钢材），并向环境排放废渣（如剩余污泥）、废气（如二氧化碳）等污染物。因此，在污水处理工艺选择的过程中，有必要考虑污水处理过程可能产生的负面影响。并且，还应该结合当地的社会状况与文化习俗，以便建成后的污水处理厂能更好地发挥环境效益和社会效益。

长期以来，成本效益分析是工程界常用的决策手段——费用最小且收益最大的工艺为最优工艺，由于污水处理收益函数的建立尚未成熟，一般只考虑费用，将这种决策思想用于污水处理工艺决策，其优选结果往往会轻视或忽视环境和资源的价值，导致污水中污染物的转移或造成新的污染。基于此，一些研究者将外部化理论用于污水处理工艺的优选决策，该理论认为费用应由内部费用（如基建费用和运行费用）与外部费用（如对环境、经济和社会造成的损失）组成，然而由于外部费用难以准确量化，实际应用中仍以内部费用最小作为优选决策目标。

随着环境与资源等问题日益突出，近年来部分研究者提倡将"绿色"引入污水处理工艺作为优选决策的目标，即环境影响小、资源消耗低的工艺是最优工艺。这种决策目标片面强调工艺的环境影响，轻视污水处理工艺的经济因素，甚至忽略当地居民的接受程度，容易导致决策结果难以为社会接受。

污水处理是涉及技术、经济、环境与社会诸因素的复杂过程，仅以经济费用最小或污水处理工艺的"绿色性"作为优选决策目标都是片面的。我们认为，正确的工艺优选决策目标应当着眼于人类与自然环境的和谐统一，正确处理人口、社会经济和资源环境间的关系，实现污水处理过程的经济性、社会性、资源耗用与环境影响之间的协调，即应"天人合一"。

2. 决策目标的量化指标体系

可持续污水处理工艺的优选决策过程需要具有科学性、代表性、意义明确、度量规范、获取方便与结构合理的决策指标体系。根据污水处理工艺可持续性的定义，本文衡量污水处理工艺可持续性的决策指标包括四个方面，即：技术指标、环境指标、经济指标和社会指标。

1）技术指标

污水处理的基本作用是保证受纳水体的使用功能，因而技术可持续性首先应以污水处理工艺能达到相应的污水排放标准为准则。当前，我国近海海域、各主要淡水湖泊以及三峡库区都有不同程度的富营养化现象，大部分新建城镇污水处理厂必须具有脱氮除磷功能。二级处理后出水的 BOD、COD、SS 值一般都能达到国家排放标准，但对于 TN、TP，只有部分二级处理工艺的出水能满足排放要求。

一方面，磷是造成水体富营养化的主要因素；另一方面，磷是一种重要的不可再生资源，我国富磷矿储藏量仅能维持使用 10～15 年时间，从这个角度而言，从污水中回收磷具有重要意义。因此，污水处理工艺在满足污水排放标准的基础上，还应考虑其从污水中回收磷的潜力。所以，污水处理工艺的技术可持续性可通过在满足排放标准的基础上处理工艺对污水中磷的回收潜力来衡量。

目前，从污水中回收磷的主要方式是选取最佳回收点——溶解性磷富集处（如厌氧池或污泥消化池），以鸟粪石或磷酸钙等形式回收磷，并且，富磷液浓度是影响回收量的关键参数。厌氧环境下可以得到富磷液，富磷污泥是提高上清液含磷量的前提，也就是说，生物除磷是磷回收的基础。因此，本书以二级处理中生物处理的除磷效率反映除磷过程的磷回收潜力。所以，技术可持续性的量化方法（T）可通过在满足污染物排放标准的前提下，结合其中生物处理系统的总磷去除率来建立，如式（5-1）所示：

$$T = \begin{cases} 0, & \text{不达标时} \\ 0.6 + 0.4 \cdot \dfrac{c}{b_0}, & \text{达标时} \end{cases} \qquad (5\text{-}1)$$

该指标借鉴"0-1"函数的思想构建：若工艺不满足排放标准，则函数值为 0；若满足排放标准，先赋值 0.6，表示该工艺基本满足技术要求；再以 $0.4c/b_0$ 描述工艺的磷回收潜能。式中，c 为备选污水处理工艺中生物处理过程的总磷去除率；b_0 为理想生物除磷工艺的总磷去除率，本书取 $b_0 = 100\%$。

2）环境指标

目前，一部分国外学者用生命周期法（life cycle assessment, LCA）来评价污水处理工艺的环境影响。然而，LCA 要求量大且质高的原始数据，而我国目前尚无公开的国家生命周期清单数据库，LCA 在实际应用中将受到很大的限制。相对 LCA 而言，生命周期清单法较为简洁明了，更适用于分析污水处理工艺的环境影响。生命周期清单法是对污水处理厂在整个生命周期阶段能量与资源的消耗及对环境的排放（如对全球变暖、臭氧耗竭的影响等）进行数据量化分析。近年来，部分国内学者已开始研究污水处理厂在全球变暖、臭氧耗竭、光化学烟雾等方面产生的环境影响，然而相关数据极其缺乏，从决策过程的可操作性考虑，目前暂不将其作为评价指标。因此，本文借鉴生命周期清单法的思想，通过量化分析工艺在其整个生命周期阶段的能量与资源消耗，来衡量其环境可持续性。

A. 能耗

污水处理工艺的能耗包括直接能耗与间接能耗。前者指处理过程耗费的能量，后者包括建材生产和运输、建筑施工、耗用药剂的生产和运输及工艺拆除报废阶段的能耗。

（1）直接能耗。城镇污水处理厂的能耗主要为二级处理系统与污水提升的能耗，且前者的能耗占总能耗的 60% 以上。由于各工艺中污水提升的能耗相近，故优选工艺时，可采用二级处理系统的能耗（包括曝气池、二沉池、混合液回流和污泥回流系统、剩余污泥排放单元）来衡量与比较不同工艺的直接能耗。

衡量污水处理工艺能耗的传统指标是比能耗，它指处理单位体积污水所耗费的外界供给能量。对处理工艺而言，剩余污泥能量的回收可以降低外界供能与生物固体的体积。有研究者提出，可持续的污水处理工艺应尽量降低外界供能来强化污染物的生物降解，并以甲烷等反应产物形式回收进水污染物的能量。进水污染物的能量会影响外界供能，然而比能耗不能反映它们对总能耗的影响。如果采用衡量热设备能量平衡的技术指标——能量利用率表示污水处理系统的直接能耗可能更为合理。能量利用率指标是根据热力学第一定律，以输入研究对象的全部能量为基础进行计算。当用能量利用率衡量污水处理系统的直接能耗时，不仅能考虑剩余污泥对工艺能耗的影响，而且能兼顾进水污染物本身能量对工艺能耗的影响。

能量利用率（η）指系统有效耗用能量与外界供给总能量的比值。对于稳定运行的二级处理系统，输入系统的能量包括进水中有机污染物的含能量（简称 $E_{进水}$，$1\ \mathrm{kW \cdot h} = 3600\ \mathrm{kJ}$），与外界输入系统的能量（简称 $E_{输入}$），输出系统的包括出水中有机物含能量（简称 $E_{出水}$）、剩余污泥所含的能量（简称 $E_{剩余污泥}$），以及系统损失的能 $E_{热}$，如图 5-8 所示。

图 5-8 二级处理系统能量平衡图

二级处理系统有效降低的能量为（$E_{进水} - E_{出水} - E_{剩余污泥}$），其回收的能量（简称 $E_{回收}$）是被系统有效利用的部分，因此系统总有效耗能为（$E_{进水} - E_{出水} - E_{剩余污泥}$）$+ E_{回收}$。$\eta$ 计算式为

$$\eta = \frac{总有效耗能}{外界供给总能} = \frac{(E_{进水} - E_{出水} - E_{剩余污泥}) + E_{回收}}{E_{进水} + E_{输入}} \tag{5-2}$$

（2）间接能耗。分析污水处理工艺间接能耗时，空间边界一般界定为厂界，时间边界通常为 15～20 年，如图 5-9 所示。

污水处理工艺的间接能耗体现在施工建设阶段、生产阶段与拆除作业阶段，其中施工建设阶段能耗（简称 E_1）包括建材生产能耗（简称 e_{11}）、建材运输能耗（简称 e_{12}）和建筑施工能耗（简称 e_{13}）；生产阶段能耗（简称 E_2）指耗用药剂的生产（简称 e_{21}）和运输能耗（简称 e_{22}）；拆除作业阶段能耗（简称 E_3）包括拆除作业能耗（简称 e_{31}）和覆土填充材料运输能耗（简称 e_{32}）。间接能耗的计算公式可由下式表示：

$$E = E_1 + E_2 + E_3 = (e_{11} + e_{12} + e_{13}) + (e_{21} + e_{22}) + (e_{31} + e_{32}) \tag{5-3}$$

式中，e_{ii} 为 $\sum$ 建材 i 耗量 × 建材 i 单位生产能耗，一般考虑三材：钢材、木材、水泥，它

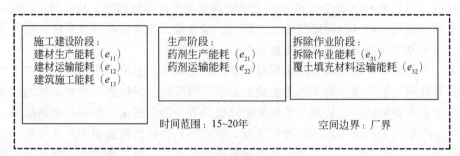

图 5-9　间接能耗示意图

们的单位生产能耗分别为：3.62×10^7 kJ/t，5.31×10^5 kJ/t 和 9×10^5 kJ/t；e_{12}，e_{22} 分别为运输单位能耗×运输里程，运输单位能耗可取为 1836 kJ/（t·km）；e_{13} 为施工面积×单位施工面积能耗，单位施工面积能耗可取为 2.33×10^6 kJ/m²；e_{21} 为可只考虑改善污泥脱水性能的聚合物能耗，为 3.953×10^4 kJ/kg；1 kW·h＝3600 kJ；e_{31} 为可按 $0.9e_{13}$ 计；e_{32} 为覆土填充材料量×运输单位能耗，其中，覆土填充材料量＝施工面积×覆土平均深度（1.5 m）×2.0 kg/m³。

　　B. 物耗

　　污水处理工艺的物耗由直接物耗与间接物耗两部分组成，前者主要指处理工艺的药耗和占地，后者包括建筑施工阶段与拆除作业阶段的耗用物质。成本效益分析中，采用运行费、征地费和材料费来反映物耗。社会的高速发展使土地的珍贵性日益突出，且土地是直接关系到人类可持续发展的重要资源，从这个意义上讲，征地费无法全面反映土地资源的价值。因而，有必要单独考虑处理厂占地，并将其作为物耗指标的重要组成部分，以便在决策中体现土地资源的价值。

　　二级处理系统占地是工艺占地的主要组成。通常各工艺的预处理流程与构筑物相似，并且各方案的道路、绿化等公共设施与辅助建筑物的占地面积类似。工艺优选决策时，本文用二级处理系统（包括生化池、二沉池、污泥处理与处置单元）的占地可以大体反映工艺的占地情况。工艺的占地可用下式表示：

$$A=\sum_i a_i \tag{5-4}$$

式中，a_i 为二级处理系统各构筑物的平面面积，m²。

　　3）经济指标

　　在本研究中，工艺的能量/资源消耗和产生的环境影响已体现在环境指标中，因而在经济指标中没有必要考虑外部费用，可直接用内部费用的动态年费用大小来衡量经济可持续性，计算公式为

$$W=\frac{i(1+i)^n}{(1+i)^n-1}\cdot C+Y \tag{5-5}$$

式中，W 为年费用，万元/年；C 为工程项目基建投资，万元；Y 为年运行费用，万元/年；i 为年利率；n 为工程寿命期，年。

　　4）社会指标

　　污水处理工艺运行的好坏与操作人员、当地居民有紧密的联系。因此，社会可持续性

可从居民可接受度、运行管理难易程度以及工艺对操作人员的文化水平要求三方面来描述。

居民可接受度可采用"0-1"函数来衡量,当工艺被当地人接受时,取值为"1";若不被接受,则取值为"0"。只有可接受度指标取值为"1"的方案才能参与优选决策。

运行管理难易程度与工艺对操作人员的文化水平要求为两个定性指标,采用专家打分法赋值。运行管理难易程度指标主要包括"工艺运行稳定性"、"工艺简洁程度"、"对自动化要求程度"和"污泥处理难易"四方面,对每方面,建议采用三级划分法,即难、中、易三个等级,以 0.9、0.5、0.1 作为相应取值;而且为简化计算,本文假定每方面的权值均取为 0.25。工艺对操作人员的文化水平要求也采用三级划分法来量化取值,即分为高、中、低三个等级,以 0.9、0.5、0.1 作为相应取值。

3. 应用实例

选择三峡库区某山地城镇的污水处理厂优选决策的可持续决策指标体系进行了研究。该厂的设计规模为 4000 m³/d,截污干管收集的污水主要为生活污水,该厂的设计进水水质见表 5-5。设计出水水质执行《城镇污水处理厂污染物排放标准》(GB18918—2002)一级 B 类标准。根据进出水水质要求与当地实际情况,根据西部城镇污水处理厂建设推荐的适宜工艺,初步确定 SBR、BAF 与 Orbal 氧化沟三种工艺作为备选工艺。为对比起见,本章先采用成本效益分析对三种方案进行比较,然后采用可持续决策指标体系及指标量化方法对 3 种备选工艺做初步的分析与比较。

表 5-5 三峡库区某城镇污水处理厂设计进、出水水质 (单位:mg/L)

项目	COD_{Cr}	BOD_5	SS	NH_3-N	TP
进水水质	350	180	250	35	3.8
出水水质	≤60	≤20	≤20	≤8	≤1.5

1)成本效益对比分析

三种工艺成本效益对比分析见表 5-6。

表 5-6 三种工艺成本效益分析

工艺	技术	经济指标		
		工程项目总投资/万元	运行成本/(元/m³)	年费用/(万元/a)
SBR	满足排放要求	851.34	0.43	109.58
BAF	满足排放要求	934.51	0.36	103.73
Orbal 氧化沟	满足排放要求	997.92	0.58	138.59

这三种备选工艺都能够满足《城镇污水处理厂污染物排放标准》(GB18918—2002)一级 B 类标准要求,在技术上均可行。在工程投资方面,SBR 与 BAF 低于 Orbal 氧化沟工艺,这是因为 SBR 与 BAF 不设二沉池和污泥回流系统;相对于 SBR 工艺,BAF 工艺由于有滤池反冲洗构筑物及相关设备而增加了工程项目总投资。在运行成本方面,BAF

最少，SBR 次之，Orbal 氧化沟工艺最高。在动态年费用方面，BAF 与 SBR 接近，Orbal 氧化沟工艺最高。从成本效益分析的结果来，BAF 与 SBR 比较接近，BAF 略优于 SBR。

2）决策指标体系对三种工艺的比较

采用可持续决策指标体系及指标量化方法对三种工艺的初步比较见表 5-7，三种工艺间接能耗指标的具体内容见表 5-8。

表 5-7　工艺方案决策指标对比分析

工艺	技术	环境				经济		社会	
		能耗		物耗					
		能量利用率	间接能耗（×10⁷kJ）	占地/m²		年费用/（万元/a）	可接受度	运行管理难易程度	操作者文化水平要求
SBR	0.92	0.280	893.446	961.33		109.58	1	0.80	0.70
BAF	0.74	0.531	940.289	938.23		103.73	1	0.65	0.71
Orbal 氧化沟	0.80	0.279	1222.764	1327.70		138.59	1	0.74	0.58

表 5-8　工艺间接能耗指标

工艺	建材生产能耗（e_{11}）	建材运输能耗（e_{12}）	建筑施工能耗（e_{13}）	药剂生产能耗（e_{21}）	药剂运输能耗（e_{22}）	拆除作业能耗（e_{31}）	覆土填充材料运输能耗（e_{32}）
SBR	423.39	1.83	223.99	42.69	0.040	201.59	0.011
BAF	511.73	2.11	278.61	11.07	0.010	196.75	0.010
Orbal 氧化沟	597.67	2.49	309.35	34.79	0.032	278.42	0.015

由表可见，在技术指标方面，SBR 最好，Orbal 氧化沟次之，BAF 最低，其原因为：SBR 的生物除磷效果较好，可达 80% 左右，Orbal 氧化沟工艺的生物除磷率在 50% 左右，而 BAF 的生物除磷效果较差，仅约 35%。在能量利用率方面，BAF 的值最高，SBR 与 Orbal 氧化沟的接近，这是因为 BAF 不仅电耗少而且剩余污泥量也少；SBR 的电耗小于 Orbal 氧化沟，但其剩余污泥量比后者大，因而两者的能量利用率相近。在间接能耗方面，SBR 的间接能耗最少，其次是 BAF，Orbal 氧化沟最多。

计算结果表明，建材生产能耗、建筑施工能耗与拆除作业能耗是间接能耗的主要组成部分，Orbal 氧化沟二级处理系统的构筑物较多且土建量大，在三种工艺中其间接能耗最大；BAF 二级处理系统的构筑物多于 SBR，因此 BAF 的值高于 SBR。在物耗方面，Orbal 氧化沟的占地最大，SBR 次之，BAF 的占地最少，这是因为三种待选工艺中只有 Orbal 氧化沟工艺中有二沉池，而 BAF 污泥处理构筑物的面积小于 SBR，这使得 BAF 占地比后者稍少。经济指标方面，BAF 的年费用稍小于 SBR，Orbal 氧化沟的最大。社会指标方面，通过对科研院所、库区已运行污水处理厂以及重庆市三峡水务集团、环保局等相关部门的资深工作人员的问卷调查发现，三种工艺都被当地人接受。其中，BAF 的运行管理最容易，其次是 Orbal 氧化沟，再次是 SBR。这是由于 BAF 工艺为高效的生物膜处理工艺，不易发生污泥膨胀，便于中小污水处理厂的运行与管理。在对操作人员文化水平要求方面，Orbal 氧化沟被认为最优，其次是 SBR，而 BAF 的要求最高。这是由于 BAF 工艺需要进行反冲洗，反冲洗是更新生物膜、解决堵塞问题的关键步骤；反冲洗方式与周期的控制，需要操作者具有一定的文化素质并接受必要的操作培训。SBR 工艺运行过程中的进水、曝气、沉淀、排水四个阶段需要通过自动控制来完成，这也需要操作者具有一定的文化素质并接受必要的操作培训。由上可知，本章给出的可持续决策指标及其量化方法较成本效益分析法，能对备选工艺从技术、环境、经济和社会四个方面进行更全面的比较。

5.3　城市污水处理工艺设计

5.3.1 基本标准

1. 污水处理厂数量的确定

城市污水处理厂数量和方式选择，即一个城市应布置几个污水处理厂，污水集中还是分散处理。大中城市大多都会建设一些大型集中污水处理厂，主要原因是大型集中污水处理厂单位污水量的建设费用和运行费用相对较低，由污水处理厂费用函数（李娟，2008）可知：

$$C = 5427.75 \times Q^{0.85} \tag{5-6}$$
$$S = 514.23 \times Q^{0.71} \tag{5-7}$$

式中，C 为污水处理厂建设费用；S 为污水处理厂运行费用；Q 为污水处理厂规模。将上述两式同除以 Q，可得单位污水量的建设费用 F 和运行费用 Y 与 Q 的关系如下：

$$F = C/Q = 5427.75 \times Q^{0.15} \tag{5-8}$$
$$Y = S/Q = 514.23 \times Q^{0.29} \tag{5-9}$$

可见，建设费用 F 和运行费用 Y 随 Q 递增而减小。若仅设一座集中污水处理厂的布局方式往往会造成规划与建设的脱节，直接影响处理厂的建设和运行管理。

主要原因有以下几点：

（1）结合城市总体规划，污水处理厂一般均设在城市江河的下游，厂址距城市较远，其收集管网长度长（受地形限制的还需做提升泵站）、不易配套，造成部分处理能力闲置。

（2）随着城市的发展，对环境质量的要求越来越高，别墅区甚至一般居住区已兴建污水处理设施，这将进一步促使处理厂向小型、分散化发展。

（3）对缺水型城市，处理后污水的再生利用越来越重要，集中型污水处理厂的再生利用系统投资大，不易操作。

按集中与分散相结合、污水处理与回用相结合的原则布局污水处理厂，同时充分考虑现有污水管道系统、污水回用、用地条件、城市发展规划、河湖水系规划等因素，厂址的选择上除传统的布置在城市的下游外，在满足环保要求的前提下还可采用上、中、下游相结合的布设方式。通过对多种可能的方案进行比选，最终确定一个合理可行的方案作为实施方案。

2. 城市污水处理的设计水量、水质和处理标准的确定

合理地确定设计的污水水量和污水水质，直接涉及工程的投资和运行费用。

1) 设计污水水量

污水水量的确定应考虑以下因素：

(1) 城市人口。包括常住人口和流动人口。

(2) 城市性质及经济水平。

(3) 城市排水体制。当采用分流制时，设计污水量全部为城市污水（包括生活污水和工业废水等），当采用截流式合流制和分流制组合系统时，必须考虑截流式合流系统中排入的雨水量。

(4) 工业废水量。

(5) 污水管网完善程度。管网的作用主要是承担城市污水的收集和输送，当需要保证该处理厂具有一定处理能力时，必须有相应规模的配套污水管网同步建成。

(6) 规划年限。规划年限是合理确定污水处理厂近、远期及远景处理规模的重要因素，应与城市总体规划期限相一致。设市城市一般为 20 年，建制镇一般为 5～20 年。一般近期按 3～5 年，远期按 8～10 年考虑。

综上所述，将各相关因素进行全面有机综合的分析后，方可合理地确定污水处理厂处理规模。

2) 设计污水水质

污水处理厂进水水质主要与下列因素有关：

(1) 城市性质及经济水平。由于城市所在地域及经济发展程度不同，污水的水质亦不相同。例如，沿海发达城市和南方城市用水量较大，污水浓度较低；北方城市特别是西部地区用水量较少，相对浓度较高；工业比重大的城市，由于工业废水排入下水道的浓度较高，致使城市污水浓度较高，等等。

(2) 工业废水水质。原则上工业废水必须经过厂内处理后达到《污水排入城市下水道水质标准》才可排入城市管网，最终进入污水处理厂。但由于目前我国对点源污染的管理体制和手段尚未健全，工业废水不经处理直接排入城市下水道的现象屡有发生。因此必须充分考虑该因素的影响。

(3) 其他污染源。除生活污水和工业废水污染源外，常常还有农牧业面源污染和城市垃圾卫生填埋场内渗滤液的纳入等因素。因此在确定污水处理厂进水水质时，应对上述水量及水质进行综合平衡计算。

(4) 排水体制。当排水体制采用全部或部分截流式合流制时，应注意由于截流倍数、截流水量而造成的污水浓度变化给进水水质带来的影响。

因此，设计时应充分重视进水浓度偏低对实际运行造成的影响，同时参照相关城市污水处理厂进水水质变化周期，合理考虑处理要求的分期，使污水处理厂的建设不仅考虑处理规模的分期，而且兼顾处理水质的分期。为了克服不可预见的因素，最好先建一级处理或强化一级处理部分，待污水系统完善后，积累了若干年进厂水质水量资料，再建二级和三级处理部分。设计的污水水量和污水水质要通盘考虑，留余地过大，既增加投资亦会使设备闲置或低效运行。

3) 出水标准的确定及问题

处理厂出水水质应根据排入受纳水体的环境功能要求、水体上下游用途及水体稀释和自净能力等，使出水口水质符合国家或地方有关标准。当排入封闭或半封闭水体（包括湖泊、水库、江河入海口）时，为防止富营养化发生，应注意控制出水中 TN 和 TP 的浓度。若将二级处理后出水作为再生水输送至用户时，应根据用户对水质要求及国家或地方的相关标准等制定污水处理厂出水水质。

城市污水处理厂的出水标准一般依据两条：

（1）排放标准。一般要求二级污水处理厂的出水为：SS＜30 mg/L，BOD_5＜30 mg/L。

（2）水体标准。即污水排放点下游的受纳水体的水质要求的标准。例如，深圳市滨河污水处理厂一、二期工程出水要求为：SS＜30 mg/L、BOD_5＜20 mg/L，第三期工程鉴于深圳河、深圳湾的污染状况及水体水质要求，将出水标准提高到 SS＜10 mg/L，BOD_5＜10 mg/L；并且增加了对磷、氮作一定处理的要求。

排放标准和水体标准各有其优缺点，在考虑城市污水处理厂的出水标准时要具体情况具体分析，并要综合考虑经济、环境、建设和发展等各方面的要求。一般来说，经济较为发达，环境保护、水体功能要求高，城市建设发展较快的城市，应以水体标准作为污水处理厂出水标准的重要依据，反之则可参照排放标准来考虑污水处理厂的出水标准。

5.3.2　城市污水处理构筑物的选择和设计

1. 格栅

预处理过程包括格栅、沉砂池等，对去除污染物质而言，可能起不到关键作用，但对于保证整个处理厂的正常运转则是至关重要的。

1）格栅的位置

在城市污水处理工程中，格栅起到越来越重要的作用。格栅设计得是否合理，会直接影响整个污水处理设施的运行效果。格栅的主要作用是拦截污水中较大的悬浮物。

进水管如果埋置不深，格栅宜设于进水泵之前。其优点是栅渣集中在一起便于处理，不仅操作管理方便，费用也省；同时可以更好地保护水泵，保证进水泵安全运行。

如果进水管埋置很深，则只宜在进水泵前按防止水泵堵塞要求设粗格栅，再在沉沙池前按后续运行要求设较细的格栅。因为将格栅间建在很深的地方，不仅造价高，运行不方便，运行费用也高。

细格栅的间隙一般为 4～10 mm，中格栅间隙一般为 15～25 mm，粗格栅的间隙一般为 40 mm 以上。如水泵前格栅间隙不大于 25 mm 时，污水处理系统前可不再设置格栅。

2）格栅的设计

对连续运行的污水泵站，格栅至少应设 2 台。格栅的计算公式如下：

$$F_1 = Q/vK_1K_2 \tag{5-10}$$

式中，F_1 为格栅数量；Q 为设计流量，m^3/s；v 为过栅流速，m/s，一般取 0.8～1.0；K_1 为堵塞系数，机械格栅可采用 0.75，人工格栅可采用 0.5；K_2 为栅条的有效面积系数，$K_2 = b/(b+s)$，其中，b 为栅条间距，一般为 20～40 mm；s 为栅条厚度或直径，一般为 10 mm 。

格栅安装角度：机械格栅为 60°～80°，人工格栅为 45°～60°。格栅工作台应高出格栅前设计最高水位 0.5 m 以上，工作台应有安全和冲洗设施，预留足够的操作空间。

污水处理系统前格栅的栅条间隙，应符合下列要求：

人工清除 25～40 mm；机械清除 16～25 mm；最大间隙 40 mm。

圆形断面的格栅水力条件好，但刚度差，一般选用矩形断面的格栅。

2. 沉砂池

沉砂池的功能是从废水中分离密度较大的无机颗粒，如砂粒等。沉砂池一般设于泵站及沉淀池之前，这样能保护机件和管道免受磨损，减轻沉淀池的负荷，且能使无机颗粒和有机颗粒分离，便于分别处理和处置。

沉砂池是一种预处理构筑物，以重力分离作为基础，就是将沉砂池内废水流速控制在只能使密度大的无机颗粒沉淀的程度。

沉砂池的形式按水流方向的不同，可分为平流式沉砂池和竖流式沉砂池两种。其中以平流式沉砂池的截流效果好，而且常用。传统的平流式沉砂池进入 20 世纪 80 年代以后，越来越多地被曝气沉砂池所代替，以下主要介绍平流式沉砂池和曝气沉砂池。

1）平流式沉砂池

采用分散性颗粒的沉淀理论设计，只有当污水在沉砂池中的运行时间等于或大于设计的砂粒沉降时间、才能够实现砂粒的截留。因此，沉砂池的池长按照水平流速和污水中的停留时间来确定。由于实际运行中进水的水量及含砂量的情况是不断变化的，甚至变化幅度很大，所以当进水波动较大时，平流式沉砂池的去除效果很难保证。平流式沉砂池本身不具备分离砂粒上有机物的能力，对于排出的砂粒必须进行专门的砂洗。

2）曝气沉砂池

曝气沉砂池是池的一侧通入空气，使污水沿池旋转前进，从而产生与主流垂直的横向恒速环流。曝气沉砂池的优点是，通过调节曝气量，可以控制污水的旋流速度，使除砂效率稳定；受流量变化的影响较小；同时还对污水起预曝气作用。

由于曝气的作用，废水中的有机颗粒经常处于悬浮状态，砂粒互相摩擦并承受曝气的剪切力，砂粒上附着的有机物能够去除，有利于取得较为纯净的沙粒。从曝气沉砂池中排出的沉砂，有机物只占 5％左右，一般长期搁置也不腐败。使用曝气沉砂池，能够改善废水的水质，有利于后继处理。

3）沉淀池

沉淀池主要去处污水中颗粒状的悬浮固体，去除机理是依靠悬浮固体自身的重力沉降。沉淀池的形式很多，根据水流方向，沉淀池分为平流式、竖流式和辐流式三种。在污水处理中，按照其在工艺中位置的不同，可将沉淀池分为初沉池和二沉池。

初沉池是使用最为广泛的一种处理构筑物，后继生物处理单元处理效果的好坏，在一定程度上取决于初沉池的工作情况。初沉池去除污水中 SS 和主要是颗粒型的 BOD 物质，减少生物处理单元的有机负荷，相应减少了生物处理中含碳有机物氧化所需氧量（谢冰，2007）。

二沉池是进行泥水分离的构筑物，是活性污泥系统的一部分。二沉池的主要作用是进行泥水分离，保证处理水达到排放标准，同时肩负着污泥浓缩的作用，保证向曝气池提供一定浓度的回流污泥。

二沉池表面水力负荷采用低值更为安全，在活性污泥法系统中，当设初沉池时，二沉池表面水力负荷宜选用 $0.8 \sim 1$ $m^3/$ $(m^2 \cdot h)$；不设初沉池时，选用 $0.5 \sim 0.7$ $m^3/$ $(m^2 \cdot h)$。

按功能，沉淀池可分为流入区、流出区、沉淀区、污泥区和缓冲层五部分。流入区和流出区的任务是水流均匀流过沉淀区；沉淀区即工作区，是可沉颗粒与废水分离的区域；污泥区是污泥储放、浓缩和排出的区域；而缓冲层则是分隔沉淀区和污泥区的水层，保证已沉下的颗粒不因水流搅动再行浮起。

（1）平流式沉淀池使废水从池的一端进水，另一端流出，水流在池内作水平运动，池平面形状呈长方形，可以使单格或多格串联。在进口处的底部或沿池长方向，设有一个或多个除泥斗，储存沉积下来的污泥。

（2）竖流式沉淀池水流方向与颗粒沉降方向相反，其截流速度与水流上升速度相等。当颗粒发生自由沉降时，沉降效果比平流式沉降池低得多。当颗粒具有絮凝性时，则上升的小颗粒和下降的大颗粒之间相互碰撞而絮凝，使粒径增大，沉速加快。竖流式沉淀池表面多为圆形，但也有呈方形或多角形，直径（或边长）一般在 8 m 以下，常介于 $4 \sim 7$ m 之间。废水从池中央下部进入，由下向上流动，沉淀后废水由池面和池边溢出。

（3）横流式沉淀池是直径较大（$20 \sim 30$ m）的圆池，最大直径达 100 m，中心深度为 $2.5 \sim 5.0$ m，周边深度为 $1.5 \sim 3.0$ m。废水从池中心进入，沉淀后废水从池周溢出，在池内废水也呈水平方向流动，但流速是变化的。

3. 生物处理法

1）A^2/O 传统曝气法

A^2/O 工艺是一项能够同步脱氮除磷的污水处理工艺。由厌氧池、缺氧池、好氧池串联而成。

基本流程：该工艺在厌氧-好氧除磷工艺中加入缺氧池，将好氧池流出的一部分混合液流至缺氧池前端，以达到反硝化脱氮的目的。

在首段厌氧池主要进行磷的释放，使污水中磷的浓度升高，溶解性的有机物被细胞吸收使污水中的 BOD 浓度下降；而另外部分 NH_3-N 因细胞的合成得以去除，使污水中的 NH_3-N 浓度下降（张同，2000）。

在缺氧池中，反硝化菌利用污水中的有机物作碳源，将回流混合液中带入的大量 NO_3-N 和 NO_2-N 还原为 N_2 释放至空气，因 BOD 浓度继续下降，NO_3-N 浓度大幅下降，而氮的变化很小。

在好氧池中，有机物被微生物生化氧化，浓度继续下降；有机物被氨化继而被硝化，使 NO_3-N 浓度显著下降，但随着硝化过程使 NO_3-N 浓度增加，而磷随着聚磷菌的过量摄取，变化很小。

A^2/O 工艺设计参数：

水力停留时间：厌氧、缺氧、好氧三段总停留时间一般为 $6 \sim 8$ h，而三段停留时间比例为厌氧∶缺氧∶好氧＝1∶1∶$(3 \sim 4)$。

污泥回流比：污泥回流比为 $25\% \sim 100\%$。

混合液回流比：200%。

有机物负荷：KN/MLSS＜0.05kgKN/（kgMLSS·d）。缺氧段 BOD_5/NO_x-N＞4。

污泥浓度：MLSS 为 3000～4000 mg/L。

溶解氧：好氧段 DO＝2 mg/L；缺氧段 DO≤0.5 mg/L；厌氧段 DO≤0.2 mg/L；硝酸态氧＝0。

硝化反应需氧量：硝化反应氧化 $lgNH_4^+$-N 需氧 4.57G，需消耗碱度 7.1G（以 $CaCO_3$ 计）。

反硝化反应需氧量：反硝化反应还原 $lgNO_x^+$-N 将释放出 2.6g 氧，生成 3.57g 碱度（以 $CaCO_3$ 计），并消耗 BOD_5 为 1.72。

pH：好氧池 pH＝7.0～8.0；缺氧池 pH＝6.5～7.5；厌氧池 pH＝6～8。

水温：13～18℃时其污染物质的去除较稳定。

污泥中磷的含量比率为 2.5% 以上。

需氧量：在厌氧池中必须控制其厌氧条件，使其既无分子态氧，也没有 NO_3 等化合态氧，以保证聚磷菌吸收有机物并释放磷；在缺氧池中，DO 不高于 0.5 mg/L；在好氧池中，要保证 DO 不低于 2 mg/L，以供给充足的氧，保持好氧状态菌体对有机物的好氧生化降解，并有效地吸收污水中的磷。

2）氧化沟法

氧化沟有多种构造形式。几种典型的形式包括卡罗塞式氧化沟、奥贝尔型氧化沟、交替工作式氧化沟、曝气–沉淀一体化氧化沟等。沟渠可以为圆形或椭圆形，可以是单沟或多沟，多沟可以为一组同心的互相连通的沟渠，也可以是互相平行、尺寸相同的一组沟渠。氧化沟可以与二次沉淀池合建，也可以与二次沉淀池分建，合建氧化沟又有体内式船形沉淀池和体外式侧沟式沉淀池的氧化沟。因此，氧化沟具有灵活机动的运行方式，可以满足不同出水水质的要求。

氧化沟常用的曝气设备有转刷、转盘、表面曝气和射流曝气等，不同的曝气装置导致了不同的氧化沟形式。氧化沟曝气设备的发展在一定程度上可以反映氧化沟工艺的发展情况。

氧化沟内进水温度一般控制在 10～25℃，pH 为 6～9，沟内水流的环流速度为 0.3～0.5 m/s。

氧化沟工艺中好氧区的溶解氧通常为 1.50～2.0 mg/L，而缺氧区的溶解氧浓度则低于 0.50 mg/L。

氧化沟的主要设计技术参数如下：

水力停留时间为 15～40 h；污泥停留时间大于 15d；MLSS（混合液悬浮固体）浓度为（2000～6000）mg/L；F/M（营养与微生物之比）为 0.05～0.15；回流污泥比（进水的百分比）为 100；BOD_5 的去除率为（94～98）%；TSS 去除率为（90～95）%。

3）生物滤池

生物滤池一般由钢筋混凝土或砖石砌筑而成，在平面上一般呈矩形、圆形或多边形，其中以圆形为多。生物滤池由滤床（池体和滤料）、布水装置和排水系统三部分组成。

根据负荷不同及构造的差异，常用的生物滤池可分为普通生物滤池、高负荷生物滤池和塔式生物滤池。

（1）普通生物滤池一般为方形或矩形，主要组成部分是滤床滤料、池壁、排水系统和布水系统。普通生物滤池表面负荷为 $0.9\sim3.7$ $m^3/$ $(m^2 \cdot d)$，BOD 负荷为 $110\sim370$ $g/$ $(m^3 \cdot d)$，深度为 $1.8\sim3.0$ m，生物膜间歇剥落。处理水高度硝化，进入硝酸盐阶段，$BOD \leqslant 20$ mg/L。BOD 去除率为 $85\%\sim95\%$。

（2）高负荷生物滤池采用的滤料粒径较大，一般为 $40\sim100$ mm，空隙较高，可以防止滤料堵塞，提高通风能力。滤料一般采用卵石、石英石、花岗石等，也可采用塑料滤料。高负荷生物滤池一般采用旋转式布水器，由进水竖管和可转动的布水横管组成，适用于圆形或多边形的生物滤池。高负荷生物滤池表面负荷为 $9\sim36$ $m^3/$ $(m^2 \cdot d)$，BOD 负荷为 $370\sim1840$ $g/$ $(m^3 \cdot d)$，深度为 $0.9\sim2.4$ m，生物膜连续剥落。处理水未充分硝化，一般只到亚硝酸盐阶段，$BOD \geqslant 30$ mg/L。BOD 去除率为 $75\%\sim85\%$。

（3）塔式生物滤池的塔身一般沿高度分层建造，在分层处设置格栅，使滤料荷重分层负担。滤料多采用轻质滤料。布水装置多采用旋转布水器，由进水竖管和可转动的布水横管组成。塔式生物滤池表面负荷为 $16\sim97$ $m^3/$ $(m^2 \cdot d)$，BOD 负荷大于 1840 $g/$ $(m^3 \cdot d)$，深度大于 12 m，生物膜连续剥落。处理水有限度的硝化，$BOD \geqslant 30$ mg/L。BOD 去除率为 $65\%\sim85\%$。

5.4　分散式生活污水处理技术

5.4.1　概述

在城市生活污水得到充分处理的同时，我国广大的农村地区生活污水成了目前重点治理的对象。我国农村分布广、数量多，相比于城市，其污水日均排放量少，缺乏完善的污水收集系统。此外，由于经济实力相对较弱，农村地区无法配备污水处理、运行管理的专业技术人员，因此，大中城市普遍采用的生活污水集中处理工艺并不适合分散居住或经济技术相对落后的村镇。如果盲目采用大中城市污水处理工艺，势必会出现"建得起，用不起"的"晒太阳"工程。因此对于居住较为分散的中小城镇、广大农村及偏远地区，由于受到地理条件和经济因素的制约，不宜对生活污水进行集中处理，应因地制宜地选择和发展生活污水分散式和就地式处理模式。

分散式污水处理可以克服集中式污水处理的许多不足之处，具有以下优点：不依赖于复杂的基础设施，受外界影响小；系统自主建设，运行和维护管理比较方便，不易受到不可预知的人为破坏；可应用于各种场合和规模；处理后污水易于进行回用。正是基于分散式污水处理系统的这些优点，即便是经济发达的美国，也约有 20% 的生活污水选择以分散式处理为主。分散式处理技术已经成为国内外生活污水处理的一种新理念。

5.4.2　分散式处理系统需要解决的几个问题

分散式污水处理系统也存在一定的不足。首先，就处理对象而言，小规模的生活污水流量和有机负荷波动变化较大，集中式污水处理系统最大流量与平均流量之比一般为

1.5～2.0，而对于小规模生活污水而言，该比值可能高达 5.0，这对分散式污水处理系统的抗冲击能力是一个很大的考验。其次，由于村镇缺乏大量的专门技术人员进行日常维护和管理，分散式污水处理系统经常出现出水不达标或者停运现象。据统计，在美国至少有10％的分散处理系统已失去其应有的功能，其中某些社区该比例甚至高达70％，因此维护简单或无需维护是分散式污水处理系统的又一要求。再次，分散式污水处理系统的基建投资以及日常运行费用较高，因此如何降低基建投资和减少日常运行费用是开发分散式污水处理系统需要着重考虑的问题。

5.4.3 分散式生活污水的主要处理技术

目前应用于分散式农村生活污水处理的工艺主要有人工湿地、稳定塘以及它们的组合工艺。

1. 人工湿地

人工湿地是近 20 年发展起来的一种废水处理技术，它主要由人工基质填料和水生植物组成。其主要去污原理是利用基质-微生物-植物复合生态系统的物理、化学和生物的三重协调作用，通过过滤、吸附、沉淀、离子交换、植物吸收和微生物分解来实现对废水的高效净化。

1）分类

按照工程设计和水体流态的差异，人工湿地污水处理系统可以分为表面流湿地、水平流湿地和垂直流湿地三种主要类型，各类型在运行和控制等方面的诸多特征存在着一定的差异。其中，表面流湿地不需要砂砾等物质做填料，造价较低，但水力负荷也较低。水平流湿地的保湿性较好，对 BOD、COD 等有机物和重金属等去除效果好，受季节影响小，但控制较为复杂，脱氮除磷效果相对较差。垂直流湿地综合了前两者的特点，但其建造要求较高，至今尚未广泛使用。

2）人工湿地除污机理

人工湿地对有机污染物具有较强的去除能力。不溶性有机物通过在湿地基质中的沉积、过滤作用可以很快地被截留，进而被基质中的微生物分解或利用；可溶性有机物则通过植物根系的吸收和吸附，以及植物根际周围和土壤基质中微生物的分解代谢作用最终被降解去除。

人工湿地中氮的去除转化包括很多过程，一部分氮被植物吸收通过收割得以去除，也有一部分氮是通过物理化学途径而被去除，但大部分的氮是在微生物作用下通过硝化、反硝化作用而脱除。

人工湿地对磷的去除主要有以下四个途径：污水中一部分磷被植物吸收通过收割得以去除；一部分磷被基质通过吸附或离子交换作用截留去除；一部分磷作为微生物正常代谢所需要物质被磷细菌转化成溶解性无机磷，用于植物吸收；还有一部分磷被聚磷菌过量聚磷作用去除。

3）优势与缺点

人工湿地的优势主要有：

（1）投资少，建设、运营成本低廉。其建设成本和运行成本约为传统污水处理厂的 $1/10\sim1/2$。

（2）污水处理系统组合的多样性。根据污水中的污染物的种类、特征可以灵活选取不同的基质和植物的组合以达到最佳的效果。

（3）污染物去除效率高。一般 BOD_5 的去除率为 $85\%\sim95\%$，COD 去除率可达 80% 以上，对氮的去除率可达 60%，对磷的去除率可达 90% 以上；有独特的绿化环境功能，人工湿地同自然湿地一样，由于栽种有大量的水生植物，所以对环境起到了绿化的作用。

人工湿地的主要缺点有：

（1）受气候条件限制较大；

（2）占地面积相对较大，一般为传统污水处理厂的 $2\sim3$ 倍；

（3）容易产生淤积饱和现象；

（4）人工湿地逸出的 NH_3、H_2S 以及各种挥发性有机物会造成一定的异味。

2. 稳定塘

稳定塘是一类利用天然净化能力的生物处理构筑物的总称。废水在塘内经较长时间的停留、储存，通过微生物的代谢活动，以及相伴随的物理的、化学的和物理化学的过程使废水中的有机污染物、营养元素以及其他污染物进行多级转换、降解和去除，从而实现废水的无害化、资源化和再利用的目的。

1）分类

稳定塘根据其需氧（溶解氧浓度）状况和细菌同化废水中有机物所需的氧源进行分类，可分为好氧塘、兼氧塘、曝气塘和厌氧塘四大类。好氧塘指的是那些深度在 $1.0\ m$ 以下的浅层塘，通过光合作用维系整个水体的好氧条件；兼氧塘的深度在 $1.0\sim2.0\ m$，其底部是厌氧区，中间是兼性区，上层因光合作用和表面复氧作用为好氧区；曝气塘是利用表层曝气或机械扩散曝气进行充氧的废水塘；厌氧塘是承受高有机负荷的深塘，整个塘都处于厌氧环境。

2）除污机理

不溶性有机物在塘系统中主要靠沉淀去除，溶解性有机物主要依靠细菌的氧化作用降解，在兼性塘和厌氧塘中发生厌氧生物转化。塘系统中有机物的去除主要取决于停留时间和塘内水温。

在塘系统中氮的去除是一个综合作用的结果，涉及的机理包括氨的挥发（取决于pH）、藻类吸收、硝化/反硝化、污泥沉积以及池底的吸附等。

如果不投加化学药剂来强化沉淀，塘系统对磷的去除效果几乎为零。投加诸如氯化铁或氯化铝的化学药剂，可以有效地将磷控制在 $0.1\ mg/L$ 以下。

3）优势与缺点

稳定塘的优势主要有：

（1）能够充分利用地形，工程简单，基建投资省；

（2）能够实现污水资源化，使污水处理与利用相结合；

（3）污水处理能耗少，维护方便，成本低廉。

稳定塘的主要缺点有：

（1）占地面积大；

（2）污水净化效果受季节、气温、光照等自然条件的影响；

（3）如果防渗处理不当，则地下水可能遭到污染；

（4）可能散发臭气并易于滋生蚊蝇等。

3. 厌氧生物处理工艺

自 1881 年法国的 Louis Mouras 发明了"自动净化器"用于处理污水污泥开始，厌氧生物处理技术已经有了百余年的历史。从第一代厌氧生物反应器（以消化池为代表）到第二代厌氧生物反应器（以 SB 为代表）实现了水力停留时间和污泥停留时间的分离，提高了反应器内污泥的浓度。继而到 20 世纪 90 年代，国际上相继开发出了以厌氧膨胀颗粒污泥床（EGSB）、内循环式厌氧生物反应器、厌氧折流板反应器等为典型代表的第三代厌氧生物反应器，标志着厌氧生物反应器的研究又进入了一个新的时代。

5.5 城市污水污泥处理处置和工艺设备评价

5.5.1 污水污泥处理处置原则和概念

1. 污水污泥处理处置原则

对我国城市污水污泥处理处置原则的讨论和研究，将会在城市污水污泥处理处置实际工作中起到巨大的导向作用。我国目前的城市固体废弃物处理处置原则是"无害化、稳定化、减量化和资源化"原则，但由于城市污水污泥是一种介于污水和固体废弃物之间的特殊废弃物，具有很多特殊性，不能简单地将其处理处置原则等同于城市固体废弃物的处理处置原则。

城市污水污泥处理处置的主要目的是为了实际污泥的最终安全处置。在处理处置过程中，首先应该让污水污泥经过一定的预处理工艺，让其在物理性质和化学性质上达到对外部环境和人类无害的要求；然后将其经过单位处理工艺，改变或改善污泥的物理或化学特性，降低在自然环境空间中的占用量；最终将其处置到对外部环境完全无不良影响的效果。只有在能实现上述过程的基础上，才可考虑污水污泥的物质循环利用和能量回收利用。

2. 污泥处理处置的概念

对污泥处理处置的概念向来都没有统一的定义。目前有两种主导性的观点：一种观点是以污泥稳定化为界限，稳定化前为污泥处理，稳定化后为污泥处置；另一种观点则认为以污水处理厂厂界为限，厂内为污泥处理，厂外为污泥处置。

由于以上的两个观点对污泥处理处置的界定过于简单，综合考虑污泥的特殊性，我们提出将污泥处理处置过程分为三个阶段，分别为：预处理阶段、处理阶段和处置阶段。

（1）污泥预处理：使原污泥在污水处理厂内经过简单的工艺处理后，初步达到减量化和稳定化的目的，以便污泥能初步达到可利用和可转移的目的。预处理包括污泥调理调质、浓缩、脱水、消化、干燥、消毒等。

（2）污泥处理：在预处理的基础上，经过单元工艺组合处理，改变或改善污泥性质，达到"无害化、减量化、稳定化"的目的，使经过处理后的污泥无论采用哪种途径进行最终处置都不会产生危害性后果。污泥处理包括堆肥、投加石灰等药剂作临时性的稳定处理、热处理（焚烧、干化）等。

（3）污泥处置：经过处理后的污泥，弃置于自然环境中（地面、地下、水中）或进行物质和能量再利用，能够达到长期稳定并对生态环境无不良影响的最终消纳方式。污泥处置包括卫生填埋、海洋投弃、农业利用、土地利用、作建材原料和其他资源化利用。

5.5.2　预处理技术及评价

将城市污水污泥进行预处理，主要是为了降低污水污泥中的含水率，达到污水可转移、方便进行后续处理的目的。以下为预处理工艺的介绍。

1. 浓缩

城市污水处理厂对污水污泥的减量化手段最常用的就是污泥浓缩工艺。通过去除污水污泥中的自由水和空隙水，达到降低污水污泥含水率的目的。含水率的降低使污水污泥的体积大大减小，也为污水污泥的后续处理减少了压力，为污水污泥的可转移提供了条件。

污泥浓缩主要有重力浓缩、气浮浓缩和离心浓缩工艺。污泥浓缩工艺的选择主要取决于产生污泥的污水处理工艺、污泥的性质、污泥量和需达到的含水率要求。

国内大部分的污水处理厂选择的污泥浓缩均以重力浓缩为主。随着污水处理厂的污水处理工艺的发展，气浮浓缩和离心浓缩也将获得较大的发展。这主要是因为经过氧化沟、A^2/O 等污水处理工艺产生的剩余活性污泥，含固率一般都小于 1％，其流动性能和混合性能与污水基本一致，不易沉降。这时，只能选择采用离心浓缩或气浮浓缩工艺（陈同斌等，2003）。气浮浓缩池适用于浓缩活性污泥和生物滤池等较轻质污泥，能把含水率99.5％的剩余活性污泥浓缩到 94％～96％；离心浓缩工艺可将含水率高达 99.5％的剩余活性污泥含水率降至 94 ％左右，但是两者运行成本均较高。

2. 消化

目前国际上最为常用的污泥生物处理方法是厌氧消化工艺，同时也是大型污水处理厂最为经济的污泥处理方法。污泥厌氧消化是在无氧条件下依靠厌氧微生物使有机物分解并稳定的一种生物处理方法，通过水解、产酸、产甲烷 3 个阶段完成有机物分解的目的，同时大部分致病菌或蛔虫卵被杀灭或作为有机物被分解。

据欧盟统计，在污水处理厂产生的污水污泥中，经过稳定处理后再进行最终处置的污水污泥约占 76％，而其中经过厌氧消化处理的污水污泥占 50％以上，经好氧稳定处理的污水污泥仅为 18％左右。在欧洲大部分国家和美国等发达国家，大型污水处理厂均采用厌氧消化方法处理污泥，而好氧消化工艺常用于规模较小的污水处理厂。

污泥好氧消化实质是活性污泥法的继续，其工作原理是污泥中的微生物有机体的内源代谢过程。通过曝气充入氧气，活性污泥中的微生物有机体自身氧化分解，转化为二氧化碳、水、氨气等，使污泥得到稳定。

我国污水处理厂污水污泥的稳定方法主要采用中温厌氧消化技术。厌氧消化稳定工艺所需的处理设备较多，相应投资费用和运行费用也比较多，操作要求比较严格，适用于中、大型污水处理厂。

3. 机械脱水

污泥脱水的方式主要有离心脱水、带式压滤脱水、板框压滤脱水、真空过滤脱水等几种方式。目前国内污水处理厂使用最多的脱水方式是带式压滤脱水，而板框压滤脱水方式则更多被国内的大型污水处理厂采用。污水污泥经过机械脱水的处理工艺后，其含水率降为 $70\%\sim80\%$，污泥的体积则降为原来的 $1/6\sim1/4$。

4. 干化

污泥干化包括自然干化和热干化技术，其主要目的是降低污泥的含水率。污泥自然干化主要是利用太阳能对污水污泥进行干化处理，主要包括设置干化场和阳光棚干化两种方式。不同点在于，干化场为露天的，受气候变化影响较大，而阳光棚为室内，受气候影响较小。干化后，污泥含水率均可降低至 $60\%\sim80\%$。两者的相同点在于，工艺设计简单、投资运行费用低，但是占地面积大，适合于产泥量较低、污泥能就近处置、可长期储存的场合。污泥热干化技术是利用热能将污水污泥烘干，它的高温灭菌作用能杀死病原菌和寄生虫，使污水污泥快速干燥，避免了臭味对周边环境的影响。热干化后的污泥减容特别明显，体积可缩减 $75\%\sim80\%$，制成的高效颗粒肥，便于储藏和运输。污水污泥通过热干化，能改善污泥的性能，卫生指标能达标，可作为肥料施用于土地。

5.5.3 处理技术及评价

1. 堆肥

污泥堆肥是指污泥自身带有的微生物通过厌氧、好氧的发酵，然后在污泥中掺杂一些秸秆、木屑等物质，形成的一种类腐殖质。污泥堆肥是一种较好的肥料，也是一种较好的污泥处理方法。

污泥经堆肥化处理后，病原菌、寄生虫卵、杂草种子几乎全部被杀死，挥发性成分减少而臭味降低；重金属有效态的含量也会降低，速效养分含量有所增加，成为一种比较干净而性质比较稳定的物质。污泥堆肥还可用做林木育苗基质，降低育苗成本；减少对腐叶土、海肥等的采挖，可达到保护生态环境的目的。在美国，许多污水处理厂将污泥堆肥干燥及颗粒化后出售，这种颗粒肥易于同其他肥料混合，便于运输及使用，也符合美国环保局关于对污泥进行有益利用的政策。它加入某些化肥还可制成复合堆肥。

堆肥包括好氧堆肥和厌氧堆肥。好氧堆肥是在有氧的条件下，借助好氧微生物（主要是好氧菌）作用来完成的；而厌氧堆肥是在无氧条件下，借助厌氧微生物（主要是厌氧菌）对污泥中的有机质的降解作用来完成的。

污泥堆肥已在美国、日本、欧洲广为采用。其中日本从 1954 年建成第一个污泥堆肥中心到 20 世纪 90 年代末已建成 35 座污泥堆肥处理中心。位于日本北海道的札幌市有日本最大的堆肥处理厂，快速发酵回转仓和生产线及袋装产品具有规模化、机械化、自动化等特点。

高温好氧堆肥技术是在 20 世纪 20 年代由欧美发达国家开发成功的。最初是采用厌氧发酵（如条垛式系统）、自然通风发酵法（如静态通风堆式系统），通过定期充气或翻垛达到供氧通气的目的，逐渐发展到现代的机械化、自动化程度较高且对环境危害较小的机械通风、高温好氧发酵法（发酵仓式系统，如立式发酵塔和卧式发酵塔）。

我国也有许多专家学者对污泥堆肥技术进行了深入研究。例如，南京农业大学周立祥教授研究过污泥制成堆肥后应用到绿地、木苗中，而且肥效不错。既解决了污泥的出路问题，又减少了当地木苗的日常用肥量，具有较高的环境与经济效益。西北农林科技大学与西安市污水处理厂及陕西省高速公路管理局合作，采用自然通气静态垛发酵系统对西安市污水处理厂的污泥进行堆肥化处理后，施用于高速公路绿化带，效果十分明显。

2. 焚烧

当污水污泥的含水率高时，不能对污泥进行直接燃烧，需添加辅助燃料，只有当污泥的含水率在 38 ％以下时才可对污泥进行直接燃烧。污泥焚烧要求污泥有较高的热值，因此污泥一般不进行消化处理，每千克干污泥热值为 8～15 MJ。污泥焚烧的目的是进一步减少固体的处置量。在一般条件下，含固率为 20％～30％的脱水泥饼使用辅助燃料可以燃烧，含固率为 30％～50％的脱水泥饼可以自燃。经干化处理后的污泥，含水率降为 5％，其工作基础热值可达 13 800 kJ/kg 以上，与许多劣质煤接近。

污泥焚烧的优点是可以迅速和最大限度地实现减量化，它既解决了污泥的出路又充分利用了污泥中的能源，且不必考虑病原菌的灭活处理。污泥的热能可回收利用，有毒污染物被氧化，灰烬中的重金属活性大大降低。污泥焚烧的缺点是高成本和可能产生的污染（废气、噪声、震动、热和辐射）。其焚烧灰可以作为建筑材料，如将焚烧灰作为沥青填料、路床和路基材料、砖瓦材料、水泥原料、熔融填料等。

污泥焚烧法目前采用最多的是流化床焚烧炉。德国在 1962 年建成了世界上第一座城市污水污泥焚烧厂，同时也带动了污泥焚烧工艺的迅猛发展。目前，德国有 30 多家城市污水处理厂进行城市污水污泥焚烧处理，其中 10 家污水处理厂采用生活垃圾与污水污泥混烧，20 多家污水处理厂单独焚烧污泥。

3. 热解

热解技术是近几年国外发展起来的一种新的污水污泥处理技术。这种方法主要是将污泥在热环境下分解，从而制得一些有用物质，如可燃气体、油等。污泥低温热解技术是污泥通过低温热解可以提取油、气等可燃物质，回收能量的污泥处理技术，也是正在发展的新的能量回收型污泥处理技术。与污泥焚烧相比，污泥低温热解技术的经济价值更高，环境效益更好,其研究的前景更广。目前,国内外有不少的专家学者对污泥低温热解技术正在研究中,低温热解过程中的一些机理还有待进一步的探索,设备和工艺也有待于改善。

4. 处理技术评价

堆肥属于一种生物处理过程,着重于物质循环回收利用,而焚烧和热裂解则属于化学过程,着重于能量回收利用,其中焚烧是一种直接能量回收过程,而热裂解则属于间接的能量回收过程。堆肥过程中,尽管有机质得到大部分降解,从大分子变为小分子,成为微生物体生命活动的能量来源,并形成矿化物质,如形成 CO_2、H_2O、NH_3 等,除一部分残留于物料中外,其他均排空了,但是总体上没有改变有机质的存在形态。而焚烧是一种剧烈的热化学反应过程,在此过程中,有机质几乎被完全矿化,污泥无论是在体积上、质量上,还是在元素存在形态上,均发生了剧烈的、不可逆转的变化。

具体选择采用何种处理工艺,需要综合考虑多重因素,如占地面积、投资和运行成本及环境影响,并根据其处理处置指导原则确定。

土地是城市最为紧缺的资源,占地面积的大小必然成为城市污水处理厂选择工艺的主要考察条件之一。尽管堆肥工艺目前已经发展到机械化动态堆肥阶段,堆肥时间大大缩短,一次发酵通常为 7d,最低时间需求仅为 2～3d,但是与焚烧技术相比,其时间要求无疑依然是非常漫长的,因此占地面积相对于焚烧处理技术要大得多。

投资和运行成本高低是选择处理工艺的主要指标,相比较而言,焚烧工艺的单位投资和运行成本无疑要比堆肥工艺高很多,这对于很多城市而言,可能是难以接受的。

环境影响主要是指处理工艺与环境之间双向的影响,即工艺对环境造成的影响和环境对工艺造成的影响。堆肥工艺受气候条件的影响很大,尤其是自然通风条垛式和强制通风静态堆式堆肥系统,即便是发酵仓式堆肥系统,因气温降低,也会使得堆肥时间延长,从而降低单位设施的处理能力。此外,由于大多堆肥工艺均是敞开式的,在堆肥过程中产生的臭气等因其不可控性,可能对环境和工作人员造成损害,但收集处理又是非常困难的,相对而言,焚烧工艺在废气的收集和处理方面要可控得多。

5.5.4　处置技术及评价

1. 污泥填埋

污泥的卫生填埋始于 20 世纪 60 年代,是从保护环境的角度出发,在传统填埋的基础上经过科学选址和必要的场地防护处理,具有严格管理制度的科学的工程操作方法。卫生填埋到目前为止已经发展成为一项比较成熟的污泥处置技术,其优点是:处理容量大,见效快,操作相对简单,处理费用较低,适应性强。但也存在一些问题,如合适的场地不易寻找,污泥运输和填埋场地建设费用较高,填埋场容量有限,侵占土地严重,如果防渗技术不够将导致潜在土壤污染和地下水污染,填埋场的卫生、臭气问题造成二次污染等。

污泥的卫生填埋有两条技术路线可以选择,第一种方案是将污泥经过适当处理后单独填埋;第二种方案是在经过适当处理后与城市生活垃圾混合填埋。在后一种方案中,又包括三种具体实施办法:脱水污泥与城市生活垃圾预混合后进行填埋、将含水率较高的污泥直接注入城市生活垃圾填埋场填埋和将污泥处理到符合一定要求后作为覆盖土与城市生活垃圾混合填埋。

2. 土地利用

污泥的土地利用形式主要有农业利用、林地利用、园林绿化和改良土等或填埋场覆盖用土。污泥的土地利用是一种资源化、变废为宝、化害为利的处置方式。

由于污泥中含有大量的有机营养成分如氮、磷、钾等和植物所需的各种微量元素如Ca、Mg、Cu、Zn、Fe 等,可作为一种迟效性的有机肥,能增加土壤肥力,提高作物的产量和品质。研究表明,使用污泥的地块土壤容重减小、土壤的酸碱度比较稳定,孔隙度增加,密度下降,易耕作,保水保肥力强,对于水和风腐蚀的抵抗力增加,说明污泥是一种很好的土壤改良剂。

稳定化、无害化后的污泥可以促进根的生长发育及其渗透的特性,减少寄生虫的攻击,降低植物对于杀虫剂、除草剂等药物的依赖,而且土壤的自净能力还可使污泥进一步无害化。

污泥可以用于受破坏的土地(各种采矿后残留的矿场,建筑取土、排放废弃物用的深坑,森林采伐场,垃圾填埋场,地表严重破坏区等)的修复。这种方法也减少了食物链对人类生活的潜在威胁,既处置了污泥,又恢复了生态环境。

因此,土地利用目前被认为是最有发展潜力的处置方式,被许多国家大量采用。

3. 作建材原料

近年来,污泥应用于建材原料的研究也较多。用污泥制作建材原料不仅可以避免用卫生填埋占用大量的土地(尤其是用地紧张的经济发达地区),而且可以将废弃资源转化为有用的资源,使得资源重新得到利用。

污泥的焚烧可制成水泥添加剂以及污泥砂、污泥砾石和污泥陶粒等建筑材料,此外国内外也开展了利用污泥制活性炭或其他吸附剂的研究和试验。试验结果表明,用污泥焚烧灰制成的水泥、砖并不影响其质地,且重金属在烧结之后还会固定于其中。此外,污泥中含一定量的细菌蛋白,可用于制造蛋白塑料、胶合生化纤维板等。

用污泥制砖的途径有两种,一种是利用焚烧污泥的灰渣来制砖;另一种是用热干化的污泥来制砖。利用焚烧污泥的灰渣制砖时应注意灰渣的性能要与黏土的性能接近,如果相差较大,则应掺杂其他成分,调成化学成分相近的;用干化污泥制砖时,干化污泥的成分与制砖的黏土的性能要相近,如果相差较大,也应掺杂其他成分,调成化学成分相近的。

利用活性污泥所含粗蛋白与球蛋白易溶解的特性,对其进行加热、干燥、加压处理,使其所含的蛋白质发生变性作用,制成活性污泥树脂,然后混合废纤维压制成板材,其性能比国家三级硬质纤维板还好。

5.5.5　工艺选择

城市污水污泥的处理处置必须总体考虑,不能以经济效益和赢利为主,而应以保护生态环境、治理环境污染为目的，因此污泥处理处置是社会公益事业，需要政府投入和建立收费体系来支撑。污泥处理处置应该以"减量化、无害化"为目的，应尽可能利用污泥处理处置过程中的能量和物质，以实现经济效益和节约能源的效果，实现其资源价值。

对污泥处理处置而言，不同国家的技术路线是不尽相同的，而同一国家不同地区也存在差异，因地制宜应该是技术路线选择的基本思路和原则。我国地域辽阔，不同地区的自然环境、人文环境、产业结构和经济发展水平都不同，各地应从自身特点出发，采取适宜的技术路线。下面对此三种技术进行综合比较。

污泥堆肥技术投资小，工艺简单，运行成本低；但所需场地面积大，恶臭难以控制，渗滤液处理难度大，而且肥效低，处理后的污泥出路容易受市场影响，如果销售不畅，污泥堆积将占用大量土地，不适合大规模处理。

污泥焚烧技术适应性较强、资源可再利用、占地面积小、减容85%以上、达到了完全灭菌无害处理，污泥干化/焚烧工艺的运行费用较低，废气经过处理后排入大气，环境污染指标容易监控；但工艺较复杂、一次性投资大、设备数量多、操作管理复杂，技术要求很高。单独焚烧工艺对污泥热值有一定要求（一般要求原生污泥低位热值不低于700 kcal/kg）。

污泥干化技术具有减量化、无害化的优势，干化后的污泥还可以进行资源化利用。存在的缺点为工程建设投资较大、运行能耗较高、产品回报低；未消化污泥干化后不稳定、易燃，保存条件较苛刻，需要立即处理或在低温及惰性环境下存储和运输。综合比较，相对于堆肥和焚烧而言，污泥干化技术占地面积小，对热值没有要求，且干化后的污泥处置方式灵活，不受市场等其他外部条件限制，因此，本项目采用污泥干化技术是最适合的。

对干化后污泥的最终处置有填埋、焚烧等方式。干化后的污泥具有较高热值，可资源化利用，如采用填埋作为最终处置技术，还需要占用土地，因此优先选用焚烧作为干化后污泥的最终处置方式。

5.5.6　热干化设备的选型

我国污泥干化设备研究、开发时间不长，而且，相关干燥设备开发主要分布在食品、印染、化工等行业，规模较小。不同行业的污泥其物理特性不同，会影响具体的工艺。

近年来，开始了市政污泥的干化的研究与开发，但规模均较小。国外的污泥干化经过数十年的发展，已经非常成熟、可靠，单机的处理规模也越来越大。

1. 国外污泥干化设备状况

按照污泥与热介质的相对运动特点，国外公司提供的污泥干化工艺设备可分为六大类型，即：转轴式干燥机、转鼓式干燥机、多级圆盘干燥机、带式干燥机、流化床干燥机及二段式干燥机。

1）转轴式干燥机

转轴式干燥机有以日本美得华、荷兰吉美福高达公司为代表生产的桨叶式干燥机、德国ATLAS公司生产的转盘式干燥机以及意大利VOMM涡轮薄层干燥机。

2) 转鼓式干燥机

代表性产品有：转筒干化器、三通式回转圆筒干燥机、带粉碎装置的回转圆筒干燥机等。

3) 多级圆盘干燥机

代表性产品有：以比利时 SE GHERS 公司为代表开发的污泥珍珠工艺采用立式多层干燥塔，热介质采用油或蒸汽，污泥通过圆盘获得热量实现接触式干化。污泥产品是球形颗粒，含固率大于 90 %。

4) 带式干燥机

带式干燥机由若干个独立的单元段组成。每个单元段包括循环风机、加热装置、单独或公用的新鲜空气抽入系统和尾气排出系统。上下循环单元根据用户需要可灵活配备，单元数量可根据需要选取。

5) 流化床干燥机

流化床干燥机以德国 WABAG 公司的产品为代表，现该公司流化床干燥机技术专利已为奥地利 ANDRI TZ 公司拥有，并在国内上海石洞口污泥干化焚烧设施中得到应用。

流化床式干化器从底部到顶部由三部分组成：风箱、中间段、抽吸罩。

6) 二段式干燥机

二段式干燥机以得利满 INN ODRY2E 工艺为代表，其设计理念是将干化过程分解为两个阶段，第一阶段由于污泥含水率较高，采用高效的转轴式干燥机蒸发掉大部分水；第二阶段当污泥含水率降下来后，采用带式干燥机进行换热干燥。本系统的优点是综合利用了转轴式干燥机和带式干燥机的优点，能源利用率高，产品为成型物料；由于干燥机分为两个部分，增加了投资成本，同时热交换系统较大。

2. 干化设备选型

1) 干化设备比选原则

从国外六类污泥干燥设备的介绍可知，目前国外污泥处理设备多种多样，各有优缺点，主要差别在能耗、安全可靠和灵活性三个方面，以此作为工艺选型原则。

(1) 能耗。能耗的比较结合干化设备和整个系统综合考虑。

(2) 安全可靠。污泥在干化过程中会产生有毒、有害的气体，甚至还会产生易燃易爆的气体，因此，安全性问题是干化项目的基础，应谨慎对待，从各种工况进行分析比较。

(3) 灵活兼容性。污泥是一种质量变化非常频繁的处理对象，其物理特性（黏度、含固率等）的变化直接影响处理工艺。因此工艺的灵活性和兼容性至关重要。

除了上述工艺选型原则外，干化设备选型一般还需要遵循购置设备或引进技术的投资、运行费用及维护保养费用等均较低的原则。

2) 国外污泥干化设备比较

根据上述设备选型原则，现对国外六类污泥干化设备在本项目中的选择适应性做下述分析。

(1) 转鼓式与多级圆盘式污泥干化设备。这两类设备的干化产物含固率一般较高，并需要采用干泥返混功能，污泥干化所需能耗较高，同时含固率的提高对安全性要求也相应增高，而且，在干化过程中增加了卫生达标及污泥造粒等功能，这些功能对于污泥干化后作其他处置是必要的，但如果直接用做焚烧处理就不太合适。另外，这两种设备需要配套的辅助设施较多。

（2）流化床式污泥干化设备。这类设备一般用于全干化，相比前两类设备，这类设备无需干泥返混环节，污泥造粒环节也简单，因此单就污泥干化方面比较可取。但是，由于换热靠对流为主，系统安全性及辅助系统都比前两类设备的要求高，其最终的能耗也将较高。另外，这类设备大型化后的辅助系统显得较大，而且由于高速射流带动污泥对设备的冲刷，导致设备的耐磨性受到严重考验。因此，总体上看，这类设备如能经国产化改造后扬长补短，则可用于后续处理为焚烧的小规模污泥干化项目，但用于本项目的则应慎重考虑。

（3）带式污泥干化设备。这类设备可适应污泥的半干化至全干化各个阶段要求，无须干泥返混，干化系统采用先成型后干燥，出泥形状规则。成型后的污泥与网带相对静止，故该类设备是所有干化设备当中磨损最小的，对污泥含砂量适应性最好。由于相对静态的工作状态，设备负载相对减小，干化机的部件磨损也大大减少。而且维护变得非常简便。该类设备由于采用对流式直接换热原理，循环气体量大导致辅助设备占地较大。

（4）转轴式污泥干化设备。这类设备就是为污泥半干化要求而设计的，针对性较强，干泥无须返混其含固率就能满足焚烧处理的要求，因此，总体上这类设备有以下多个优点：热量交换充分，热量利用率高，可达到 $80\% \sim 90\%$，能耗低；整个设备布置设计简洁，工艺短捷，易于引进研制；半干化粉尘含量极低，不超过 3%，设备中氧含量低，低于 0.5%，运行十分安全；机内污泥载荷大，即使进料不均匀，也能通过变频调速保持平稳运行；尾气量小且含固率低，喷淋水量小，冷凝水极少，废液处理简单；干化污泥无须造粒且后续燃烧性能好；转子转速很低，磨损小，维修少，可以保证长期稳定运行；设备具有较大的灵活性和功能增强空间，可以满足国内污泥干化行业中其他应用的需要，具有广阔的市场拓展意义。

第6章 城市水务系统管理与运行机制

6.1 水务管理现状及存在问题

由于水务体制和机制的不合理而导致水资源、水环境与经济、社会的发展极不协调，从我国水务管理的现状来看，主要存在以下问题：

（1）地表水与地下水分割管理。尤其是城市区域地下水由建设部门管理，长期得不到统一。滥采乱开问题突出，且已造成城区地下水源地超采严重，几近枯竭。

（2）水质管理与水量管理相分离。水利与环保、建设等部门各执一头，水质管理与水资源保护相分离，污水处理基础设施薄弱，水行政主管部门的水资源保护职能十分弱化。

（3）防洪和河道管理分城市和农村两大块分割管理。体制严重不顺，管理问题突出。

（4）水源调度与城镇供水不相衔接，水源建设滞后，供水受影响。由于水源调度与供水分属水利、建设不同系统，在目前情况下衔接不利，反应迟钝，难以同步，不利于城镇水供需矛盾的有效解决。

（5）供水与排水、供水与节水、供水与污水处理及其回用相脱节。供水的自来水公司为了尽量满足需水的要求，就尽力地修建供水设施来扩大供水能力，但至于排水设施是否负担得起它就管不着了；同样，管供水的想尽量扩大供水，卖出去更多的水来增加单位的经济效益，这与节约用水又相矛盾，而且供水越多，污水越多。通常情况下，城市生活和工业用水的80%转化为污水，在目前污水处理设施能力严重不足的情况下，水质保护的一个重要思路与措施是要通过限制用水定额、缩减供水量而减少排污量。

（6）水管理职能交叉重叠，水政策政出多门。作为地方水行政主管部门，应代表政府行使水资源统一管理职能，但却不是节约用水和计划用水的主管部门，仅负责农村地区的供水与节水工作；各地的节约用水办公室一般设在建设部门，但它也仅管城区节水工作。目前，涉及水管理的地方性法规和规范性文件，都不同程度地存在与国家大法、国务院规定相抵触和矛盾的内容，但仍在执行。这些法规和规范性文件实际上都是围绕着水管理的不同侧面的具体问题展开的。例如，供水、排水、节水、地下水这些具体问题，环环相扣而互有联系，共同组成了水资源管理的完整内容，但被人为以部门分割而引起内容分割，内容交叉，主次不清，不同部门之间操作难度很大，水立法难以统一，水执法更是队伍不一，步调不一。传统的水务管理已经不适应社会经济发展要求。

据统计，自1993年深圳市率先成立全国第一个水务局以来，全国成立水务局或实行水务一体化管理的单位共计1251个，占全国县级以上行政区总数的53%。在全国31个省级行政区中，除西藏外，其余30个省（自治区、直辖市）均开展了水务管理体制改革。其中省一级的有北京市、上海市、海南省、黑龙江省；副省级水务局5个，分别为深圳市、武汉市、西安市、哈尔滨市和大连市，占全国副省级城市总数的 33％；地级水务局 105 个，占全国地级行政区总数的 34％；县级水务局 834 个，占全国县级行政区总数的 41％，其中山东省有 89 个县（市、区）成立了水务局，占全省总数的 62％。

水务局的成立，有若干积极作用。第一，在一定程度上体现了水务工作地方性强的特点。第二，在一定程度上克服了多头管水的局面，部分解决了部门职能交叉、政出多门的问题，提高了效率。第三，在一定程度上优化了水资源调度，统筹调度地表水和地下水，优化配置城区、郊区及区外水资源，有效缓解供需矛盾，提高城镇供水保证率。

6.2 城市水务市场构建与监管机制

6.2.1 水务市场含义及特征

1. 水务市场含义

城市水务市场是在水资源统一管理，水的资源管理与开发利用产业管理相分离的管理体制和管理制度安排下，建立起来的水权（指水资源使用权）、排水权交易市场，以及针对供水、用水、节水、排水、水处理与回用等产业链的工程建设、设备设施制造、水生产与销售服务市场。在水务产业链市场，通过特许经营和招标投标等多种与市场经济机制相适应的方式来配置建设、经营权（田圃德，2004）。所以，在水务市场交易的是水权、排水权以及涉水工程、设备设施等的建设权、经营权。水务管理就是通过政府宏观管理和市场经济调节相结合，对涉水事务的水权、排水权和建设权、经营权的统一管理和监督管理。

2. 水务市场的特征

水务市场虽然也是市场，具有一般市场的共性，但水务市场由于水自身存在的特殊性，其具有不同于一般商品市场的显著特点。

1）水务市场是"准市场"

目前，在中国经济转型期，中国的水务市场只能是一个"准市场"。所谓"准市场"是指水资源在兼顾防洪、发电、航运、生态等其他方面需要的基础之上，兼顾各地区的基本用水需求；在上下游省份之间、地区间和区域间，通过建立民主协商和利益补偿的机制，来实现水资源的合理配置。在这里，水务市场只是作为一种机制，体现的是流域、区域和行业间的相互协商和合理的利益补偿和利益实现。

水务市场不是一个完全意义上的市场，其原因有四：一是水资源交换受时空等条件的限制；二是多种水功能中只有能发挥经济效益的部分（如供水、水电等）才能进入市场；三是资源水价不可能完全由市场竞争来决定；四是水资源的开发利用和经济社会发展紧密相连，不同地区、不同用户之间的差别很大，难以完全进行公平自由竞争。水资源的分配是一种利益分配，既可以通过市场也可以通过非市场来解决，但单独哪一种方式都不能有效解决，水资源的配置方案不仅仅需要技术上、经济上的可行性，更重要的是要有政治上的可行性。通过对水资源配置的经济机制和利益机制的分析，积极引入既不同于传统"指令配置"也不同于"完全市场"的"准市场"。

"准市场"的实施由民主和利益补偿机制等辅助手段来保障，以协调地方利益分配，达到同时兼顾优化流域水资源配置的效益目标和缩小地区差距、保障农民利益的公平目标。水的统一管理应和"准市场"、"地方政治民主协商"有机结合，通过不断的制度创新和制度变迁，形成比较成熟有效的新的水分配、水管理模式，并逐步以法律法规的形式固定化。

2）政府宏观调控职能突出

水务市场是一个"准市场"，这一特点就决定了水务市场实行政府宏观调控的特殊性。水是自然资源，但水利工程供水使水变成了经济资源，具有了商品性质，又不同于一般商品。因为，市场经济不是"自由经济"，而是法制经济，任何实行市场经济体制的国家；政府都要用法律手段管理和调控商品和服务的价格，由此形成市场调节价、政府指导价、政府定价。对于交通运输、邮政、电信、水、电、气等重要公用事业的价格，只能由政府管理，不允许经营者自行定价，以稳定社会经济秩序。供排水属于公用事业，不能随行就市定价，只能是政府宏观调控的供水市场。按照短缺经济学的观点，资源短缺应当依靠市场机制来调节，但市场并不是解决经济工作中种种难题的万应灵丹。同样，水务市场也不是解决水资源短缺问题唯一的灵丹妙药。

从经济特性来看，水利设施提供的服务具有混合经济特征，既有私人物品的属性，又有公共物品的属性，带有公益性和垄断性，政府的宏观调控是必需的。实现有效的宏观调控，克服"政府失灵"的关键是加强管理，即实行流域与区域相结合的水资源统一管理。黄河水量统一调度、黑河分水及向塔里木河下游输水的成功实施，充分说明了调控对市场的重要性。许多城市成立水务局，对一切涉水事务实行统一管理，为政府宏观调控创造了有利条件。因此，实现水资源有效管理的途径，就是政府宏观调控、民主协商、水务市场三者的结合。

从经济运行的角度考虑，水利经济体制改革，当然期望能提高水的市场化程度。随着国民经济市场化程度的提高，水的市场化程度肯定会相应提高。但由于水利仍然要依靠亿万农民兴修、维护和抗洪抢险，所以，水利在市场化经济运行中明显受到国家政策上的约束。水利经济市场化应该是在国家宏观政策指导下的有条件的市场行为。

水务市场上，水的使用权的流转实际上是政府适应市场经济体制的水资源管理的一种经济手段，而不是目的。它的实施应与很多政策相配套。其一是有偿转让应建立在有偿使用的基础上，即水的使用权的取得如果是行政审批取得，则其转让还是应该经过行政许可。但如果国家已建立了水资源有偿使用制度，已行使了使用收益权，某一主体已向国家缴纳了水资源的有偿使用费后才取得了水资源的使用权，则应当允许依法进行有偿转让。其二是水资源使用权的取得应与其事业相适应。国家在许可水资源的使用权时，是依据事业的需要和定额管理，而不是凭空就许可水资源使用权，这样才能避免由此引起的诸如使用权垄断等一系列问题。其三是水的使用权的转让应有利于水资源的节约和保护。可转让的权利应有利于水资源的节约和保护，可转让的权利应限制在因技术和资金的投入及通过节约用水和水资源保护措施而空余下来的水量。

政府宏观调控的关键在于：①对水管单位公益行为实事求是地给予补偿。②出台《水资源费征收使用管理办法》，使国家真正拥有水资源水权，用经济手段调控水务市场，实现水资源优化配置。③依据《水利工程供水价格管理办法》，使水利工程供水——商品水，成为真正的商品，并定期分流域、区域发布指导水价，防止水垄断。④制定《水利工程用水管理条例》，协调水资源开发商、用水户（人）与水利工程供水之间的物权关系，并和《取水许可制度实施办法》这一直接取用水资源的法规配套；完善水务市场的相关法制体系。⑤水务一体化管理，实施政府对水务市场（包括自来水、净水等）所有商品水的监督管理。

6.2.2　城市水务市场容量

城市水务市场容量，亦称城市水务市场大小，是指市场的边界，包括地理边界、交易物范围和交易物的量。

1. 地理边界及特征

水务市场地理边界指行政区域。按水资源特点来确定市场边界应该以流域为界限，但流域和行政区划并不完全一致，为此我国水务管理提倡流域与行政相结合的办法来管理水资源，尤其对于中小流域，无法设置众多的流域管理机构，只能用明确的行政地理边界来讨论城市水务市场，这就与水资源的多少与调度、供排水工程设施以及当地供水用水状况和其他资源开发利用、工农业布局经济发展程度、用水工艺、设备设施水平有关，更与城乡缺水及供水价格密切有关，上述因素直接影响城市水务市场的大小。

2. 交易物范围的界定

城市水务市场交易物的范围随着市场经济的发展而有所变化，如由于饮水标准的改变，而使管材、水处理设备标准随之有所改变，这些物品虽然与水密切相关，但却属于一般商品范畴，不按一般商品对待，不应再纳入水务交易物之列，否则将导致监管的泛滥和权力的失控。城市水务交易物的范围主要是允许交易的水资源使用权、排水权、商品水用水权和供水排水工程设施经营权，以及符合国家用水技术经济标准要求的用水工艺和设备设施等。

3. 交易量

城市水务市场的交易量是指在特定行政区域内某一时期水务市场所交易物的量，它可以是实际发生量，也可能是潜在交易量，取决于城乡一体化程度，城市规模，经济社会发展水平和人民文化、物质生活水平。由于经济的持续稳定增长，城市化、城乡一体化进程加快已成为供水量、水处理及相关产业增长的主要原因。

6.2.3　我国水务市场的发展现状

各地在推进水务市场化改革中经历了以下主要阶段：

（1）以水务建设项目招商引资为代表，20 世纪 80 年代末期开始了城市第一阶段水务投资改革，城市政府通过直接或间接担保，获得政府间贷款或国际金融组织贷款。在这一轮引资中涉及主要大城市的 100 多个项目，引资未涉及产权关系。

（2）在中央禁止城市政府参与担保等直接融资行为之后，20 世纪 90 年代中期开始了第二阶段投资探索，外资开始以合作经营并且保证固定回报的形式投资城市水厂项目（基本不包括城市管网），同样回避了产权关系的明晰问题，只是明确了投资回报。

（3）20 世纪 90 年代后期开始以大量的 BOT（建设—运营—移交）方式为代表的第三阶段改革探索，BOT 针对单个新建项目（主要是水厂项目），放开了一定期限的有限产权，实现了项目的有效融资，但是回避了城市水业的原有资产的产权处置。

（4）随着城市水务企业改制的全面展开，政府公共管理职能与资产出资人职能的分离，尤其是党的十六大以后，水务企业的产权改革真正拉开帷幕，上海、深圳、三亚等城市水务企业的部分股权转让，标志着水务行业市场化进入了产权制度改革的阶段。

6.2.4　我国水务市场特点

1. 外资迅速抢滩

水务市场具有风险低、回报稳定的特点，因此优先占有市场非常重要。随着国内水务市场的放开，苏伊士里昂水务、威望迪集团、泰晤士水务、安格利水务、汇津公司等越来越多的国际水务集团正迅速抢滩并扩大市场，成为水务市场上最活跃的主体。迄今为止，由外资参与直接经营的国内自来水厂已逾 100 多家，仅苏伊士里昂水务一家已在中国参与了 50 多个水厂（包括污水处理厂）的建设或经营，在华项目的投资总额超过 30 亿美元。外资在国内水务市场的投资主要集中在自来水厂的建设与经营、原水设施与污（废）水厂的建设等领域。

2. 企业深化改革

第一个阶段从 20 世纪 90 年代初开始，以"产权清晰、权责明确、政企分开、管理科学"为中心对企业进行改造，一个显著标志是企业名称由"自来水公司"更改为"自来水（集团）有限公司"。据不完全统计，约有 90% 以上省会城市和 60% 以上大中城市的供水企业已经进行了这种改革。其典型模式有以下几种。

深圳模式——建立和完善现代企业制度，实施集约化管理和规模化经营，步入"自我积累、自我发展"的良性循环；

上海模式——将水司一分为四，以促进竞争和提高效率；

南海模式——供水企业将水厂借壳上市，然后把所募资金用于发展供水项目；

武汉模式——政府将水厂包装上市，然后把所募资金用于其他基建项目；

沈阳模式——厂网分离，产销分开，水厂包装后在香港上市，所募资金用于城市基础设施建设。

第二个阶段从 90 年代末开始，少数体制较顺或者基础较好的供水企业展开了以提升企业规模和国际竞争力、抢占市场份额为中心的改革和探索。比较典型的例子有：深圳自来水集团积极实施跨区域经营战略；保定、杭州等地与国际水务资本展开了激烈竞标；北京自来水集团积极实施城乡一体化战略，展开了对周边郊县水司的大规模并购活动；长春、重庆等城市则积极组建了集供水、污水处理为一体的大型水务集团。

3. 民营资本入市

长期以来，民营资本主要集中在给排水设备、药剂的制造和销售领域，近年来则开始大举进入自来水厂与污水处理厂的建设与经营等领域，如钱江水利通过竞标收购杭州赤山埠水厂，北京首创股份收购高碑店污水处理厂一期工程。其中，最引人注目的是北京桑德集团于 2001 年 6 月，在人民大会堂与荆州、荆门、江阴、格尔木、宿迁等 11 个城市签约，以 BOT 方式承建并运营这些地区的城市污水处理厂。

4. 政府管制放开

政府对水务市场的管制主要有市场进入和价格管制两种形式。我国的市场进入管制长期以来一直是由地方政府垄断本地供水经营许可权的封闭制，市场机制根本未建立起来。而近几年来出现了几点新变化：

(1) 很多地方政府逐步放松了市场进入管制，允许多种水务经营主体跨行政区域进入，但放松的范围仅限于制水和污水处理领域。

(2) 管制主体的职能划分趋向明确，出现了资产管理与行业管理相分离的管制方式，克服了政企不分的弊端。

(3) 在行业管理上，"多龙管水"的混乱局面正在向"一龙管水"转化。① 在水价的制定上，承认水务企业应该有合理利润，并以法规的形式确认成本加税费、合理利润的定价标准（1998 年出台《城市供水价格管理办法》），同时指出供水企业合理盈利的平均水平应当是净资产利润的 8%～10%。②在水价的调整上，价格听证制度初步形成，水价的调整日趋科学化、合理化、规范化。2001 年 7 月，国家计委出台了《政府价格决策听证暂行办法》，使水价听证制度有了强有力的法规依据。

6.2.5 我国城市水务市场发展模式研究

1. 建立有利于水务市场健康发展的公共管理体制和市场运行机制

建立政企分开、政事分开、政资分开的水务管理体制，明确界定政府、企业、事业单位和社会中介组织在城市水务中的职责，形成以政府为主导，营利性企业、公益性组织、社会公众等多元主体参与，政府、市场、社会有机结合的水务管理模式，建立起所有权、经营权、监管权相互制约的城市水务发展模式，是推进水务产业化与市场化发展的前提和基础。在市场经济条件下，政府的职能主要是经济调节、市场监管、社会管理和公共服务。城市水务局既是市政府的水行政主管部门，也是供水、排水、污水处理与回用的行业主管部门，其主要职责是：统一法规、统一规划、统一调配、统一管理、统一标准、统一确定水价、统一分配水权、统一监管、统一市场准入。

2. 区分公益性项目与经营性项目，确定不同的投资机制与运营模式

城市水务涵盖城市防洪、水源保护、水源、供水、排水、污水处理及回用等诸多领域。其中，城市防洪、水源保护、城市供排水管网等公益型项目，由于没有明确的产出或即使有产出也不可能完全走向市场化，因此政府作为公共利益的代表者，应该承担起建设、运行维护以及更新改造的责任，主要目标是建立稳定的投资来源和可持续的运营模式，逐步探索并实行政府投资、企业化运行的新路。对于城市供水等经营性项目，资金来源应该市场化，主要通过非财政渠道筹集，走市场化开发、社会化投资、企业化管理、产业化发展的道路。污水处理由于不以营利为目的，且受制于污水处理费偏低、产业化程度不高，但随着污水处理费征收范围的扩大和标准的提高，也要解决多元化投入和产业化发展问题，起码要建立国家投入、依靠污水处理收费可持续运行的机制。

3. 划分事权，形成分级投入机制

城市水务基础设施建设是城市政府负责的建设项目，但由于资金需求巨大，单靠市级财政投入远远不够，因此，应适当划分事权，市级政府主要负责全局性的重点水务工程，如水源工程、骨干管网工程、防洪工程、河网整治工程等。区域性的水务工程，则按照"谁受益，谁负担"的原则，由受益地区和部门投资，分级管理，逐步形成市、区、镇分级投入机制。

4. 运用政策手段，加大利用信贷资金力度

为了鼓励更多的社会资金投入城市水务行业，国家采用政策手段，如贷款贴息、长期开发性低息贷款等，使银行信贷资金向城市水源工程、供排水管网工程、污水处理厂等兼具社会效益和经济效益且具有稳定投资回报的经营性项目倾斜。

5. 拓宽筹资渠道，利用资本市场发展直接融资

在资本市场直接融资有利于提高企业筹资能力，优化企业资本债务结构，除发行股票融资之外，应该大力发展水务企业债券，尤其对于没有改制的国有水务企业，债券应该成为银行贷款之外的一个新的筹资渠道。在美国、德国等发达市场经济国家，供排水管网、污水处理厂等水务基础设施主要依靠地方政府的市政债券、水务债券或污水公共机构债券等形式筹集建设资金，我国现行政策不允许地方政府发行债券，应该积极研究通过市政或水务收益债券融资（李宝娟和燕中凯，2003）。地方水务等市政设施建设可以通过收益债券融资。美国的市政债券主要有两种形式：以发行机构的全部信用即税收收入作为担保的一般责任债券和以项目收益来偿还的收益债券，我国也曾发行过城市公用设施建设的具有收益债券性质的企业债券，当前应总结经验，推出相对规范的地方市政企业或水务企业收益债券，作为水务企业融资的主要模式。

6. 推进产权制度改革，增加水务投资

城市水务市场化所依托的中国市场经济体系，其资源以及功能分属多元主体和多个层次，因此产权制度改革、产权多元化是社会资本和海外资本进入城市水务行业的桥梁，成为解决城市水务行业投资不足的主要手段。同时只有多元持股，才能真正明确股东会、董事会、监事会和经理层的职责，形成各负其责、协调运转、有效制衡的公司法人治理结构，有力地约束企业内部成本，提高效率。

7. 加强政府对水务市场的监管

城市水务企业生产的产品和提供的服务是人民群众生活所必需且不可替代的，具有很强的公益性质和自然垄断特性。城市水务企业的公益性和自然垄断性要求企业承担普遍服务的义务、连续服务的义务、接受监督的义务等，并且只能在经营中获取合理利润。政府主管部门必须履行对城市水务企业的监管责任，并且与一般竞争性领域比较，这种监管应该更为严格。

政府的供水行业监管主要包括以下四个方面：第一是监管供水服务质量；第二是监管价格；第三是监管供水安全，这关系到国计民生和社会稳定；第四是监管企业对国有资产的运营和管理。要达到以上四方面的有效监管，要为行业监管的建立提供系统的法律保障；要求和鼓励地方城市出台可操作性强的、符合地方经济社会特点的政策体系；建立完善的相应制度，并配套相应的规范性条例文本、标准化合同文本；健全相关技术标准以及管理和服务规范使其成为行业监管的重要依据和标尺。

8. 在水权配置和统一规划的前提下开放水务市场

水资源属于国家所有，是一种特殊的资源，具有明显的公益性、基础性、垄断性和外部经济性，对流域与区域水资源的统一规划、统一调度、统一管理是政府的重要职责，政府必须牢牢控制水资源的分配权、调度权、资产处置权和收益权。为明晰水权，把水资源总量控制和定额管理制度落到实处，通过水务市场水权的有偿转让解决城市化与工业化进程中对水资源的需求问题，水行政主管部门进行水权初始配置，建立水务市场是必须采用的有效手段。

9. 改革水价形成机制，推进水务产业化、市场化进程

现存供水价格体系具有局限性，政府往往过多地注重了社会效益，忽略了利用价格杠杆调节需求和推进供水基础设施建设，使城市供水的价格机制不甚合理。为达到吸引投资和为市民提供长期优质公共服务的目的，政府必须对城市涉水行业的产品和服务制定有吸引力的价格，公开价格调整程序，实行价格听证会制度，在保证投资者通过提高生产效率和降低成本获得合理收益的同时，也要使用户在一段不太长的时期内享受到竞争和科技进步带来的实惠，最终维护用户的长远利益。因此要根据市场规律的要求，综合考虑供水企业制水成本、居民承受能力和物价指数，建立合理的城市供水水价形成机制和水价调整机制，对居民用水实行阶梯式计量水价，对非居民用水实行计划用水和定额管理，以及超计划、超定额加价方法。

6.3　节水型社会建设与水资源供需管理

6.3.1　城镇用水量

1. 城镇生活用水特点

城镇生活用水特点为：

（1）用水量增长较快，其增长率大于工业用水增长率。

（2）用水量时程变化较大。季节、温度变化对用水量影响较大。由于城镇居民每日在工作单位、住宅分别滞留，其住所的供水小时变化系数较大。除节假日用水有增加外，日变化系数波动较小。

（3）供水保证率要求高，一般要求 95% 以上。

2. 工业用水特点

由于不同工业企业的工业生产用水量各不相同，至今未形成统一的工业用水定额编制规程。这里的用水量定额有以下几种类型。

（1）规划用水量。根据 1998 年建设部提出的节水计划目标，2000 年和 2010 年主要工业行业单位产品用水量见表 6-1。

表 6-1　2000 年和 2010 年主要工业行业单位产品用水量

产品名称	单位产品用水量		产品名称	单位产品用水量	
	2000 年	2010 年		2000 年	2010 年
棉纺织	2.5 m³/100 m	2.2 m³/100 m	皮革加工	0.8 m³/张	0.6 m³/张
毛纺织	31 m³/100 m	26 m³/100 m	硫酸	20~70 m³/t	15~50 m³/t
丝织	3.7 m³/100 m	3.2 m³/100 m	氯碱	15~20 m³/t	10~15 m³/t
麻纺	760 m³/100 m	610 m³/100 m	涂料	40~50 m³/t	30~40 m³/t
黏胶	580 m³/t	450 m³/t	三胶	145 m³/t	110 m³/t
涤纶	47 m³/t	35 m³/t	炼铁	8 m³/t	6.5 m³/t
印染	2.0 m³/t	1.4 m³/t	炼钢	4 m³/t	3 m³/t
味精	150 m³/t	120 m³/t	轧钢	5.5 m³/t	4.5 m³/t
酒精	42 m³/t	40 m³/t	医药	130~250 m³/t	50~100 m³/t
啤酒	14 m³/t	10 m³/t	彩色显像管	0.6 m³/只	0.4 m³/只
罐头	65 m³/t	30 m³/t	机械	45 m³/万元	30 m³/万元
纸浆造纸	210 m³/t	170 m³/t	平板玻璃	0.82 m³/重箱	0.52 m³重箱
猪屠宰加工	0.55 m³/头	0.4 m³/头	水泥	0.8 m³/t	0.62 m³/t
牛屠宰加工	1.2 m³/头	1.0 m³/头	载重汽车	18~30 m³/辆	10~20 m³/辆
羊屠宰加工	0.4 m³/头	0.25 m³/头	轿车	10~20 m³/辆	7~8 m³/辆
家禽屠宰加工	0.045 m³/头	0.04 m³/头	火力发电	1.0 m³/(s·GW)	0.9 m³/(s·GW)

(2) 建设部全国统一用水量定额。1984 年，建设部、国家经委主持编制了《工业用水量定额》，该定额可作为城市规划和新建、扩建工业项目初步设计的依据，也可作为考核工业企业用水（节水）时的参考。

(3) 水利部门用水量定额。水利部水资源［1999］519 号文件《关于加强用水定额编制和管理的通知》指出，用水定额以省级行政区为单元，由省级水行政主管部门牵头组织有关行业编制行业用水量定额。不同的生产工艺过程对水质的要求不同，水质条件还与产品的类别、设备有关。

3. 城市用水定额

用水定额是在一定期限内、一定约束条件下，在一定的范围内以一定核算单元所规定的用水水量限额。用水定额是人为规定的一种考核指标或衡量尺度，通常反映某种考核指标的平均先进水平。由此，用水定额应区别于实际发生的用水水量统计值。

用水定额可根据城市用水类别划分，其中主要有工业用水定额、城市生活或居住区生活用水定额、公共建筑用水定额及市政用水定额等。

工业用水定额是指在一定的生产技术和管理条件下，结合当地水资源实情，生产单位产品或创造单位产值所要求的用水量，两者都是产品生产过程中用水多寡程度的水量标准，反映的都是生产和用水之间的关系。科学合理的用水定额在制订用水计划、编制节水规划、实行科学的定额管理等方面有着重要的作用。

1）城市用水定额制定原则

制定用水定额是一种标准化工作。所谓标准化，是在经济、技术、科学及管理等社会实践中，对重复性事物和概念通过制定、发布和实施标准达到统一，以获得最佳秩序和社会效益。由此可见，用水定额制定也要体现标准制定的科学性、先进性、法规性和经济合理性。

用水定额的制定，除了体现上述标准化的科学性、先进性、法规性和经济合理性原则外，还应力求简便易行。要在保证正常生产和产品质量的基础上，提高工业节水的水平，促进水资源的合理利用与科学管理，要在取得良好的经济效益、社会效益与环境效益的基础上推动工业生产技术与节约用水技术的发展。此外，应以严格而科学的企业水平衡测试作为基础。

此外，制定用水定额要立足于当地水资源条件、社会经济特点、产业结构特点和技术水平，编制出适合当地实际情况的用水定额。要先粗后细，逐步完善，首先解决主要用水行业缺乏用水定额的问题，在此基础上逐步提高用水定额的科学水平；逐步扩大范围，形成较完整的用水定额体系；建立用水定额调整机制，以适应用水水平和用水组成的变化。

2）用水定额制定的基本方法

由于工业生产情况复杂，产品结构与门类繁多，难以采用一种统一的制定方法。根据我国近年来的有关研究成果以及全国各地制定工业用水定额的经验，结合工业用水的特点，可采用的方法有经验法、统计分析法、类比法、技术测定法等。一般根据用水资料的完整程度、统计序列的长短，具体情况具体分析，采用一种方法制定后，再用其他方法进行校核。

A. 经验法（直观判断法）

经验法，是运用人们的经验和判断能力，通过逻辑思维，综合相关信息、资料或数据，提出定量估计值的方法的统称。经验法，通常是在有关专家、业务人员（统称"专家"）中，严格地遵照一定的组织方式、程序和步骤进行的。据此，又可分成多种多样的方法。

（1）主观概率值。主观概率值是对人们就某一经验的特定结果（如提出的定额或有关的节水考核指标）所持的个人信息量度的评价，即对事件估计概率的平均值（P）。显然，P 应大于某一预定概率值（如 0.7～0.9）；否则，应提出新的定额值重新评价。

（2）调查法。调查法即综合调查"专家"对某项用水定额或节水考核指标估计值的方法。调查可通过书面表格形式进行，但应慎重选择"专家"与调查内容。调查结果，可以以算术平均、加权平均或下列概率平均法计算。若由调查得出 3 种（或 3 组）数值：先进的（乐观估计）为 a，一般的（可能性最大）为 m，保守的（悲观估计）为 b。则它们的平均值为

$$\bar{v} = \frac{a + 4m + b}{6} \tag{6-1}$$

（3）"专家会议"法。它是通过组织"专家会议"，运用"专家"各方面的知识与经验，互相启发、集思广益的一种集体评估方法。用这种方法了解情况快，易于扩展思路，便于协商一致。同上述个人判断方法相比，"专家会议"法信息量大、考虑因素多、产生的方案多而具体。但由于受感情、个性、时间等因素的影响，估计值的准确性可能较差。为此，可在上述基础上召开会议对初评估结果进行质疑。其处理方法同上。

（4）德尔菲法。它是系统分析方法在意见和价值判断领域中的延伸。这个方法与"专家会议"法的本质区别在于征询意见、统计分析以及对分析结果的重新评价（可能进行数轮）都是在组织设计者的安排下于"专家"之间"背靠背"进行的。因而可以克服上述方法的缺点。

总体来讲，经验法的成败关键同评估的组织设计者的主观条件、组织工作情况以及"专家"状况密切相关。经验法的主要特点是简单易行，省时省事，耗费较少，便于调整定额。但受主观因素影响，易出现主观性、片面性和一定的盲目性，其结果也不够准确。

因此，采用经验法制定定额时，对工作的设计组织者及"专家"素质要求较高，需要有一定的客观基础（如节水工作基础、资料、信息、数据）。此法，可作为其他工业用水定额制定法的补充手段或基础，也可作为某些特殊情况下的主要手段。

B. 统计分析法

统计分析法是把以前同类产品生产用水的统计资料，与当前生产设备、生产工艺及技术组织条件的变化情况结合起来进行分析研究，以制定工业用水定额的方法。根据定额水平判定方法，统计分析法又可分为：二次平均法、概率测算法、统计趋势分析法。

（1）二次平均法。由于统计资料反映的是某项产品过去已经达到生产用水的水平，但没有也不可能消除生产过程中不合理因素的影响，如用统计资料的平均值判定定额水平一般偏于保守。为了克服这个缺陷，可采用"二次平均法"计算平均先进值，以作为制定定额水平的依据。

（2）概率测算法。用"二次平均法"求得的定额需经统计检验后方可知道是否为先进水平。概率测算法，即先知实现定额的可能性后，求定额值的统计分析方法。它可为确定定额提供依据。

（3）统计趋势分析法。统计资料是反映过去已经达到生产用水的水平。但随着科学技术的进步，设备不断改进，工艺不断更新，加之节水的压力不断增强，生产单位产品用水水量应呈下降趋势，如果掌握了大量统计资料，这种变化趋势是可以定量预测分析的。统计趋势分析法就是根据同类产品生产用水量的多年统计数据，分析其随时间的变化规律和发展趋势，来判定未来指定年限内定额水平的方法。统计分析法的适用条件是：①制定具有大量统计数据的生产用水定额（企业或行业生产用水定额）；②统计趋势分析，需收集到按时间（年份）序列变化的生产用水资料；③要求较高的传统产品或大批量产品的生产用水定额。

C. 类比法

类比法是以同类型或相类似的产品或工序及典型定额项目的定额为基准，经过分析比较，类比出相邻或相似项目定额的方法，故也称为"典型定额法"。根据类比参数的确定方法又可分为比例数示法和曲线图示法两种。

（1）比例数示法。比例法又叫比例推算法，是以某些执行时间较长、资料较多、定额水平比较稳定的产品用水定额项目为基础，通过经验法、技术测定法、理论计算法或根据统计分析法求得相邻项目或类似项目的比例关系或差数制定用水定额的方法。

比例法实质是用已知某产品用水定额，根据与其同类型或相似产品的比例关系推算用水定额的方法。可用下列公式表示：

$$WM = K WMD \tag{6-2}$$

式中，WM 为需计算的单位产品用水定额；WMD 为相邻或相似的典型定额项目的单位产品用水定额；K 为比例系数。

（2）曲线图示法。曲线图法是以一组已知的典型用水定额项目为基准，根据其影响因素，求所需项目用水定额的方法，故又称为"影响因素法"。其步骤是：选择一组同类型典型产品项目，以影响因素为横坐标，用水定额为纵坐标。将这些典型定额项目的用水定额值标在坐标纸上，依次连接各点成一曲线，从曲线上即可定出所需项目的用水定额。

类比法的优点是：方法简单，工作量小；可操作性强，容易掌握；定额数据合理准确，若典型单位用水定额选择恰当，切合实际且具有代表性，类比定额是比较合理和反映实际用水情况的；可确定系列产品的单位用水定额。

D. 技术测定法

技术测定法，是在一定的生产技术和操作工艺、合理的生产管理和正常的生产条件下，通过对某种产品全部生产过程用水水量及其产量进行实际测算，并分析各种因素对产品生产用水的影响，以确定产品生产用水定额的方法。

测定某一产品生产过程中用水量时，其测定次数将直接影响测定水量、产量数据的精确度，故要认真确定测定次数，以保证测定资料的可靠性和代表性。尽管选择了比较正常的生产条件，但由于产品生产的复杂性和测定手段、测定人员的差异都会产生一定的偏差。一般来说，测定的次数越多数据的可靠性越高，但要花费较多的时间和人力。

3）制定用水定额的步骤

用水定额的核算单元因用水类别而异，城市生活、公共建筑，多以单位用水人口计。工业用水定额核算单元则比较复杂。根据工业行业的特点，可以是单位最终合格产品、中间产品、初级产品，也可以是单位原材料加工量、产值、设备工作量或容量等。由此，计算用水定额的单位水量统计值（W_i）可以下列形式表示：

$$W_i = V_i / N_i \qquad (6-3)$$

式中，W_i 为测试或统计时段第 i 次单位水量统计值；V_i 为第 i 次测试或统计水量；N_i 为相应的核算单元数量。

在上述一系列单位水量统计值的基础上即可用统计分析法确定某种用水定额。在统计资料不足的情况下，也可适当选用经验法、类比法、技术测定法、理论计算法。但是，不论以什么方法制定用水定额，都应遵循一定的程序步骤，并应体现用水定额的科学性、适用性、先进性、经济合理性原则。

根据我国标准法规定与用水定额的实际用途，工业用水定额分为企业用水定额和全国或省市行业用水定额两类，前者又分为用水基础定额和用水计划定额两种。

企业用水定额在工业企业范围内制定，行业用水定额在相应范围内按行业统一制定。企业用水基础定额的制定是以实际用水情况及统计资料为基础，而行业用水定额的制定则是以相应范围内同类企业的用水基础定额为基础。企业用水计划定额是在相应用水基础定额的基础上，考虑相应条件下水的供需关系与计划节水要求制定的。

由于工业用水定额，特别是企业用水基础定额和行业用水定额是一种绝对的经济效果指标，所以是衡量地区、工业行业与企业用水水平的主要考核指标，是进行工业用水情况横向、纵向比较的统一尺度。企业计划定额则是实行用水管理的主要依据。

上述用水定额制定的基本方法，主要是针对企业基础用水定额。其主要步骤是：

（1）按要求选定企业基础用水定额的类别、核算单元与计算方法；

（2）按核算单元，计算正常生产状态下相应的工业用水水量的平均值；

（3）由企业按工业用水定额水平判别方法计算企业用水定额基准定额（W_{b0}）；

（4）由企业用水定额基础值（W_{b0}），通过技术经济分析确定企业用水基准定额（W_b）；

（5）企业用水计划定额，要在用水基准定额的基础上按下式计算：

$$W_p = K W_b \qquad (6-4)$$

式中，W_p 为企业用水计划定额；W_b 为企业用水基准定额；K 为年、季或月计划调整系数，一般根据水的供需关系和计划节约用水要求确定。

制定用水定额的意义在于，改变以行政手段为主的用水（节水）计划管理，过渡到以经济-计划手段为主的城市用水（节水）定额目标管理。这种管理模式是在建立合理水费体制的前提下，以企业用水定额为基本节水考核指标，以企业或行业的先进用水水平（行业用水定额）为定额节水目标，发挥工业企业自我约束机制的作用，实行对用水（节水）的管理。城市用水（节水）计划管理部门主要运用经济杠杆进行宏观控制、调节，并且从全局出发对工业企业的用水（节水）情况进行监督和统一管理。这样，工业企业和其他用水单位从对用水（节水）的被动管理变为主动管理。

以经济-计划手段为主的用水（节水）定额目标管理，实际上是社会主义市场机制在城市用水（节水）管理中的反映，其关键在于有效地发挥经济杠杆的作用。科学合理的用水定额标准，对于用水（节水）部门，尤其对大多数未达到用水定额标准的用水户而言，不仅是一种统一考核尺度，也是主要管理目标。

4）城市用水定额管理

用水定额管理具有很强的行政和技术管理职能，是体现用水科学管理的必要手段。用水定额管理工作的实效主要体现在用水定额的贯彻实施和用水定额的及时修订这两大环节上。

（1）用水定额的贯彻实施。用水定额的贯彻实施是制定用水定额的根本目的，即通过以用水定额为主建立一套节约用水考核指标体系来实现用水（节水）的科学化管理。

（2）用水定额的修订。用水定额的修订一般有定期修订和不定期修订两种。①定期修订。这是指在生产工艺和技术水平以及生产用水水平提高的前提下，原有用水定额水平已不适应新的生产和用水状况而进行的修订。该项工作包括对不完善用水定额的修改和充实。定期修订的年限一般采用3年制。②不定期修订。这是指在采用新的节水生产工艺（设备）及实施节水技术改造项目后，使生产用水水平有了较大提高的前提下，原有的用水定额水平已明显落后，为此而进行的用水定额修订。

4. 用水计划的编制和确定

1）工业用水的分类

工业用水指工、矿企业的各部门，在工业生产过程中，制造、加工、冷却、空调、洗涤、锅炉等使用的水及厂内职工生活用水的总称。现代工业分类复杂，工业产品繁多，用水环节多，工矿企业不仅需要大量用水，而且对供水水源、水压、水质、水温等有一定的要求。为了便于讨论，首先要将工业用水进行分类。

（1）按工业用水的作用分类。工业用水指直接用于工业生产的水，包括间接冷却水、工艺用水和锅炉用水。①间接冷却水。为保证生产设备能在正常温度下工作，用来吸收外界或转移生产设备的多余热量，此水与被冷却介质之间由热交换器壁或设备隔开。在火力发电、冶金、化工等工业生产中冷却用水量都很大。冷却水，一般不与产品和原料相接触，使用后水质污染较轻，仅有水温升高，因此便于处理后回用。②工艺用水。用来制造、加工产品以及与制造、加工工艺过程有关的用水，包括产品用水、洗涤用水和直接冷却用水。作为生产原料的用水称为产品用水，对原材料、物料、半成品进行洗涤处理的用水称为洗涤用水，而直接冷却用水主要包括调温、调湿等使用的直流喷雾水。③锅炉用水。为工艺或采暖、发电需要产汽的锅炉用水及锅炉水处理用水。

（2）按工业用水过程分类。①总用水。总用水指工矿企业在生产过程中所需用的全部水量，包括空调、冷却、工艺和其他用水。在一定设备条件和生产工艺水平下，其总用水量基本是一个定值，可以测试计算确定。②取水（或称补充水）。工矿企业取河水、地下水、自来水或海水的总的取水量。③排放水。经过工矿企业使用后，向外排放的废水。④耗用水。工矿企业生产过程中用掉的水量，包括蒸发、渗漏、工艺消耗和生活消耗的水量。⑤重复用水。在工业生产过程中，二次以上的用水称为重复用水。重复用水量包括循环用水量和二次以上的用水量。

（3）按水源分类。①河水。工矿企业直接从河道取水，或经专供的水厂供水。一般水质达不到饮用水标准，可作工业生产用水。②地下水。工矿企业在厂区或邻近地区自备设施提取地下水，供生产或生活用水。我国北方城市工业用水，取用地下水占有相当大的比重。③自来水。由自来水厂供给工业用水，水质较好，符合饮用水水质标准。④海水。沿海城市将海水作为工业用水的水源。有的将海水直接用于冷却设备；有的将海水淡化处理后再用于生产。⑤回用水。城市排出废污水经处理后再利用，或经处理后的废水顶替一部分清洁水利用。

2）城市生活用水的分类

城市生活用水为城市用水中除工业用水（包括生产区生活用水）以外所有用水的统称，简称生活用水，有时亦称大生活用水、综合生活用水、总生活用水。它包括城市居民住宅用水，公共建筑用水，市政用水、环境、景观与娱乐用水，供热用水及消防用水等（李容国，2000）。

（1）城市居民住宅用水，为城市居民（通常指城市常住人口）在家中的日常生活用水，有时亦称居民生活用水、居住生活用水等。它包括冲洗卫生洁具、洗浴、洗衣、炊事烹调、饮食、清扫、浇洒、庭院绿化、洗车和其他用水，以及漏失水。

（2）公共建筑用水，包括机关、办公楼、学校、医疗卫生部门、文化娱乐场所、体育运动场馆、宾馆旅店以及各种商业服务业用水，其中相当一部分属第三产业用水。

（3）市政、环境、景观和娱乐用水，包括浇洒路面及其他公共活动场所用水，绿化用水，补充河道、人工河湖、池塘以保持景观和水体自净能力的用水，人工瀑布、喷泉用水，划船、滑水、涉水与游泳等娱乐用水，融雪、冲洗下水道用水、消防用水等。

3）编制城市用水量的计划

城市用水量包括城市生活用水量和工业用水量。

在编制城市用水量计划时，可参考居住区生活用水量标准（GBJ13—86）和时变化系数（GNJ15—88）进行计算。表 6-2 反映了近几年来我国城市生活用水概况。

表 6-2　我国不同规模和地区城市生活用水量　　［单位：L/（人·d）］

城市类别	城市生活用水		居民住宅用水		公共市政用水	
	北方	南方	北方	南方	北方	南方
特大城市（＞100 万人）	177.1	260.8	102.9	160.8	74.2	94.0
大城市（50 万～100 万人）	179.2	204.0	98.8	103.0	80.4	101.0
中城市（20 万～50 万人）	136.7	208.0	96.8	148.9	39.9	59.1
小城市（＜20 万人）	138.0	187.6	79.3	148.5	58.7	39.1

工业生产用水量，取决于产品结构、生产规模、生产工艺、设备、技术水平等，在编制用水计划时，可参考原城乡建设部、环境保护部、国家经委颁发的《工业用水定额》，该定额主要作为城市规划和新建、扩建工业项目初步设计的依据。应用时可结合具体情况确定用水定额。

5. 城市用水量的预测方法

工业用水是随着工业生产的发展而不断增加的。工业用水的增长预测，是研究工业用水的主要课题，是进行城市规划和工业合理布局必须掌握的材料。下面介绍如何预测工业发展的用水量，以及对各种方法的评价。

1）预测概述

工业用水预测是一项复杂的工作，涉及的因素很多。一个城市或地区的工业用水量的发展，与国民经济发展计划和长远规划密切相关。可通过对工业用水发展史的研究，估算工业发展的用水量。为使估算今后工业用水量更符合实际，必须考虑随工业发展而变化的用水技术和水平不断提高的因素。当前，开展用水预测的城市，一般采用时间序列预测——回归法。

时间序列预测是根据历史资料（称为样本），用统计学上的回归方法来进行预测，步骤如下：

第一步：收集资料。根据历年工业用水资料进行收集、整理、分析、汇总。资料的可靠程度以及多寡，直接关系到预测精度。

第二步：画散点图。将时间序列的单位产值（或单位产品），与单位用水量或者相应的增长率，画在坐标平面上，描绘时间序列的点（实际值），称散点图。它直观地显示出随时间变化的趋势，有助于建立回归方程。

第三步：建立回归方程式（或称配回归曲线）。适用于时间序列相关的回归公式有

$$直线 \qquad y = a + bx（包括上升或下降） \qquad (6\text{-}5)$$

$$曲线 \qquad y = a + bx + cx^2 \qquad (6\text{-}6)$$

第四步：估算参数。系数 a、b 用历史资料来估算，一般可用列表法进行。

第五步：估算误差。根据统计学中回归方程衡量误差程度，采用 S/y 值。

2）预测方法

根据工业用水的历史资料，分析工业单位产值用水量，产值增长率与相应的用水增长率，单位产值用水量与相应的重复利用率，用时间相关法及产值与重复利用率相关法等进行需水预测，以及分块预测工业需水量。

（1）趋势法。根据资料分析，若工业用水呈逐年增长趋势，则可用历年工业用水增长率来推算未来工业用水量。预测不同水平年用水量的计算式：

$$Q_n = Q_0 (1 + d)^n \qquad (6\text{-}7)$$

式中，Q_n 为预测水平年工业用水量；Q_0 为预测起始年份工业用水量；d 为工业用水年平均增长率，%；n 为从起始年份至预测某一水平年份所间隔的时间，年。

一个城市工业用水的增长率与工业结构、用水水平、水源条件等有关。采用趋势法预测工业用水的关键是对未来用水量增长率的准确确定。需要找出与增长率有关的因素，分析过去用水的结构，合理确定未来不同水平年的平均用水增长率。

（2）产值相关法。工业用水的统计参数（单耗、增长率等）与工业产值有一定的相关关系。目前国内外广泛利用这种关系来推算将来的工业用水量。利用产值相关时，把产值作为横轴，单耗或增长率作为纵轴，描绘上实际值，进行回归分析。

（3）万元产值用水量。该方法具有万元产值用水量降低及重复利用率提高两种指标形式。预测模型为

$$Q_i = M_i A_i (1 - R_i) \qquad (6\text{-}8)$$

式中，Q_i 为预测年工业需用水量，m^3；M_i 为预测年万元产值用水量，$m^3/万元$；A_i 为预测年工业产值，万元；R_i 为预测年工业用水重复利用率，%。

其中，万元产值用水量的预测可以根据对城市历年万元产值用水量分析，以及在规划期间城市工业发展情况来进行预测，如果城市万元产值用水量资料统计时间长、变化比较规律，也可以采用合适的数学模型来预测，然后经分析确定。该方法适用于产品结构稳定，生产发展也相对稳定，可以建立较长的用水指标时间序列。

（4）城市人均综合取水量指标法。人均综合取水量指标法是目前较为常用的一种综合预测城市需用水量的方法。所谓综合取水量，是指各种取水量之和，包括工业取水、居民生活取水、公共建筑物取水、市政取水、景观和娱乐取水、供热取水及消防取水等。据此可得城市人均综合取水量为

$$q = V/n \qquad (6\text{-}9)$$

式中，V 为城市综合取水量，m^3；q 为城市人均综合取水量，$m^3/人$；n 为城市固定人口数，人。

城市人均综合取水量与城市性质、规模、工业结构、城市化程度、水文气象等有关。对于一个特定城市，根据其历史数据整理出一个系列资料，可由专家预测法确定。于是，规划水平年的需水量可用下式计算：

$$V = qn \qquad (6\text{-}10)$$

（5）分块预测法。分块预测法是将一个城市（或地区）的工业分成几大块，分别用不同的方法预测将来的用水量，分块预测一般有三种情况：①原有工业基础十分薄弱，要大规模发展工业的城市（或地区）。有的城市现有工业较少，而今后工业要有很大的发展。这样，工业用水和产值就很难说按某一速度增长，今后工业用水与产值的关系也不受现状关系的影响。有些工业行业现状规模小，今后要大发展，这种情况难以用趋势法、相关法和重复利用率等方法预测工业用水，而只能用分块预测法。将整个工业用水分成两大部分，一部分是原有基础上发展的工业用水，可按前述三种方法预测；另一部分是各时期新建起来的工业，根据计划新建工业的规模、建成时间，按设计需水量计算。②电力工业和其他一般工业分块预测。火电厂用水量比较大，与其他一般工业相比，万元产值用水大很多。如果火电厂用水是直流冷却用水，每万元产值用水量可达 2 万～3 万 m^3，即使是循环冷却用水，重复利用率达到 95%，每万元产值用水仍需要 1000 万 m^3 以上。如果将火电厂用水与一般工业用水放在一起预测，就会因火电厂发展规模、速度影响整个工业用水量。此外，火电厂用水性质和一般工业不同。一般工业用水均有不同程度的污染，不处理难以作为水源再回用；而火电厂用过的水基本上没有污染，可作为其他工业用水的水源。③特殊工业用水需分别预测。有的地区（或城市）是以某种采矿工业和能源工业为主，其用水量与一般工业用水量不同。这类地区就应分成两部分预测将来的用水量。一部分是一般工业发展用水，可选前面三种方法之一进行预测；另一部分就根据计划发展规模计算水量。

6.3.2　城市节水管理

所谓"节水"，是指在合理的生产力布局与生产组织的前提下，为最佳实现一定的社

会经济目标和社会经济的可持续发展，通过采取多种措施，对有限的水资源进行的合理分配与持续利用。城市节水分工业生产节水和居民生活节水两个方面。城市生活用水的节水途径，除了运用经济杠杆以外，宣传教育、加强节水观念以及推广应用节水器具和设备具有更为普遍的意义。城市节水管理就是执行节水政策法规，推行和推广节水技术，实行节水的经济管理。

1. 节水宣传教育与政策法规

进入 20 世纪 80 年代以来，各种报刊和宣传媒体频频发出呼吁："重视水资源的合理开发利用"、"十分重视城市节约用水"、"节约城市工业用水"、"缺水威胁着城市生态系统，制约着国民经济的发展"、"建立节水型社会势在必行"……国家领导人多次就水资源问题和城市工业用水问题发表讲话。召开了一系列城市用水、节水重要会议研究解决城市缺水的办法，研究制定城市用水的方针、政策、目标和节水的技术措施。

利用每年 3 月 22 日"世界水日"和 3 月 22～28 日"中国水周"，宣传"建设节水型社会，实现可持续发展"。全国节水办推出"国家节水标志"，与全国妇联开展"妇女参与节水主题宣传活动"；向北京市青少年赠送《节水知识读本》；还发布了"珍惜水、爱护水、节约水，让水造福人类"等 10 条宣传标语，重点宣传水资源可持续利用是我国经济社会发展的战略问题，核心是提高用水效率，把节水放在突出位置，以提高全社会的节水意识，促进节水型社会的建设。

2. 节水管理的政策法规

20 世纪 80 年代以来，随着我国经济体制改革的深入和社会主义市场经济的发展，城市供水行业的法制建设也随着我国法制工作的开展不断得到加强。国家和地方都先后制定了一系列供水方面的法规和规章，如《城市节约用水管理规定》、《城市供水条例》、《取水许可制度实施办法》；建设部还颁布了《城市供水企业资质管理规定》、《城市地下水开发利用保护管理规定》、《城市供水水质管理规定》；建设部与卫生部联合颁布了《生活饮用水卫生监督管理办法》等。同时，各地方如江苏、上海、厦门、大连、天津、北京等省市也相应颁布了一批地方法规和地方政府规章，如"节约用水条例"等，为我国实行严格的计划用水，加强用水的科学管理，为有限的水资源发挥出最大的效能提供了政策法规上的保证，也使得供水行业基本形成了一个比较健全的法规体系，并开始逐步走上依法管理的轨道。

6.3.3　城市非常规水资源开发利用

1. 污水处理回用的基本概念和途径

1）基本概念

（1）污水处理回用。污水处理回用（waste water treatment and reclamation）又称水的回收利用，是城市污水经过必要的处理，在最终排放前加以利用。而工业水的循环利用是指污水排入城市下水系统前的再利用。污水排入水体后经过一定的稀释扩散与自净作用，再次被抽取使用，称为间接回用。在目前情况下河流均受到不同程度的污染，利用地面水实际上大都是间接回用。直接回用指城市污水经必需的处理后，直接用于不同目的。通常所说的污水回用都是指直接回用。

（2）再生水利用。再生水是指工业或生活污水按照一定的回用目标，经过处理后，达到该用水目标的水质要求，并且被该目标有效利用的水。从水资源的开发利用角度来看，污水处理回用和再生水的基本含义是一致的，但是后者更强调回用水的水质标准要求。面临日渐严重的水资源危机，用传统解决水源及水污染的办法已不能适应社会飞速发展的新形势，寻求新的水经营理念和用水管理方法已显得十分必要。强调水的价值、提高用水效率，实现社会发展向节水型经济的战略转移，是新形势下的用水准则。污水处理回用技术正是顺应这一形势，并显示出其资源化利用与减轻水污染的双重功能。据统计，城市用水中只有 2/3 的水直接或间接用于饮用，其他 1/3 都可用回用水代替，因此，污水回用在对健康无影响的情况下，为我们提供了一个非常经济的新水源。也体现了优水优用、低水低用的合理用水、水资源合理配置的原则。在"十二五"期间，我国所有设市城市都必须建设污水处理设施，到 2015 年，城市污水处理率要达到 100%。其中绝大多数是二级生化污水处理设施。城镇供水约 80% 转化为污水，经收集处理后，其中 70% 可以回用。

　　2）城市污水处理回用途径

据调查，2007 年全国城市污水处理回用总量为 17.26×10^8 m³，占全国城市污水排放总量的 5.02%，占城市污水处理总量的 8.80%。其中回用于地下水回灌的有 0.69×10^8 m³/a，工业的有 4.75×10^8 m³/a，农林牧业的有 5.13×10^8 m³/a，城市非饮用水 1.14×10^8 m³/a，景观环境 5.54×10^8 m³/a。截至 2007 年年底，全国再生水厂 127 座，再生水管道 1421.78 km，再生水生产能力共计 347.7×10^4 m³/d。全国各分区城市污水处理回用量及再生水设施情况统计结果如表 6-3 和表 6-4 所示。

表 6-3　2007 年全国城市污水处理设施统计表

区号	污水排放总量 /(万 m³/a)	污水处理能力 /(万 m³/d)	污水处理总量 /(万 m³/a)	污水处理厂 /座	污水处理率 /%	排水管道长度 /km
1	647 014.48	1 988.21	45 5070.53	412	70.33	43 299.45
2	261 057.33	647.10	126 170.74	65	48.33	9 516.10
3	860 387.48	2 356.68	607 306.37	393	70.59	48 322.60
4	440 794.85	828.80	188 032.04	144	42.66	14 028.95
5	624 224.62	1 100.19	309 978.00	127	49.66	19 471.25
6	294 603.86	425.15	184 336.33	121	62.57	6 406.43
7	296 920.48	855.64	83 354.74	151	28.07	23 879.96
全国	3 425 003.10	8 201.77	1 954 248.82	1 413	57.06	164 924.73

表 6-4　2007 年全国各分区城市污水处理回用量及再生水设施情况

区号	污水处理回用量/(万 m³/a)						再生水管道长度/km	再生水厂	
	合计	地下水回灌	工业	农林牧业	城市非饮用水	景观环境		数量/座	生产能力/(万 m³/d)
1	114 206.64	5 179.28	29 113.4	37 852.99	5 962	36 098.97	917.65	67	198.49
2	5 566	0	5 135	0	0	431	23.9	6	15.5
3	8 924.2	151.2	3 727	680	1 583	2 783	64.2	6	23.2
4	9 089.87	100.4	4 485.9	2 297.5	236.57	1 969.5	208.36	3	16
5	15 417.98	0	523.8	2 561.5	2 468.1	9 864.58	68.92	5	4.6
6	2 845.76	0	190.5	1 600	117	938.26	52.87	4	8.56
7	16 534.04	1 487.404	4 345.5	6 315.326	1 066.01	3 319.8	85.88	36	81.36
全国	172 584.49	6 918.284	47 521.1	51 307.316	11 432.68	55 405.11	1 421.78	127	347.71

由图 6-1 可知，目前污水处理回用主要用于城市景观用水、工业用水和农林牧业用水，分别占回用量的 31%、28% 和 30%，用于城市非饮用水和地下水回灌的比例分别占 7% 和 4%。城市非饮用水在使用时，对季节的依赖性较强，如雨水充沛的夏季和无须绿化用水的冬季，用水量都很低。而目前国内对于再生水用于地下水回灌的安全性研究开展较少，对于长期的生态安全没有明确的结论，因此各城市对此项回用工作态度比较严谨，截至 2007 年年底，全国只有北京、山东（枣庄）、河南（周口、洛阳）、新疆（乌鲁木齐）四个省（自治区、直辖市）开展了再生水回用于地下水灌溉工作。

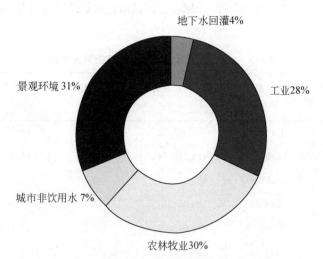

图 6-1　2010 年全国城市污水回用途径比例分析

2. 雨水利用

1）雨水利用的特点

雨水是天然水中最为纯净的一种水。目前，雨水资源利用技术发展很快。在我国缺水地区和沿海滩涂地区，采用集雨系统收集雨水作为人畜饮用水源，改善生活质量。城市雨水收集系统还可用于工业、农业和补充地下水的水源，缓解地区用水紧张的矛盾。

雨水利用的特点概括起来有以下八个方面：①雨水是再生速度最快的水资源；②雨水是地表水和地下水最主要的补给来源；③雨水广泛分布，适合于分散的使用；④雨水可就地使用；⑤雨水大多集中在夏季；⑥雨水来水的强度远比河流的水流速度小；⑦除了人工降雨，雨水的获得均为免费；⑧雨水处理成本较低。

2）城市雨水的利用方式

（1）城市雨洪回灌。位于山前冲洪积扇地带的城市及其郊区，其土壤颗粒粗，有利于雨水入渗，可利用这一有利条件，开展雨洪回灌，人工补充地下水。以北京为例，北京西郊有一个面积约 400 km² 的大范围砂砾石透水层，是建立地下水库、进行人工调蓄的理想场所，其中有许多砂石坑，平均稳定入渗率为 2.56 m²/s。而面积为 1600 km² 的官厅山峡流域，是北京西部的暴雨集中区，区间年径流量为 0.4 亿～2.5 亿 m³（随丰、枯水年变化）。通过新建西郊 26.2 km² 砂石坑蓄洪回灌工程，平均年回灌水量为 $220×10^4$ m³，对缓解北京西郊地区地下水资源紧张状况将起到积极作用，而且可拦蓄上游 100 年一遇的日产水量，减轻市区河湖防洪排涝压力，保证钓鱼台国宾馆和西郊地区的防洪安全。

（2）城区雨洪利用。城区雨洪利用的主要方式为：①屋顶集雨系统；②道路集雨人工湖系统；③绿地草坪滞蓄汛雨回补；④增加滞洪水面。

屋顶集流水窖系统可为分散的住宅提供生活水源，如我国甘肃黄土高原地区的家庭雨水收集系统，已在当地大范围推广；贵州的石灰岩山区也靠家庭雨水收集系统，解决了群众的饮水和脱贫问题。家庭雨水收集系统每户投资 400～1000 元，造价非常低。城市别墅式住宅也可发展雨水收集系统，作为生活杂用水。

新建居住小区、道路、广场和停车场等改为透水基面，同时利用居住小区、道路、广场和停车场等收集雨水，并修建人工湖或蓄水池，可作为生活小区绿化清洁用水，也可增加水面面积，美化环境。

（3）利用雨水改善城市生态环境。为改善土壤含水量，进而补充涵养地下水，保护地下水动态平衡，复活泉水，利用低洼地、植物塘、渗透井以及采用在人行道、人工硬地场所铺设透水材料的措施，积极实现雨水的渗透，同时考虑尽量减少城市道路路面的封闭，努力实现透水路面技术的应用和推广。积极利用雨水对城市内河道、湖泊补水，恢复河川基流，促进水体循环，增加水面面积；积极利用雨水，推行建筑屋顶绿化，美化环境，又可以净化空气、吸纳噪声、降低城市热岛效应；利用雨水的冲刷作用，特别是暴雨期间，抓住城市河道、排水沟渠水量大、流速快的时机，冲淤排污；利用降雨期间，对道路（人行道）、房屋、车辆等进行冲洗，既可以省工省力，又能节约大量的优质水。

3）雨水的利用技术

狭义上的雨水利用是指有目的地将降雨转化为径流或地下水并加以收集、调配、利用。而雨水利用技术是对雨水进行收集、存储、控制并高效利用的完整系统，这是广泛应用的传统技术，有着悠久的历史和多种多样的利用方式。

（1）雨水收集设施。雨水收集就是指利用工程手段，尽量减少土壤入渗，增加地表径流，并收集起来。按照集流面大小可分为微集、泛集两种。微集就是利用田间工程来收集利用雨水资源，包括方格种植、坑栽、坡地蓄集等；泛集就是利用各种集水面收集利用雨水资源。

(2) 雨水存储设施。雨水存储是以一定方式，经济合理地存储雨水，解决降雨和利用在时间上错位的矛盾。从工程设施的空间位置上分为就地存储和异地存储两种。就地存储即将降雨就近存蓄起来，一般来说集雨面积小，存储量不大，如水窖、塘坝、小水库等；异地存储是指当集雨量较大无法就地存储时，通过工程设施调到远处存储，如河道、水库等。在工程上雨水存储设施可分为三种：一是水窖、塘坝。这是一种结构简单、造价很低、管理方便的储水工程，一般用于山区或干旱少雨地区，使用水量不大，集雨面可以是自然的，也可以是人工的。在布局上又可根据自然条件分为四种：串联式，集雨面狭长，在一条集雨沟上按不同高程布置几个窖或塘，如"长藤结瓜"；并联式，集雨面大、集雨量大，需在相同高程上布置几个窖或塘；散布式，集雨面小，独立的系统；子母式，一个较大的塘带几个窖，可以利用塘水补充窖。二是河、库。蓄水量较多但工程量较大，设计时要考虑工程防洪安全，其集雨面多属自然的。三是地下存蓄。利用井壁回灌、坑塘引渗等工程，将地表水引入地下存储，工程设计比较复杂，利用比较困难。

(3) 雨水利用设施。目前雨水利用的目的是解决生活用水、工业用水、城市用水和农业灌溉，其中最主要的是农业灌溉。在利用设施上可分为三个部分：一是取水设施。当储水水面高于地表面时，可直接利用水的势能自流灌溉；当储水水面低于地表面时，对小面积的田块，一般临时安装小型泵，对大面积的耕地，往往需要建固定的提水泵站。二是输水设施。主要是对输水渠道进行防渗处理，包括管道输水、田间工程等。提高渠系水利用系数，减少跑水、漏水、蒸发等损失。三是灌溉。雨水集流所得到的水量是有限的，必须采用节水灌溉，如比较节水的喷灌、滴灌、渗灌、管灌等。

4) 雨水的净化

常用的雨水净化方法是渗滤，可分为平面渗滤、低洼沼泽渗滤、深沟渗滤。平面渗滤技术要求大量采用多孔或混凝土格栅铺筑材料，并使用草编、杂草区，由于这个原因，该技术要求表面渗滤力必须高于设计降雨强度。低洼沼泽渗滤技术主要是利用在渗滤期间可以存留雨水的渗滤池、沟等。深沟渗滤技术是渗滤技术的延伸，地表雨水先经过多孔分流管路进入储水沟，雨水也可以先经过自然植被覆盖区去除一部分固体物。日本、瑞士、德国和荷兰等国家采用地下渗滤系统接纳和处理径流雨水。

利用天然低洼地作地面渗透池是较为经济的方法。快速渗滤技术要求在渗透池中种植植物，季节性渗透池的植物应当既能抗涝又能抗旱，并根据池中水位变化而定；常年存水的地面渗透池一般宜种植耐水植物及浮游性植物。它还可作为野生动物的栖居地，有利于改善局部生态环境。美国目前大约有 300 个城市快速渗滤系统。快速渗滤系统需要砂、砂质壤土或砾石以及最少 5 m 厚排水性能良好的土壤，至地下水的深度至少为 5 m。

3. 海水的淡化利用

海水占地球水资源总量的 97%，在余下的 3% 淡水中，又有 77% 是人类难以利用的两极冰盖、冰川、冰雪。人类实际可利用的淡水只占全球水总量的 0.7%，而且大部分属于不可再生的枯竭性地下水。由于淡水资源缺乏，人们已开始开发利用海水。美国、日本、英国等发达国家都相继建立了专门的机构，开发海水的直接利用，研究海水淡化利用等新技术。

海水利用主要有三个方面：一是海水代替淡水直接作为工业用水和生活杂用水，其中用量最大的是用做工业冷却水，其次是洗涤、除尘、冲灰、冲渣、化盐碱及印染等；二是海水经淡化后，供高压锅炉使用，淡化水经矿化处理作饮用水；三是海水综合利用，即提取化工原料。

1）海水淡化的方法和特点

海水含水 96.5%，盐分 3.5%，海水淡化就是除去海水中的盐分。其方法有：反渗透法与电渗析法，是利用特殊薄膜性质的方法；蒸馏法，是利用液化天然气的冷热法，通过将海水变成冰或蒸气来分离盐分的方法；透气法，把上述方法相互组合形成的方法。

目前已经实现商业化应用的主要可分为蒸馏法和薄膜法两大类。蒸馏法又可细分为多级闪蒸法（MSF）、低温多效蒸馏法（LT-MED）和机械蒸汽压缩法（MVC）。薄膜法主要是电渗析法（ED）和逆渗透法（RO）两种方法。

在各种淡化技术中，以多级闪蒸法（MSF）的单位产量最大，单套装置的设计最高产量可达每日 57 600 m^3，低温多效蒸馏法（LT-MED）单套装置的生产能力已达每日 20 000 m^3，机械蒸汽压缩法（MVC）和逆渗透法（RO）的单套装置产量可达每日 10 000 m^3。目前，全世界范围内仍以多级闪蒸法（MSF）生产的淡水较多，但由于技术有所突破，成本消耗减小，逆渗透法（RO）所占比例有逐年增加的趋势，并且，逆渗透法被作为未来"安全饮水"的主要工艺途径。

2）世界各国海水淡化技术发展现状

海水淡化的方法各有其适用范围和条件，但用得最广泛的是蒸馏法和反渗透法。据国际脱盐协会（IDA）公布的资料，1997 年年底世界各国 100t/d 以上的脱盐设备累计已达 12 451 台，总产水能力为 2300 万 t/d，比上一调查周期（1994/1995）总台数增加了 39%，总产量增加了 64%。海水淡化以饮用水占主要份额，约 60%，工业用水和电厂等锅炉用水次之，三者之和占 90% 以上。目前海水淡化业已供养了世界上近 2 亿人口。就工厂数量而言，日本厂家占 32.8%，约占 1/3 的份额，在该领域，日本的技术处于世界领先水平。

3）海水淡化的投资和成本

现状国内海水淡化厂的投资造价为 1 万～2 万元/（t·d）。例如，日产 500t 的中型海水淡化厂投资约 400 万元（不包括海水前处理），功率 192kW；日产 5t 的小型海水淡化设备，每台大约 12 万元。山东长岛县于 2000 年 10 月投产的日产 1000t 海水淡化工程，投资为 1.65 万元/（t·d），造水费为 6.35 元/t。大连长海县日产 1200t 的海水淡化厂，投资额为 1600 万元。据专家估计，一套产量 5 万 t/d 的海水反渗透厂，粗略估计只需投资 4 亿元，达到饮用水要求的供水成本有可能为 5～6 元/t。

海水淡化成本是制约其发展的关键。目前，国际上的海水淡化成本大多为 0.67～2.5 美元/m^3，最先进的为 0.5 美元/m^3。我国的海水淡化成本一般为 4.5～7.0 元/m^3。成本的大小与设备规模、工艺方法有关，海水的质量（是否污染等）也会影响淡化成本。如果利用发电余热淡化海水并进行淡化后的盐水综合利用，则成本会得到降低。

所谓成本，包含了取水、生产、回收、日常运行、管理以及经营单位的利润等各项内容，但不包括初期的基建投资。如果具备一定规模并实行海水和能源的综合利用，海水淡化的价格可以保持在 $4.5\sim6$ 元$/m^3$，对某些工业用水户来讲，其价格已接近可以承受的范围。随着自来水价格的提升到位，海水淡化成本与自来水的价格距离会越来越小。在靠近大海或苦咸水资源丰富的地区，海水或苦咸水淡化可能会成为解决缺水问题的主要方案。

4）我国海水淡化发展现状

我国研究海水淡化技术起始于 20 世纪 50 年代，对此一直非常重视，连续几个五年计划都把海水淡化列入国家科技攻关项目，并将海水淡化产业化列入了《当前优先发展的高技术产业化重点领域指南》。经过 40 多年的发展，已组建了专门的海水淡化科研开发机构，形成了一批专门人才队伍，并掌握了反渗透法、蒸馏法等多项海水淡化技术。海水淡化在国内的生产和应用主要集中在大连、山东、天津、浙江等沿海地区，目前已具有一定规模。

我国目前海水淡化年产总量已超过千万吨。随着国内市场需求的日趋旺盛，我国海水淡化整体行业已经启动，并正在实现与国际市场的逐步接轨。继 1981 年西沙日产 200t 电渗析海水淡化装置成功运行后，我国又先后在舟山建成日产 500t 反渗透海水淡化站，大连长海县、山东长岛县和浙江嵊泗县日产 1000t 级的海水淡化厂也已竣工，解决了海岛居民饮水问题，这些都是用反渗透的方法对海水进行淡化的。1988 年天津大港电厂引进两套日产 3000t 的海水淡化装置，1990～2000 年已生产了 2000 万 t 淡水，还利用国内技术建设日产 1200t 淡水的多级闪蒸装置。

6.3.4　节水的经济管理方法

节水工作核心是提高用水效率，但全面节水工作却涉及水资源工作的各个领域。管理部门要全面推进节水工作，取得成效，必须坚持国家宏观调控与市场运作相结合的原则，采取法律、行政、经济、技术等切实可行的综合措施。城市节水经济管理是指运用经济手段，充分发挥经济杠杆的作用，调节、控制、引导城市用水行为，从而达到合理用水和节约用水的目的。城市节水经济管理是城市节水管理的一项重要手段。

1. 节水的经济制约措施

在节水时，应该充分利用经济杠杆的调节作用，建立适应社会主义市场经济规律的水价制度。水利是一种产业，水是一种商品，这应该成为我们的共识。水既然是商品，就应当按市场规律，实行有偿使用。然而目前的水的价格很不合理，水价偏低。根据统计，城市中工业用水的收费仅占其成本的 0.1%～1%，民用水收费仅占其成本的 0.1%～1%。而农业用水比工业用水和民用水的收费更低。在许多灌溉地区，1000 m^3 的水费不超过一瓶矿泉水的价钱，甚至达到了无偿使用的地步，水管理部门收取的水费不能维持简单再生产。由于水价偏低，用水者缺乏采用先进节水技术进行节约用水的积极性，在农业用水中，自然灌区这个问题尤为突出。因此应该建立限制供水、节约用水的激励机制，适当提高农用水、生活用水、工业用水等的价格，实行计划内用水平价、超计划用水累进加价的办法。水的价格要坚持"成本＋利润"的原则，推行节水有赏、超额用水受罚的制度。

2. 节水的目标管理措施

为了节水，常用的目标管理措施有以下几种。

1) 确立节水目标

确立节水目标的简易方法即是从当前的供水量与未来需水量的差异中去寻求目标，找出一定时期内在水的供给和需求中所要解决的问题。例如，若 2005 年需建立一个水库以满足增长 15％需水量的要求，这样减少"15％的需水量"便可成为城市节水目标，节约这部分用水量即可推迟或减少相应的投资和运行费用。

2) 确定当前和将来的用水情况

确定当前和将来的用水情况的目的在于通过分析用水情况来精心选择节水对象并获得最大的节水效益。

3) 针对不同供需情况采取不同的对策

(1) 针对水的长期供需情况，主要应采取能为用户接受且行之有效的节水设施。实际情况表明这类设施的节水效果可高达 10％～15％，否则将事与愿违。例如，20 世纪 70 年代美国曾提倡使用低流量淋浴喷头，起初人们表现出很大的积极性，但 10 年后的调查结果表明，大部分低流量的淋浴喷头已被拆除。

(2) 针对干旱期供需情况，应更加注重节水宣传教育的短期效果，如使人们了解水资源供需状况并调整自身的生活习惯。1976～1977 年，美国加利福尼亚州的短期节水效果达 60％。显然，短期节水的关键是事前的周密计划和明确有效的措施。

(3) 非常时期。通常指系统故障、水源污染或灾害等情况而言。此时可能出现短期供水不足或完全中断。处理办法在于采取应急措施，迅速进行宣传教育，传播信息。

4) 采取节水措施

(1) 住宅节水措施。调查住宅用水情况，如确定用水大户、判定其用水和用水器具状况，并提出改进建议与措施；采用节水器具，如节水型水龙头、淋浴喷头、冲洗水箱、节水型卫生洁具。

(2) 公共市政用水节水措施。例如，限制庭园绿化用水，限制商贸服务业用水，节约空调、游泳池、公共卫生间、公共浴室用水等。

(3) 节约工业用水。

(4) 减少未计量水量，包括水在输配水过程中的沿途漏失水量、给水系统自用水量、非法用水量等。

5) 减少水污染，保护、重复利用水资源

随着全球性工业化程度的提高，工业污水量也大大增加，应当制定相应的约束机制，使用的是好水，排放出来的也应该是好水，至少应该是经过处理的达标水。在消除工业污染源的同时，还应该逐步消除生活污染源，以及种植业、养殖业、旅游、水上运输等污染源。在消除以上外污染源的同时，还要大力消除内污染源，如河流湖泊内的淤泥、藻类及藻类和其他生物的残体等。

3. 调整水价与实现水务市场化

适当提高水价，可促进节水和雨水利用。目前城市自来水及部分地区的农业用水价格过低，不能真正反映其价值，也是造成用水浪费、阻碍雨水利用顺利进行的主要原因之一。开发水资源的费用应包括：主体工程和配套工程的投资本息、维持费、大修费、运行管理费、税金以及合理的利润，还应包括用水以后的排水和污水处理费，在地下水超采区，还应包括地下水人工回灌的费用。合理的水费可以抑制用水的浪费，促进用户投资建设节水和雨水利用措施，才能提高管理、维修、污染治理水平。还可利用水费的价格指导用水的方向，如取用河水与地下水的比例，选择节水挖潜与区外引水，自来水与处理后的污水，淡水与海水等。水价是实现节水、控制需求的关键，可逐步实行水价市场化、地方化、季节化、部门化和按质论价，推行水资源使用权的拍卖制。同时，增加雨水排放和排污收费强度，使用户对水资源的利用和保护承担经济责任，利用经济杠杆激励节约用水、减少排污和增加雨水利用。

4. 其他的节水管理措施

依靠技术进步，完善监控体系，提高工业用水效率，要从以下几个方面加强管理。

(1) 根据水资源条件和行业特点，合理调整我国的产业结构和工业布局，优化配置水资源。各地区尤其是缺水地区，要严格限制新上高耗水项目，禁止引进高耗水、高污染的工业项目。要制定限制高耗水项目目录及淘汰落后高耗水工艺和高耗水设备目录。

(2) 加快节水技术和节水设备、器具及污水处理设备的研究开发。要针对高耗水行业和企业存在的问题，组织科技攻关。重点节水技术研究开发项目，应列入国家和地方重点技术创新计划和科技攻关计划。

(3) 大力推广工艺节水新技术、新工艺、新设备。下大力气改造落后的生产工艺和设备，特别是高耗水的工业企业，要增加节水技术改造资金的投入。

(4) 积极推行清洁生产，促进废水循环利用和综合利用，实现废水减量化，鼓励综合利用海水、微咸水等非传统水资源。

(5) 要加快建立节水标准体系、节水技术开发推广体系和节水设备、节水器具的研制生产体系，培养和发展产业。

(6) 新建和改扩建项目，在项目可行性研究报告中，应当包括用水、节水方案。要逐步建立和实施工业项目用水、节水评估和审核制度。

6.3.5　城市水资源供需管理

1. 水资源供给

1) 水资源供给管理的变化

人口增长和经济社会的不断发展，资源空心化问题越来越严重，迫使世界各国反思传统经济增长方式所带来的负效应，开始转变经济增长方式。

水资源作为支撑人类经济社会发展的重要战略资源，相对于需求的日益增长，水资源短缺问题表现得越来越突出，从理论界到政府官员越来越关注水资源管理问题，开始对传统水资源开发利用方式、水资源管理制度进行评价和反思，转而从可持续发展的角度寻求新的水资源开发利用方式和管理制度。众多理论学者根据对水资源开发利用历史经验的考察，把传统水资源管理归纳为"供给管理"，并在此基础上提出了"需求管理"，为了实现水资源的可持续利用目的，水资源管理应由以供给管理为主向以需求管理为主转变。

2）供给量预测分析

水资源供给预测是在水资源现状分析评价的基础上，综合考虑影响水资源供给的各种因素，对未来不同时段水资源系统供水能力的推测与估计。首先是对水资源总量进行评价，选择一定的技术方法，根据水资源系统的运动规律，结合气候环境的变化特征，对未来水资源总量进行推测。水资源总量（W）是指水循环过程中可更新恢复的地表水和地下水资源总量（W_L）。水循环受自然条件变化和人类活动的影响，可更新恢复的地表水和地下水资源量在不断变化。除了本地产生的水资源量外，人工跨流域调水（W_T）可增加本地水资源总量。用公式表示如下：

$$W = W_L + W_T = R_S + R_G + U_G + E_G \tag{6-11}$$

式中，R_S 为地表径流量；R_G 为河川基流量；U_G 为地下潜水流量；E_G 为地下潜流蒸发量（可通过地下水开采利用）。

可利用水资源量是指在经济合理、技术可行和生态环境容许的前提下，通过技术措施可以利用的不重复的一次性水资源量。原则上，可利用水资源量可以通过流域可更新恢复的地表水与地下水资源总量加上境外调水扣除生态需水量加以估算。公式如下：

$$W_S = aW_L + W_r - W_E \tag{6-12}$$

式中，a 为反映工程技术措施的开发利用系数；W_r 为境外调水；W_E 为生态用水量。

3）水资源供给分配

对有限水资源公平、有效的分配是水资源管理的一项重要功能。随着经济社会的发展，水资源用途由单一满足人类生存需要和农田灌溉目标，逐渐向满足经济社会发展的各行业需求的多目标发展，水资源分配目标也逐渐由单目标向多目标发展（孟刚，2008）。随着水资源稀缺程度的加剧，经济主体之间的竞争越来越激烈，水资源在各经济主体之间的分配是否科学、合理显得尤为重要。

（1）水资源行政计划分配制度。我国水法中明确规定水资源归国家所有，这为国家介入水资源分配提供了法律基础。由于水是人类生存的必备资源，保证人类公平用水的权力成为政府行政计划分配的社会基础。理论上可按用水者的收益高低来确定各用水者的水分配量，实际上，各用水者的水分配指标是多个因素综合作用的结果，既要考虑公平性、效率性，又要考虑可持续性。水资源的行政分配计划是政府集中决策的结果，任何决策必须建立在一定信息的基础之上，水资源行政分配计划的有效性取决于决策制定过程中决策者所掌握的信息的多少以及决策实施过程中计划的实际执行情况。

（2）水资源市场分配制度。水资源的市场分配制度就是政府充分运用水资源价格机制。政府分配方案是基于单个用水者行为的选择，不是以行政命令直接确定水资源在各用水户之间的分配量，而是通过控制价格变动使水资源自动实现供求均衡。每个用水户根据价格变化和用水受益，独立决策确定自己的需水量。

以上分析了两种水资源分配制度，行政计划分配制度和市场分配制度各有优势和劣势。行政计划分配在实现公平性上具有优势，市场分配制度在实现效率性上具有优势。因此，在对具有复杂属性的水资源进行分配时，不能选择一种制度而排斥另一种制度，而是针对水资源的不同用途及其产生问题的原因，选择两种制度安排的有机结合。

4）水资源供给管理取水许可制度

取水许可制度是目前国际上广泛采用的水资源管理手段之一。1914 年美国加利福尼亚州的《水委员会法》，授予州水资源控制委员会管理地表水许可的权力，委员会在实施许可制度时，主要根据有序开发水资源、禁止浪费和不合理用水以及保护环境三个基本原则，颁发取水许可证。英国的英格兰和威尔士自 1963 年的《水资源法》中规定了取水许可的权力，至 1991 年修正了《水资源法》和 1995 年的《环境法》，重新界定了取水许可的内容和法律内涵。取水许可属于行政许可的范畴，是水行政主管部门依据申请人的申请，按照法律规范要求授予申请人在许可证规定的条件下，从事水资源开发利用活动的行为，是一种水资源管理的预先控制制度。

（1）我国取水许可制度实施现状。取水许可制度作为加强水资源管理、有效控制水需求的措施，针对我国水资源现实条件，我国 1988 年颁布的《水法》第 32 条明确规定了："国家对直接从地下或者江河、湖泊取水的，实行取水许可制度"。1993 年，为了明确取水许可制度的内容规范、实施程序及其申请细则，在《水法》规范框架内，我国制订实施了《取水许可制度实施办法》，详细规定了取水许可制度的实施范围、取水许可证发放的主体、取水许可证的申请程序以及取水许可的顺序、取水权限的范围等。为保证取水许可制度的有效实施，我国又先后制定了《取水许可申请审批程序规定》（1994 年）、《取水许可水质管理规定》（1995 年）、《取水许可监督管理办法》（1996 年）、《关于城市规划区地下水取水许可管理有关问题的通知》（1998 年）、《关于认真贯彻国家政策严格实施取水许可监督管理的通知》（1999 年）等一系列政策法规等文件。

（2）取水许可制度的发展——可交易取水许可制度。我国的取水许可制度实行用水者申请、主管部门审批制度，用水者为了获取更多的水量，在申请过程中掩盖自己用水的真实信息，或者通过非法途径，导致取水许可制度的总量控制目标难以实现。为加强取水许可的贯彻落实，政府出台了加强取水许可监督管理办法，但受到地方追求经济增长的目标驱动，加上水管部门的监督能力的限制，难以实现预期目标。取水许可制度是水资源产权管理的基础和前提，水资源使用权分配的实现形式，但我国规定的取水许可证不能转让，期满后自动失效。这不利于用水者节约用水，增加节水设施投资，而是最大限度地利用许可范围内的水，因此不利于水资源的长期可持续利用。

2. 水资源需求

1）政府水资源需求管理的目标定位

水资源管理的目的是为了规范在水资源短缺情况下人们的生产和生活方式，最终目的是为了跨越水资源稀缺的障碍，实现水资源的供求均衡。从需求层面来看，政府水资源管理的目的是为了实现水资源的可持续利用，抑制需求的无限增长，协调各种用水需求，实现水资源的公平利用，通过制度、技术和政策等手段，提高水资源的利用效率和配置效率，实现水资源的高效利用，以最大限度地支撑经济社会的可持续发展。从现阶段看，政府水资源需求管理重心应放在改变水资源的配置制度，建立以市场机制为基础的水资源配置机制，尤其是水权交易机制；改革现行水费制度，重新界定水费的内涵，使水费反映水资源稀缺的全部经济价值;改革现行水价制度,通过水价调整引导用水者,调整用水行为,从而达到降低需求的目的;从人与自然可持续发展的角度,科学合理地制定水资源利用的总量标准(界定生态环境用水量)和工农业用水的用水定额标准;增加节水技术的研究和应用投资支持力度,降低水资源的消耗量。以上目标的实现,需要完善现有法律法规,改革水资源管理体制,提高公众参与和节水意识以及相关的科技手段,为水资源需求管理提供法律支持、体制保障、技术支持和群众基础。

2) 水资源需求量的预测

水资源需求量预测是水资源管理的重要职能之一,水资源需求预测就是根据人口、农业、工业等发展变化趋势,选取科学方法,对各种用水的发展变化进行推测和估计。

(1) 生活需水预测。生活需水包括城镇居民需水和农村居民需水,通常依据人均日用水量(定额)来确定。可在城乡人口预测基础上,确定用水人口,然后根据预测水平年确定的用水定额预测需求量。基本公式介绍如下。

生活净需水量:

$$LW_i^t = p_{oi}^t \times LQ_i^t \times 0.365 \tag{6-13}$$

生活毛需水量预测:

$$GLW_i^t = LW_i^t / \eta_i^t = p_{oi}^t \times LQ_i^t \times 0.365 / \eta_i^t \tag{6-14}$$

式中,i 为用户类别,$i=1$ 代表城镇,$i=2$ 代表农村;t 为预测年序号;LW_i^t 为第 i 类用户第 t 年(预测水平年)的生活年需水量,万 m^3;p_{oi}^t 为第 i 类用户第 t 年的用水人口;LQ_i^t 为第 i 类用户第 t 年的人均日用水量,L/(人·d),根据经济社会发展水平、人均收入水平、水价水平、节水器具推广和普及情况,结合用水习惯和现状用水水平,参照国内同类地区生活用水定额水平,参照国家用水定额标准,分别拟定城镇和农村生活用水定额;η_i^t 第 i 类用户第 t 年水利用系数。

(2) 农业需水预测。农业需水一般采用灌溉定额法。农业需水受农业产业结构、农业内部结构以及供水条件和灌溉水利用率影响。公式如下:

$$AW^t = \sum \sum A_{ki}^t \cdot qt_{ki}^t / \eta_{ki}^t \tag{6-15}$$

式中,A_{ki}^t 为第 i 区第 k 种农产品第 t 年种植面积;q_{ki}^t 为第 i 区第 k 种农产品第 t 年用水定额;η_{ki}^t 为第 i 区第 k 种农产品第 t 年灌溉水利用系数。

(3) 工业需水预测。工业需水量与生产规模、生产性质、用水工艺等密切相关。目前常采用重复利用率预测法确定工业净定额,公式为

$$IQ_i^{t_2} = (1-\alpha)^{t_2-t_1} \times \frac{1-\eta_i^{t_2}}{1-\eta_i^{t_1}} \times IQ_i^{t_1} \tag{6-16}$$

式中,i 为工业部门类别;$IQ_i^{t_1}$、$IQ_i^{t_2}$ 分别为第 t_1 和 t_2 年第 i 工业部门用水定额(万元工业增加值用水量);α 为综合系数(科技进步和产品结构等);$\eta_i^{t_1}$、$\eta_i^{t_2}$ 分别为第 t_1 和 t_2 年第 i 工业部门用水重复利用率。

则工业净需水量和毛需水量分别为

$$IW^t = \sum_{i=1}^n (Y_i^t \times IQ_i^t) \tag{6-17}$$

$$GIW^t = IW^t / \eta_i^t \tag{6-18}$$

式中，IW^t 为第 t 年工业用水净需求量；Y_i^t 为第 i 部门第 t 年工业增加值；GIW^t 为第 t 年工业毛需水量；η_i^t 第 i 部门第 t 年水利用系数。

（4）生态需水预测。生态需水量（EW^t）是指水资源短缺地区为了维系生态系统生物群落基本生存和河流、湖泊等一定生态环境质量的最小水资源需求。通常由河道外的生态需水的估算和河道内的生态需水估算扣除其重复的水量构成。

（5）水资源需求总量预测

某一地区某一年份水资源的总需求包括：生活需水（LW）、工业需水（IW）、农业需水（AW）、生态需水（EW）以及其他需水（SW）。因此水资源需求总量（WD）为

$$WD = LW + IW + AW + EW + SW \tag{6-19}$$

6.4 水 权

明晰水权，建立水权管理制度和实行水权流转、水权交易市场化是现代水务管理事业逐步走向政府宏观管理与市场经济调节相结合道路的关键问题，是水务市场的重要构成部分。它对促进水资源优化配置，提高用水效率，明确在水资源开发利用中的责、权、利关系具有十分重要的作用。

6.4.1 水权及其特征

1. 水资源国家所有制

水权指水资源的所有权。从民法意义上讲，所有权是财产权的一种，它包括占有权、使用权、收益权和处分权四项权能。它是水权主体围绕或通过水（客体）所产生的责、权、利关系。我国水资源属国家所有。我国《宪法》第九条规定："矿藏、水流、森林、草原、荒地、滩涂等自然资源，都属国家所有，即全民所有。"我国《水法》第三条规定："水资源属于国家所有。水资源的所有权由国务院代表国家行使。农村集体经济组织的水塘和由农村集体经济组织修建管理的水库中的水，归该集体经济组织使用。"水资源的国家所有制是世界各国的共同发展趋势（石玉波，2001），它决定了水资源管理和保护的主体是国家，保障了国家将水资源纳入经济性资源和战略性资源管理的安全性，保障了国家对全国及流域水资源配置的管理及配置规划和配置工程实施的可能性，保障了法律法规、行政、经济、技术等手段管理水资源的可实施性。

2. 水权与使用权

从以上分析知，水权即水资源所有权属于国家。按照水资源管理与开发利用产业管理相分离的原则，供水单位、用水单位和个人对水资源只能依照水资源取水许可制度和有偿使用制度，获得水资源取水权，即水资源使用权。所以，一般所指的水权就是水资源使用权。

3. 水权特征

水权虽是财产权的一种，但与一般的资产产权相比，具有以下明显特征：

（1）水权的非排他性与排他性。作为具有公共资源特征的水资源，用水和享受美好的水生态环境是人人具有的基本生存权利，具有广泛意义上的非排他性。但是，作为基础性自然资源和经济性战略资源，作为水法律法规调整的对象，规定了严格的取水管理基本制度，以约束人们的取水行为和权利。只有依照水法律法规和管理制度的规定，才可获得有限度的取水权，即使用水资源的权利，所以，从水权经济管理制度出发，水权还具有排他性，即确定水资源在确定范围、确定时间被界定给一个主体，他可以是一个自然人，也可以是法人，并且只能是界定给一个主体。

（2）水权的外部性。经济学上的外部性（也称外部效果）可简单地理解为对外部的影响作用。一个生产经营单位（或消费者）所采取的行动，在客观上对外部产生了一定的影响，使其他的生产经营单位（或消费者）受益或受损，则原生产经营单位（或消费者）所采取的行为具有外部性。水权的外部性是指水权主体的经济行为对外部（给他人）带来的影响作用（利益和损害）。它有负外部性和正外部性。过量开发利用水资源，不仅影响他人用水权利，还会引发水生态环境破坏，水文地质灾害及各类建筑工程破坏，排污会直接损害水生态环境、损失水资源、降低水资源环境开发利用潜力等，都是其负外部性的表现。优化配置和合理开发利用水资源，会提高水资源及环境的开发利用潜力，创造有利于经济社会发展的物质财富，尤其是通过水工程措施抵御洪水、调节径流、美化水生态环境等，均是其正外部性的表现，若能进一步利用水权和排水权的激励机制，从事节水能力建设和治污能力建设，则会取得更大的正外部性。

（3）水权的经济性。水权也指人们对水资源的使用所引起的相互认可的行为关系，它可以用来界定人们在经济活动中如何受益，如何受损，以及他们之间如何进行补偿的规则。这既是水资源作为生产基本资料，具有经济属性的反映，也是人们争相获取取水权的激励动力所在，同样是水权激励功能的体现。

（4）水权的可分离性。在我国，水资源的国家所有制和农村少量水资源的集体所有制是法律所肯定的。相应地，我国《水法》也允许单位或个人依法取得水资源取水权（使用权），并"鼓励单位和个人依法开发、利用水资源，并保护其合法权益。"《民法通则》第八十一条规定："国家所有的森林、山岭、草原、荒地、滩涂、水面等自然资源，可以依法由全民所有制单位使用，也可以依法确定是由集体所有制单位使用，国家保护它的使用、收益的权利。"这些都反映了水资源所有权和使用权权能相分离的原则。

（5）水权交易的竞争性。在我国和世界上多数国家，水资源的所有权归国家或集体所有，水权的交易是在所有权不变的前提下使用权或经营权（水资源经营权系指相对于水资源开发商的投资而产生的权利，水资源一经投资兴建水利工程开发所取得后，其自然水的性质已发生了变化，成为劳动和生产力结合的产品，转化为商品水了）的交易，交易的双方是两个不同的利益代表者，其地位不同。所以，有的学者据此认为水权交易具有不平衡性特征。

6.4.2　水权制度的含义及水权界定

1. 水权制度的基础——产权经济学

水权制度的理论基础源于西方的产权经济学。产权表现为人与物之间的某种归属关系，是以所有权为基础的一组权利。产权经济学主要研究市场经济条件下产权的界定和交易，其代表人物是科斯，其理论后经布坎南、舒尔茨等丰富和发展。科斯的主要观点：①经济学的核心问题不是商品买卖，而是权力买卖，人们购买商品是要享有支配和享受它的权利；②资源配置的外部效应是由于人们交往关系中所产生的权利和义务不对称，或权利无法严格界定而产生的，市场失效是由产权界定不明所导致的；③产权制度是经济运行的根本基础，有什么样的产权制度，就有什么样的组织、技术和效率；④严格界定或定义的私有产权并不排斥合作生产，反而有利于合作和组织；⑤在私有产权可自由交易的前提下，中央计划也是可行的。

2. 水权制度

水权制度是指关于人与人之间对于水资源相互作用的法律、行政和习惯性安排。它建构起人与人之间对于水资源的政治、经济和社会关系的一系列约束；是规范、调节水事权力关系，以及规定水权主体在水权运行中的地位、行为权利、责任、义务及相互关系的法律制度，是通过国家法律对水权关系进行组合、配置、规范、调节的制度。

3. 水权界定

水权界定是指对一定范围、一定时间和一定水量水质的水资源使用权的界定，是关于合法获得水资源使用权后，取水的权利和义务，以及通过取水所获得的收益权和有限的水处分权。单位和个人没有水资源所有权。因此，水权界定最主要的是水资源使用权的规定，指组织或个人通过法定程序获得一定范围、一定时间和一定水量水质的水资源使用权。

6.4.3　水权管理制度建设的基本内容

通过水权制度来规范、调整人们的水权关系和约束水事行为，保障国家水政策和法律法规的有效实施，促进提高水资源开发利用效率，加快水务市场化建设进程。为此，在水权基本管理制度建设方面应包括五方面的主要内容。

1. 水资源优化配置制度

在水资源承载能力和水环境承载能力的基础上，根据水资源存在状况及时空变化规律，按照人民生活、经济社会及生态环境需水要求，合理优化配置有限的水资源，是水务管理的重要内容，是实现水资源可持续开发利用和经济社会可持续发展相协调的重要手段。为此在加强水资源宏观管理和优化配置，在水资源的微观分配和管理上，实行水资源规划制度、水资源论证制度、总量控制和定额管理制度、水中长期供求计划制度、水量分配方案和调度预案等基本制度。

2. 取水许可制度

取水许可制度是体现国家对水资源实施权属管理和统一管理的一项重要制度，是调控水资源供求关系的基本手段。实行这一项制度，就是直接从江河、湖泊或者地下取水的单位和个人，应当按照国家取水许可制度和水资源的有偿使用制度的规定，向水行政主管部门或者流域管理机构申请领取取水许可证，并缴纳水资源费，取得取水权。但是，家庭生活和零星散养、圈养畜禽饮用等少量取水的除外。

3. 水资源有偿使用制度

直接从江河、湖泊或者地下取水的单位和个人，在取得取水许可证，取用水资源缴纳水资源费后，才算获得取水权。相应地，若取用水资源不按规定缴纳水资源费，就将失去取水权。它是体现国家对水资源实行权属管理的行政事业性收费。所以，水资源费作为体现国家对水资源实行有偿使用制度的经济利益关系的反映，应当起到调整水资源的供需关系，反映国家水资源管理政策和开发利用指导方针，督促计划用水、节约用水措施的执行等信息。

4. 计划用水、超定额用水累进加价制度

计划用水是指根据国家或某一地区的水资源条件、经济社会发展的用水等客观情况，科学合理地制订用水计划，并在国家或地方的用水计划指导下使用水资源。计划用水制度，则是指在某一流域或行政区域内，将水资源分配到各类、各级用水单位或个人，有关用水计划的编制、审批程序、计划的主要内容要求，以及计划的执行和监督等方面的系统的规定。

5. 节约用水制度

我国是一个水资源短缺的国家，水资源短缺已经成为严重制约我国经济建设和社会发展的重要因素，坚持开源与节流保护并重、节流优先的原则，提高水资源的合理利用水平，是我国必须坚持的长期基本方针，是保障经济社会实现可持续发展的必然需要。建立有利于开展节水工作的管理制度、运作机制，以及节水的工程技术和管理技术是实现节约用水、提高用水效率的根本，是实现建立节水型工业、农业及服务行业，建立节水型社会的保障。

6. 水质管理制度

对水质实施全面的控制与管理，应建立起有效的水功能区划制度、排污总量控制制度、饮用水水源保护区制度、排污口管理以及水事纠纷调解、监督检查、水资源公报等基本制度。

6.4.4 城市水权优化配置

1. 合理配置初始水权的意义

按照水资源所有权与使用权分离的原则，水权实质上是指在确定地点、一定时间内开发利用一定水资源的权利。这种权力的获得是在水管理法规管理下，针对地区水资源量、质及其变化规律，按照地区经济社会现状的用水结构、用水量和发展趋势，依据水资源评价和综合规划及相应的水权分配原则，用水单位和个人通过法定程序取得的。所以，为建立水权交易市场，非常有必要对现有水权的分配状况进行清理核定，尤其是针对一些取水用途、取水量不符合地区水资源优化配置的进行必要调整，并详细核定水资源开发利用潜力，从而对地区水资源的开发利用能力和可供分配的水资源有个准确的量和质的定量度。

2. 初始水权配置原则

初始水权的配置既反映水资源的供需状况和权利、义务关系，也反映对水资源配置的价值取向。所以，在配置初始水权时应遵循生活基本用水优先、保障粮食生产安全、时间优先、属地优先、兼顾公平与效率，公平优先、留有余量等主要原则。

3. 水权优先顺序

水权优先顺序是指各类用水的相对优先顺序。水法赋予取水单位和个人适当的水资源使用权，以保护他们的用水权力。在同一水源和同一水体上设置的水权是多方面的，但是可利用的水资源受到时间和空间差别的影响，会因水资源的变动影响他们的取水关系。同时，他们使用水所产生的经济社会价值不同。

所以，为减少用水纠纷，促使有效率的用水和节水，各国水法都按照本国国情，不同程度地规定了各类用水优先顺序权力。水权优先顺序的规定对解决用水纠纷、处理特殊旱情及突发事故、保障基本用水秩序都有积极作用，实际上，它是对水权界定的有益补充。

4. 水权分配相关机会的多目标规划模型

从初始水权的获取方式分析，国外主要分为以下几种：①滨岸权（河岸所有权）体系；②占有优先权体系；③混合或双重水权体系；④比例水权系；⑤社会水权体系；⑥地下水水权。我国除《水法》第三条规定的情形外，均实行取水许可制度。在水权配置时，多根据地区水资源量、质及其变化规律，按照社会经济用水结构、用水量和发展趋势，依据水资源综合规划及相应的水权分配原则，合理分配水权。对水权配置模型的优化计算，传统的方法是采用线性或非线性规划法；对于一些简单的机会约束模型，也是根据已知的置信水平，把机会约束转化为等价的确定性约束。而对涉及多个概率分布随机变量的组合，要求计算出这些复杂组合的概率特定值就比较困难了。

城市水务管理的重要工作之一就是如何协调统一地开发利用各类水源，公平合理地分配水资源使用权，解决水权分配中出现的不确定性问题，因而必须考虑水资源量、需水量和需水要求等要素均具有随机性变化的特性、特征，因此，构建可以处理约束条件中含有随机变量的相关机会目标规划模型，是解决上述复杂组合概率分布计算问题的有力途径。

1) 模型结构

城市水源一般可概化为当地地表水、地下水和外调水三种水源，从经济社会与水资源环境协调发展考虑，城市水源可分配水权量应留足生态系统需水量，则参与水权分配的用水户可概化为居民生活、第一产业、第二产业、第三产业四大类用水户，并可以进一步细分为各类用水户和用水种类。本书仅就上述三种水源、四大类用水户构建城市水权初始配置的相关机会多目标规划模型。

设水权初始配置量：$X = \{x_{i,j}, i = 1, 2, 3, 4; j = 1, 2, 3\}$。

3 种水源能够提供的最大取水量设为 W_s、W_g、W_w；且是随机变量，应满足下式要求：

$$W_s \leqslant W_{sk}; \quad W_g \leqslant W_{gk}; \quad W_w \leqslant W_{wk}$$

其随机环境：

$$\begin{cases} x_{1,1} + x_{2,1} + x_{3,1} + x_{4,1} \leqslant W_s \\ x_{1,2} + x_{2,2} + x_{3,2} + x_{4,2} \leqslant W_g \\ x_{1,3} + x_{3,3} + x_{4,3} \leqslant W_w \\ \{x_{i,j} \geqslant 0, i = 1,2,3,4; j = 1,2,3\} \end{cases} \quad (6\text{-}20)$$

式中，$x_{i,j}$ 为第 i 类用水户分配到的第 j 种水源水权量，m^3；W_s、W_g、W_w 分别为地表水资源、地下水资源、外调水资源可供水量，m^3；W_{sk}、W_{gk}、W_{wk} 分别为地表水资源、地下水资源、外调水资源可开发利用水资源量，m^3。

4 大类用水户希望获得的水权数为：$q_{生活}$、$q_{一产}$、$q_{二产}$、$q_{三产}$，则有

$$\begin{cases} x_{1,1} + x_{1,2} + x_{1,3} = q_{生活} \\ x_{2,1} + x_{2,2} = q_{一产} \\ x_{3,1} + x_{3,2} + x_{3,3} = q_{二产} \\ x_{4,1} + x_{4,2} + x_{4,3} = q_{三产} \end{cases} \quad (6\text{-}21)$$

在式（6-21）中考虑到第一产业用水效益较低，经济承受能力有限，外调水不向其提供水源。上述等式说明水权分配决策应该满足四大类需水要求，由于水权分配系统的不确定性，在水权分配以前，并不能确定其决策是否真的能够实现，所以必须使用机会函数式（6-22）去评价四大类用水户的需水权量。设

$$\begin{cases} f_1(X) = P_r\{x_{1,1} + x_{1,2} + x_{1,3} = q_{生活}\} \\ f_2(X) = P_r\{x_{2,1} + x_{2,2} = q_{一产}\} \\ f_3(X) = P_r\{x_{3,1} + x_{3,2} + x_{3,3} = q_{二产}\} \\ f_4(X) = P_r\{x_{4,1} \mid x_{4,2} \mid x_{4,3} = q_{三产}\} \end{cases} \quad (6\text{-}22)$$

式中，P_r 为在 {·} 中的事件成立的概率。

通常希望极大化四大类用水户需水权量的机会函数，以尽可能地提高用水户实现愿望的概率，所以有城市初始水权配置相关机会多目标规划模型：

$$\begin{cases} \max f_1(X) = P_r\{x_{1,1} + x_{1,2} + x_{1,3} = q_{生活}\}, & \text{s. t. } x_{1,1} + x_{2,1} + x_{3,1} + x_{4,1} \leqslant W_s \\ \max f_2(X) = P_r\{x_{2,1} + x_{2,2} = q_{一产}\}, & x_{1,2} + x_{2,2} + x_{3,2} + x_{4,2} \leqslant W_g \\ \max f_3(X) = P_r\{x_{3,1} + x_{3,2} + x_{3,3} = q_{二产}\}, & x_{1,3} + x_{3,3} + x_{4,3} \leqslant W_w \\ \max f_4(X) = P_r\{x_{4,1} + x_{4,2} + x_{4,3} = q_{三产}\}, & \{x_{i,j} \geqslant 0, i = 1,2,3,4; j = 1,2,3\} \end{cases}$$

(6-23)

于是，随机可行集 S 的概率函数定义为

$$\mu_S(X) = P_r \begin{cases} x_{1,1} + x_{2,1} + x_{3,1} + x_{4,1} \leqslant W_s \\ x_{1,2} + x_{2,2} + x_{3,2} + x_{4,2} \leqslant W_g \\ x_{1,3} + x_{3,3} + x_{4,3} \leqslant W_w \\ x_{i,j} \geqslant 0, i = 1,2,3,4; j = 1,2,3 \end{cases}$$

(6-24)

因 $\{x_{1,1}, x_{2,1}, x_{3,1}, x_{4,1}\}$、$\{x_{1,2}, x_{2,2}, x_{3,2}, x_{4,2}\}$、$\{x_{1,3}, x_{2,3}, x_{3,3}, x_{4,3}\}$ 三组水源水权分配决策变量是相互独立的，每一组中某用水户可能获得的某种水源水权量（元素）是随机相关的，并且有相同的实现机会。同时有

$$V(E_1) = \{x_{1,1}, x_{1,2}, x_{1,3}\}, \quad V(E_2) = \{x_{2,1}, x_{2,2}\},$$
$$V(E_3) = \{x_{3,1}, x_{3,2}, x_{3,3}\}, \quad V(E_4) = \{x_{4,1}, x_{4,2}, x_{4,3}\}$$

式中，$V(E_1)$ 为满足 j 个事件（用水户从各水源分配水权量）所必需的分量构成的集合，$j = 1, 2, 3, 4$。

定义

$$E = E_1 \bigcap E_2 \bigcap E_3 \bigcap E_4,$$

(6-25)

显然有

$$V(E) = \{x_{i,j}, i = 1,2,3,4; j = 1,2,3\}$$

由随机关系得到

$$D(E_1) = \{x_{1,1}, x_{1,2}, x_{1,3}\}, \quad D(E_2) = \{x_{1,1}, x_{1,2}\},$$
$$D(E_3) = \{x_{1,1}, x_{1,2}, x_{1,3}\}, \quad D(E_4) = \{x_{1,1}, x_{1,2}, x_{1,3}\}$$

(6-26)

式中，$D(E)$ 表示与 $V(E)$ 中至少一个元素随机相关的分量构成的集合。各类用水户需水权量事件 E_1、E_3、E_4 的诱导约束为

$$\{x_{1,1} + x_{2,1} + x_{3,1} + x_{4,1} \leqslant W_s; x_{1,2} + x_{2,2} + x_{3,2} + x_{4,2} \leqslant W_g;$$
$$x_{1,3} + x_{3,3} + x_{4,3} \leqslant W_w\}$$

所以，对

$$E \in E_1 \bigcap E_2 \bigcap E_3 \bigcap E_4$$

有

$$\begin{cases} f_1(X) = P_r\{x_{1,1} + x_{2,1} + x_{3,1} + x_{4,1} \leqslant W_s; x_{1,2} + x_{2,2} + x_{3,2} + x_{4,2} \leqslant W_g; \\ \qquad x_{1,3} + x_{3,3} + x_{4,3} \leqslant W_w\} \\ f_2(X) = P_r\{x_{1,1} + x_{2,1} + x_{3,1} + x_{4,1} \leqslant W_s; x_{1,2} + x_{2,2} + x_{3,2} + x_{4,2} \leqslant W_g\} \\ f_3(X) = P_r\{x_{1,1} + x_{2,1} + x_{3,1} + x_{4,1} \leqslant W_s; x_{1,1} + x_{2,2} + x_{3,2} + x_{4,2} \leqslant W_g; \\ \qquad x_{1,3} + x_{3,3} + x_{4,3} \leqslant W_w\} \\ f_4(X) = P_r\{x_{1,1} + x_{2,1} + x_{3,1} + x_{4,1} \leqslant W_s; x_{1,2} + x_{2,2} + x_{3,2} + x_{4,2} \leqslant W_g; \\ \qquad x_{1,3} + x_{3,3} + x_{4,3} \leqslant W_w\} \end{cases}$$

(6-27)

考虑城市水权初始配置的优先结构和目标值。

优先级 1：满足进一步改善生活质量需水权数，满足居民生活基本、生态环境需水应从一般经济性用水水权配置中相对分离，优先保障，以利水权市场化运作的机会尽可能地达到 P_1，即

$$P_r\{x_{1,1}+x_{1,2}+x_{1,3}=q_{生活}\}+d_1^--d_1^+=P_1 \qquad (6\text{-}28)$$

式中，d_1^- 将被极小化。

优先级 2：满足第一产业需水权数的机会尽可能地达到 P_2，即

$$P_r\{x_{2,1}+x_{2,2}=q_{一产}\}+d_2^--d_2^+=P_2 \qquad (6\text{-}29)$$

式中，d_2^- 将被极小化。

优先级 3：满足第二、第三产业需水权数的机会尽可能地达到 P_3、P_4，即

$$P_r\{x_{3,1}+x_{3,2}+x_{3,3}=q_{二产}\}+d_3^--d_3^+=P_3 \qquad (6\text{-}30)$$

式中，d_3^- 将被极小化。

$$P_r\{x_{4,1}+x_{4,2}+x_{4,3}=q_{三产}\}+d_4^-+d_4^+=P_4 \qquad (6\text{-}31)$$

式中，d_4^- 将被极小化。

优先级 4：尽可能少地从外地购买水权，即

$$x_{1,3}+x_{3,3}+x_{4,3}+d_5^--d_5^+=0 \qquad (6\text{-}32)$$

式中，d_5^- 将被极小化。

因此，上述问题的相关机会目标规划模型为

$$
\begin{cases}
\text{lexmin}\{d_1^-,d_2^-,d_3^-,d_4^-,d_5^+\}, \\
P_r\{x_{1,1}+x_{1,2}+x_{1,3}=q_{生活}\}+d_1^--d_1^+=P_1, \\
P_r\{x_{2,1}+x_{2,2}=q_{一产}\}+d_2^--d_2^+=P_2, \\
P_r\{x_{3,1}+x_{3,2}+x_{3,3}=q_{二产}\}+d_3^--d_3^+=P_3, \\
P_r\{x_{4,1}+x_{4,2}+x_{4,3}=q_{三产}\}+d_4^-+d_4^+=P_4,
\end{cases}
\quad
\begin{aligned}
&\text{s. t. } x_{1,3}+x_{3,3}+x_{4,3}+d_5^--d_5^+=0 \\
&x_{1,1}+x_{2,1}+x_{3,1}+x_{4,1}\leqslant W_s \\
&x_{1,2}+x_{2,2}+x_{3,2}+x_{4,2}\leqslant W_g \\
&x_{1,3}+x_{3,3}+x_{4,3}\leqslant W_w \\
&x_{i,j}\geqslant 0, i=1,2,3,4; j=1,2,3 \\
&d_k^-,d_5^+\geqslant 0, k=1,2,3,4
\end{aligned}
$$

$$(6\text{-}33)$$

式中，lexmin 为按字典序极小化目标向量。

2）模型求解

（1）拟定水资源总权量和各类用户需水权量。由确定城市的水资源可开发利用量（如多年平均量、某规划期平均量等）确定 W_s、W_g、W_w，并确定各类用户的总需水权量 $q_{生活}$、$q_{一产}$、$q_{二产}$、$q_{三产}$。

（2）设置水资源量的随机分布函数和率定分布参数。按照水资源变化规律，设置 W_s、W_g、W_w 符合的概率函数（如我国水资源变量一般符合皮尔逊 III 型分布），并根据历年资料率定其分布参数。

（3）初步确定满足各类用水户需水要求的机会。组织专家、政府官员、用水户代表采取"专家打分法（Delphi 法）"，确定保证率 P_1、P_2、P_3、P_4 值。

（4）基于随机模拟的遗传算法，一种基于随机模拟的遗传算法为求解相关机会目标规划模型提供了有效的手段，即在上述（1）、（2）、（3）内容拟定后，根据对式（6-33）的

随机模拟，遗传算法就可给出城市水权初始配置的最优解，满足各类用户需水权量要求的机会（概率）。其步骤如下：

①选定种群规模 Pop_Size，交叉概率 P_c，变异概率 P_m 以及基于序的评价函数参数 $a=0.05$，进化过程中每次随机模拟执行 3000 次循环；②初始产生 Pop_Size 个染色体；③交叉和变异操作，并使用随机模拟技术来检验其后代的可行性；④使用随机模拟技术计算各染色体的目标值；⑤根据目标值，使用基于序的评价函数计算每个染色体的适应度；⑥通过旋转赌轮，选择染色体，获得新的种群；⑦重复步骤③～⑥，直到完成给定的循环次数；⑧选择最好的染色体作为最优解。

若在计算中出现某种需水的满足机会或实际保证率不合适，某种需水的破坏深度太大时，应重新组织有关专家、政府官员、用水户代表参加的专家打分法（Delphi 法），确定保证率 P_1、P_2、P_3、P_4 值；或者调整用水户的需水权量，并进行上述模拟计算，求得满意解。以此作为水权分配依据，为水权管理奠定基础。

例 6-1 某市市区总面积为 67 km²，总人口为 63.8 万人，其中建成区面积为 41.0 km²，城区人口为 41.1 万人，近郊区人口为 227 万人。根据该市水资源开发利用规划知：地表水 $W_s=1095$ 万 m³，$C_v=0.75$，$C_s=2C_v$；地下水 $W_g=5293$ 万 m³，$C_v=0.42$；$C_s=2C_v$；外调水（该市从城区外水库调水）$=1825$ 万 m³；$C_v=0.56$；$C_s=2C_v$；年需水量 $q_{生活}=1040$ 万 m³，$q_{一产}=1140$ 万 m³，$q_{二产}=4728$ 万 m³，$q_{三产}=1305$ 万 m³。采取"专家打分法（Delphi 法）"拟定保证率 $P_1=0.95$，$P_2=0.50$，$P_3=0.95$，$P_4=0.85$ 值。

基于随机模拟遗传算法得出的该市初始水权分配最优解为 $x_{1,1}=96$ 万 m³，$x_{1,2}=698$ 万 m³，$x_{1,3}=246$ 万 m³，$x_{2,1}=757$ m³，$x_{2,2}=383$ 万 m³，$x_{3,1}=133$ 万 m³，$x_{3,2}=3219$ 万 m³，$x_{3,3}=1376$ m³，$x_{4,1}=109$ m³，$x_{4,2}=993$ 万 m³，$x_{4,3}=203$ 万 m³；其中满足生活、第一产业、第二产业、第三产业需水权要求的机会或实际保证率分别为 97%、48%、96%、86%，基本达到了比较合理地配置水资源的目的。

在实际工作中，可以以上述初始水权分配数为依据情况，按比例分配实际水量，所以，应将上述水权分配最优解理解为水权分配指标，并作为水权管理的定量依据。

6.4.5　水权的取得与管理

1. 水权的取得

水权的取得与管理需要依据相应的管理体制和管理制度安排来实现，以保障水权的安全。可将取水许可管理程序归纳为图 6-2。

2. 水权管理

建立城市水务市场，使水权在水务市场上进行合理的交易，运用市场经济规律调整水权配置与关系，调节水资源供需关系，以达到提高用水效率和节约保护水资源的目的。在通过水资源配置确认初始水权之后，应通过水务市场实现水权在所有者之间的交易。这是水务管理适应社会主义市场经济体制建设的重要措施。

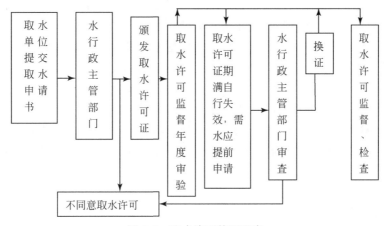

图 6-2　取水许可管理程序

1) 水权交易的目的

水资源使用权的交易主要有以下目的：

（1）水资源优化配置。水资源是生活、生产的重要自然资源，是创造物质财富的基础性经济资源，是稀缺资源和经济社会建设发展的战略性资源，具有巨大的经济价值，对其分配应按价值规律进行，即在政府宏观管理下，运用市场经济规律进行调节，以解决单纯靠行政管理配置水资源所出现的"市场失效"、"市场失灵"和"外部性"等问题，使政府宏观调控这只"看得见之手"和市场调节这只"看不见之手"有机结合起来，发挥市场配置水资源的积极作用。

（2）缓解城市缺水压力。城市经济建设与发展需要提供更多的水资源保障，这已成为我国经济社会建设与发展中亟待解决的问题。但是，城市水源极其有限，新增水源只有依靠从城外或更远区域去发展调水，或者通过节水、水处理、产业结构调整等提高用水效率的措施来增加供水能力，若无有效的水权交易将富裕的水转让出来，使水权拥有者可以通过将水转让给更高效益的用途获得收益，这些调水、节水等措施将难以实现。若单纯运用行政管理手段，而不与经济措施相结合来达到调水、节水等目的，势必会违背公平分配、公平交易水资源的基本原则和市场运行规则，并会产生许多负面影响，抑制水务事业正常发展。

（3）建立节水型社会，需要水权市场机制。节水是解决缺水的有力道路，这在我国经济社会的发展历程中已得到有力的证明。但是，节水需要投入，若仅靠道德约束鼓励节水，而无合理的回报，收效有限，必将失去节水的积极性。所以，给水权合理定价，反映水资源的经济价值，并允许水权在水务市场上交易，必将推动地区、单位和个人节水的积极性，使节水无论是用于自身发展或是出让，都有相应的回报。

2) 水权交易的范围

城市水资源使用权在地区、单位和个人之间进行交易，其交易物来源于两类：一是原已分配给地区、单位和个人的水权，称为原水权；二是新开源的水权。通过在水务市场上的水权交易使两类水权在用水户之间流动起来。

（1）原水权。能够参与原水权的交易，就表示原水权所在的地区、单位或个人有富裕的水资源，或是参与这种交易比直接使用水资源更有利可图。前者可能是通过节约用水、提高水利用效率而节约的水，或是通过产业结构调整而节约的水，如一般工业向电子、信息产业调整，也可能是因各种原因而不再需要使用水了，如破产原因，这样水权所有者只要认为卖出水权是经济的，就可通过水务市场的法定规则和程序卖出水权。后者发生的可能原因是某用户因使用城市污水处理厂的再生水或使用其他单位的排水后，减少和不再使用新水而节省的取水指标，并投入水务市场进行水权交易。

（2）新水权。城市新开发的水源包括当地水资源、城郊水资源和外区域、流域远距离输送来的水源，这些新水源投入经济社会使用，可采取拍卖、招标、共同出资兴建水工程等形式让用水户获得水权，而不再采取按常规取水许可程序直接分配初始水权给用水户的办法。

3）水权定价

水权交易的关键是给水权合理定价。土地、水、矿产、森林等自然资源的开发利用要纳入市场经济的运行轨道，就应使这些资源商品化，使它们具有一定的价格形态，以反映其价值。

无论是原水权的市场交易，还是新水权的竞价拍卖等，都应注重水资源的属性和特征，不能走随行就市定价的路子，其定价的原则、方式等与一般商品定价有别，应是政府宏观调控与市场经济调节相结合（有关内容详见本书有关内容）。

4）水权交易程序

具有水资源使用权的所有权人要通过水务市场实现水权的交易，包括申报水权、审核、公示、价格、签约等。

6.4.6 排水权

1. 初始排污权配置原则

1）污染物总量控制原则

城市出口排污量和水质应遵守城市所在流域或区域分配的排污权指标。城市应根据污染源构成特点，结合城市水体功能和水质等级，确定污染物的允许负荷和主要污染物的总量控制目标，并编制污染物总量控制方案，城市分配排水权数不得超过污染物排放总量控制指标。

2）生活排污优先原则

城市人口集中，排放生活污水是基本的用水权利，但必须按照国家节约用水和水污染防治的方针，加强生活污水的处理与回用。在分配生活污水排放权时，应在综合分析评价生活污水的来源、数量、水质等特点基础上，编制生活节水和污水处理回用方案，核定生活排水量，并优于其他排水分配排水权。

3）原有排水优先原则

拥有《排污许可证》的，只要在排污活动中没有违反上述法律法规的监督与管理规定，应享有优先获得排污权的权力。对于按照水环境管理目标和排污总量控制方案要求其削减排污，或限制其排污的情况，那也是对排污的合理调整，应当遵守。

4）区别对待，保障重点的原则

对排污实行总量控制，应根据污染物的性质以及对环境和人体健康的影响程度区别对待。对重金属、有机毒物、难以生物降解的有害污染物应从严控制；对可生物降解的、毒性不大的有机污染物，可适当放宽限制；对关系国计民生的产业和地区经济发展的主导产业，应在加强管理的基础上，在安排排污权指标时，按排污总量控制方案要求，应保障其基本排污权指标。

5）留有余地原则

为维护地区水环境安全和建设美好环境，环境的纳污能力总是有限的，而纳污能力又与地区经济社会建设与发展关系密切，若将排污权分配完毕，会发生经济社会建设因排污不成而受到抑制，并且人们对排污标准、纳污能力、排污总量控制及排污权等的认识，不仅有一个深化提高的问题，包括对原有认识不到位的地方的修正、反省，而且是发展的，所以，不宜将当前所评估的水环境纳污能力以排污权的形式全部分配出去，应留有一定的排污权指标。

6）时限原则

对原领取的排污许可证因主客观原因不能使用了，应予取缔。并对新分配的排污权做出最长使用时期的限制。若无时限，就成了长期的事实上的占有，这种占有实质是对所有权的替代。所以，对反映使用国有环境资源的排污权，必须有时期上的限制。

2. 排污收费的基本政策原则

（1）排污费强制征收原则。按照《水污染防治法》第十五条、第四十六条，《水污染防治法实施细则》第三十八条，《排污费征收使用管理条例》第二条、第十二条、第二十一条以及地方法规，依法征收。

（2）排污费和超标排污费同时征费原则。

（3）排污费与污水处理费二者取一原则。

（4）排污费实行"收支两条线，专款专用"的原则。

3. 排污征费标准与计算方法

依据《水污染防治法》、《污水综合排放标准》（GB8978—1996）和《排污费征收使用管理条例》规定的排污费征收标准有以下几点：

1）按污染当量计征

排污费按排污者排放污染物的种类、数量以污染当量计征，每一污染当量征收标准为0.7元。

2）排污费和超标排污费同时征收

对每一排放口征收污水排污费的污染物种类数，以污染当量数从多到少的顺序，最多不超过三项。其中，超过国家或地方规定的污染物排放标准的，按照排放污染物的种类、数量和本办法规定的收费标准计征污水排放费的收费额加一倍征收超标准排污费。对于冷却水、矿坑水等排放污染物的污染当量数，应扣除进水的本底值。

3）水污染物污染当量数的计算

一般污染物的污染因子按《污水综合排放标准》分为第一类水污染物 10 项，第二类水污染物 61 项，共计 71 项，并标定了每项污染物的污染当量值。

6.5　水价政策与水价格制定模式

6.5.1　水价政策与水价改革进展

水利工程供水大体经历了水资源无偿使用、供水不收费、无水价而言的无偿供水阶段；1965 年国务院批转了水利电力部制定的《水利工程水费征收、使用和管理试行办法》，改变了水利工程无偿供水的状况，逐步推行了供水收费制度，但未考虑供水成本，属低水价供水阶段；直到改革开放以后，我国的水价改革才逐步进入正规，改变了长期以来供水不讲效益、水价呆滞的局面。

6.5.2　城市供水价格制定

1. 定价原则

制定城市供水价格应遵循补偿成本、合理收益、节约用水、公平负担的原则。

2. 分类定价

城市供水价格是指城市供水企业通过一定的工程设施，将地表水、地下水进行必要的净化、消毒处理，使水质符合国家规定的标准后供给用户使用的商品水价格。城市供水实行分类水价，根据性质可分为：居民生活用水、工业用水、行政事业用水、经营服务用水和特种用水五类。

3. 价格构成

城市供水价格由供水成本、费用、税金和利润构成。城市供水成本是指供水生产过程中发生的源水费、电费、原材料、资产折旧、修理费、直接工程、水质检测和监测费以及其他应计入供水成本的直接费用；费用是指组织和管理供水生产经营所发生的销售费用、管理费用和财务费用；税金是指供水企业应缴纳的税金；城市供水价格中的利润，按净资产利润率核定，输水、配水等环节中的水量损失可合理地计入成本，污水处理成本按管理体制单独核算。

4. 计价方式

城市供水应逐步实行容量水价和计量水价相结合的两部制水价或阶梯式计量水价，容量水价用于补偿供水的固定资产成本，计量水价用于补偿供水的运营成本。

表 6-5 列出了 2009 年全国典型城市居民生活水价。

表 6-5 2009 年全国部分城市居民生活水价 (单位：元/m³)

城市	污水处理费	自来水价	综合水价
北京	0.9	1.8	2.7
上海	1.08	1.33	2.41
天津	0.82	3.11	3.93
南京	1.0	1.5	2.50
昆明	1.0	2.45	3.45
兰州	0.5	1.45	1.95
南昌	0.5	1.18	1.68
沈阳	0.6	1.8	2.40
郑州	0.70	1.7	2.40
西安	0.65	1.8	2.45

6.5.3 可持续利用水价格模式

1. 水价改革应遵循的原则

在水价改革中应遵循以下主要原则：①有利于促进水资源的节约与保护；②有利于促进水资源的合理配置和综合利用；③有利于促进水资源管理政策、法规制度的有力执行；④有利于促进水管理体制和供水企业现代化制度改革；⑤水价改革必须按照政府宏观管理与市场经济调节相结合的道路进行；⑥水价改革必须使水价达到合理的水平，使国家资源利用和供水企业得到合理回报；⑦水价改革必须符合国家经济政策，能激励水务市场融资能力和回报能力的增长；⑧水价改革必须增强水资源保障经济社会实现可持续发展的能力；⑨水价改革应坚持公平性原则，使用相同水量、排放相同污水缴纳相同费用，并注重保护弱势群体利益；⑩水价改革应坚持适当区别性原则，不同用途、不同标准、不同地区用水实行不同水价结构和标准。

2. 水价构成要素

我国水利产业政策、城市供水价格管理办法及相关的法律法规和政策，都明确水价格应由供水成本（其中包括水资源费）、费用、税金和污水处理费构成。因而，城市水价构成要素可用式（6-34）表达，并形成可持续利用水价格模式：

$$P = F[K, P_1(P_{11}, P_{12}, P_{13}), P_2(P_{21}, P_{22}, P_{23}, P_{24}),$$
$$P_3(P_{31}, P_{32}), P_4(P_{41}, P_{42}, P_{43}, P_{44})] \tag{6-34}$$

式中，P 为城市商品水价，元/m³；P_1 为资源水价，反映对水资源消耗的补偿费 P_{11}，管理维护费 P_{12}，水权转让费 P_{13}，元/m³；P_2 为供水工程水价，供水成本直接费用 P_{12}（电费、原材料费、资产折旧费、修理费、直接工资、水质检测和折旧费，以及其他一切计入供水成本的直接费用）、费用 P_{22}（销售费用、管理费用、财务费用）、税金 P_{23}，利润

P_{24}，元$/\text{m}^3$；P_3 为排水工程水价，城市排水管网使用成本 P_{31}，管理费用 P_{32}，元$/\text{m}^3$；P_4 为环境水价，反映排水对使用公益性环境资源的补偿费 P_{41}，损害的补偿费 P_{42}，环境资源的管理费 P_{43}，排污权转让费 P_{44}，其中排水对环境资源损害的补偿费相当于现存的污水处理费加上污水处理企业的合理利润，元$/\text{m}^3$；K 为社会平均物价波动影响系数。

城市供水系统主要存在集中供水系统（自来水）和分散供水系统（用户自备水源工程从水源取水），或两种供水系统并存于同一供水对象的混合供水系统，在测算水价构成要素时应是相同的，但在测算工程水价时，分散供水系统的费用、税金、利润与集中供水系统差别较大，常常在内部隐含掉了，而不直接反映出来，所以，常给人采用分散供水系统比集中供水系统经济的假象。所以，在分析水价构成时，不宜区别上述两类系统的差别，只是在定价时应注意其计价方式的差异。

排水工程水价应实行同区同期同价。即无论是直接排入环境，还是利用公共排水管网排水，应在同一时期按排水量征收相同的排水设施有偿使用费，以减少分散排水行为，鼓励集中规划排放，以利城市"雨污分流排水制"的建设与发展。若有必要，应对分散排污征收相对高的费用。

从目前排污收费制度实施方案分析，排污者污水未经城市排水管网及污水集中处理设施直接排入水体的，均不交纳污水处理费，但要按照国家规定交纳排污费，所以，污水处理费与排污费具有等效关系，相当于排污者对水环境损害具有等效关系，相当于排污者对水环境损害的补偿费。排污超过国家或地方规定的污染物排放标准的，按国家规定交纳超标排污费，这属惩罚性收费，排污必须达到国家或地方规定的标准，超过规定时限达不到标准的，应停业排污，这种惩罚性收费对象的存在不是长期的，只能是暂时的。排污者有自建污水处理设施的，其污水经处理后达到国家《污水综合排放标准》规定的一级或二级标准，污水排入城市排水管网及污水集中处理设施的，污水处理费应该适当核减。例如，南京市（2002 年 8 月 1 日起）使用自备水源，有污水处理设施并进行处理后，排入城市排水设施的单位，污水处理费为 0.35 元$/\text{m}^3$；使用自备水源，无污水处理设施，排入城市排水设施的单位，污水处理费为 1.05 元$/\text{m}^3$。

综上所述，在我国城市水价构成中，应加入取水、用水、排水对水资源及环境外部性因素的考虑，应体现对资源的利用和资源的稀缺性、公益性、公平性、补偿性和对水资源与环境有益作为（如节水、污水处理与回用等）的回报，反映水价所能代表的功能，让水价在资源水、商品水、排水及污水处理回用的运行过程中，起到调节并与之发生关系的经济社会行为的积极作用。

3. 商品水价与管理

城市商品水水价结合水资源使用权、排污权的市场化交易，应由下式确定：

$$P = K[P_w + P_2(P_{21}, P_{22}, P_{23}, P_{24}) + P_3(P_{31}, P_{32}) + P_p]$$

$$P_w = P_{10} + P_{13}；P_p = P_{40} + P_{44} \tag{6-35}$$

式中，P_w 为水权价，元$/\text{m}^3$，表示水资源费；P_{10} 为水资源费，$P_{10} = P_{11} + P_{12}$；P_p 为排污权价，元$/\text{m}^3$，表示排污费；P_{40} 为排污费，$P_{40} = P_{41} + P_{42} + P_{43}$。其余参数意义同前。

在城市水务市场中，某一水源地的水资源和某一区域水环境的纳污能力，无论其水权和排污权主体如何变化，其中含有的水资源费和排污费都应在确权后交给城市水务主管部门，交易双方交易价格变化的空间在水权转让费和排污权转让费，其利润空间也在此范围内。排污费中的污水处理费部分应按协商的价格和方式会商，划拨给城市污水处理企业。

排水工程水费征收后应作为城市排水管网维护和管理的专项资金。供水工程水价扣除向国家缴纳税金外的部分应归城市供水企业。

为便于征收和管理，调动用户节水和保护水环境的积极性，应不分取水类型、供水方式，让所有用户参与水权和排污权交易。对集中供水系统的用户，在水务市场参与水权和排水权交易获得用水指标和排水指标，经城市水务管理部门确权后，可统一将指标下达给供水、排水企业。用户按公示的价格向城市水务管理部门缴纳水资源费、排污费和排水工程使用费，向供水企业交纳供水工程水费。也可采用"一票制"的方式，由城市水务管理部门设置水务统一收费管理处，再由其将相应费用划拨给有关企业和单位。

分散供水的用户（自备水源工程取水用户）通过城市水务市场交易购得水权和排水权，向城市水务管理部门缴纳水资源费、排污费和排水工程使用费，即获得水权和排污权。

6.6　城市水务系统安全分析

水安全是水资源、水环境和水灾害的综合效应，兼有自然、社会、经济和人文的属性。城市水安全是城市生态安全以及区域水安全的重要研究内容，对于促进城市社会经济的可持续发展具有重要的保障作用。目前，城市水安全的研究尚处于定性研究阶段，还缺乏基础理论研究的支撑与深入的量化分析。本章在探讨城市水安全科学概念与特征的基础上，基于耗散结构的熵理论，分析了人水共生系统所描述的水安全状态发展演变的可能态势；在此基础上，创新性地提出城市水安全承载力的概念，分析了城市水安全承载力的影响因素与度量方法，并针对当前水安全评价指标体系没有充分反映城市水安全科学内涵的缺陷，从城市水安全承载力的压力指标与支撑指标的角度出发，构建了城市水安全承载力的综合评价指标体系，为定量研究城市水安全问题提供了基础。

6.6.1　城市水安全的概念与特征

1. 城市水安全的概念及内涵

安全是危害或灾害的反义词，它与危害（或灾害）的风险紧密联系。危害（或灾害）的风险越小，安全度就越高，反之亦然。安全通常是主体存在的一种不受威胁、没有危险的状态，根据心理学家亚伯拉罕·马斯洛的需求层次理论，在人的需要的五个层次之中，安全需要仅次于生理需要位列第二层次，由此可见安全对于人类的重要。如果发生不安全则意味着危险或灾害即将发生，说明灾害产生的两个因素已经具备：一是有了破坏能力；二是存在遭受破坏的对象；并且两个因素相距很近，能够产生相互影响，才能造成灾害或影响。

综上所述，水安全的定义多种多样，并且随着时代的前进其内涵在不断地扩大。本书认为水安全是指一定时期一定区域内由于水资源短缺、水环境污染、洪涝灾害以及由此产生的粮食、社会、经济、生态等问题对于实现区域可持续发展是无威胁的，或是存在某种程度的威胁，但是可以将其后果控制在人们可承受范围内的一种状态。城市水安全是特指在城市范围内的水安全状况。具备以下几点内涵：

（1）对于城市人口而言，当面临与水联系的某种灾害和危险时，就会产生不安全的感觉，水安全与水灾害、水危机是相辅相成，互为因果的。

（2）影响城市水安全的威胁因素来自资源、环境、生态、社会、经济等众多领域，其中一些因素具有随机变化的本质特征，有些因素则由于反映其变化规律的信息不完备，具有明显的不确定性，因而，水安全包含风险的含义。

（3）绝对的城市水安全是不现实的，必须对可能出现的水安全事故有充足的准备，通过及时地处理和有效的控制措施尽量将水安全事故的损害降至最低，这样就保证了一定程度的城市水安全。

2. 城市水安全的特征

城市水安全既包含水的自然属性也包含水的社会属性，既具有一般资源安全的共同特征，也具有明显的自有特征，城市水安全具备的主要特征如下：

1）整体性

城市水安全中的水资源短缺、水环境污染、洪涝灾害以及由此产生的社会经济及生态环境问题是相互联系、相互影响的有机整体，任何一个环节出现问题，都可能产生整个系统的震荡或崩溃。例如，城市供水水源的水质情况恶化，会导致城市供水危机，城市供水危机，会进一步引发社会经济危机。因而对于城市水安全问题，要从系统的角度进行综合的考虑与分析。

2）层次性

城市水安全的层次性，可以从两个方面理解：一方面城市水安全是区域水安全、流域水安全、国家水安全的重要组成部分；另一方面，城市水安全也是城市生态安全的重要研究内容，与生态安全中的粮食安全、居住安全以及生命安全等密切相关，是保障城市社会经济可持续发展的前提与基础。

3）动态性

城市水安全处于不断的运动与变化之中。不同区域不同时期可能会面临不同的水安全问题。由于水资源的时空分布不均衡性以及城市人口与水资源、水环境的相互作用，某一时期水资源较为充沛的区域可能在另一时期面临强大的抗旱压力。例如，2004年我国南方地区53年以来的罕见干旱造成的经济损失高达40亿元。

4）开放性

城市水安全系统是一个开放的复杂系统，各个城市水安全子系统之间、城市水安全系统与周围环境之间、城市水安全系统与城市生态系统之间，不断地进行着物质信息能量等方面的交换。

5）长期性

许多城市水安全问题一旦形成，如果想要解决就需要在时间和经济上付出高昂的代价，如由于水环境污染造成的生态状况恶化、城镇居民健康状况受损等问题，除了巨额成本以外，也很难在短时期内将其恢复到原来的状态。

6）不可逆性

水资源、水环境对人类活动的支撑能力有一定的限度，一旦超过水资源、水环境自身修复的阈值，就会造成不可逆转的后果，如由于生态环境的恶化导致一些物种的灭绝，而物种灭绝造成的基因损失是难以预估的。

7）随机性

城市水安全受水文循环、社会经济、生态环境等多方面因素的影响。一方面影响因素众多，另一方面各因素间相互作用复杂，加之人类认识水平的局限，导致城市水安全问题的不确定性很高，常常表现出随机的特征。

8）复杂性

水安全系统是由人与水共同构成的涉及资源、社会、经济、环境等要素在内的复杂大系统。系统内部因素众多，彼此的关系错综复杂，很多因素很难精确表达，加之城市水安全的概念、理论以及研究方法体系等尚不完备，使得城市水安全问题呈现出高度的复杂特性。

6.6.2　城市水安全承载力概念及其度量方法

1. 水安全承载力概念的提出

1）水安全承载力的概念

资源与环境是同一事物的两个不同侧面，如同一枚硬币的正反面一样，水资源承载力及水环境承载力分别从资源安全的角度和环境安全的角度对水安全问题进行描述，为了将水资源安全、水环境安全以及防灾安全综合起来加以研究，本书提出水安全承载力的概念，即在一定区域内，在满足生态环境基本安全的前提下，区域内水（量与质的统一）系统能够支持社会经济可持续发展的能力或限度。水安全承载力反映了社会经济生态系统发展对水资源、水环境产生的压力以及水资源、水环境对人类社会经济发展的支撑力这两个方面的对比程度。图 6-3 表示的是水安全承载力、社会经济活动、生态环境的相互关系。

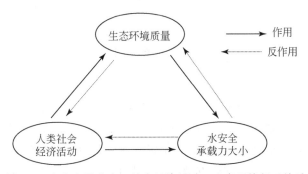

图 6-3　水安全承载力、社会经济活动、生态环境相互关系

水安全承载力具有以下几点特征：

（1）水安全承载力的综合性。水安全承载力涵盖了水资源承载力、水环境承载力以及防灾安全承载力，是一个涉及资源、环境、灾害在内的综合性的概念。

（2）水安全承载力的客观性与可控性。一方面，水安全承载力反映一定区域的水安全状况，包括可利用的水资源量、水环境容量以及面临的洪涝干旱的风险，这些是客观存在的，在一定的历史时期，水系统对社会经济、生态环境的发展总有一个客观存在的承载阈值；另一方面，水安全承载力反映了人们的主观期望和判断标准，因而，它也具有主观性，它与特定时期的水资源开发利用水平、产业结构及生产力水平有关，这些因素是不断发展变化和可以调节的，因而水安全承载力也具有可控性的一方面。

（3）水安全承载力的模糊性。由于水安全系统的复杂性、影响因素的不确定性与随机性，加之人类认识自然能力的局限性，水安全承载力的指标和定量描述会有一定的模糊性。

（4）水安全承载力的相对极限性。水安全承载力不是在任何时间、任何技术水平和任何管理水平下的绝对极限，而是一个有条件的、可能发生跳跃式变化的相对极限。

（5）水安全承载力的区域性和时间性。由于水资源、水环境以及涉水灾害具有较强的地区性，因而，它对社会经济发展的支撑形式也具有较强的地区性，水安全承载力是人水系统长期相互作用的结果，因而，水安全承载力也具有长期性和时间性。

2）水安全承载力的影响因素

由上面水安全承载力的概念看出，水安全承载力是涉及社会、经济、环境、生态、资源等要素在内的复杂问题。水安全承载力既受到自然因素影响，又受社会、经济、文化等因素的影响，见图6-4。

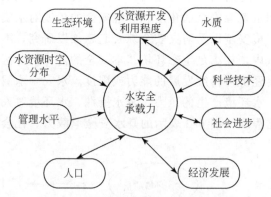

图6-4　水安全承载力影响因素关系图

具体影响因素如下：

（1）水资源时空分布的不均衡性。我国水资源不仅短缺，而且在时空上分布极为不均，就降雨的时间分布来看，降水量在年内、年际变化大，有明显的枯水年和丰水年交替的现象。就空间分布而言，由于地理因素，我国水资源南多北少、东部潮湿、西部干旱，81%的水资源集中在耕地面积只有36%的南方地区。水资源时空分布不均极易导致洪涝干旱灾害，全国每年因水灾受害面积就有670万 hm²，约占全国耕地面积的6.7%，给工农业生产和人民生活造成了严重的损失，以 98 大洪水为例，历经 3 个月的时间，投入人力几百万人，经济损失高达数百亿元；旱灾也是我国经常发生的自然灾害，目前全国正常年份缺水量近 300 亿～400 亿 m³，北方地区近年缺水尤为严重，平均每年有 1 亿～3 亿亩①耕地因旱受灾。水资源时空分布的不均，直接导致不同城市的水安全承载力在不同时期是不同的。

(2) 人口的增长。中国是一个人口大国，并且今后一个时期的人口总量仍将以年均 800 万～1000 万人的速度持续增长，伴随着中国人口的增长，中国城市人口也在迅速增加。中国人口城市化水平目前已达到 43%，预计 2020 年将接近 65%。这意味着未来十几年，城市人口将净增 3.6 亿人，城市人口总数达到 9 亿人左右，城市人口增长对水资源的供给构成了巨大压力。据统计，我国城市日缺水量达 1600 万 m³，影响人口达 4000 万人。据估计，我国淡水资源所能承载的最高人口数为 6.3 亿～6.53 亿人，而我国实际人口是承载能力的 2 倍左右。

(3) 经济的高速发展。目前我国经济每年以 7%～9% 的速度在高速增长，经济的快速发展导致工业、农业、服务业对水资源的需求增加，尽管随着农业节水技术的不断推广，未来农业对水资源的需求将会有所下降，但从水资源的整体需求角度来看，在未来一段时期水资源的需求压力还会进一步加大。

(4) 社会的进步。随着社会进步，人们的生活方式有所改变，生活方式导致消费水平和消费结构也随之发生变化，消费水平消费结构的变化，对城市水安全会带来直接影响。同时，随着社会进步，人们对水安全的认识逐步加深，通过节约型社会理念的不断推进，节水工作的顺利开展也可以减轻水安全承载力的压力。

(5) 技术水平。科学技术是生产力，对于提高城市水安全承载力具有直接作用。一方面，科学技术决定了我国水资源的开发利用程度；另一方面，科学技术也直接影响着我国污水处理能力。目前，我国水资源受制于技术水平，水资源利用效率较之发达国家尚存在较大的差距，2003 年中国万元 GDP 用水量为 465 m³，是世界平均水平的 4 倍，其中农业灌溉用水利用系数为 0.4～0.5，发达国家为 0.7～0.8；水资源的重复利用率为 50%，而发达国家为 85%。

(6) 水质情况。我国城市水质安全问题十分严重，2005 年 3 月底，中国政府通过《中国日报》，正式通告了水资源污染的警告，预计 3.6 亿中国民众缺乏安全的饮用水，全国有 70% 的河流湖泊受到了污染，有大约 200 万人因为饮用含砷量很高的水而患病，其中包括癌症。从我国 118 个大中城市地下水监测资料分析表明，目前全国地下水已普遍受到污染（超过 97%），部分地区水质污染超标严重，且还在继续加重。尤其是北方城市污染更加严重，污染元素多，且超标率高。例如，华北地区的主要城市中，仅海河流域水质劣于国家地下水质量Ⅲ类标准的水体面积就多达 7 万 km² 左右。水质问题直接影响到城市水安全的承载能力。

(7) 生态环境。由于对水资源的过度开发利用，我国面临的生态安全问题十分严重，目前，中国地下水开采量突破 1000 亿 m³，占全国供水总量的 20%。有 100 多座城市地下水位持续下降，华北地区的地下水位每年以高达 0.3～3 m 的速度下降。由于地下水位下

① 1 亩≈667 m²

降，在辽宁、河北、山东、江苏等沿海地区，发生大面积的海水入侵，面积已达 1500 km²。我国水土严重流失，据统计，每年流失的土壤近 50 亿 t。由于通航能力下降，全国河道通航里程由 20 世纪 60 年代的 17.2 万 km 降低至 10.8 万 km。由于森林植被受到严重破坏，水资源平衡受到破坏，造成水源减少，加上水土流失，河湖淤塞，一些地区连年干旱，另一些地区连年出现洪涝灾害。水安全问题严重影响到我们的生态安全，而生态环境的破坏，则进一步加剧了水安全承载力问题的严峻性。

2. 城市水安全承载力评价指标体系

要想定量地评价或分析城市的水安全承载力，关键是建立一套完整的评价指标体系，它是分析研究城市水安全承载力的根本条件和理论基础。

1) 指标体系构建的原则

城市水安全评价指标体系构建应遵循以下原则：

(1) 科学性原则。指标体系的建立应当根据城市水安全承载力的概念与城市水安全承载力的影响因素，并结合可持续发展理论进行构建，尽可能充分反映城市水安全承载力的科学内涵。

(2) 完备性原则。水安全承载力指标体系既应当反映出水安全承载力的自然属性，也应当反映出水安全承载力的社会属性。评价指标体系应能反映出水资源、水环境、涉水灾害以及由此产生的社会经济以及生态问题。

(3) 动态性原则。水安全承载力问题不仅仅是当代人面临的问题，还关系到后代子孙的福祉，因而指标体系的设立应当具备动态性的原则。

(4) 独立性原则。指标与指标之间应保持内涵相对独立，避免信息的重复。

(5) 可操作性原则。指标体系应当尽可能的简洁，既能够说明问题又便于实际操作。

2) 指标体系构建的方法

评价指标体系的构建有理论分析、频度统计、专家咨询和统计分析等方法。

理论分析是通过分析城市水安全承载力的科学内涵，系统归纳城市水安全承载力的影响因素，选取各影响因素的典型指标，对水安全承载力的评价指标体系进行构建。

频度统计是指通过查阅大量水资源、水环境、生态、环境承载力的相关国内外文献，对反映水安全承载力出现频数较高的指标进行统计，在设计水安全承载力评价指标体系时进行重点考虑。

专家咨询法是通过设计专门的调查问卷，向相关领域内的专家进行咨询，专家意见较为一致的指标应重点考虑。

当评价指标体系中设计的指标较多时，有些指标很可能会重复地反映某些内容，而如果过多或不恰当地删去某些指标，就会造成评价指标体系重要信息的损失，因而，这是一对矛盾，解决这个矛盾可以采用统计分析的方法，常用的定量指标筛选的统计方法有条件广义方差极小、极大不相关、选取典型指标法、因子分析、聚类分析等方法。

3) 城市水安全承载力评价指标体系构建

目前，学术界关于水安全综合评价指标体系的构建研究尚不多见，根据本书水安全承载力的概念，应当从社会经济系统发展对水资源、水环境产生的压力以及水资源、水环境对人类社会经济发展的支撑两个方面考察城市水安全承载力，进而对城市水安全进行定量度量。因此，应当从水安全压力和水安全支撑两个方面来构建城市水安全承载力的评价指标体系。

通过对现有研究成果的综合分析并结合本书水安全承载力的概念，可以认为水安全压力来自水资源压力、水环境压力、水灾害压力以及社会经济发展对水安全产生的压力。

水资源压力可用工业、农业、生活、生态几个方面的用水压力来表征，包括人均用水量、亩均用水量、万元工业产值用水量以及生态用水量。水环境压力主要来自水污染，因而可以从城市地下水污染状况以及流经城市的河流的污染状况来表征，因此选用地下水水质达标率以及河流的优于三类河流长度的比例两个指标。水灾压力主要来自城市可能面临的洪水危险和干旱危险发生的概率，可以用城市洪水发生风险（根据城市防洪标准确定）和干旱发生风险来表征，如果城市的防洪标准为 10 年一遇，则城市洪水发生风险为 0.1。社会经济压力主要来自人口的快速增长和经济的发展，因而可以用人口自然增长率以及 GDP 的年增长率来表征。

水安全支撑指标包括水资源支撑指标、水环境支撑指标、防灾支撑指标、生态环境支撑指标、社会经济支撑指标五个方面。

水资源支撑指标表现在水资源量对人类社会经济发展的支撑程度以及人类对水资源的有效利用程度，采用人均水资源量、工业用水重复利用率以及农业有效灌溉面积率来表征。水环境支撑主要表现在人类对生产生活污水的处理能力，因而采用工业废水处理达标率以及生活污水处理达标率来表征。防灾支撑主要体现在城市的防洪能力与抗旱能力，防洪能力的提升主要依靠防洪标准的提高和完备的防洪预警及应急体系的建立，抗旱能力的提升主要依靠抗旱预警与应急体系的完备及补偿水源工程的建设，此类指标可以根据不同城市的具体情况由专家具体给定。生态环境对水安全的支撑可由人均绿地面积、森林覆盖率以及湿地面积比率来表示。社会经济对水安全的支撑表现在经济的发展水平和经济结构的调整方面，经济发展可以为提高城市水安全程度提供资金保障，可用人均 GDP 来表征；城市经济结构的调整，取消耗水量大的工业部门而大力发展第三产业，有利于水资源的合理配置与使用，因而可以用第三产业占 GDP 的比例来表征。

第7章 城市人工湿地、生态景观与生态建筑

7.1 城市人工湿地的定义及研究意义

7.1.1 湿地定义

1. 湿地的概念

由于湿地本身特殊的性质和丰富的类型以及人们认识湿地的目的性不尽相同，湿地也有不同的定义。目前湿地的定义主要有两类：一类是学者从科研角度给出的定义，强调湿地的本质属性；另一类是管理者从湿地保护与管理角度给出的定义，这类定义边界清楚，范围广。

第一类湿地的定义是狭义的湿地定义，认为湿地是一种不同于水体，又不同于陆地的特殊过渡类型生态系统，为水生、陆生生态系统界面相互延伸扩展的重叠空间区域。湿地应该具有三个突出特征：湿地地表长期或季节性处在过湿或积水状态；地表生长有湿生、沼生、浅水生植物（包括部分喜湿盐生植物），且具有较高生产力。生活湿生、沼生、浅水生动物和适应该特殊环境的微生物类群，具有明显的潜育化过程。

第二类湿地的定义是《国际湿地公约》的定义，认为湿地是天然或人工的，永久的或暂时的泥炭地或是水域，蓄有静止或流动的淡水、半咸水或咸水体。《国际湿地公约》将世界上的湿地划分为两个大类42种类型。定义丰富，适用范围广，在保护珍稀濒危水禽栖息地方面有较大价值。

2. 城市湿地的概念

根据地域和湿地特征的不同，也有学者提出将湿地划分为城市湿地和非城市湿地两大类，这一分类是湿地应用分类的新尝试。城市湿地可被认为是城市尺度范围内的各类湿地，包括城市区域内及城市边缘。因此，它自然成为城市生态系统的重要组成部分。城市湿地与分布于城市尺度范围外的自然湿地有着不同的特征：首先，自然湿地体现的是湿地自然特征，人为管理强度相对较小，而城市湿地则充分体现了人为管理的特征。其次，在自然生态方面，相对自然湿地而言，城市湿地通常面积较小，并且区域连接度不高，内部生境破碎化严重，湿地区域的小气候也与城市区域有着明显的不同。而自然湿地生境气候特征反映的是区域地理气候特点。最后，就功能而言，自然湿地以生态服务为主，而城市湿地除生态服务功能外，还强调休闲娱乐和生态教育功能。这些功能，自然湿地都不能取代。

3. 城市人工湿地的概念

城市人工湿地是在城市尺度范围内已消亡的湿地或异地恢复与重建的湿地生态系统，它属于城市自然湿地中的已经遭受了严重的自然破坏与生态威胁的部分，需要人为地施加更加积极主动的正面影响才能维持存在与自然演替的湿地。营造城市人工湿地具有相当显著的生态环境效益。除了能对污、废水进行有效可靠的净化处理，并有效地阻止城市自然湿地的生态破坏，它还具有建造和运行费用低廉、易于维护、技术含量低等优点。城市人工湿地不仅可以扩大城市湿地的存在量，更可缓解城市现存自然湿地所受到的威胁和环境压力。它与其他湿地类型的最为显著的区别就是人为的积极主动干预的量化最大，其休闲娱乐和生态教育功能等社会功能被更加强化。

7.1.2　城市人工湿地的功能

湿地功能在于它是服务价值最高的陆地生态系统。湿地的服务价值表现在湿地的三大功能：水文功能、生物地球化学功能和生态功能。

1. 水文功能

（1）湿地的供水和补水。湿地的供水表现在向居民用水、工业用水和农业用水提供可直接利用的水资源。湿地的补水功能表现为补给地下水和补给河川径流两个方面。它与区域地表水和地下水联系密切，是长期而稳定的水源。

（2）控制洪水和调节径流。湿地特殊的土壤水文物理性质，使湿地能将过量的水分储存起来并缓慢地释放，从而将水分在时间和空间上进行再分配。洪水在湿地中通过下渗补给地下蓄水系统，湿地本身也通过蒸发、提高空气湿度等方式调节径流。长江流域 1998 年的大洪水就是因为湿地面积大幅度减少而造成的直接结果。

（3）滞留与降解污染物。在湿地中，缓慢的水流速度有助于沉积物下降，有些有毒物质和营养物质附着在沉积物颗粒上，当水中的悬浮物沉降下来后，有毒物或营养物也随之沉降下来，通过湿地植物的吸收，将有毒物质进行储存和转化，使江河的水质得以净化。

（4）调节局部小气候。湿地土壤积水或经常处于过湿状态使湿地成为多水的自然体，水的热容量大，地表增温困难，可以起到调节大气温度的作用。湿地还通过水面蒸发、植物蒸腾等持续不断地向地面输送水蒸气，提高周围空气湿度，并诱发降水。因此湿地的蒸腾作用可以保持当地湿度和降水量。

2. 生物地球化学功能

湿地是碳的源和汇。湿地生态系统是全球巨大的碳库，储藏在不同类型中的碳约占地球碳总量的 15%，湿地碳的循环对全球气候变化起着十分重要的作用。

3. 生态功能

湿地可以有效地保护河流堤岸，保留营养物质，还为禽类提供重要的栖息地，保持生物的多样性。

7.1.3　人工湿地分类

国内外学者对人工湿地系统的分类多种多样。从工程设计的角度出发，按照系统布水方式的不同或在系统中流动方式不同一般可分为自由表面流人工湿地、水平潜流人工湿地和垂直流人工湿地。从水力学角度划分，人工湿地分为水面湿地和渗滤湿地两种类型。人工湿地按污水在其中的流动方式可分为两种类型：水面式人工湿地和潜流型人工湿地。

人工湿地根据湿地中主要植物形式可分为：浮水植物系统、挺水植物系统和沉水植物系统。

人工湿地按水流方式的不同主要分为四种类型：地表流湿地、潜流湿地、垂直流湿地和潮汐流湿地。但普遍认为人工湿地按水流方式的不同主要分为两种基本类型：表面流型人工湿地；潜流型人工湿地。

不同类型人工湿地对特征污染物的去除效果不同，具有各自的优缺点。表面流湿地是废水在填料表面漫流，它与自然湿地最为接近。但自由表面流人工湿地是人工设计、监督管理的湿地系统，去污效果优于自然人工湿地系统。这种类型的人工湿地具有投资少、操作简单、运行费用低等优点，但占地面积较大，水力负荷较小，去污能力有限。自由表面流人工湿地中氧的来源主要靠水体表面扩散、植物根系的传输和植物的光合作用，但传输能力十分有限，这种类型的湿地系统的运行受气候影响较大，夏季有滋生蚊蝇的现象，冬季北方表面会结冰，还会有臭味。这种湿地不能充分利用填料及丰富的植物根系，其绝大部分有机物的去除是由长在植物水下茎、秆上的生物膜来完成。

水平潜流人工湿地因污水从一端水平流过填料床而得名，它由一个或多个填料床组成，床体填充基质，床底设有防渗层，防止污染地下水。与自由表面流人工湿地相比，水平潜流人工湿地的水力负荷大和污染负荷大，对 BOD、COD_{Cr}、SS、重金属等污染指标的去除效果好，且很少有恶臭和滋生蚊蝇现象。

目前，水平潜流人工湿地已被美国、日本、澳大利亚、德国、瑞典、英国、荷兰和挪威等国家广泛使用。这种类型人工湿地的缺点是控制相对复杂，脱氮、除磷的效果不如垂直潜流人工湿地。

垂直流人工湿地。污水从湿地表面纵向流向填料床的底部，床体处于不饱和状态，氧可通过大气扩散和植物传输进入人工湿地系统。垂直流人工湿地的硝化能力高于水平潜流湿地，可用于处理氨氮含量较高的污水，其缺点是对有机物的去除能力不如水平潜流人工湿地系统，落干/淹水时间较长，控制相对复杂，夏季有滋生蚊蝇的现象。

7.1.4　人工湿地组成

绝大多数自然和人工湿地由五部分组成：①具有各种透水性的基质，如土壤、砂、砾石；②适于在饱和水和厌氧基质中生长的植物，如芦苇；③水体（在基质表面下或上流动的水）；④好氧或厌氧微生物种群；⑤无脊椎或脊椎动物。人工湿地主要部分的功能如下。

1. 水生植物

植物是湿地中必不可少的一部分，它通过自身的生长及协助湿地内的物理、化学、生物等作用去除湿地中的营养物质。植物还可以延长水在湿地内的停留时间，沉淀悬浮颗粒，为微生物的生长提供可依附的表面，同时还有输送氧气到根区、提高水在土壤中的传导等作用。植物的选择应尽量考虑增加系统的生物多样性。生态系统的物种越多，结构越复杂，则其稳定性越高，也能延长湿地使用寿命，污水净化率也会提高。

2. 微生物

自然界中碳、氮、磷等元素的循环离不开微生物的活动。人工湿地处理污水时，有机物的降解和转化也主要是由植物根区微生物活动来完成的。人工湿地中微生物的活动是废水中有机物降解的主要机制。

3. 基质

目前广泛应用的人工湿地主要以沙粒、沙子、土壤、石块为基质，新型填料也在不断地得到研究和应用。特别是沸石，由于其独特的性能，近年来成为国内外学者的研究热点。

7.2　城市污水处理人工湿地组合模式的构建

7.2.1　人工湿地净化机理

人工湿地污水净化处理机理较复杂。湿地净化污水是湿地中基质、植物和微生物相互关联，物理、化学和生物过程协同作用的结果。其中，物理作用主要是过滤、沉积作用。污水进入湿地，经过基质层及密集的植物茎叶和根系，可以过滤、截留污水中的悬浮物，并沉积在基质中。化学反应主要指化学沉淀、吸附、离子交换、拮抗和氧化还原反应等，这些化学反应的发生主要取决于所选择的基质类型。生化反应主要指微生物在好氧、兼氧及厌氧状态下，通过开环、断键分解成简单分子、小分子等作用，实现对污染物的降解和去除，其中构成人工湿地的四个基本要素都具有单独的净化污水能力，尤其是人工湿地基质中微生物类群在人工湿地污水净化过程中起到重要的作用。

1. 有机污染物的去除机理

人工湿地对污水有机污染物 COD_{Cr}、BOD 有较强的降解去除能力。污水流经湿地床时，其中的有机物被基质颗粒所吸附而截留，有机物迅速被微生物所氧化、分解，转化成 CO_2 及无机盐类，并不断被植物作为营养而吸收。BOD 去除基本上是在基质表层进行的，微生物生长和基质形成的生物膜对污水有机物的降解起主要作用，其主要为好氧生化反应。污水不溶性有机污染物通过湿地基质的沉淀、过滤作用，在厌氧条件下逐步分解，被微生物利用；废水中溶解态的有机物则通过植物根系生物膜的吸附、吸收及生物代谢过程而被分解去除。随着处理过程的不断进行，湿地床中的微生物相应地繁殖生长，通过对湿地床填料的定期更换及对湿地植物的收割而将有机体从系统中去除。

2. 氮去除机理

污水中氮主要以有机氮和氨氮的形式存在，在处理过程中有机氮首先被异养微生物转化为氨氮，而氨氮在硝化菌的作用下被转化为亚硝态氮和硝态氮，通过反硝化菌以及植物根系的吸收作用而从系统中去除。

人工湿地生态系统氮素去除途径主要为水生植物吸收、微生物的硝化和反硝化以及挥发等。氮在湿地系统生物化学循环较复杂，包括七种价态的转换，氮的转换受氧化还原特性及微生物分解过程的影响。研究表明，污水中的无机氮作为植物生长过程不可缺少的物质而直接被植物摄取，并合成植物蛋白质等有机氮，通过植物的收割可使之去除，但这部分仅占总氮量的 8%～16%，不是主要的脱氮过程。在人工湿地系统中，植物根茎下形成有利于微生物硝化作用的好氧微区，同时在远离根系周围形成厌氧区，提供反硝化条件，所以人工湿地脱氮主要是靠微生物的硝化、反硝化作用。

3. 磷去除机理

污水中无机磷是植物生长所必需的营养物质，植物吸收无机磷同化合成 DNA 和 RNA 等有机成分，通过对植物的收割而将磷从系统中去除。另外，微生物吸收磷（将磷作为微生物体必需的成分 $C_{60}H_{87}O_{23}P$，供生长所需）通过聚磷菌对磷的过量积累，将其从湿地水中去除。传统二级污水处理工艺，微生物对磷的正常同化吸收一般只能去除进水中磷含量的 4.5%～19%，主要由聚磷菌的过量摄磷作用实现。人工湿地由于植物光合作用及呼吸作用（光反应和暗反应）的交替进行，植物根系输氧量的多少随光照强度而相应地发生变化，湿地床内不同区域耗氧速率不同，致使基质内部交替地出现好氧和厌氧状态，利于微生物对磷的释放和积累作用的发生；床体填料对磷的吸收及与磷酸根离子的化学反应（如离子交换作用等），对磷的去除亦有一定的作用。含铁质和钙质的填料可与水中的磷酸根反应而沉淀下来，也有利于磷的去除。上述三种磷去除作用强弱不同，一般以植物对磷的吸收为主（如芦苇等快速且长期生长的挺水性植物对磷的需求量大）。人工湿地中磷的去除是由植物的吸收、填料床的沉淀过滤固结及微生物的积累协同作用完成的。

4. 金属离子的去除

湿地水生植物具有富集重金属离子的功能，主要是被其根部所吸收，基质土壤对污水中金属离子也有去除作用。金属离子在土壤中去除主要依靠吸附、沉淀、离子交换等，金属离子在土壤胶体表面被置换吸附并生成难溶化合物，也可与土壤胶体颗粒螯合而生成复合物。

7.2.2　城市污水处理人工湿地组合模式的设计原理

构建示范工程遵循的两个最基本的原理是组合增效与生态平衡原理，用组合增效原理提高系统的去污能力；用生态平衡原理增强系统的稳定性和可持续性。

1. 组合增效原理

组合增效原理表现为组合处理单元功能的加成效应。组合不同技术与工艺时，关键在于发挥各自的优点，实现优势互补。系统中具有组合增效作用的关键技术可概括为以下6 个：

（1）将植物、动物、微生物引入试验废水调节池，强化预处理的降解转化作用。定量回流单元的污泥至调节池，用以提高废水可生化度，降低好氧处理单元有机负荷（张增强和殷宪强，2004）。

（2）利用载体技术在好氧生化处理单元筛选和培养有效微生物群，将培养的菌群扩散到生物调节池和湿地单元，增大处理系统的微生物浓度，放大微生物降解效应，提高整个系统的生物降解能力。

（3）基于好氧反应初期降解与转化速率高的原理，采用快速好氧降解将有机物转化为速效养分，供湿地植物生长，可以缩减生化反应时间、有效地降低有机负荷，相应也成倍地缩小湿地的面积。

（4）利用潜流湿地吸附、过滤、沉淀功能截留无机和有机有毒物质、增强去氮除磷效果，利用表流湿地中和、调节、稳定出水水质。

（5）配置不同微生物、植物、动物种类，利用生物共生、竞争、食物链（网）、营养级、生态位等原理，建立稳定微生态环境，促进生物间物质能量交换。

（6）配置不同种类草本、木本植物，利用不同种植物根系的分布特点，形成多层次水环境好氧区（根系周围）、兼氧区和厌氧区（无根系或少根系区），好氧微生物将有机物分解，兼性微生物和厌氧微生物降解有机物，好氧区和厌氧区的同时存在，十分有利于氮的硝化和反硝化反应的进行，达到高效除氮效果。

2. 生态平衡原理

平衡生态系统的特点是：物流稳定（有机物质、无机物质及能量交换量、传递与转化速率相对稳定）；营养食物种类丰富多样（能满足各类生物快速生长繁殖）；生物协和共生、形成合理的食物链（生物种类多样性）；季节适应性强，系统生物群落随季节变化具有自我更新的能力（生物群落多样性）。由于组合系统是开放体系，不仅水力负荷和有机负荷变幅很大，季节性水热条件的差异也很大。因此，要保持系统去污能力的高效稳定，关键在于建立生命活跃、生产力高的生态平衡系统，而其重点是要解决生产力、缓冲力和季节性更新能力三大问题。维护系统高效稳定的关键措施有以下 5 条：

（1）合理配置生物种类，利用生物共生与竞争机制形成协合、加成和集肤效应，增强系统稳定性。

（2）遵循系统复杂、稳定性强的原理，通过增大生物多样性和生物结构复杂性来增强系统自我调节能力。

（3）构建有机与无机养分库，调节和缓冲系统的养分水平，维持系统物流的稳定性。

（4）组合潜流和表流湿地构成不同生境和界面，扩大动植物种类季节性选择范围。随季节变化配置不同的生物种类，重点是维持系统在冬季的处理能力。

（5）采用木本植物作为湿地的主要植被，合理配置草本植物，建立稳定、长效、超量吸附、分解污染物能力强且经济价值高的湿地植物群落。与人工湿地种植草本植物相比，木本植物根系分布深广，净化效果更好，污水处理量更大，且较少受气候影响，不易造成二次污染，可以更有效地吸收利用氮、磷营养物，提高去污效果。

7.2.3 城市人工湿地生物配置与作用

1. 引入生物的目的与主要作用

（1）植物。吸收有机与无机养分；分泌生物酶促进有机物降解；根系供氧改善系统好氧环境；为系统动物、微生物提供食物；绿化美化和改善湿地周边环境；吸收二氧化硫、氮氧化物、二氧化碳等，增加氧气，净化空气，提高局部地区景观的美学价值。

（2）土壤动物。与土壤微生物和植物共生；改良土壤结构，保持土壤通透性。

（3）水生动物。与微生物和植物共生；消耗有机食物；供观赏与垂钓。

（4）微生物。处理系统的微生物源培养的活性污泥，目的是扩大微生物反应区间，实现系统自我消化污泥。微生物主要分解还原各种营养物质，返还给吸附基质被植物重新利用。植物和微生物的吸收同化作用是湿地生态系统治污最重要和最核心的功能（周振民等，2010），决定着处理能力的大小和去除效果的高低。

2. 常用的组合系统的动植物种类

常用的组合系统的动植物种类有两种。

1）植物类

常用的组合系统的植物种类有：芦苇、水芹菜、茭白、满江红、莲藕、凤眼莲、浮萍、黑藻、金鱼藻、皇竹草、美人蕉、富贵竹、商陆、大焦、山姜、芦苇、杂交酸模、绣球花肠、姜荷花、芋头、艾叶、欧美黑杨、桉树、女贞、水仙、甘蓝、睡莲等。

2）动物与微生物

常用的组合系统的动物与微生物种类有：鲍鱼、鳝鱼、鳅鱼、培养的活性污泥、蚯蚓、蛙类、草鱼、鲫鱼、黑鱼、虾类等。

7.3 城市人工湿地的景观价值和特征

7.3.1 城市人工湿地景观的价值

城市人工湿地的景观设计是城市人工湿地受到较大人为积极主动干预的最直接方式，其景观价值具有多重价值意义，具有如下四大类别：生态价值、人文价值、社会价值和城市新景观的价值。

1. 生态价值

1）调节城市气候

城市人工湿地中的植物的蒸腾作用，增加了空气中的水分含量，有利于形成一定的小气候条件，可以改善城市空气环流状况，提升整体环境的质量。据一些地方的调查，湿地周围的空气湿度比远离湿地地区的空气湿度要高 5%～20%，降水量相对也多。城市湿地建设可以大大减小城市热岛效应，有助于降低由热岛效应引发的突发性疾病，在一定程度上能够保障城市中人们的生命安全。

2）控制洪水

湿地可以调节河川径流，有利于保持流域的水量平衡，它们对减缓洪水的推进速度、削减洪峰起到至关重要的作用，可大大缓解下游城市防洪抢险的压力。我国 1998 年长江流域与嫩江流域洪灾的一个重要原因是沿江、河的湿地多被开垦，丧失了大面积自然湿地，从而大大地降低了调洪能力，导致巨大的生命财产损失。

3）补充城市地下水

湿地可以通过补充城市地下蓄水层的水源，向地下水进行补给，对维持城市地下水的水位，保证城市持续供水具有重要的作用。城市用水有很多是从地下开采出来的，不断地使用地下水，使城市地下水位不断下降，城市地下水面临枯竭的威胁。而湿地就可以为地下蓄水层补充水源。从城市湿地到蓄水层的水既可以成为城市地下水系统循环的一部分，也可以为城市工农生产提供水源。城市人工湿地参与地下水的补给，可以涵养地下水，调节城市径流，对防止干旱和洪涝均有重要作用。湿地补充城市地下水，还可以缓解近年来因为缺少地下水引发的城市地面局部沉降的趋势，保证城市人们的生活和生命安全。

4）净化城市水体质量

城市人工生态湿地系统中的植物如芦苇、葛蒲等自净作用的选用能使城市人工湿地生态系统通过食物链过程消减有机污染物，护岸带的泥土、生物及植物根系等也可降解、吸收和截留来自城市污水中携带的大量营养物质和农药，增强人工湿地水体自净功能，改善河流水质。此外，人工湿地景观中的跌水、喷泉等水景景观的使用可加强水体的流动循环，增加溶氧效率，实现水体的自我完善、自我净化的强大能力。

5）保证城市生物过程的通道作用

城市人工湿地生态系统是城市生态系统的重要组成部分，维护城市生物多样性在城市建设中具有特殊作用。确保形成一个水陆复合型生物共生的生态系统，创造许多丰富多彩的动植物生境，为鸟类、鱼类和某些无脊椎动物提供良好的城市栖息地和避难场所。

2. 人文价值

1）历史文化

城市人工湿地的历史文脉和传统文化是景观创作的重要人文要素，是保持城市人工湿地景观特性的"地方特色"。现代城市人工湿地景观设计，展示着历史的、民族的和地方的人文魅力。它需要人们通过景观设计的手法去再现，需要人们用心灵去感悟，挖掘其文化的含义，体会城市人工湿地景观的历史连续感和特色气息。

2）场所语言

城市人工湿地具有原始归属感和文化语境，是湿地空间形式背后的精神。每个场所都会有一个故事，其含义与城市历史、传统、文化等一系列主题密切相关，这些主题赋予城市人工湿地景观设计以丰富的意义，其设计语言的表达具有丰富的价值，能够使城市人工湿地景观形成一种浓烈的空间氛围，能使人的意识和行动在参与过程当中得到对主题的认同感和归属感。

3. 社会价值

1）旅游资源价值

湿地蕴涵着丰富秀丽的独特自然风光，具有自然观光、旅游、娱乐等美学方面的功能。中国有许多重要的旅游风景区都分布在湿地区域，不少因自然景色壮观秀丽吸引人们前往，被辟为旅游和疗养胜地。湿地景观除可创造直接的经济效益外，还具有重要的文化价值。尤其是城市中的湿地，在美化环境、调节气候、为居民提供休憩空间方面有着重要的社会效益，是喧嚣城市中的一块回归自然的最佳场所。

2）教育科研价值

湿地生态系统、多样的动植物群落、濒危动植物物种、强大的生态功能和丰富的自然资源等在科研中都有极其重要的地位，很多生物残体在湿地可以很好地保存下来，记录着过去的古气候、古植被、古水文与毒环境的详细变化过程，它们为教育和科学研究提供了对象、材料和实验基地。一些湿地中保留着过去和现在的生物、地理等方面演化进程的信息，在研究环境演化、古地理方面有着重要价值。

4. 城市特色景观的价值

我国地域辽阔，从北到南地跨温带、北亚热带、南亚热带和热带，从西向东地势逐渐降低，降雨、湿度等自然条件明显不同，再加上城市历史文化的差异，城市绿地景观应具有较强的地域性。但是，由于城市特殊而脆弱的生态环境，造成植物景观品种相对单调，设计手法带有明显的人工痕迹，城市绿地景观的外貌大有趋同态势。我国湿地类型较多，但在全国分布极不均匀。各城市根据其拥有的湿地资源进行城市人工湿地景观设计，将会表现出明显的差异性。例如，上海市有沿江沿海大面积滨海湿地，那么建设滨海人工湿地景观、湿地自然保护区和湿地公园就能够塑造上海城市湿地绿化的特色，也进一步丰富了滨海湿地景观的内容。

7.3.2 城市人工湿地景观的美学特征

作为一种独特的景观类型，湿地设计不仅要注重突出其生态功能的价值和经济价值，也要考虑湿地独特的景观美学价值。人工湿地在城市中的应用取决于对人工湿地景观特征的研究。

人工湿地景观的美学特征概括起来包括：色彩美学、形态美学和动态美学等内容。

城市人工湿地景观本身就是一个处于动态中的生态景观系统，湿地景观呈现出充满生命力的动态美。植物的回荡、鱼虾的游弋及水鸟的飞翔鸣叫等，都给城市人工湿地带来不同的景观感受，也许生活在钢筋混凝土森林中的人们在城市人工湿地景观中的休憩嬉戏的画面，也能够成为动态的美丽湿地景观的一部分。

7.4　城市人工湿地景观设计研究

7.4.1　城市人工湿地景观设计的原则

要建立一个既具有自我组织、自我维持的城市人工湿地生态系统，又具有城市休闲娱乐和生态教育功能等社会功能的城市湿地景观，就必须尊重湿地的生态过程。对于城市人工湿地景观而言，不仅要重视其景观社会服务功能的形式，更要首先注重它作为一个城市生态系统的功能。因此，对人工湿地所进行的景观设计，除了要遵循景观设计的一般原则以外，还有着其特殊的原则与要求，这样才能给人们带来显著的生态效益、经济效益和社会效益。

1. 整体性原则

城市人工湿地景观的设计需按整体性原则统一规划，综合考虑各种影响因素和实施目标，因地制宜，而不是强调统一的标准。设计中不仅要考虑到湿地范围湿生环境，还应考虑到周边城市功能带的衔接问题，要同时处理好自然生态功能和社会服务功能之间的矛盾问题。设计要尽可能地同时兼顾当前的利益和长远利益。

2. 地方性原则

本质上，城市湿地景观设计应该是对自然过程的有效适应与结合，实现滨水湿地及其户外空间的生态设计。城市人工湿地景观设计需要对当地的自然生态过程进行有效适应和结合，这就要求应该尊重传统文化和乡土知识。景观设计必须首先考虑当地人的传统文化，尊重当地的传统生活习惯和民俗风情，以及当地人的审美取向。其中，乡土植物和乡土材料的使用就显得至关重要。乡土物种不但最适宜在当地生长，而且管理和维护的成本最少。只有与当地自然生态环境有效适应的本地物种，才能有效地保持地域生态的平衡。景观设计中要体现"乡土"韵味，植物配置尽量采用当地乡土植物，仅以外来植物作为点缀，采用自然式栽植的方式。

3. 人文性原则

城市人工湿地景观设计要尊重人文历史，尊重人们的生活方式。要根据当地的人文风情和当地人们的生活方式来进行湿地景观的设计。保持风土人情也是城市人工湿地景观设计的目标所在，只有通过恰当的景观设计手法，全方位利用各种湿地设计要素，以铺地、湿地人工小品，甚至是与当地人民生产生活的发展史密切相关的特色农业文化充当文化的载体，才能充分挖掘出所在城市的历史人文文化体验。

城市人工湿地景观是处在一定的地域环境中的，它的人文性最终来源于地域特征本身，脱离地域特征的大背景，漠视场所客观的、现实的条件，任何新颖的设计手法最终都不能真正体现城市人工湿地的人文性特征。

4. 经济高效性原则

湿地生态环境不会产生废弃物，对自然元素的利用和城市污水的改造能动性强，效率较高。所以，在城市人工湿地的景观设计中，还应把握经济与高效的原则。城市人工湿地景观的设计也就是通过人工创造生态系统生存的自然空间，实现低消耗、低维护、高产出的经济效应。同时，在城市人工湿地的景观设计中，强调以尽可能小的人为干预来实现尽可能大的生态社会效应，这就是高效性在城市人工湿地景观设计中的具体体现。

5. 亲水性原则

"水为万物之源"，水孕育了生命，也孕育了湿地系统。水为湿地提供了生命循环所必需的元素基础，湿地的生存离不开水，湿地景观的存在形式主要以水体景观和湿地植物景观为主体。"仁者乐山，智者乐水"在我国传统文化中，人们对水的亲和与关注，形成了独特的水文化。人们对于湿地的喜好，也源于能够近距离地观赏水、接触水，在风景欣赏过程中获得心理上和精神上的满足感。但是，尽管接触水、与水发生关系等是人"亲水"的具体表现，但这对湿地来说无疑也会增加生态维护的危险系数。在目前的城市人工湿地景观设计中，人们亲水的方式十分有限，只有多样化的亲水方式和设施才能真正带来人与水的互动，满足人们对水体的形、声、色、影的综合感受。城市人工湿地景观的亲水设计往往考虑到生态保护的需要而没有被引起足够的重视。对于生活在城市中的人们来说，不能与湿地水体景观进行"零"距离的接触，将是一大遗憾。怎样有效地解决湿地保护与人们亲水愿望之间的矛盾，创造出满足人们亲水渴望的多样化的湿地亲水方式，也是城市人工湿地景观设计的重点所在。

6. 美学原则

城市人工湿地景观的生态美的本质是原始的自然之美。人类对景观的审美主要源自对自然的崇拜以及对原始自然的美好回忆，这是依赖自然的本性植根于人的生物本性，在人类长期的演化过程中形成欣赏自然和享受自然的本能，并随着基因一代代遗传下来。城市湿地景观充满了大自然的灵韵，能为生活在城市中的人类提供难得的感知体验空间。因此，体现自然美，同样是城市湿地景观设计的重要原则。

7.4.2　城市人工湿地景观设计的要素

景观设计要素是城市人工湿地景观设计的主要组成部分，湿地景观设计的要素包括湿地设计理念、原生湿地特征与发育因素、自然地理环境条件等，主要包括湿地景观设计素材的特点和湿地科学、生态学、环境科学与美学等学科的基本知识（周振民，2006）。一个完美的湿地景观设计应该包括如下设计要素：

1. 生态环境的设计理念

湿地景观设计要充分发挥湿地的生态与环境功能,如降解污染、调节气候、控制河川径流等,提高城市的环境质量,发挥湿地景观的生态环境效益。

首先,湿地景观设计应该达到湿地美学价值与湿地生态环境功能的完美统一,使自然与人类生活有良好的结合点,让人与自然达到和谐。其次,要在湿地生态、湿地环境、湿地美学、湿地文化与湿地教育功能上达到完美结合。最后,湿地景观设计应致力于对生态与环境主题进行全方位的诠释。

2. 考虑区域自然地理环境与原生湿地特征的选址设计

研究城市湿地景观设计区域的自然地理环境特征以及了解区域原生湿地生态特征是城市湿地景观设计的第一步,根据这些基础资料进行城市湿地景观选址是科学地设计城市湿地景观的基础与前提。目前我国城市人工湿地景观设计多选择以城市原有湖泊、水渠、池塘、沼泽地等水体或是靠完全人工开挖的水体进行人工建设而来。对城市原有地形进行分析选择应考虑到水体及其周边城市环境的自然保护价值、土壤和基质的理化性状及对植物生长的限制性,以及土地利用变化的环境影响等因素。在城市中尤其要注意湿地水源补给的问题,尽量选择自然水体的补给方式,依靠人工水源的补给不仅会大大增加维护成本,而且也和设计的生态性原则和经济高效性原则矛盾。

3. 地形地貌与空间形态设计

地形地貌是城市湿地景观设计的场地基础。在湿地景观设计中,往往要根据地形的起伏进行总体设计,按照地貌的微小变化设计湿地植被类型。要充分利用原有的地形地貌,设计符合当地生态环境的自然湿地景观,减少对其原生湿地环境的干扰和破坏。同时,还可以减少工程量,节约经济成本。

湿地景观用地的原有地形、地貌是影响总体规划的重要因素,要因地制宜。同时,设计不能完全局限于现状,也要充分体现总体规划的意图,适度改造原始地形地貌。城市人工湿地空间形态设计要以地形地貌为基础,完善城市湿地空间的形态与层次,把城市湿地自然与人工环境进行良好的结合。

1)水体资源的均衡设计

景观布局功能分区多以水体形态为基本出发点,根据地形地貌,对水体进行均衡化分配,营造整体、多元的水陆区域体系。

2)景观布局

城市人工湿地体系类型丰富,主要包括湿地植物复原展示观赏区域(包括沿岸区域、润泽区、沼泽区及深水区),以及城市湿地亲水活动参与区域。科学的景观布局才能维护湿地生态平衡,让人接近湿地,感受亲水乐趣。

3)平面形态设计

自然湿地的平面形态呈现出凹岸、凸岸、曲流、河心岛,有浅滩、沙洲与深潭的交替,它们既能为各种生物创造丰富多样的湿地生境,又可减小水流速度,蓄洪涵水。城市人工湿地的平面形态设计无论在生态上还是景观美学上都应该将自然湿地的平面形态作为设计的依据，再现自然形态就要遵循自然的结构和次序。城市人工湿地平面形态设计时应注意符合以下原则：

（1）岸线设计。作为水陆边界设计最重要的表现因素，岸线设计应以自然曲线岸线美作为设计标准，构成自然水体的边界形态特征，岸线曲折有致，辅以山石、湿生花木、景观筏道等，避免岸线边缘光滑化处理，使得湿地自然景观的水陆边界曲线有别于人工意志的线形美。

（2）湿地水面空间设计。湿地水面应有主要空间和次要空间相辅相成，空间开敞度张弛有道，收放有致，营造出丰富的湿地"开放-私密"空间，带给人们丰富的场地空间体验。并且以桥、木筏道等人工形式作为空间之间的联系和渗透，让整个湿地区域浑然一体。

（3）视线设计。水体设计要蜿蜒曲折，变化多端。岸线凹凸曲折变化的尺度要在视线上形成多个层次，水面较大时可以以湖心岛作为调节，增加视觉重心。

另外，除了在生态学上要求城市人工湿地的平面形态设计尽量保持自然弯曲外，在设计中也要注意处理水流线路，因为不同的水流流速带和生态护岸的物理特性，可以创造出接近自然的多样化水流道路，为湿地带来丰富的边界湿生植物系统及充满活力的湿地水体景观，从而为适合各种水系形态的物种生存繁衍起到积极的作用。总之，城市人工湿地的平面形态设计要随地形地貌的功能而定，灵活处理，在景观形态表现上尽量减少人工干预的痕迹。

4. 湿地沉积物设计

湿地景观基底沉积物性质也是城市人工湿地景观设计的重要因素。基底沉积物组成特性能影响湿地的保水性能及水位稳定程度，其物理化学特征直接影响湿地植物种类空间配置与生长状况，并且在城市人工湿地设计建设的初期，基底沉积物的处理方式也直接关系到水质净化的选择方式。例如，在处理基底有大量垃圾的湿地水域时，就可以选用块石、建筑废弃料等对水底垃圾进行填埋，然后再在填埋层上方覆盖沙石和养殖土，这样也符合设计的经济高效性原则。

5. 湿地水体空间特性与水体质量设计

水是人工湿地景观的灵魂。城市人工湿地水体液态形式的呈现是景观设计的关键所在。湿地水景平面几何造型、水体深度分布及水质都要与湿地景观设计的动物和植物生理特征、生活习性及其空间分布规律保持协调。俗话说"流水不腐"，对于一些流动性较差的人工湿地要使其保持生态的活力，就必须要加强水体的循环流动。首先，要改善湿地水源的供给方式，建立起地表水与地下水之间的联系，使地表水与地下水能够相互补充。其次，在景观设计上可利用跌水、喷泉等增加水的流动，可有效加大水的溶氧效率。

"湿地因水而活"，如季节更替和环境变化会使静水表现出变化无穷、朦胧通透的色彩感，水面的倒影、反射、投影等可以丰富城市人工湿地空间景观的层次感，点缀与映照周围景观，水为城市人工湿地的环境景观注入了新鲜的活力。湿地景观的水体质量本身是一个不断变化的过程。供给水源的污染来源和化学物质，以及湿地降解污染的负荷，直接关系到城市人工湿地的水源质量，所以，水体质量将成为城市人工湿地景观设计的重要检测标准之一。

6. 湿地植物设计

湿地植物是湿地景观设计的重要素材之一。湿地景观设计中的植物素材包括沉水植物、浮水植物、挺水植物、岸边湿生植物，植物种类包括乔木、灌木、藤本、草本、花卉等，以及果树、药材、观赏植物。这些植物需要科学、合理地进行空间配置。按照湿地学与湿地生态学的规律，遵循湿地形成、发育与演化的规律设计动物、植物群落及其空间布局，巧妙合理地运用植被与植物种类不仅可以成功营造出人们熟悉喜欢的各种空间，而且还可以改善湿地景观规划建设地区的局部气候环境、生态环境，使居民在舒适愉悦的环境里完成休闲娱乐活动。

湿地植被随地形地貌梯度变化可展现湿地形成、发育与演化的过程和湿地的生态环境功能。现代湿地植物景观设计的发展趋势就在于充分认识地域性自然景观中湿地植物景观的形成过程和演变规律，并顺应这一规律进行湿地植物配置。设计不仅要重视湿地植物景观的视觉效果，更要营造出适应当地自然环境条件、体现当地自然景观风貌的湿地植物群落类型，使湿地植物景观成为区域的主要特色。可以认为，现代湿地景观设计的实质就是为湿地植物的自然生长、演替提供最适宜的条件。

城市人工湿地景观设计在植物素材的设计方面，一是考虑植物种类的多样性搭配，二是考虑湿生植物的生态效益，以满足生态与美学两方面的要求。

1) 植物去污能力的选择

湿地植物种类的主体要优先考虑可吸收富集水中的营养物质，能增加水体中的氧气含量或有抑制有害藻类繁殖能力的植物种类，提高水体的自净能力，这也是城市人工湿地系统发挥生态净化作用的最重要因素之一。在有关的水生植物去污能力的研究中，具有较高净水能力的水生植物种类相当多，其中挺水植物有茭白、芦苇、菖蒲、香蒲、水葱、灯心草、石菖蒲、慈菇等；浮叶及漂浮植物主要有凤眼莲、满江红、水花生、菱、水鳖、浮萍、马来眼子菜等；沉水植物主要有金鱼藻、伊乐藻、轮叶黑藻等。

2) 植物的配置

在设计人工湿地植物配置时，根据其生长环境、耐污能力、去除特定污染物的功能等，分为优势种和点缀种进行搭配种植，再配合必要的管理与控制，将使人工湿地的生态净化达到很好的效果。同时应考虑到植物物种的多样性和因地制宜，尽量采用本地植物，它适应性强，成活率高。避免外来物种导致生态灾难。

根据水由深到浅，依次种植挺水植物、浮叶植物和沉水植物，既符合各种水生植物的特性，又满足审美的需要。沿岸边缘带一般选用姿态优美的耐水湿植物，如柳树、水杉、木芙蓉和迎春等进行种植设计，以低矮的灌木和高大的乔木相搭配，用美学原则组织植物形态美，创造出丰富的水体空间景观构图效果。

3) 植物种植疏密适度

城市人工湿地景观植物的种植必须预先考虑水面总体空间的安排，在一定水域面积范围内种植适当数量的湿地植物并使整个湿地植物群落光合作用正常，健康生长。同时，适当的植物密度能让植物与水面形成一定比例的构图美，有利于展示纯粹的湿地水体景观。

4）植物美感形式的多样化展示

城市湿地植物的景观美的多样化主要表现在三方面：体量美、色彩美和香味美，具体设计如下：

（1）植物体量质感组合设计。植物的体量大致可分为粗质型、中粗型及细质型。植物的体量是植物的重要观赏特性之一。植物的质感是指可触的表面性质。质感不同，人们就会产生不同的心理感受。体量质感种类太少，则无味、疲惫、单调；但过多，布局又会显得杂乱。城市人工湿地景观设计的水岸空间可多用些小体量细质型的材料，如芦苇，能够给人以群体的动态美。

（2）植物色彩设计。城市人工湿地景观的营造中，植物色彩组合要形成一定的群落色相，表现主题和旋律感。例如，在水生植物区种植葛蒲、荷花、睡莲、花叶水葱都对绿色的主色调具有点缀作用，丰富湿地空间色彩效果。

（3）植物香味设计。植物香味作为设计不可缺少的一部分，在设计的时候往往被忽视。将不同的香味植物分区域配置，可以有效避免各自的香味被邻近植物所破坏。除了花香植物以外，还可选择叶片芳香的植物，如水薄荷、甜味葛蒲等，让湿地中的人们得到综合的感官感受，可大大提高植物景观设计的功效。

7. 湿地动物设计

目前的城市人工湿地强调生态系统的维护功能，主要集中在湿地植物的优化配置上面，湿地动物景观素材的设计却并没有被施加人为的积极影响。湿地动物也是湿地景观设计的重要素材之一。湿地景观设计中的动物素材主要包括生活在湿地中的鱼类、两栖类、湿地鸟类及昆虫类。科学地设计湿地动物最佳的空间条件，考虑湿地生态系统的食物链组成与结构，合理配置湿地动物种类，结合湿地自然植被系统恢复湿地物种的生境，让来到湿地的人们在游憩的同时，更能感受到"野草之美"和"昆虫之美"，体验真正的生物多样性。

7.4.3 生态护岸设计

生态护岸的形态通常表现为与水边平行的带状结构，应表现出显著的生态特性，如通道和廊道特性，过滤和障碍特性，提供生境特性。

生态护岸应采用自然材料形成"可渗性"界面，增强水体自净作用，保障湿地的生物过程。要考虑湖泊、沼泽植物在不同地下水位的生长要求，满足驳岸自身的稳定功能。湿地水体中存在着不稳定的地段，而堤岸的抗冲刷能力在各个地段也不尽相同，设计既要了解河岸平面与剖断面之间的相互联系，又要考虑湿生、沼生植物在不同水位的生长要求，同时也要满足护岸自身的稳定性，还要处理好由于水位变化而带来的景观视觉效果。

1. 设计要点

充分使用本土材料和绿色建材，可体现生态设计意向，降低管理和维护成本，加强研究、开发和采用符合湿地生态要求的护岸材料与施工安装方式。生态护岸设计不仅仅要关注水陆交界线，而且更应聚焦于一定厚度和宽度的水平面和垂直面，在水平面要考虑承载人及动植物的活动，在垂直面要控制好水陆生态流的交换。

2. 生态设计形式

1）自然缓坡式护岸

自然缓坡式护岸是运用自然界物质形成坡度较缓的水系护岸，是一种亲水性很强的岸线形式。多运用岸边植物、石材等以自然的组合形式来增加护岸的稳定性。

2）生物工程护岸

生物工程护岸指当岸坡坡度过大或土质不稳定时，用可降解的原生纤维如稻草、黄麻、椰壳纤维等制作垫子、纤维织物等，通过层层堆叠等形式来阻止土壤的流失和边坡的侵蚀。当这些原生纤维材料缓慢降解，并最终回归自然时，人工湿地岸坡的植被已形成发达的根系，护岸将会得到保护。

3）结构柔性护岸

该护岸融工程技术与生态绿化为一体，一方面能抵抗较强的水流冲蚀，保证护岸安全稳定；另一方面利于植物的根系生长，并允许水陆间进行生态流交换，为鱼、虾等提供可靠的栖居空间。该护岸多适用于各种坡度的岸坡。

7.4.4　交通道路设计

城市人工湿地景观的道路是指湿地景观中的道路、小径、开阔区域及各种铺装地坪等，它是湿地景观设计中不可缺少的构成要素，是连接各种湿地景观的通道、网络。湿地景观道路的规划布置形式能反映野趣与自然湿地景观面貌和风格。例如，湿地小径可设计成峰回路转、曲折迂回、曲径通幽的苇荡迷宫。

湿地景观道路主要包括人车行道，以及木筏、桥及汀步等"亲水道路"，除了组织交通运输外，还可以组织游览线路，通过沿途湿地指示牌等小品进行湿地科普宣传，提供休憩场所。交通道路设计要尽量合理解决生态维护和人的参与行为之间相互矛盾的问题，这需要通过湿地内的路径方式和道路与湿地的距离及安全性问题来处理。

1. 路径方式

1）游步道路径的方式

首先，城市人工湿地步道的设计，应将整个湿地景观与水岸景观串联起来。要对游步道的设计整体把握，结合水岸线形态进行开合有致的路线设计，让人们获得最美妙的空间变化感受。

其次，在有些地方，道路与水面不宜接近，这样可以避免过多的干扰水体，可形成完整的水陆交错带，保护生态系统。城市人工湿地区域的步行道路的游览顺序要尽可能地沿等高线布置，坡度不宜过大，坡度的变化幅度应该尽量小些。

2）木栈道/桥方式

架空的木栈道由于对水生生境造成的干扰比较小，可以对水面空间和植物群落进行分隔，形成丰富多样的边界环境，给人多样的视觉感受。作为一种交通要素，木栈道可以延伸入水面，增强了人与水的互动。加之由于木质的"软性"，木栈桥更容易与植物、水体融为一体，增添人工湿地景观的亲切感，因使用的较多园桥自身有着优美的形态，它往往能成为视觉的交汇点，丰富空间层次，在近景和远景之间起到中景的衬托和框景的作用，且具有水面空间的过渡和衔接作用。桥的材质有木质、石质和混凝土浇筑等形式，也有平桥、曲桥、拱桥等，需选择接近自然的形式来建造，这样更易与整体景观的自然、生态氛围相一致。

3）汀步方式

汀步属于城市湿地景观中十分自然生态的一种设计元素，它介于似桥非桥、似石非石之间，是将一些石块平落于水中，使人能踊步而行，多采用天然石材和水泥浇筑。建造形式有规则式和自然式两种。人行其上，人与水的关系更为亲近。湿地中的汀步设计要注意结合湿地水位易变的特征，可将阵列的汀步作为水位变化的必经渠道，不仅有效地界定了空间，也让行于其上的人们能感受到四季中湿地水位的变化，体会到湿地自然的动态之美。

2. 距离问题

1）平面距离

道路与湿地的距离问题是设计的关键问题，因为它直接关系到人在湿地中的景观感受和湿地生态护岸受人工污染的危险系数。在设计时既不要紧邻水岸线，这样会加大生态护岸的危险系数；也不要太疏远水岸线，使人们与水体产生疏远感。总之，要根据当地具体的地形地貌来设计，掌握适度的原则。

2）竖向距离

木栈道可以临水而设，也可以和水面形成一定的落差，根据空间组织的需要，灵活进行搭配。而桥高则最好与湿地内的其他景观成比例。较高的桥梁可以成为周围湿地区域的视觉重心，并成为环境中的焦点景观。矮桥则易取得更好的"亲水"效果，给人一种漂浮水面的感觉，笔者认为一般桥面离水面的一般距离在1 m为宜。

当然，无论是路径与水的水平距离还是竖向距离，它们都会反映生态维护问题和人的参与行为之间的关系。设计需要从整体范围内，在宏观尺度上研究距离与生态维护的关系，在此前提之下，调配局部路径与水体的距离，表达出亲水形式的多样性原则。

3. 使用的安全问题

城市湿地景观的道路方式中，相当一部分是以木筏道或木桥等自然材料形式而出现在水体环境或水陆环境的交错地带。自然材料虽然能够对生态系统起到很好的维护作用，但耐用性不好，在一定程度上会影响道路的使用情况。

而另一方面，由于城市湿地本身的地形地貌复杂，地形的高差和水陆的交替会给交通带来一定的危险性，像道路的完整程度及木筏围栏的尺寸细节及维护问题都是设计中应该关注的重点。

4. 铺地设计

城市人工湿地景观铺地也应该突出生态主题与湿地文化，采用渗透性能好的生态材料或自然材料建造，与湿地景观保持和谐，如仿造自然湿地的草丘、木栈桥、生态混凝土地砖等。在保持铺地材料符合周围环境的生态要求的前提之下，也要考虑到粗糙的自然材料对各类使用人群所带来的使用方便的问题。另外，在材质属性已定的前提下也可适当考虑材料的色彩美和形式美，以增加人工景观美的内涵，体现地域人文文化。

（1）要避免材料的光滑设计，适当的粗糙度可表达选材的自然主义原则。自然材料因本身就具有较强的机理感，故在使用时要特别注意。

（2）路凹凸设计及坡度设计，避免对老人、小孩及残疾人造成使用上的不方便。

（3）在材料种类与属性已定的前提下，适当改变材料的色彩与拼贴方式，可有效避免人工硬质景观设计的单调性，增加湿地的色彩美与形式美的内涵。

（4）铺地形式要彰显文化特色，每个城市都有自己的地域文化，城市中的人工湿地也会有自己的"故事"，铺地作为湿地交通组织的聚集转换载体，具有湿地中人流量最大化的特点，有利于地域文化的宣传。

7.4.5　湿地景观小品设计

湿地景观的小品应该突出湿地文化与科普知识宣传，采用的材料应该是生态材料，应该以湿地产品或自然产品为主要材料，它们能强化或完善空间细节、提升空间品质，并体现人性化的特征。例如，自然木料与湿地植物建造的小屋、凉亭、栈道、桥、围栏、亲水平台等。环艺小品如座椅、宣传导向牌、雕塑、壁画、花池台等，不仅各有其功能，对于烘托湿地景观的特定主题也是不可或缺的。

1. 造型设计

栈道、桥、围栏、水榭、亭、台等建筑小品及构筑物一般都为临水或近水，体量相对大，且形态多为规整式。以临水的栈桥为例，它多以较为规整的直线或折线式架空于水际岸边，以平直的形态对比出湿地的野趣；而设置在岸线边的景亭，更是以框景、透景的方式表现出湿地的深远，并丰富了水岸的立面轮廓。

其他的环境艺术小椅、导示牌、垃圾桶、景墙、雕塑等，由于体积小并且数量众多，则以顺应环境、成套标志性设计为主，在满足功能的同时烘托意境，提升品位。在造型上可灵活多变，不拘泥于一定的形式，但一定要注意与环境相协调。座椅、小型导示牌等可尽量以散置石、原木雕刻等自然的手法进行设计与表现，既生态又与环境融为一体。

2. 选材设计

城市湿地景观小品的选材，直接关系到施工时的能源消耗和可能带来的污染，建成品给人的视觉效果和心理感受，以及后期管理中的安全与耐久性问题等，这些都是湿地生态景观设计中十分重要的内容。符合生态设计原则的建材应该是来自天然的、乡土化的，如产于当地的石材、木料等。就近取材，便于施工，能有效地减小能耗，利于生态维护。

3. 历史地方文脉设计

优秀的环境艺术小品和构筑物设计应该是具有文化特色与内涵的，它们能够保留历史信息，延续地方文脉，使景观具有鲜明的个性与品质。文化环境常常以民俗建筑与设施作为载体，而民俗建筑与设施能鲜明地表达景观的性格。以成都活水公园景观设计为例，公园的创意就是水生态和水文化的结合，以水的净化这个生态过程为载体，蕴涵着蜀人治水的文化传统；而仿古的木制川西水车这类具有地域水文化特征的元素，便充分体现了当地水力文明。

7.4.6　城市湿地与周边城市功能带的衔接设计

城市人工湿地景观设计协调着湿地的生态功能与经济文化功能之间的关系，是城市景观生态建设的重要内容，也是促进城市可持续发展的重要因素。

城市人工湿地与城市范围的结合区域对人工湿地综合功能的发挥有着极其重要的影响。城市湿地与周边城市功能带的衔接设计要注意以下几方面：

(1) 属于城市人工湿地生态系统与城市区域的生态保护缓冲区域，起到保护湿地的作用。

(2) 城市形象设计的重要组成部分，属于城市外环境整体设计的一部分。

(3) 人工湿地主题性设计的重要展示区域。

(4) 城市休闲与湿地休闲的过渡功能带，人为参与较多，功能设计更趋人性化。

7.5　城市生态建筑理论与设计

7.5.1　生态建筑有关概念

1. 生态建筑

就目前而言，尽管对"生态建筑"的内涵有各式各样的定义，但基本都围绕三个主题：一是减少对地球资源与环境的负荷和影响；二是创造健康、舒适的居住环境；三是与自然环境相融合。

在建筑领域的生态建筑是从建筑全寿命周期过程中对环境和资源影响的考虑，从建筑材料及使用功能中对室内、室外，对局地、区域及至全球环境和资源影响的考虑，达到一定标准的建筑体系（这个标准应是建立在当前技术经济水平下的认识），做到节约能源、资源，无害化、无污染和可循环的设计。生态建筑的目的是要使生态学的竞争、共生、再生和自生原理得到充分的体现，资源得以高效利用，人与自然高度和谐。生态建筑不仅仅指建筑设计，还包括周围的风景园林、环境工程和能源工程等工程设计，是它们与生态学结合的综合性设计。

2. 生态建筑和绿色建筑

近年来国内建筑刊物上，"生态建筑"和"绿色建筑"屡有所见，把这两种在观点与方法上都有明显相似的建筑概念摆在一起来辨析它们的异同，笔者以为是很有意义的。持续发展建筑，它包括宏观与微观两个层面的意义，绿色建筑和生态建筑是持续发展建筑的两个层面。

（1）生态建筑。早在 20 世纪 70 年代能源危机的背景下，欧美国家就有一些建筑师应用生态学思想设计了不少被称为"生态建筑"的住宅。在设计上一般基于这样的思路：如利用覆土、温室及自然通风技术提供稳定、舒适的室内气候；利用风车及太阳能装置提供建筑基本能源；将粪便、废弃物等生活垃圾用做沼气燃料及肥料；温室种植的花卉、蔬菜等植物提供富氧环境；收集雨水以获得生活用水；污水经处理后用于养鱼及植物灌溉，等等，因此在这类建筑中，草皮屋顶、覆土保温、温室及植被、蓄热体、风车及太阳能装置等成为其基本构造特征（刘亚勇，2010）。所谓"生态建筑"，其实就是将建筑看成一个生态系统，通过组织建筑内外空间中的各种物态因素，使物质、能源在建筑生态系统内部有秩序地循环转换，获得一种高效、低耗、无废、无污、生态平衡的建筑环境。

（2）绿色建筑。"绿色"可以包括许多含义，并非为建筑所独有。就"绿色建筑"而言，本质上与"绿色冰箱"、"绿色电脑"、"绿色食品"乃至"绿色管理"等一样，都是供人享用的"绿色产品"，通常将"绿色建筑"界定在节能、环保、健康舒适和效率这四个方面。

3. 生态景观

世界上最早的景观文献，恐怕要算普稍姆斯（Psalms）的书。其中的景观是指具有国王所罗门教堂、城堡和宫殿的耶路撒冷城美丽的全景。英语中，景观这个形象而又富于艺术性的概念通常称为风景。怀特（Whyte）在《土地评价》一书中表明，景观的含义已发生了很大的变化，但是，原始的、真实感的、艺术性的概念已应用于文学和艺术之中，也被景观规划和设计工作者及园林工作者所应用。他们通常更多地涉及风景美学景观概念，而不涉及它的生态评价。在大量的关于景观评价的英语文献中很好地反映了这一点。生态景观从本质上说就是对土地和室外空间的设计，是一种人类生态系统的设计，是一种最大限度地借助于自然力的最少设计，是一种基于自然系统自我有机更新能力的再生设计。

景观生态设计理解为是一个对任何关于人类使用户外空间及土地问题的分析、提出解决问题的方法以及监理这一解决方法的实施过程。这种协调过程意味着设计尊重物种多样性，减少对资源的剥夺，保持营养和水循环，维持植物生境和动物栖息地的质量，以有助于改善人居环境及生态系统的健康。

7.5.2　生态建筑的分类

生态建筑有多种分类方式，从生态建筑的分支流派上与内涵上可以将生态建筑分为以下几类：

（1）仿生型生态建筑。在建筑领域，仿生的研究意义既是为了在设计建筑时从自然界中吸取灵感，同时也是为了与自然生态环境相协调，保持生态平衡。它的表现与应用方法，归纳起来大致有四个方面：城市环境仿生、使用功能仿生、建筑形式仿生和组织结构仿生。

（2）高技术生态建筑。高技术生态建筑积极地运用当代最新的"高技术"来提高建筑的能源使用效率，营造舒适宜人的建筑环境，以更有效地保护生态环境。高技术生态建筑利用自然条件的技术手段不同于传统技术或普及性技术（低技术和轻技术）建筑。高技术生态建筑同样需要经常使用一些传统技术手段来利用自然条件，所不同的是这种利用是建立在科学的研究分析基础之上，并以先进技术来表现。当前技术的发展表明，不仅电子计算机及信息技术，一些新的生物技术、防止污染技术、再循环和资源替代技术、生态式的能量供应技术及环境保护技术等，都是可以利用的生态型高技术。

（3）智能型生态建筑。在信息时代与媒体时代，作为科技、管理与建筑协同发展的直接成果而形成的智能型生态建筑，以更深、更广、更直观和更具综合性的方式，全方位地展示了当代科学技术的效能与魅力。智能型生态建筑最充分地体现了多种专业、多学科的完美结合。

（4）绿化型生态建筑。赋予生态建筑以绿色意味着建筑才能与大自然融为一体，才能实现"设计追随自然"的建筑理念。合理的立体绿化（包括绿地、屋顶绿化、环境绿化等）有保护、稳定局部地域生态效应的作用，是绿化型生态建筑的重要标志，但不是唯一的标志。绿化的目的是利用植物的光合作用改善周边的二氧化碳及氧气的转换，利用循环系统并利用植物的截留粉尘，杀死细菌、降低噪声、改善气候及美化环境，从而收到整体性的生态效益。绿地（包括公共绿地、宅旁绿地或宅间绿地、公共服务设施所属绿地和道路绿地四种）的营造，指屋顶的绿化以及穿插在建筑楼层之中的绿地等。

（5）自然节能型生态建筑。自然节能型生态建筑亦称适应气候条件的生态建筑，是指采取相应的措施利用当地有利的气象条件，避免不利的气象条件设计的低能耗的生态建筑。或者说使设计的生态建筑在少使用或不使用采暖、制冷设备的前提下，让室内气温一年四季尽可能地维持或接近在舒适的范围内。只考虑在气候条件影响下的室内气温称为室内自然温度，如果保持室内自然温度处在舒适范围内的时间越长，其他设备所消耗的能量就越小。使用轻便、可调的遮阳设备有效抵御夏季太阳间接或直接辐射对室内气温的影响，降低了夏季室内温度。自然节能型生态建筑主要通过选择比较适宜的地段和适宜的气候段，运用一些容易溶解、没有污染的自然材料，最大限度地减少污染、降低消耗。

7.5.3　生态建筑设计方法

1. 整形

整形方法所提供的一条具体的解决问题的途径可以概括为：一个从已知条件出发的科学的求解过程。设计方法既不像纯艺术那样追求个性，也不像传统科学那样通过理性的分析和计算得到唯一正确的结果。它强调理性的一面，也不忽视感性的成分；既重视最终的答案，也注重求解的过程。解答可能是唯一的，也可能是多样的，在求解的过程中不断地修正。对已知条件的全面、正确的分析是求解的关键，得到的已知条件的多少是和设计师的水平和努力程度有关的。已知条件通常包括以下几个方面的内容：

（1）社会背景。创造属于本时代的建筑是建筑师们的共识，需要我们充分地了解时代的背景和社会的具体背景。根据项目所处的具体地段，还需要了解当地的经济发展状况、管理模式、技术水平等背景。如果忽视了对社会背景的分析，等于缺少或是得到了错误的已知条件，求解的答案自然会出现偏差。

（2）自然环境状况。了解了地段的背景后，还应了解大的自然环境的情况。麦克哈格的"设计结合自然"（design with nature）的理论详细地论述了自然环境的各种因素与变化对设计的影响，"我们不应把人类从世界中分离开来看，而要把人和世界结合起来观察和判断问题。愿人们以此为真理。让我们放弃那些简单化地割裂地看问题的态度和方法，而给予应有的统一。人是唯一具有理解能力和表达能力的有意识的生物。他必须成为生物界的管理员。要做到这一点，设计必须结合自然。"

（3）文化特色。由于地域的不同，历史发展中造就了丰富多彩的特色文化。现代世界全球化、信息化的发展，产生了文化趋同现象，但它永远不会消灭地区性的文化特色，地域是产生文化的土壤。设计师努力地了解和认识项目所处地区的文化特色及文化的变迁，为设计工作服务。

（4）具体现状。空间、环境有不同的层次，设计最终将落实在一个具体的地段，一般都具有一定的特殊性，所以对具体地段现状的了解与最终求解结果有最直接的关系。由于传统建筑学教育中对这一因素比较重视，对这部分已知条件的了解一般都很详细。在这里要提醒的是只通过对具体现状的情况分析是很难得到正确的解答方案的，它必须和其他已知条件结合在一起来分析和思考。

（5）发展目标。目标式的综合性规划由于内容烦琐、程序复杂而难以实现，对实践的指导作用很小。但是在具体地段的规划设计中，对更大范围、更高层次上的发展目标的了解是十分必要的，只不过不要把这一目标当成是教条的、不变的。一个地区的规划发展目标也应是动态的，需要不断的修正，整形方法的求解过程也正是一个对原有发展目标发展和修正的过程。

2. 磨合

磨合是建筑设计实践在时间上的连续性，它是各种复杂因素及其关系的自组调节。磨合方法正是我们主动地利用这种自组调节能力的方法，也是对整形方法三维空间的补充。磨合方法可以应用于从设计开始到工程结束，再到使用、修缮、改造的全过程。磨合的设计方法有以下两个特点：

1）建筑师与公众相结合的设计方法

在国内，规划与建筑设计的通常现象是：建筑师通过传统的设计方法完成施工所需的图纸，施工方按图施工，完成后交付公众使用，公众在使用中修改和完善以符合实际的使用需要。看似十分正常、科学的分工却会引起许多的问题。原因是社会分工的细化使设计者的意图与使用者的需求之间的距离越来越大，一些建筑师们满意的作品，居住其中的老百姓却怨声载道；一些老百姓认为舒适、美观的建筑在建筑师眼中却难登大雅之堂。建筑师与公众相结合的设计方法是解决上述问题的一个重要方法，它是从设计前期开始的建筑师与公众互动的设计方法，这里的"公众"也不仅仅是指使用者，而是与建设项目相关的管理者、经营者和使用者的统称。

在设计前期，建筑师应了解和听取行政主管部门的意见；通过分析与策划来满足经营者的利益；深入细致地了解使用者的要求，精心设计来满足他们的需要。在具体的设计过程中，由于个人思维的局限性，建筑师不可能在图纸中一次性完全正确地表达对项目的认识，因此，建筑师也应该参与建设项目的全过程，在实践中发现新问题并及时改正，这样也可以大大提高项目的品质。

在项目竣工后，经常会出现使用功能、使用方式、审美趣味、社会潮流上的变化。在这种情况下，建筑师应跟踪项目发展变化的情况，在项目的变化中继续为大众提供技术支持，使建筑师的工作渗透到建设项目的始终，也使得公众的意见得到一贯的体现。

2）注重学科融贯

社会分工在一定程度上造成了价值定位的混乱，因此，强调学科的融贯，进而带动各设计行业分工的融贯，可以使设计师依据共同的目标（社会共识）来完成自身行业的工作。这样可以尽量化解社会分工后的"片断"与真实的生活世界的"整体"之间的距离。

第 8 章　城市水环境评价与保护

8.1　概　　述

城市水生态环境的恶化、水资源的紧缺，给我国工农业生产、群众生活和健康已造成极大的危害，并造成重大的经济损失。鉴于此，环保"十二五"计划要求坚持环境保护基本国策和可持续发展战略，以改善环境质量为目标，保障国家环境安全，保护人民身体健康，实行污染防治和生态保护并重；实施污染物总量控制，生态分区保护与管理，绿色工程规划三大措施；防治污染、改善生态环境、促进生态良性循环，以最佳方式利用城市环境资源，以最小的劳动消耗为城市居民创造清洁、卫生、舒适、优美的生活环境和劳动环境。

要达到这一目的，就要实行对资源的合理开发和利用，合理地确定城市性质、规模和工业结构；合理地利用城市土地，合理地进行水功能分区；合理地组织道路交通和布置管线工程；尽可能地缩短和减少物质、能量、通信的流程，创造良好的卫生保健条件，以预防人体疾病；创造可靠的安全条件，以抗御灾害及各种病害；加强对生活饮用水水源的管理和保护，防止污染和破坏水资源，确保居民健康、社会安定、经济可持续发展。

8.2　水环境评价

8.2.1　水质监测

1. 目的

水质监测是进行污染防治和水资源保护的基础，是贯彻执行水环境保护法规和实施水质管理的依据。水质监测是在水质分析的基础上发展起来的，是对代表水质的各种标志数据的测定过程。通过水质监测达到如下目的：

（1）获得代表水质质量现状的数据，供评价水体环境质量使用。

（2）获得水体中污染物的时、空分布状况，追溯污染物的来源、污染途径、迁移转化和消长规律，预测水体污染的变化趋势。

（3）判断水污染对环境生物和人体健康造成的影响，评价污染防治措施的实际效果，为制定有关法规、水环境质量标准、污染物排放标准等提供科学依据。

（4）为验证水质污染模型提供依据。

（5）了解污染原因、污染机理以及各种污染物质，进一步深入开展水环境及污染的理论研究。

2. 水质监测网

水质监测网是在一定地区，按一定原则，用适当数量的水质监测站构成的水质资料收集系统。根据需要与可能，以最小的代价，最高的效益，使监测网具有最佳的整体功能，是水质监测网规划与建设的目的。目前，我国地表水的监测，主要由水利和环保部门承担。

（1）断面布设原则。在布设监测断面前，应查清河段内生产和生活取水口位置及取水量、工业废水和生活污水排放口位置、污染物排放种类和数量、河段内支流汇入和水工建筑物（坝、堰、闸等）情况。从掌握水环境质量状况的实际需要出发，根据污染物时、空分布变化规律，选择优化方案，力求以最少的断面、垂线和测点，取得代表性好的样品，比较真实地反映水体水质的基本情况。为此，应考虑以下几个方面：①选择监测断面位置时，应避开死水区，尽量选择顺直河段、河床稳定、水流平缓、无急流险滩的地方。②应考虑河道及水流特性、排污口位置、排污量和污水稀释扩散情况。③采样断面力求与水文测流断面一致，以便利用水文参数，实现水质与水量的结合。

采样断面一经确定，应设置固定的标志。如无天然标志，则应设立石柱、石桩等人工标记、标志，设置后不得随意变动，以保证不同时期水质分析资料的可比性和完整性。

（2）断面的布设。流经城市和工业区的一般河段应设置以下三种类型的监测断面：①对照断面。在河流进入城市或工业区以前的地方，避开工业废水、生活污水流入或回流处，设置对照断面。一个河段一个对照断面。②控制断面。一个河段上控制断面的数目应根据城市的工业布局和排污口分布情况而定。一般设置在主要排污口下游 500~1000 m 处及较大支流汇入口下游处。③消减断面。消减断面是指废水、污水汇入河流，流经一定距离与河水充分混合后，水中污染物的浓度因河水的稀释作用和河流本身的自净作用而逐渐降低，左、中、右三点浓度差异较小的断面。一般认为，应设在城市或工业区最后一个排污口下游 1500 m 远的河段。

湖泊、水库监测断面的布设应根据不同部位的水域，如进水区、出水区、深水区、浅水区、湖心区等，同时结合水文特性及水体功能（如饮用水取水区、娱乐区、鱼类产卵区）要求等情况确定。通常，进出湖（库）口及河流汇入处，必须设置控制断面。如果有污水排入，则应在排污口下设置 1~2 个监测断面进行控制。湖（库）中心，一般受外来污染影响最小，可作为湖（库）水质背景值参考，也是水质控制重要采样点之一。如湖（库）无明显功能分区，可按辐射法或网格法均匀设置。

（3）采样点布设。河流、湖（库）的采样点根据水深、污染情况及监测要求，采用垂线设置。在一般情况下，采样垂线和采样点层次可按表 8-1 和表 8-2 确定。

表 8-1　河流监测垂线布设

水面宽/m	一般情况	有岸边污染带	说明
<100	1 条（中）	3 条（增加岸边 2 条）	如仅一边有污染带，则只增设 1 条垂线

续表

水面宽/m	一般情况	有岸边污染带	说明
100～1000	3 条（左、中、右），左、右 2 条设在水流明显处	3 条（左右 2 条应设在污染带中部）	如水质良好，且横向浓度一致，可只设 1 条中泓线
>1000	3 条（左、中、右），左、右 2 条设在水流明显处	5 条（增加岸边 2 条，设在污染带中部）	河口处应酌情增设

表 8-2　采样点层次

水深/m	采样层次	说明
<5	上层	指水面下 0.5 m 处；水深不足 0.5 m 时，在水深 1/2 处采样
5～15	上、下两层	下层指（湖、库）底以上 0.5 m 处
>15	上、中、下三层	中层指 1/2 水深处

（4）项目及监测频率的确定。监测项目包括水文和水质两大类。前者主要是水文测量，包括断面形状实测及流速、流量、水位、流向、水温等内容，并记录天气情况。水文测量一般应与水质监测同步进行；水文测量的断面也应与水质监测断面吻合。但断面数量可视具体情况适当减少，以基本能反映河流的水量平衡为原则，具体技术要求应遵循水文测量技术规范。在已经设置水文站的地方，则可应用水文站的连续测量资料。

水质监测项目的选择以能反映水质基本特征和污染特点为原则，一般的必测项目有：pH、钙镁的总含量、悬浮物含量、电导率、溶解氧、生化耗氧量、化学耗氧量、三氮（氨氮、亚硝酸盐氮、硝酸盐氮）、挥发酚、氰化物、汞、铬、铅、镉、砷、细菌总数及大肠杆菌等。各地还应根据当地水污染的实际情况，增选其他测定项目。

监测频率目前一般都是按照当地枯、丰、平三个水期进行监测，每期内监测两次。对水文情况复杂、水质变化大的地区可根据人力、物力以及水污染的实际情况等，适当提高监测频率。有些地区，已在主要断面位置设置水质自动连续监测装置，这对及时掌握水环境质量变化和水环境管理工作提供很多方便。

8.2.2　水质现状评价

1. 概念

水环境评价是水环境质量评价的简称，是根据水体的用途，按照一定的评价参数、评价标准和评价方法，对水体质量进行定性和定量评定的过程。

1）水质评价的分类

（1）按评价阶段，水质评价分为三种类型：回顾评价——根据水域历年积累的资料进行评价，以揭示该水域水质污染的发展变化过程；现状评价——根据近期水质监测资料，对水体水质的现状进行评价；预测（或影响）评价——根据地区的经济发展规划对水体的影响，预测水体未来的水质状况。

（2）按评价水体用途，可分为地面水水质评价、渔业用水评价、工业用水评价、农业

（灌溉）用水评价等。

（3）按评价参数的数量，可分为单因子评价和多因子评价。

（4）按评价水体，可分为河流、湖泊（水库）、河口评价等。

2）水质评价的一般程序

（1）收集、整理、分析水质监测的数据及有关资料；

（2）根据评价目的，确定水质评价的参数；

（3）选择评价方法，建立水质评价的数学模型；

（4）确定评价标准；

（5）提出评价结论；

（6）绘制水质图。

3）水质评价步骤

（1）水环境背景值调查。在未受人为污染影响状况下，确定水体在自然发展过程中原有的化学组成，称为水环境背景值。目前难以找到绝对不受人为活动影响的水体，故所得的背景值实际上是一个相对数值，可作为判别水体受污染影响程度的比较值。

（2）污染源调查评价。污染源是影响水质的主要因素，通过污染源调查与评价，可确定水体的主要污染物质，从而确定水质监测及评价项目。

（3）水质监测。根据水质调查和污染源评价结论，结合水质评价目的、评价水体的特性和影响水体水质的重要污染物质，制订水质监测方案，进行取样分析，获取进行水质评价必需的水质监测数据。

（4）确定评价标准。水质标准是水质评价的准则和依据。对于同一水体，采用不同的标准，会得出不同的评价结果，甚至对水质是否污染，结论也不同。因此，应根据评价水体的用途和评价目的选择相应的评价标准。

（5）按照一定的数学模型进行评价。

（6）评价结论。根据计算结果进行水质优劣分级，提出评价结论。

2. 水质评价方法

水质评价的方法有很多，如指数法、生物评价法、模糊数学法、层次分析法等，以上各种评价方法在说明水质状况方面各有特点。由于指数评价法应用最为广泛，在此作具体介绍（马军霞等，2006）。

指数法是指利用表征水体水质的物理、化学参数的污染物浓度值，通过数学处理，得出一个较简单的相对数值（一般为无量纲值），用以反映水体的污染程度。指数是定量表示水质的一种数量指标，有反映单一污染物影响下的"分指数"和反映多项污染物共同影响下的"综合指数"两种，借助它们可进行不同水体之间、同一水体不同部分、同一水体不同时间之间的水质状况的比较。

1）单指数（分指数）

单指数（I_i）表示某种污染物对水环境产生等效影响的程度。它是污染物的实测浓度 C_i 与该污染物在水环境中的允许浓度（评价标准）C_{si} 的比值，其计算可分为以下三种情况：

（1）污染危害程度随浓度增加而增加的评价参数，分指数按下式计算：

$$I_i = \frac{C_i}{C_{si}} \tag{8-1}$$

（2）污染危害程度随浓度增加而降低的评价参数（如溶解氧），分指数按下式计算：

$$I_i = \frac{C_{i\max} - C_i}{C_{i\max} - C_{si}} \tag{8-2}$$

式中，$C_{i\max}$ 为某污染物浓度的最大值，如溶解氧的饱和浓度。

（3）对具有最低和最高允许限度的评价参数（如 pH），分指数按下式计算：

$$I_i = \frac{C_i - \bar{C}_{si}}{C_{si}(\max \text{ or } \min) - \bar{C}_{si}} \tag{8-3}$$

式中，$\bar{C}_{si}$（max or min）为某污染物评价标准的上限、下限的平均值。

2）综合指数

综合指数表示多项污染物对水环境产生的综合影响程度。它是以分指数为基础，通过各种数学关系式综合求得的。综合计算的方法有数量统计法、评分法、叠加法等，根据叠加时的算法不同，又分为算术平均法、加权平均法、均值和最大值的平方和的均方根法及几何均值法等。

（1）数量统计法。在取得一定数量的监测值（30～40 个）后，用统计的方法，推求出各种水质状况出现的概率，以及某种极端值出现的概率。以概率表征水质指数。

（2）评分法。根据各种污染物的监测值及其对环境产生的实际影响进行评分，或根据污染情况分级，再按级给分，用分数来表征水质指数。

（3）叠加法。将各评价参数的分指数相加，得综合水质指数（WQI）。

$$\text{WQI} = \sum_{i=1}^{N} \frac{C_i}{C_{si}} \qquad \text{或} \qquad \text{WQI} = \sum_{i=1}^{n} \frac{C_i}{C_{si}} \times W \tag{8-4}$$

式中，W_i 为分指数的权系数；WQI 数值越大，表示水质越差。

8.2.3　水质预测

1. 水质预测的一般方法

水环境质量预测是通过已取得的情报资料和监测、统计数据，对未来或未知的水质状况进行估计和推测。水质预测是根据经济、社会发展规划中各水平年的发展目标进行的。

进行水质预测的方法主要取决于预测的目的和所能得到的数据资料。对于区域和流域水环境预测来说，一般有两种方法：从整体到局部的宏观预测和从局部到整体的微观预测。

2. 水质预测的一般程序

水质预测的理论基础是水体的自净特性。在没有人工净化措施的情况下，水体中的污染物的浓度随时间和空间的推移而逐渐降低的特性称为水体的自净特性。从机制方面可将水体自净分为物理自净、化学自净、生物自净三类，它们往往是同时发生而又相互影响的。水质预测一般分为以下三个阶段：

（1）准备阶段。明确环境预测的目的，制订预测计划，确定环境预测期间，搜集进行环境预测所必需的数据和资料。

（2）综合分析阶段。分析数据和资料，选择预测方法，建立、检测或修改预测模型。

（3）实施预测阶段。实施预测、误差分析和提交预测结果。

8.2.4　环境影响评价

环境影响评价，就是根据地区的特点和自然环境现状，预测它未来发生的变化，再对预测结果进行评价。我国 1978 年制定的《关于加强基本建设项目前期工作内容》中，提出了进行环境影响评价的问题，成为基本建设项目可行性研究报告中的一项重要内容。1979 年 9 月发布的《中华人民共和国环境保护法》将这一制度法律化。该法第六条规定："一切企业、事业单位的选址、设计、建设和生产，都必须充分注意防止对环境的污染和破坏。在进行新建、改建和扩建工程时，必须提出对环境影响的报告书，经环境保护部门和其他有关部门审查批准后才能进行设计"。第七条还规定："在老城区改造和新城市建设中，应当根据气象、地理、水文、生态等条件，对工业区、居民区、公用设施、绿化地带等作出环境影响评价"（郑在州和何成达，2003）。

环境影响评价的目的是从保护环境的角度出发，通过适当的评价手段和模式计算，搞清建设项目在建设施工期和建成后生产期排放的主要污染物对环境可能带来的影响程度和范围，为制定污染防治措施、确保环境质量符合规定指标的要求提供科学依据，为优化项目选址、确定合理的生产规模提供决策依据，为环保工程设计提供指导意见。

环境影响评价从评价要素上可分为大气环境影响评价、地面水环境影响评价、地下水环境影响评价、海洋环境影响评价、固体废物环境影响评价、环境噪声影响评价、环境健康影响评价等几种类型。

水环境影响评价是利用水量、水质模型，进行水环境的影响预测评价。具体评价步骤包括模型的识别、率定、验证和应用。不同水体的水力学特征和不同的水环境特征，其模型的结构不同，数值求解的方法也不同，本书不做详细介绍，可参阅有关教材。

8.3　水功能区的划分与管理

水有多种用途。根据用水的性质，用水可分为两种类型：一种称为非引水型利用，另一种称为引水型利用。非引水型利用，是指不从水利对象（河流、湖泊、水库）中把水提取出来，因此它们的水量不会减少（未考虑蒸发和渗漏），称为河道内用水。非引水型利用的范围主要有：水力发电、航运、水上娱乐、河道河口冲淤、维持水生生态系统和河流廊道生态系统的平衡。引水型利用，是把水从水利对象中提取出去，使得水利对象中的水量减少，水质改变，如河道外用水。引水型利用的主要部门有：工业用水、农业用水和生活用水等。因河道内用水具有多方面的功能，既可用来发电，又可用来航运、冲淤、维持水生生态系统和河流廊道的生态平衡。可见，水环境具有多种多样的功能。

河流的多功能作用的发挥既是目的，又要慎重研究。以上海黄浦江为例：它具有多种功能，功能的划分直接关系到上海市区的人民生活与工农业生产。它具有排除洪涝、航运、给水、合理利用稀释自净能力排污和水产养殖等功能。要维护和发展它的功能还存在许多矛盾，需要付出很大的代价。例如，要维持航运就存在泥沙淤积的矛盾，每年就要排除 500 万 m³ 以上的泥沙或大量引水冲淤；就排除洪涝而言，防洪墙需要加高，同时需要上游调蓄容积，再加之上海市地面下沉，也增加了黄浦江的负担，何况现在的排洪标准也不够高，与城市的重要性不相适应；就给水讲，水量不丰富，水质不断恶化，给水处理带来了困难，且耗费极大；就排污讲，更是明显，它的支流苏州河已成了一条死河，黄浦江本身也在逐年恶化，给人民健康带来了危害。总之，黄浦江航运、排洪、给水的功能是无法取代的，即使有取代方案但在经济上也不尽合理。因此，黄浦江排污的功能应在照顾给水以及将来的水产等要求的前提下适当发挥。

概括地说，我国城市的水环境从功能上讲，还存在潜在的多功能作用远未发挥，如水体鱼产量不高；一种功能的发挥（如利用排污蓄污）常挤掉了其他的功能（如供水）；排、蓄洪涝的功能不高等一些问题。

8.3.1　水功能区划的原则

1. 可持续发展的原则

水功能区划应结合水资源开发利用规划及社会经济发展规划，并根据水资源的可再生能力和自然环境的可承受能力，科学合理地开发利用水资源，并留有余地，保护当代和后代赖以生存的水资源和生态环境，保障人体健康和生态环境的结构与功能，促进社会经济和生态环境的协调发展。

2. 综合分析、统筹兼顾、突出重点的原则

水功能区划应将水系系统作为同一整体考虑，分析河流上下游、左右岸、省界间、市界间、县界间，湖泊水库的不同水域，近、远期社会发展需求对水域保护功能的要求。坚持水资源开发利用与保护并重的原则，统筹兼顾流域、区域水资源综合开发利用和国民经济发展的规划。上游水功能的划分，要考虑保障下游功能要求；支流功能的划分，要考虑保障干流水域的功能要求；当前功能区的划分，不能影响长远功能的开发；对于有毒有害物质，必须坚决在功能区划中去除。水资源不同的开发利用功能要求不同的水质标准，其中以城镇集中饮用水水源地、江河源头水、自然保护区、珍贵鱼类保护区、鱼虾产卵场等为优先重点保护对象。水功能区划要优先考虑其达到功能水质保护标准，对于渔业用水、农业用水、工业用水等专业用水实行统筹安排，分别执行专业用水标准。

3. 合理利用水环境容量原则

根据河流、湖泊和水库的水文特征，合理利用水环境容量，保证水功能区划中水质标准的合理性，既充分保护水资源质量，又有效利用环境容量，节省污水处理费用。

4. 以规划主导作用功能为主，兼顾现状使用功能和超前意识

水功能区划要以水资源开发利用规划中确定的水资源为主导，在人类活动和经济技术的发展对水域未提出新的功能要求之前，应保持现状使用功能。同时水功能区划要体现社会发展的超前意识，结合未来社会发展需求，引入本领域和相关领域研究的最新成果，为将来引进高新技术和社会发展需要留有余地。

5. 相似性划分原则

应综合考虑江河、湖泊及水库自然条件、污染现状及使用目标的相似性，并按相似性原则进行功能区的划分。

（1）自然条件相似性。自然条件是制约水资源使用目标、使用方式的重要因素之一。水域自然条件不同，利用水资源的方向、方式和程度就有差异，对污染物的净化能力也不同，改善环境的方向和措施也有区别。因此，自然要素在水域中的数量和质量差异，应为划分水功能区的重要依据。

（2）污染现状相似性。由于人类活动方式和程度不同，而形成不同的环境特征，造成不同程度的水污染。因此污染现状不同，需要控制水污染的参数不同，水环境的改善途径也不同，所以水质污染现状相似性也是划分水功能区的重要原因之一。

（3）使用目标相似性。由于水资源的用途是多方面的，使用目标一致的水质要求就相同，水质标准也就一致，在水资源保护的管理方面也易于统一。因此，水域使用目标相似，也是水功能区划的重要原则之一。

6. 结合水域水资源综合利用规划，水质与水量统一考虑的原则

水质与水量是水资源的两个主要属性。水功能区划的水质功能与水量密切相关，水功能区划时将水质和水量统一考虑，是水资源的开发利用与保护辩证统一关系的体现。既要考虑水资源的开发利用对水量的需要，又要考虑对水质的要求。

7. 便于管理，可行实用的原则

水功能区划的方案要切实可行，其分配界限应尽可能地与行政区界线一致，以便于行政管理，使保护和改善水环境的措施能得以贯彻和落实，也便于行政监督管理的实施。同时必须将水功能区的划分与水域允许纳污量、入河排污口的布局及其允许排放量结合起来，真正有利于强化水资源保护的目标管理。

8. 分级划分水域功能区的原则

全国性水（如太湖、长江、洪泽湖等）功能区划由国家流域机构（如太湖流域管理局、长江水利委员会和淮河水利委员会）组织实施。流域水功能区划主要对流域内江河干流、跨省区支流、湖泊和水库水域进行功能区划，省协助参与流域机构工作，提出对流域水功能区划的要求。

省级的水功能区划与流域水功能区划同时进行，对主要支流、市界河流进行功能区划。市级河流由市水利局在省水利厅指导下进行进一步划分。

8.3.2　水功能区划体系的组成

《中国水功能区划》报告于 2002 年 1 月 23 日在北京通过了专家审查。水功能区划是全面贯彻水法，加强水资源保护的重要举措，是实施水资源保护和监督管理的依据。

水功能区划分采用两级体系，即一级区划和二级区划。

水功能一级区划分保护区、缓冲区、开发利用区、保留区四类；水功能二级区划在一级区划的开发利用区内进行，分为饮用水源区、工业用水区、农业用水区、渔业用水区、景观娱乐用水区、过渡区、排污控制区七类。一级区划宏观上解决水资源开发利用与保护的问题，主要协调地区之间的关系，并考虑可持续发展的需求；二级区划主要协调用水部门之间的关系。区划中确定了各水域的主导功能及功能顺序，制定二级区划不遭破坏的水资源保护目标，将水资源保护和管理的目标分解到各功能区单元，从而使管理和保护更有针对性，通过各功能区水资源保护目标的实现，保障水资源的可持续利用。全国选择 2069 条河流、248 个湖泊水库进行区划，共划分保护区、缓冲区、开发利用区、保留区等水功能一级区 3397 个，区划总计河长 214 580 km。其中二级区划也包含了供水水源的界定。饮用水源区即为饮用水供水水源，工业用水区即为工业供水水源，农业用水区即为农业供水水源。

8.3.3　水域功能的保护与管理

按功能区要求体制进行管理符合经济性原则。美国 1965 年就要求各州划分地面水体功能等级，制定水质标准。1972 年在《联邦水污染控制法》修正案中提出水质基本目标是维持水生物生态和娱乐功能的水质要求，认为符合这两项要求在大多数情况下适合于其他功能，所有水体按此要求保护。执行过程中发现这在经济上难以承受，后来实际上恢复了水域使用功能的管理办法。

（1）确定水系重点保护水域和保护目标。水功能区划的主要工作是在对水系水体进行调查研究和系统分析的基础上，确定水体的主要功能。然后按其水体功能的重要性，正确划分出重要水体，依据高功能水域高标准保护，低功能水域低标准保护，专业用水区按专业用水标准保护，补给地下水水源地的水域按保证地下水使用功能标准保护的原则确定其保护目标。

（2）按拟订的水域保护功能目标，科学地确定水域允许纳污量。通过正确地进行水功能区划，实现科学地确定水域允许纳污量，达到既充分利用水体同化自净能力，节省污水处理费用，又能有效地保护水资源和生态环境，满足水域功能要求的目标。

（3）达到入河排污口的优化分配和综合整治的目标。在科学地划定水域功能区，并计算允许纳污量之后，制定入河排污口排污总量控制规划，并对输入该水域的污染源进行优化分配和综合整治，提出入河排污口布局、限期治理和综合整治的意见，使水资源保护管理落实到污染物综合整治的实处，从而保证水域功能区水质目标的实现。

（4）科学拟订水资源保护投资和分期实施计划。科学的水资源保护投资计划是水功能区水质目标实现的保证。水功能区划的整个过程是在不断科学地决策水资源保护综合整治和分期实施规划中完成的。因此，水功能区划是水资源保护投资的重要依据，也是科学经济合理的保护水资源目标的要求。

8.3.4　水质管理的标准

水质标准是指为保障人体健康，维护生态平衡，保护水资源，控制水污染，在综合水体自然环境特征、控制水资源污染的技术水平及经济条件的基础上，所规定的水资源中污染物的容许含量、污染源排放污染物的数量和浓度等的技术规范。

水的用途不同，对水质的要求也不一样，水质标准也就不同，如生活饮用水水质标准、农业灌溉水水质标准、工业用水水质标准等。由于各种标准制定的目的、适应范围和要求不同，同一污染物在不同标准中所规定的数值也不同。我国在制定水质标准时，提出的原则是：对饮用水源的水体，严禁污染；对农田灌溉用水，则要求保证动植物生长条件和动植物体内有害物质不得超过食用标准；对工业水源则要求符合生产用水要求。

由于不同使用功能对供水水源水质要求各异，可参照 GB3838—2002《地表水环境质量标准》及行业水质标准制定出相应的供水水源水质管理标准。

8.4　水质模型与纳污总量的计算

水体纳污能力是指在给定水质目标、设计水量及水质背景条件、排污口位置及排污方式下，水体所能容纳的污染物量。排入水体的污染物，在水体中经过物理、化学和生物作用，浓度和毒性随着时间的推移或在随流向下游流动的过程中自然降低，这就是水体的自净作用（唐然，2008）。这种自净作用是形成河流纳污能力的重要组成部分。因此，在计算河流的纳污能力时，应当综合考虑河流水量、水质目标、污染物降解能力等的影响，并在此基础上建立河流纳污能力的计算模型。

8.4.1　水质模型及其参数

水质模型是描述河流水体中污染物变化的数学表达式，模型的建立可以为河流中污染物排放与河流水质提供定量关系。水质模型建立的基础是物质守恒定律和化学反应动力学原理。

水质模型的选用方法是：对于水流极缓的河道的水质用零维水质模型进行模拟，而对于水体流动明显的河道则用一维模型模拟；对于湖泊水库和河道很宽的河流则用二维水质模型描述；对干支流交汇和污染源旁侧汇入则用稀释混合模型。

1. 水质模型

水质模型是描述河流水体中污染物变化的数学表达式，模型的建立可以为河流中污染物排放与河流水质提供定量关系。

水质模型建立的基础是物质守恒定律和化学反应动力学原理：

$$dc/dt = -kc \qquad (8\text{-}5)$$

式中，c 为出流污染物浓度，mg/L；t 为水体滞留时间；k 为污染物综合降解系数。

对于水流流速极缓的河道，其水质用零维水质模型进行模拟；而对于水体流动明显的河道则用一维模型模拟；对于湖泊水库和河道很宽的河流用二维水质模型描述；对干支流交汇和污染源旁侧汇入则用稀释混合模型。

1）零维水质模型

对于停留时间很长，水流基本处于稳定状态的河段、湖泊，将其概化为一个均匀混合的水体进行分析并建立模型，可用式（8-6）描述。式中，引进污染物输入 Qc_0、输出 Qc 可得零维模型，其稳态解析解为

$$c = \frac{c_0}{Tk+1} \qquad (8\text{-}6)$$

式中，c 为出流污染物浓度，mg/L；c_0 为入流加权平均浓度，mg/L；$T = V/Q = L/u$ 为水体滞留时间，d；V、L 分别为水体体积（m³）和河段长（km）；Q、u 分别为计算流量（m³/s）和流速（m/s）；k 为污染物综合降解系数，L/d。

2）一维水质模型

在流动的河道中，污染物浓度是沿程变化的。可以引用 $dt = dx/du$ 并求得其一维水质模型稳态解析解，见式（8-7）：

$$c = c_0 \exp(-kx/u) \qquad (8\text{-}7)$$

式中，x 为与起始断面间的距离，km；u 为设计条件下河段平均流速，km/d；c_0 为起始断面水质浓度，mg/L。其他符号意义同前。

3）二维水质模型

对于水面较大的湖泊和水库，污染物自岸边进入后，其二维扩散可用极坐标进行描述。可以引入 $dt = dr/u(r)$，对于角度为 φ 弧度的岸边排放可得到二维稳态解析解：

$$c = c_0 \exp(-k_\varphi h r^2/2Q) + c_\infty \qquad (8\text{-}8)$$

式中，r 为计算点与排污口的距离，m；h 为计算区域的平均水深，m；c 为 r 处污染物浓度，mg/L；c_0 为排污口污染物浓度，mg/L；k 为污染物衰减系数；Q 为排污流量，m³/s；φ 为污染物在湖泊水中的扩散角度（弧度），平直的湖岸 $\varphi = \pi$；c_∞ 为水域初始浓度，mg/L。

4）稀释混合模型

对于干支流交汇，旁侧排污用稀释混合模型描述混合水质状况，其数学表达式为

$$c = (Qc_0 + qc)/(Q+q) \qquad (8\text{-}9)$$

式中，Q、c_0 分别为混合前干流流量和水质浓度，mg/L；q、c 分别为侧流汇入的流量和水质浓度，mg/L。

2. 水质模型参数

1）污染物综合降解系数 k

污染物综合降解系数 k 是反映污染物沿河段长度变化的综合系数，它体现污染物自身的变化，也体现了环境对污染物的影响。它是计算水体纳污能力的一项重要参数，对于不

同的污染物、不同的环境条件，其值是不同的。该系数常用自然条件下的实测资料率定。

多断面法：对于有多断面水质资料的河段可用回归分析法确定 k 值：对一组 $\ln c$ 和 x/u 作线性回归，所得回归方程的斜率就为该河段的 $-k$ 值。对各水质指标应分别作 k 值分析。

2）河段平均流速 U。

对有实测流量流速资料的断面，可用以下经验公式和设计流量计算该断面的设计流速：

$$U = \alpha Q^{\beta} \tag{8-10}$$

式中，α、β 为经验系数，由实测资料分析得到。对于缺乏资料的河段，借用附近区域的流量流速关系分析得到。

3）背景浓度 c_0

当本区段是源头段时，c_0 取水质本底值；不是源头段时，依照上一功能区段的水质目标或水质演算结果确定 c_0。上游断面来水水质：取上游功能区水质目标值和本功能区水质目标值中的较小者。

3. 设计流量

（1）资料系列。计算流量的大小对纳污能力的计算结果影响很大，流量资料系列太短则无法反映水文规律，资料太长则无法反映人类活动对水资源造成的影响，特别是对枯水期小流量的影响。资料系列应能反映水文年际周期变化和其中长期发展趋势。

（2）设计保证率。设计保证率的取值直接影响计算结果的保证程度，保证率越高则安全，付出的代价就越大。通常纳污能力计算的设计保证率取 90% 和 75%，设计流量由逐月平均流量系列计算得到，采用的保证率计算公式如下：

$$P = \frac{m}{n+1} \times 100\% \tag{8-11}$$

式中，P 为设计保证率；m 为样本序号；n 为样本总数。

（3）取值原则。对于规划范围内所有河段取逐月平均流量系列的 90% 和 75% 设计保证率值，对湖（库）则只用 90% 保证率月平均水位及相应的蓄水量来确定设计水位和设计库容。

对于闸坝河段，当设计流量为零时，取闸坝漏水流量；对有排污的河段，在设计流量中考虑污水流量。

8.4.2　水域允许纳污量计算的步骤

水域允许纳污量，是在给定水域和水文、水力学条件、排污口位置情况下，满足水域某一水质标准的排污口最大排放量。

1. 区段计算流量 Q

用前面所述方法确定本功能区段 90% 和 75% 保证率下的设计流量，分别由该设计流量和旁侧水量确定 90％和 75％保证率下的计算流量。

2. 来水浓度 c_0

若计算河段为河源段，则 c_0 取源头水水质；若上游河段为保护区、保留区或缓冲区则按其水质目标取值。

3. 污染源概化

对一个纳污能力计算区段而言，其入河排污口分布千差万别，为简化因排污口分布所带来的纳污能力计算的复杂性，将排污口在功能区上的分布加以概化。

对于排污控制区，认为排污量在同一功能区内沿河是均匀分布的；对于其他功能区，则将排污口概化为功能区下断面排污，据此推算河段的纳污能力。

4. 纳污能力计算公式

均匀排污

$$w=(QkL/u)\frac{c_{\mathrm{s}}-c_0K'}{1-K'} \tag{8-12}$$

下断面排污

$$w=Q(c_{\mathrm{s}}-c_0K') \tag{8-13}$$

式中，$K'=\exp\,(-kL/u)$；w 为纳污能力，g/s；c_{s} 为规划河段水质标准浓度，mg/L；c_0 为河段上游来水水质浓度，mg/L；Q 为功能区段计算流量，$\mathrm{m^3/s}$；u 为河段平均设计流速，km/d；k 为污染物衰减系数，1/d；L 为河段长，km。

8.5　城市水环境的管理

8.5.1　污染物排放总量的控制方案与管理

1. 总量控制的本质

宏观规划总量控制的本质是研究区域污染物的产生、治理、排放规律和保护资金的需求与经济、人口发展的协调关系，以便从宏观上定量地把握经济、人口发展对水资源的影响，提出保护对策，促使水资源的永续利用和社会经济与环境的协调发展。

容量规划总量控制的本质是研究规划区水域在满足社会、经济和生态环境对水资源质量要求的前提下，水体所能容纳污染物质的量。

污染源与水环境保护目标是水源保护规划的两个对象。规划的主要任务是建立规划对象之间的两个定量关系：

第一个定量关系是污染源排放量与水环境保护目标之间的输入响应关系。

第二个定量关系是为实现某一环境目标，在限定的时间、投资和技术条件下，制订防治费用最小的优化决策方案。

前一个定量关系的建立需要认识水体同化自净规律、水环境容量、污染物迁移转化规律等,属于认识和理解自然规律阶段;后一个定量关系的建立需要研究技术经济约束、管理措施与工程效益等问题,属于改造自然阶段,也是规划目的的体现。

在这一全过程中,考察污染源的指标是污染物排放总量,衡量水质目标的指标是水域污染物浓度;前半部分的定量化工具是各类数学模型,后半部分的定量化工具,是技术、经济优化模型。

2. 污染物总量控制的方法

实施污染物总量控制,有正推和反推两种方法。

所谓正推,是从污染源的可控性出发,强调控制目标,强调技术、经济可行性,一般称为实用方法,或目标总量控制。我国现阶段实施的污染物总量控制主要是目标总量控制,该总量由环保部门根据我国目前的经济承受能力、技术水平进行下达。

所谓反推,是从受纳水体或水功能区容许纳污量出发,强调水质目标,强调环境、技术、经济三个效益的统一,一般称为水质规划方法或容量总量控制。

污染物总量控制规划的技术路线是:

(1) 从水源保护目标出发,根据水域容许纳污量,反推容许排放量,通过技术、经济可行性分析,优化分配污染负荷,确定切实可行的总量控制方案。

(2) 从削减污染物目标出发,结合国家排放标准和地区条件,优化制订污染负荷分配方案,预测水资源质量的改善前景,决策实施方案。

两条技术路线的关键都是污染源排放量与水质状况的定量关系,将目标和污染源控制这两个对象联系起来。制订污染物总量控制方案的内容包括:

(1) 功能区划定。水环境保护功能区的划分对象是针对一定使用功能的地表水域,对水域分功能类别保护,集中体现不同功能区执行不同的标准。

(2) 设计条件确定。依靠设计条件,将随机的多变化特征的自然条件概化为定常的、一定概率特征的极端条件,以便在同一自然条件下,研究不同总量控制方案的环境效益。设计条件的范围很广,从流量、流速、水温、排放特征直至 pH 和达标率等,重要的是设计条件规定的代表性时期、代表性时段、保证率等指标,一定要收集所有的污染源与环境数据,防止各类数据与设计条件不匹配。

(3) 排放清单开列。主要是指削减排污量的各种可行方案及技术、经济条件评价清单。总量控制的基点在于削减或控制排污总量,没有处理措施和削减方案,没有可行技术和费用,就谈不上总量控制,可以说,这是五个技术关键中最重要的一个。

(4) 模型参数识别。建立排污量与水质目标之间输入响应模型的各类参数,均需由实测值验证、识别,针对要进行总量控制的污染物指标,建立输入响应模型。

(5) 负荷分配优化技术。在污染源处理技术可行性的基础上,进行区域优化,实现达到水质目标的最小费用方案。

3. 污染物总量控制方案的管理

(1) 选择总量控制方案以污染源为基础。由于总量控制的核心是负荷分配,因此总量控制方案就必须从每一个污染源做起，否则无法分配回去。把总量控制的决策过程，概化为"从源至源"，即从污染源的总量控制可供选择方案出发，围绕控制目标优化分配，再回到各污染源的总量控制指标。不管是哪一种总量控制，污染源的工作都是共同的，都需要在污染源可控性和资源、能源的有效利用上研究总量控制方案。

（2）技术、经济评价。对总量控制削减方案，按以下五个层次进行总量削减方案评价：①企业综合利用资源、能源，开发无废、少废工艺作为首选方案；②加强管理，挖掘原有处理设施潜力，引进先进处理技术，施行简单处理的方案；③已有处理设施按总量控制要求，改变运行管理方式，加大处理负荷的方案；④按处理单元分解，以处理单元为基础形成串联或组合的方案；⑤推广应用有成熟经验的污水处理方案。

（3）监测、监督手段。对总量控制制度的考核与检查，主要靠监测手段。因此，在总量控制监督与监测方面，应具备以下条件：①流量测定。视情况可采用水堰、流速仪、流量计或浮标法等测定流量；②掌握为总量测算服务的控制断面及监测点位布设原则和方法；③有条件的地区最好设置连续采样和监测工具，以便为动态了解排污情况提供手段；④掌握污水样品的保存及分析等系列化规范化方法；⑤有条件的地区应建立总量控制信息管理系统，为总控监督提供服务。

根据监测规范规定，水污染动态监测采样点布设原则是：①枯水期易发生水质严重恶化会危及沿岸城市供水安全的河段；②受严重污染的主要河流出入境处；③受严重污染的主要支流入干流河口处；④有大量污废水积蓄的闸坝；⑤其他重要控制河段。

8.5.2　入河排污口的管理

1. 入河排污口分类

根据污水来源和性质，入河排污口分为以下类型：
（1）工业废水排污口；
（2）生活污水排污口；
（3）医院污水排污口；
（4）工业废水和生活污水合流的混合污水排污口；
（5）城市污水处理厂出水排污口。

2. 入河排污口的布置原则

（1）严格控制水源保护区工业废水排放。严格控制水源保护区工业废水排放已成为人们的共识，尤其是水源保护区内，禁止设置一切废水排污口。但是由于历史的原因，我国目前仍然存在污水乱排的状况，如安徽省铜陵、芜湖两市水厂的取水口被城市工厂的排污口包围，水源不符合国家对饮用水源的要求。调整产业结构，实行城市工业用水资源的合理配置和水源地的合理开发。新上马的工业项目应以技术密集型、人才密集型的高新技术项目为主，原有耗水量大的落后工艺，应进行工艺改造，降低单耗。同时加强工业企业的污（废）水治理和回收利用，尽量降低污水排放量。制定污水回用的相应政策、规定，让企业能得到利益。

（2）有效控制污染源，实行排污总量控制。对于工业水源地和农业灌溉水源地，在现有状况下，暂时无法做到停排的，应当采取有效措施促进企业的清洁生产、减少排污量，有条件地实现零排放。其中要充分利用经济手段，如调整水价、建立富余排污量交易制度等。

3. 加强入河排污口的监测

（1）入河排污口监测前应进行必要的现场查勘和社会调查，以确定入河排污口的数量、分布、污水的流向、排放方式和排放规律以及排污单位。

（2）进行入河排污口监测时，应同步测定污、废水和主要污染物质的排放量。

（3）所监测的各入河排污口排放量之和应占本河段或本区域入河排污总量的80%以上。

（4）重点河段和易发生重大水污染事故河段上的主要排污口监视性监测频次与时间，由流域或省级水环境监测中心确定。一般监测频次每年不得少于两次。

（5）在对排污口污水进行测量和采集样品时，必须注意安全，加强对有毒有害、放射性物质和热污染的防护。

4. 入河排污口的管理

（1）加强排污申报制度的管理，建立排污监测信息系统。排污口附近的"混合区"水质一般不能达到功能规定的目标，其设置必须取得排污许可证。其混合区范围应尽可能的小，不能危害饮用水源、娱乐水体功能；不能因此而造成不可恢复的环境损失；也不能因此而忽视可行的处理措施。

在水资源监测、遥感信息技术、水资源及洪水预报等非工程措施的基础上，建立排污监测信息系统。把握决策管理的最佳时机，更好地适应知识经济时代的要求。

（2）建立政府-公众监督制度。要积极吸收用户参与的水源地建设和管理，可成立水源地管理委员会，具体技术管理可以委托给专门的技术集团来做，包括建立取水口水质常规监测站、建立供水水源地水质旬报制度，省辖城市饮用水源地向社会及时公布水质信息。公众有权在政府执法无效时，根据排污许可制度向法院提出要求治理污染的申诉。

（3）充分运用经济手段管理环境，完善排污收费制度。依法、全面、足额、公开征收排污费，进一步完善排污收费制度。推进重点污染源治理设施运行市场化、管理规范化、监控自动化建设。

8.6　城市水环境的保护措施

对城市水环境保护的根本措施是加强水资源的规划管理，保护水源不受污染，开展对废水的处理及回收利用，以减少废水的排放量。

1. 加强水资源的规划管理

水资源规划是区域规划、城市规划、工业和农业发展规划的主要组成部分，应与其他规划同时进行，这在水资源不足地区尤为重要。规划前必须切实查清水资源的总量及水质状况，如果需水量超过水资源总量时，应采取相应的给水和污水处理方法，并采取蓄水、保水、再生、回用等措施，以弥补供水量的不足。

水资源规划应以流域（或支流）水系为基础进行。对全部地区的水源规划、水流域管理、污染控制以及对人体健康的影响等，应统筹考虑，由流域机构全面负责。水资源保护应从流域整体出发，以生态理论为指导，不但要重视水生生态系统的建设，也应积极规划和实施流域的陆地生态建设。

水资源保护是一个涉及多水体、多部门、多学科的复杂问题，主要内容包括：①合理利用与节约水资源；②水资源供需平衡计划及水资源评价；③提高水资源费和水价，运用经济手段促进水资源合理利用与节约用水；④水资源、水质和水生态系统保护；⑤保障城镇生活与生产用水安全及可持续利用；⑥水资源管理体制改革及能力建设等。

2. 城市水源地优先保护

根据《饮用水水源保护区污染防治管理规定》，饮用水地表水源各级保护区及准保护区内都必须做到：①禁止一切破坏水环境生态平衡的活动以及破坏水源林、护岸林、与水源保护相关植被的活动；②禁止向水域倾倒工业废渣、城市垃圾、粪便及其他废弃物；③运输有毒有害物质、油类、粪便的船舶和车辆一般不准进入保护区，必须进入者应事先申请并经有关部门批准、登记并设置防渗、防溢、防漏设施；④禁止使用剧毒和高残留农药，不得滥用化肥，不得使用炸药、毒品捕杀鱼类。

在饮用水地表水源取水口附近划定一定的水域和陆域作为饮用水地表水源一级保护区，其水质标准不得低于 GB3838—2002《地面水环境质量标准》Ⅱ类标准，并符合 GB5749—85《生活饮用水卫生标准》的要求。一级保护区内禁止新建、扩建与供水设施和保护水源无关的建设项目；禁止向水域排放污水，已设置的排污口必须拆除；不得设置与供水需要无关的码头，禁止停靠船舶；禁止堆置和存放工业废渣、城市垃圾、粪便和其他废弃物；禁止设置油库；禁止从事种植、放养禽畜，严格控制网箱养殖活动；禁止可能污染水源的旅游活动和其他活动。

在饮用水地表水源一级保护区外划定一定的水域和陆域作为饮用水地表水源二级保护区。二级保护区的水质标准不得低于 GB3838—2002《地面水环境质量标准》Ⅲ类标准，应保证一级保护区的水质能满足规定的标准。二级保护区的范围，江河在取水口的上游不得小于 1000 m，下游不得小于 100 m；凡有倒流、潮汐、流速平缓和河流断面狭窄及河道两端建闸的江河，其下游应扩大至 1000 m。二级保护区内不准新建、扩建向水体排放污染物的建设项目，改建项目必须削减污染物排放量；原有排污口必须削减污水排放量，保证保护区内水质满足规定的水质标准；禁止设立装卸垃圾、粪便、油类和有毒物品的码头。

根据需要可在饮用水地表水源二级保护区外划定一定的水域及陆域作为饮用水地表水源准保护区。准保护区的水质标准应保证二级保护区的水质能满足规定的标准。准保护区内直接或间接向水域排放废水，必须符合国家及地方规定的废水排放标准。当排放总量不能保证保护区内水质满足规定的标准时，必须削减排污负荷。

建立城市集中式饮用水源地水质预警监测系统，对饮用水源中的优先污染物实施跟踪监测和重点控制，确保城镇居民饮水安全。

3. 做好水环境污染防治规划

水环境污染防治规划，包括饮用水源地污染防治规划和城市水环境污染防治规划等。按环境要素制定的污染综合防治规划，应采取有力措施节水、降耗，减少排污量。

(1) 节约用水，积极推行废水回用技术。实践证明，综合防治水污染的最有效、最合理的方法是节约用水、提高水资源的利用率，如实现闭路循环、提高水的重复利用率和推行废水回用技术。因此，全面节流、适当开源、合理调度，从各个方面采取节约用水措施，提高水资源的利用率，不仅关系到经济与社会的可持续发展，而且直接关系到水资源问题的根治。

(2) 调整工业结构，推行清洁生产工艺。从我国当前水污染现状来看，工业污染源仍然是主要的。而防治工业污染的立足点不是以净化治理为重点的末端控制，应当是以预防为主的源头控制。包括根据国家产业政策调整行业结构、产品结构、原料结构、规模结构，逐步淘汰或限制发展耗水量大、水污染物排放量大的行业和产品，积极发展对水环境危害小、耗水量小的高新技术产业；不使用有毒原料，以无毒、无害原料代替有毒有害原料。一般方法是，筛选有代表性的水污染物，如工业废水和 COD、NH_4^+-N、酚等，建立或选定适当的模型，然后由环保部门根据经济和社会发展计划的要求、会同有关部门制订出调整工业结构的方案。另一方面，则要求改革工艺，推行清洁生产，其目的是节水、减污。例如，炼油厂在 20 世纪 80 年代初的旧生产工艺，每炼 1t 油排含油废水 20～30t；改革生产工艺以后，到 80 年代末 90 年代初每炼 1t 油排含油废水 4t 左右；现在发达的工业国家先进的生产工艺，每炼 1t 油仅排放 0.2～0.3t 的含油废水。

按水环境功能区划实施污染物排放总量控制。城市水环境保护的目的是要保证各功能区的水质达到国家（或地方）规定的标准，使所有水环境功能区能持续地为城市经济、社会发展和人民生活质量的提高服务。要做到这一点，必须控制排向功能水域的污染物总量，不允许污染物排放总量超过功能水域的环境容量。《水污染防治法》第十六条规定："省级以上人民政府对实现水污染物达标排放仍不能达到国家规定的水环境质量标准水体，可以实施重点污染物达标排放的总量控制制度，并对有排污量削减任务的企业实施该重点污染物排放量的核定制度"。

实施重点污染物达标排放的总量控制，通常采取如下措施：①合理分配削减指标，核定重点污染源的重点污染物允许排放量指标，实行排污许可制度；②在环保年度计划中，向重点污染源下达万元工业产值排污量递减率指标，促使其采取防治措施，削减重点污染物排放量；③优化排污口分布，合理调整水域的纳污负荷，将污染负荷引入环境容量较大的水体。

最后，优选水污染治理技术，强化水污染治理。"预防为主，防治结合，综合治理"的政策充分说明，预防为主、源头控制在水污染防治中应当作为主体考虑。但是，尽管我们积极推行清洁生产，采取一切可能防止产生污染物的措施，也难以达到无污染物的零排放，所以要防治结合。

4. 加强工业废水排放管理

工业废水排放必须符合《工业"三废"排放试行标准》中有关"废水"最高容许排放浓度的规定。含有重金属、难分解的有机物、放射性物质等工业废水，必须在厂内单独处理，符合标准后才可排入城市下水道，或直接排入河、湖水体。

5. 加强污水灌溉的管理

污水在灌溉过程中，受到土壤的过滤、吸附及生物氧化作用而得到处理，同时污水中的氮、磷、钾被植物吸收利用。这样可降低污水处理的要求，减少处理费用，又支援了农业，但污水用于农田灌溉应持积极而慎重的态度，生活污水经处理后可用于灌溉农田，工业废水则必须符合农田灌溉用水水质标准，否则会污染土壤，甚至使农产品污染严重超标，引起食品污染。

根据一些地区调查研究，农田排水等面源污染已成为水体富营养化的重要来源；化肥、农药的流失已普遍引起重视；科学合理施肥、减少农药用量、控制农田排水等面源污染已成为水污染防治的重要措施。

第9章 城市水生态系统建设与城市生态规划

9.1 概　　述

20世纪以来，伴随着工业化进程的加快，城市得到了迅猛的发展，城市在人类生产生活中的地位显得越来越重要。随着城市化进程的加快和各种区域中心城市规模的不断扩张，城市人口过度膨胀、水资源短缺、环境污染、能源过度消耗等城市生态危机加剧，迫使人们重新认识城市发展与生态环境之间的关系。因此，研究城市生态规划问题、探讨改善城市生态环境的模式、促进城市的生态建设与和谐发展，已成为人类社会关注的焦点。

城市生态系统具有一定的负荷能力。一方面，经过长期进化，城市生态系统具有一定的自我调节能力，当外界扰动强度不大，系统能够维持相对稳定。然而，城市生态系统的负荷能力是有限的，超负荷则导致生态平衡破坏（杨金田等，1998）。另一方面，城市生态系统受人工调节的影响，如果人工调节合理和适当，系统能承受较大的外界负荷冲击。

改善和保护城市生态环境是人们日益关心的问题，也是当前我国环境保护的重点，建设好城市生态环境首先要有一个好的城市生态环境规划，以协调城市社会经济发展与环境两者之间的关系。

9.2　城市水生态的规划及其内容

9.2.1　城市水生态规划概述

由于我国地域广阔，城市众多，各类城市的性质和功能有着明显的差异，因而对于各个城市的生态环境规划必须具有指导性。为此，应当对城市性质、结构、格局、规模等进行分析和规划，提出以人工化措施为主体的城市生态调控体系和措施，塑造一个舒适优美、清洁安全、高效和谐的城市生态环境系统。

水生态规划是指按水生态学原理对某地区的社会、经济、技术和生态环境进行综合规划，以便科学地利用各种资源条件，促进生态系统的良性循环，使社会经济得以持续稳定地发展。由于城市是区域的中心，是社会经济和环境问题最集中的场所，随着生产的发展和工业的进一步集中，城市迅速发展和扩张，许多严峻问题迫使人们进行思考，以解决城市无计划发展所带来的后果。因此，城市生态规划便成为当代城市规划的焦点和重心。

城市水生态规划，要求规划者遵循生态系统的客观规律，如生态系统的整体性原则、循环再生原则、区域分异原则、动态发展原则等，按照全局观点、长远观点和反馈观点，既要从当时的生态现状出发，又要考虑到生态系统改变后所产生的长远影响来进行（冯华军，2008）。

城市水生态规划的目标是要保证人类活动的安全、健康、舒适和方便，各种自然灾害得到防治，环境污染得到根治等，各种市政公用设施的建设都要使得人们的生产和生活更为方便和获取更高的效益。城市水生态规划的内容包括：生态调查、生态评价和生态决策分析。

9.2.2　城市水生态规划的基本内容

1. 城市水生态的调查

城市水生态调查的主要目的是调查收集规划区域的自然、社会、人口与经济的资源与数据，为充分了解所规划城市的生态过程、生态潜力与制约因素提供科学依据。

在进行城市水生态规划时，首先必须掌握规划城市或规划范围内的自然、社会、经济特征及其相互关系。尽管规划的目标千差万别，但实现规划目标所依赖的城市及区域自然环境与资源的基础往往是共同的，通常包括自然环境与自然过程、人工环境、经济结构、社会结构等。所需资料包括历史资料、实地调查、社会调查与遥感技术应用等四类。

通过实地调查获取所需资料，是城市生态规划收集资料的一种直接方法。尤其是在小城市大比例尺的规划中，实地调查更为重要。

在大城市水生态规划中，不可能对所涉及的范围就所有有关的因素进行全面的实地考察，因此，收集历史资料在规划过程中占有非常重要的地位。在城市水生态规划中，必须十分重视城市人类活动与自然环境的长期相互影响与相互作用，如资源衰竭、土地退化、水体与大气污染、自然生态系统破坏等生态问题均与过去的人类活动有关，而且往往是不适当的人为活动的直接或间接后果。因此，对历史资料的调研尤为重要。

城市水生态规划强调公众参与。通过社会调查，可以了解城市各阶层居民对城市发展的要求以及所关心的共同问题或矛盾的焦点，以便在规划过程中体现公众的意愿。同时，还可以通过社会调查、专家咨询，把对规划城市十分了解的当地专家的经验与知识应用于规划之中。

2. 城市水生态的评价

城市水生态评价的主要目的在于运用城市复合生态系统及景观生态学的理论与方法，对城市及其周围的资源与环境的性能、生态过程特征以及生态环境的敏感性与稳定性进行综合分析，从而认识和了解城市环境资源的生态潜力和制约因素。

1）城市水生态过程分析

城市水生态过程的特征是由城市生态系统以及城市景观结构与功能所规定的。其自然生态过程实质上是生态系统与景观生态功能的宏观表现，如自然资源及能流特征、景观生态格局及动态，都是以组成城市景观的生态系统功能为基础的。同时，由于城市的工农业、交通、商贸等经济活动的影响，城市的生态过程又被赋予了人工特征。显然，在城市水生态规划中，受极其密集的人类活动影响的生态过程及其与自然生态过程的关系是应当关注的重点。在可持续城市的生态规划中，往往需要对城市能流物流平衡、水平衡、土地承载力及景观空间格局等与城市环境保护密切相关的生态过程进行综合分析。

城市复合生态系统的能量平衡与物质循环是城市生态系统及景观生态能量平衡的宏观表现。由于受密集的经济活动影响，城市能流过程带有强烈的人为特征：一是城市生态系统的营养结构简化。自然能流的结构和通量改变，而且生产者、消费者与分解还原者分离，难以完成物质的循环再生和能量的有效利用。二是城市生态系统及景观生态格局改变。许多城市单元、社区及交通"廊道"的增加，成为城市物流的控制器，使物流过程人工化。三是辅助物质与能量投入大量增加以及人与外部交换更加开放。以自然过程为基础的郊区农业更加依赖于化学肥料的大量投入，工业则完全依赖于城市外的原料输入。四是城市地面的固化及人为活动的不断强化，使自然物流过程失去平衡，导致地表径流进入污水系统以及土地退化加剧，而且人工物流过程也不完全，导致有害废弃物的大量产生和不断积累，大气污染、水体污染等城市生态环境问题日益加剧。通过城市物流、能流的分析，可以深入认识城市的生态过程。

2）城市水生态潜力分析

城市生态潜力是指在城市内部单位面积土地上可能达到的第一性生产水平。它是能综合反映城市生态系统光、温、水、土资源配合效果的一个定量指标。在特定城市或区域，光照、温度、土壤在相当长的时期内是相对稳定的，这些资源组合所允许的最大生产力通常是这个城市绿色生态系统的生产力的上限。通过分析与比较城市及所处区域的生态潜力之现状、土地承载能力，可以找出制约城市可持续发展的主要环境因素。

3）城市水生态格局分析

城市是以自然生态系统为基础，由人类活动产生的，称为城市人类景观生态格局，是复合生态系统的空间结构。城市自然及人工景观的空间分布方式及特征，与城市生产、生活活动密切相关，是人与城市自然环境长期作用的结果。无论是残存的自然生态系统，还是人工化的城市景观要素，均反映在该城市所处区域的土地利用格局上。在这种意义上，城市生态规划就是运用城市生态学原理及人工与自然的关系，对城市土地利用格局进行调控。因此，城市复合生态系统的景观结构与功能分析对城市生态规划有着重要的实际意义。

4）城市水生态敏感性分析

在城市复合生态系统中，不同生态系统或景观要素，人类活动的干扰表现是不同的。有的生态系统对干扰具有较强的抵抗力；有的则恢复能力强，即尽管受到干扰后，在结构或功能方面会产生偏离，但很快就会恢复系统的结构和功能；然而，有的系统却相当脆弱，即容易受到损害或破坏，也难以恢复。城市生态敏感性分析的目的就是分析、评价城市内部各系统对城市密集的人类活动的反应。根据城市建设与发展可能对城市生态系统的影响，生态敏感性分析通常包括城市地下水资源评价、敏感集水区和下沉区的确定、具有特殊价值的生态系统及人文景观以及自然灾害的风险评价等。

3. 城市水生态的决策分析

城市生态决策分析的最终目标是提供城市可持续发展的方案与途径，它主要根据城市建设和发展的要求与城市复合生态系统的资源、环境及社会经济条件，分析与选择经济学与生态学合理的城市发展模式与措施。城市生态决策分析的内容主要包括：根据城市建设与发展的目标分析、资源要求；通过与城市现状资源的匹配分析，即生态适宜性分析，确定初步的方案与措施；最后运用城市生态学、经济的知识与方法对初步的方案进行分析、评价及筛选等。

9.2.3　城市水生态规划方案的评价与选择

由城市生态适宜性分析所确定的方案与措施，主要是建立在城市环境特征及所处区域资源条件基础上的。然而，城市规划的最终目标是促进城市的可持续发展，特别是改善城市的生态环境条件以及增强城市的可持续发展能力。因此，对初步方案的评价主要包括以下三个方面：

（1）规划方案与规划目标。在方案评价中，首先分析各规划方案所提供的发展潜力能否满足规划目标的要求。当全部不能满足要求时，通常调整规划方案或规划目标，并做出进一步的分析，即分析规划目标是否合理，以及规划方案是否充分发挥了城市资源环境与社会经济发展的潜力。

（2）成本-效益分析。每一项规划方案与措施的实施都需要有资源及资本的投入，同时，各方案实施的结果也将带来经济、社会或环境效益。各方案所要求的投入及产出的效益是有差异的。因此要对各方案进行成本-效益分析比较，进行经济上的可行性评价，以便筛选那些投入低、效益好的方案与措施。

（3）对城市发展潜力的影响。城市建设与发展的结果必然要对城市生态环境产生影响：有的方案与措施可能带来有利的影响，从而可以改善城市生态环境条件；有的方案或措施可能会损害城市生态环境条件。发展方案与措施的环境影响评价，主要包括对自然资源潜力的利用、对城市环境质量的影响、对城市景观格局的影响、自然生态系统的不可逆分析，以及对城市可持续发展能力的综合效应等几个方面。各方案对城市持续发展能力的影响涉及城市社会、经济与自然环境等多个方面。

9.2.4　城市水生态规划的步骤

城市生态规划分为以下 7 个步骤：

（1）明确规划范围及规划目标。在可持续发展这个总目标下，分解为具体任务，即相互联系的子目标，如城市人口发展规划、土地利用规划、水资源利用规划、城市节水规划等。

（2）根据规划目标与任务收集城市及所处区域的自然资源与环境、人口、经济、产业结构等方面的资料与数据。资料与数据的收集不仅要重视现状、历史资料及遥感资料，还要重视实地考察取得的第一手资料。

（3）城市及所处区域自然环境及资源的生态分析与生态评价。在这一阶段，主要运用城市生态学、生态经济学、地理学及其他相关学科的知识，对城市发展与规划目标有关的自然环境资源的性能、生态过程、生态敏感性及城市生态潜力与限制因素进行综合分析与评价。如果涉及的区域范围及生态过程有分异特征，则将区域划分为生态功能不同的地区，为制定区域发展策略提供生态学基础。

（4）城市社会经济特征分析。主要目的是运用经济学及生态经济学分析，评价城市工业、商业及其他经济部门的结构、资源利用、投入-产出效益和经济发展的地区特征，寻找城市社会经济发展的潜力及社会经济问题的症结。

（5）按城市建设与发展及资源开发的要求，分析评价各相关资源的生态适宜性。然后，综合各单项资源的适宜性分析结果，分析城市发展及所处区域资源开发利用的综合生态适宜性空间分布图。

（6）根据城市建设和发展目标，以综合适宜性评价结果为基础，制定城市建设与发展及资源利用的规划方案。

（7）运用城市生态学与经济学的知识，对规划方案及其对城市生态系统的影响以及生态环境的不可逆变化进行综合评价。

9.3　城市生态规划理论方法

9.3.1　城市生态规划理论演变

城市生态规划是城市规划实现转型的必然趋势，其理论不仅包括城市规划的基本理论，还包括城市生态学、人类生态学、城市社会学、可持续发展理论与城市复合生态系统等理论。

1. 城市规划理论

城市规划理论是关于城市及其规划的普遍的、系统的理性认识，是一种理解城市发展，并对之采用相应调控手段的知识形态。由于城市规划包含着自然科学、社会科学、工程技术与人文学科等内容，所以城市规划的理论类似于自然科学、经济发展以及社会关系的理论，主要包括以下两大类理论：

（1）实践性规划理论是以实践解释为主的理论，这种理论的原则与特征明显，归纳清晰，许多理论是无法证明的，需要在规划实践中验证，这反映出目前城市规划理论相对匮乏的状况，这一层次的理论是从实践中提取的（谢京，2007）。

（2）基础性规划理论被称为"规划理论的理论"，主要包括规划学科生存地位及发展前景的基本要素及其组织方式、规划逻辑、思维方法、规划程序、规划目标等一系列最基本的因素。它研究的是与决策过程相联系的规划程序的系统化，并将决策过程划分成具体的步骤，这种理论关心的不是规划的内容与对象，而是决策程序的步骤与顺序。

两种规划理论都会受到当前各种因素的制约，不会有普适性的理论，也难以确定通用的价值标准。所谓规划的理论本质上只能产生于对经验的系统整理、筛选和总结。尽管如此，界定一个理论模型仍是十分必要，因为理论为规划研究与实施提供了一个思考框架，实践中具体的方法也可以在理论框架中找到合适的位置或为拓展创新规划方法明确方向。

我国城市规划是以物质空间规划为主体的规划理论体系，现行所编制的规划基本上是对城乡物质空间环境的一种整治设想。首先，与我国处于快速城市化的阶段有关，规划师目前任务的绝大部分是应付层出不穷的物质空间建设项目，快速无序的城乡建设使规划师无暇、也不可能对城乡空间发展轨迹给出准确的预测；其次，传统的规划工作者培养也都是"孕育在建筑学的摇篮里"，接受的是对物质空间进行技术处理的培训。这些因素决定了空间规划理论在城市规划理论中的主体地位，但它绝不是目前城乡规划的全部。对城市与区域社会、经济以及生态状况和发展前景的把握是城市规划中的重要内容，在上述内容分析的基础上，付诸空间实践是城市规划的本质。如果规划中缺乏对隐含于空间背后的更深层次的内因进行剖析，那么城市规划与用于"画图"的美术相差无几，最终只会导致层出不穷的各种城乡问题。

2. 城市生态学

城市生态学是研究城市生态系统的结构、功能及其运动规律的一门科学。它强调生态规律对人类活动的指导作用，重视城市生态系统的整体性、动态代谢功能和物质能量循环规律等，并在这些基本规律指导下，探讨城市发展中的生态规划问题，使城市生态系统的自律、自稳定与自循环能力加强。

1）传统城市生态学

按照生态学家伯吉斯（Burgess）等的观点，城市由多个社区单元组成，每个社区的发展是受人的共生竞争过程支配完成的，进而推动着城市的发展。共生关系是指在各种不同的人群或社区之间存在着相互的状况；竞争关系是指在城市范围内各种不同人群或社区之间存在着对有限的资源和生存空间的争夺与冲突行为。其中许多生态学家建立了城市的生态模型，如伯吉斯的城市同心圆理论、霍伊特（Hoyt）的扇形模型、哈里斯（Harris）和厄尔曼（Urman）的城市多核心理论。

受城市生态系统形成的影响，传统城市生态学家只注重对城市生态系统空间结构的成因进行研究。随着城市生态系统的发展，城市人群将发挥更大的能动作用，它们的发展模式只表示对当时不同地区城市布局的归纳，远不能起到对城市发展的预测作用。

2）现代城市生态学

当今全球范围内发生了不可避免的城市生态危机以后，现代城市生态学家才把注意力转移到改良城市空间结构、建立城市发展机制、协调城市社会阶层的各种关系等方面。其基本观点为：伴随城市发展的标志不应只局限在经济水平的提高，更应重视社会的和谐与生态环境的保护，其基本目的是充实城市生态系统中所缺乏的自然生态功能。

（1）城市中心化。各项设施只有集中布置并提高设施的规模，才能满足大区域需求，并且便于对废弃物的排除进行高标准的管理。强调经济规模效益，即在大区域内建设大型的中心设施，如电站、泵站、污水处理厂、废物焚烧场及交通网络，并设立专业部门负责管理各项设施。由此产生了两方面的生态规划问题：一是水、能量、物质或交通的供不应求；二是废水、转化的热能、废物及交通噪声问题的过剩。这种对立的矛盾问题使受益于中心化便利设施的城市居民几乎看不到城市的排泄物流入地下，更不愿支付各项活动中追加的社会和环境成本，对生态规划参与的积极性不高。

中心化理论没有从实质上解决环境问题，而是转变了问题的形式所在。因为污水处理厂留给居民的是污泥，废物焚烧场留下的是熔渣，而开辟新的机动车道未必能解决城市长期交通拥挤问题。

（2）城市夹层化。分散化理论把居民从城市迁移出，扩大环境问题覆盖面。因此，珈玲伊提出城市夹层学说，如图 9-1 所示。

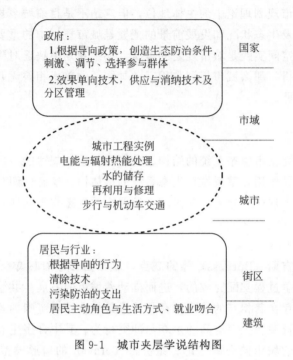

图 9-1　城市夹层学说结构图

顶层表示政府，具有权威性，其主要任务是为环境问题的防治创造技术、经济和管理条件，并提出一些以资源利用为导向的措施。领导层必须认真选择参与决策的群体，通过刺激或调节措施改革城市，使之适应不同生活方式和不同就业性质的居民群体。底层表示对居民个体与群体的行为量度，号召居民节约水、能量和资源，激发城市居民的参与意识。它是以社区、城市和区域作为主要参与者指导完成某些相关的城市工程，如雨水储存工程、电量与回收热能装置的设计工程、回收或二手货市场建立工程，以及设计安全的循环线路等。

（3）城市分散化。环境问题主要是居民的个人行为和工作单位活动形式有关，为从根本上防治环境问题，各项设施应分散布置，对于城市密集地带的居民应实行疏散措施，号召城市居民向自然生态好的农村迁移，在农村建立自理家庭和生态村，并适应自建房屋、自种粮食、自理废物的自然生活方式。但这将导致反城市的生活和工作方式的形成，使居民很难适应这种生活模式，模式过于理想化。

9.3.2　城市生态规划

1. 城市生态规划程序

城市生态规划是传统的城市规划内容的深化与方法上的改进，其步骤既包括一般的规划程序，又有其特殊性。由于城市生态系统是一个复杂的巨系统，在对其进行规划之前，必须先将其简化。因此，必须制定规划编制的工作程序与技术路线。由于不同的规划目标导致城市生态规划编制的内容也各有侧重，一般而言，城市生态规划程序有以下三种不同模式：

（1）偏重"规划"的工作程序。强调从规划的筹备、调研、规划设计、规划执行、评审，一直到规划实施的全过程。这其中涉及的重点不再是"规划"，而是从政府管理部门出发，对城市生态规划全方位、全过程的统筹安排。

（2）偏重"管理"的工作程序。独立的工作程序不利于城市管理部门的协调与管理。将管理、规划、调研、基础研究与实际操作等不同层面、不同阶段的规划内容统筹安排在一个框架下，能够将工程技术与管理决策联系为一个整体，并将统一的思想贯穿于整个过程。不同的城市生态规划可根据自身特色选择合适的模式。

（3）综合的工作程序。虽然偏重内容各不相同，但基本都包含了以下程序：①接受城市规划任务；②前期准备；③城市生态规划的调研阶段；④系统研究阶段；⑤提交成果及成果检验阶段；⑥基本图件成果内容。

在实际操作过程中，一般有两种模式：一种是编制两个以上的工作程序，分别提供给工程技术人员、政府管理部门，这种模式比较适合中小型城市。对于中小型城市而言，因为本身人财物方面的局限性，需要规划人员制定一个比较全面系统的规划。另外，由于城市规模较小，各部门、各行业之间相对于大城市比较容易协调。因此，比较适合制定两个独立的工作程序。另一种是将两者综合，这种模式适合于大城市生态规划编制。由于大城市部门、行业众多，情况很复杂，对于城市生态规划而言，更重要的是如何协调平衡各阶层利益，以保障规划的贯彻实施，这需要城市管理部门强有力的合作与执行。因此，独立的工作程序不利于城市管理部门的协调与管理。应将管理、规划、调研、基础研究与实际操作等不同层面、不同阶段的规划内容统筹安排在一个框架下，但这需要管理部门有较高的素质，能够将工程技术与管理决策联系为一个整体，并将统一的思想贯穿于整个过程。不同的城市生态规划可根据自身特色选择合适的模式。

2. 城市生态规划理论建构

1）基于基元理论的城市生态规划

城市生态系统是以人为中心的人工生态系统，具有较高的智能性，受人类活动影响更大。城市生态系统是主体与客体的统一，城市生态系统的主体为社会状况的基元，客体为自然和人工状况的基元。城市生态规划基元分为自然、人工和社会等状况的基元。自然与人工基元相互依存，相互影响，与城市居民活动、意识等密切相关。前者包括城市自然生态系统中的地物地貌、河流湖泊水系、园林绿地等生态资源，即与自然相对密切的元素；后者是城市经济生态系统中与生态规划相关的建筑部分，包括建筑物、道路、广场、桥梁、工厂等。社会基元涉及城市居民生活、经济及文化活动的各个方面，表现为人与人之间、个人与集体之间等的各种关系。

此外，城市生态规划基元还有不同的分法。按照资源占有程度不同分为资源生态规划基元和非资源生态规划基元。资源生态规划基元还可分为石油资源、森林资源和煤炭资源基元等。按规划层次分为整体城市生态规划基元和局部城市生态规划基元，而整体城市生态规划基元分为市域生态规划基元、市区生态规划基元和街区生态规划基元。

2）城市生态规划的问题表达

A. 城市生态规划的目标

城市生态规划需要解决的目标问题很多，根据前述城市生态规划基元的类型，城市生态规划问题主要包括自然、人工和社会方面的城市生态规划问题群。与此相对应，目标群也主要分为自然、人工和社会方面的目标群等。

每个部分还包含下位目标，共同组成了城市生态规划目标群。自然目标主要集中在气候、地理、地形地貌等自然和生物资源方面；人工目标包括各类建筑物、道路桥梁、城市开敞空间等方面，这些目标与居民的生活环境密切相关，对生态服务水平要求高，而其生态系统相对脆弱，是城市生态规划的关键点和重要目标。社会目标主要是与人和社会之间的关系，包括城市居民、政府部门和规划人员等，如图 9-2 所示。

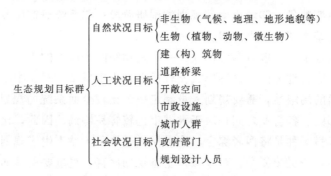

图 9-2 城市生态规划目标的类型

B. 城市生态规划问题的模型表达

a. 表达

城市生态规划领域存在大量的问题，如城市种群、生物多样性、人工系统、生态资源、城市边缘区、生态环境影响因素等特征都影响着城市生态规划的最终结果。对城市生态规划矛盾问题用基元方式进行形式化描述与表达，称为城市生态规划问题的可拓模型，简称问题模型。表达为

$$M = (O_m \quad C_m \quad V_m) = \begin{bmatrix} O_m & c_{m1} & v_{m1} \\ & c_{m2} & v_{m2} \\ & \vdots & \vdots \\ & c_{mn} & v_{mn} \end{bmatrix} \tag{9-1}$$

b. 问题模型框架

问题模型主要从近期生态规划问题和远期生态规划问题入手，对问题的目标和条件从自然、人工和社会等方面进行拓展。

c. 城市生态规划矛盾问题模型路径

由可拓学理论可知：任何问题都是由目标和条件构成。因此，要化解城市生态规划的矛盾问题，可以有三条解决的路径。

（1）求知问题。要求目标 G 满足条件 L 的问题称为求知问题：

$$P = G \times L \tag{9-2}$$

求知问题中，条件 L 不变，通过变换目标化解矛盾问题。求知的可能是事物 O_m，也可能是量 v_m，还可能是特征 c_m。此问题大量存在于城市生态规划过程中，根据条件制定目标，然后进行城市生态规划，这符合一般的规划过程。

（2）求行问题。在特定条件 L 下，使基元 G 实现的问题称为求行问题。制定一定的目标，使目标实现的问题是求行问题。即目标不变，通过条件的变换使矛盾问题化解。

（3）求知、求行问题。即目标和条件同时改变，使矛盾问题化解。由于城市生态系统具有复杂性，如果单独进行目标变换或条件变换都不能解决问题，可以考虑同时改变问题的目标和条件来解决矛盾。

给定目标基元 G_1 和 G_2，若它们在条件 L 下不能同时存在，则 G_1、G_2 为 L 的对立基元，记作

$$P = (G_1 \wedge G_2) \uparrow L \tag{9-3}$$

这时城市生态规划问题 $P = (G_1 \wedge G_2) \times L$ 为对立问题。反之 G_1、G_2 为 L 的共存基元，记作：

$$P = (G_1 \wedge G_2) \downarrow L \tag{9-4}$$

这时城市生态规划问题 $P = (G_1 \wedge G_2) \times L$ 为共存问题。

这三种情况在城市生态规划中都能遇到，但求行问题更加普遍。城市是一个复杂的生态系统，不是简单的求行或求知问题。因此，城市生态规划应抓住主要矛盾，通过分析变换等手段，最终转化为求行或求知问题。

d. 不同层级的城市生态规划矛盾问题模型

前面详细论述了城市生态规划的矛盾问题模型，根据规划尺度的不同，可以在市域、市区和街区三个层面上建立城市生态规划矛盾问题求解框架。求解市域生态规划问题应侧重对自然生态方面（生态资源、森林、河湖山川等）的解决；求解市区生态规划问题应侧重对城市景观生态方面（生态网络、生态绿地、生态公园等）的解决；求解街区生态规划问题应侧重对人工生态（生态节点、开放空间、生态游园）的解决。通过提出问题，建立问题模型，问题分析变换，最后得到具体的规划策略。

9.4　城市水生态系统的建设及其管理

水生态建设是指一切有利于防止水生态破坏、维护水生态平衡、促进水生态良性循环的建设。所谓生态环境（ecological environment），是人群的空间中可以影响人类生活、生产的一切自然形成的物质、能量的总称，又称自然环境。构成生态环境的物质种类很多，主要有空气、水、土壤、植物、动物、岩石矿物、太阳辐射等，这是人类赖以生存的物质基础。生态环境建设是指为防治生态环境破坏，恢复、保护和改善生态环境所开展的建设活动。生态环境建设的主要内容包括植树造林、水土保持、防治荒漠化、草场恢复与保护、海岸保护、湿地保护、陆生及水生生态保护等工程建设项目。

9.4.1 水生态的建设

水生态建设是按照水生态建设规划、水生态设计而进行的改善水生态环境质量、创造健康舒适的生活和生产环境的建设工作。这是一项从调查评价到规划、设计，实施规划、设计和建设，直到检查调整的系统工程。水生态建设的目的是创建安全、健康、舒适和具有欣赏功能的人工生态环境。

水生态建设，要求在建设活动中，一方面推行水生态环境评价，做好生态脆弱区、生态敏感区和重要生态环境的保护；另一方面，加大力度进行生态修复与生态建设，这是一项功在当代，利泽千秋的事业。水生态建设是落实生态规划目标的一个重要环节（王传成，2006）。从时间上划分应与规划目标的三个阶段相对应，即近期生态规划方案、中期生态规划方案和远期生态规划方案。下面主要以实现近期目标为主提出规划方案，并对中、远期目标的实现作必要的说明。

1. 生态规划的工程措施

《中国跨世纪绿色工程规划》及《全国生态环境建设规划》中的"规划优先实施的重点地区和重点工程"，为城市生态规划提供了很好的范例（林洪孝，2004）。

1）选定重点地区及重点项目的原则

制定和实施生态规划，需要把持久的奋斗与阶段攻坚结合起来，把全面推进与重点突破结合起来。首先要选择今后 5～10 年的重点地区及重点工程项目。依据的原则有以下 3 个：

（1）生态环境最为脆弱、对改善整个区域生态环境最具影响的地区，应作为实施生态工程措施的重点地区。首先按国家要求做好"三区"划定工作，对特殊生态功能保护区实施抢救性保护，对重点资源开发区实行强制性保护，对生态良好区实施积极性保护。然后，参照生态环境区划确定重点地区。

（2）国家确定的重点城市，也应作为实施生态工程的重点地区。环境保护重点城市，"十二五"期间将扩大到 333 个地级以上城市。这些由《国家环境保护"十五"计划和 2015 年远景目标纲要》建议提出的重点城市，将在 21 世纪对全国的环境污染防治和生态保护具有重要示范作用。所以，本区域内被国家确定为重点城市的，都应作为重点地区。

（3）选定生态工程项目的原则是迫切、有效和可行。迫切性是指带有挽救性的生态工程、生态脆弱地区的生态建设和保护、亟须采取恢复措施的严重生态破坏等。所谓有效性是指选定的生态工程项目经实践证明和科学论证，能有效地保护和改善本区域的生态环境。所谓可行性是指本区域的经济技术水平和管理水平可以承受，并能保证工程项目持续有效地运行（斯坦纳，2004）。

2）实施生态工程项目的措施

实施生态工程项目的措施主要有以下几方面：①分期实施，滚动发展，优先纳入计划。选定的生态工程项目分三批实施，历时 15 年，第一期与"十五"同步，第二期、第三期依次类推；选定的项目要优先纳入本区域的国民经济和社会发展计划，以及城乡建设总体规划。②资金来源。资金的筹措要坚持生态破坏者负担的原则，即坚持"谁开发谁保护，谁破坏谁恢复，谁利用谁补偿"的原则。企业和部门负责解决自己造成的生态破坏问题，不允许转嫁给社会；并征收资源费及生态补偿费。此外，也可以根据资源所有权不变，谁经营谁受益，深化"四荒"承包改革、小流域治理承包等方式筹措资金。

3）生态工程项目的组成

生态工程项目以控制水土流失，防治荒漠化，防风治沙，恢复和改善林区、草原及重点城市的生态环境和生态功能为目的，组成如下：①植树造林。按生态规划目标的要求将防护林、水土保持林、水源涵养林、农田林网、经济林及用材林等应新增的面积计算出来落实到地块；②按规划目标要求，将人工草地、改良草地、"三化"草地治理，逐一落实；③防风治沙、治理水土流失、防治森林病虫害及草原虫害和鼠害的技术措施有计划地逐步实施；④城市绿化系统的建设，按规划目标要求计算出应新增的绿化面积，逐一落实到地块。对所有生态工程都要做投资估算及效益分析。

2. 改善生态结构，调整城市生产力布局

1）改善景观结构

主要有：①根据生态环境区划绘制的区划图（土地利用生态适宜度分析图），与土地利用现状图对比分析，简便的方法是将土地利用现状的透明图叠放在生态环境区划图上，即可显示出两者的不一致处，再进行对比分析；②分析土地利用现状及各种土地利用方式的比例关系；③以生态理论为指导做出调整规划，估算投资并分析预期效益。

2）调整、改善密度及其分布

根据土地开发度评价做出的土地开发度分布（分为过度开发区、平衡区、可开发利用区），以及资源环境综合承载力分析，对人口密度及其分布、能耗密度及其分布、城镇建筑密度及其分布，制订并实施调整规划方案，改善生态结构；对过度开发地区要严加控制，避免造成新的生态破坏。

3）调整和改善城镇及工业布局

城镇和工业区是人口集中、大量开发利用资源能源的地区。所以，调整和改善城镇及工业布局是生态规划的重要组成部分。

（1）调整和改善城镇布局。主要有两方面：一是从宏观上分析整个区域所有城镇分布现状是否与生态区划的要求相符，城市群的组合是否合理，是否有利于城乡生态系统间生态流的稳定运行，在上述分析的基础上提出调整和改善全区域城镇总体布局的方案；二是对主要城镇逐个进行分析评价，对现在所处的位置非常不合理的，应限制发展或逐步搬迁。

（2）调整和改善工业布局。包括两个方面：一是从宏观上分析整个区域所有工业区及重点工业企业的现状是否符合生态区划的要求，从总体上分析其经济效应和生态效应是否负效应大，是否对区域生态环境有严重不良影响。在上述分析的基础上，提出调整和改善工业总体布局的规划方案。二是对工业区和重点工业企业逐个进行评价，根据评价结果将工业区和重点工业企业分为如下几类：①搬迁或限制发展并逐步转产；②尽快调整产品结构、规模适度、建成清洁生产工业区（或企业）；③布局恰当。评价方法是选取适当的评价参数（指标）或利用已有的评价结论，分析评价获得 4 个分评价值，然后综合为一个综合评价值。这 4 个分评价值是：生态效应评价值、经济效益评价值、生态适宜度评价值和功能区划评价值。

3. 采取有力措施，加强生物多样性保护

我国《环境与发展十大对策》第五条提出"切实加强生物多样性保护"。明确指出：应该加快查明中国生物资源家底和濒危物种现状，进一步加强对生物多样性的保护和合理利用。要逐步扩大自然保护区面积，加强建设和管理；要有计划地建设野生珍稀物种及优良家禽、家畜、作物、药物良种保护和繁育中心；切实抓好物种和遗传基因的开发利用，并加强管理。开展对生物资源的科学研究、合理开发和利用；对乱捕滥猎、乱采滥挖珍稀动植物的行为，要依法严惩。

以国家提出的要求为指导，在生态调查的基础上，因地制宜提出区域生物多样性保护规划方案。主要包括以下两方面：

（1）逐步扩大自然保护区面积并提高质量。根据本区域生态规划目标，近期目标要求自然保护区面积占本区域总面积的 10%，中期目标达到 12%，远期目标达到 15%，经过 50 年的建设逐步扩大自然保护区面积。要解决好的主要问题是：①根据本区域物种多样性、生态系统多样性和遗传多样性的分布现状，规划好自然保护区的布局；②加强建设管理，提高质量，形成类型齐全、不同级别组合而成的自然保护区网络；③加强珍稀濒危物种的就地保护，积极开发物种易地保护和持续利用技术，建立珍稀濒危物种的迁地保护和繁育基地，有效地保护生物多样性。

（2）坚决制止人为的破坏因素。严禁偷猎、盗伐，对乱捕滥猎、乱采滥挖珍稀动植物的行为，要依法严惩，加大打击力度。

4. 因地制宜，建设生态示范工程

建设生态示范工程的目的，一是要探索人工（或半人工）生态系统的运行规律，为建设生态可持续性并处于良性循环状态的工业生态系统、农业生态系统、城市生态系统等提供科学依据；二是研究生态建设中的一些技术和管理问题；三是这些示范工程在生态建设与生态保护工作中，可以起示范作用。建设生态示范工程一定要因地制宜。

9.4.2　城市水生态的管理

什么叫生态用水？广义地说，维持全球生物地理生态系统水分平衡所需用的水，包括水热平衡、水沙平衡和水盐平衡等，都是生态用水；狭义的生态用水主要是指为维持生态环境不再恶化并逐渐改善所需消耗的水资源总量。在我国，生态缺水是导致生态环境质量下降的主要原因之一。在局部地区，生态缺水已经导致生态系统破坏，对社会经济发展和人民生活水平的提高产生了严重影响。

随着人们生活水平的提高和对生活的理解，人水和谐的理念正不断为人们所认识。因此，在国内外的城市建设中，生态和景观用水得到了广泛的关注。保持适宜的城市生态环境用水量，不仅可以改变城市的景观环境，而且还能改善城市的气候条件，提高人们居住的舒适度。再者，在枯水季节，维持城市河道适宜的生态用水，可以改善河道水环境质量、防止河道堵塞、维持河流水生生物生存，提高沿河两岸房地产价位，促进社会经济的健康发展（汤普森和斯坦纳，2008）。

　　传统的城市水生态系统建设目标是以城市防洪为主，兼顾内河航运和水环境改造。因而，许多城市内河治理的结果是，河流多被改道、调直，河岸呈现渠道化，导致河流水环境生物多样性减少，河流自然降解污染物和适应更大流速变化的能力下降。河湖围垦、修筑水坝及河网改造、岸边工程等，使季节性淹没区减少，天然湿地大量丧失，鱼类洄游通道不畅，各种适生生物的生存环境、栖息地被大量压缩，有的甚至导致食物链中断，许多城市河流已由生物多样性及其丰富的生态系统渐渐变为不适于生物生存。

　　借鉴国内国外城市水生态系统建设的经验教训，现代城市水生态系统建设应当遵循人与环境和谐的规律，按照水生态安全、水循环、水景观、水价值和水保健为目标的综合整治。

1. 生态用水管理

　　良好的生态环境是保障人类生存发展的必要条件，但生态系统自身的维系与发展离不开水。在生态系统中，所有物质的循环都是在水分的参与和推动下实现的。水文循环深刻地影响着生态系统中一系列的物理、化学和生物过程。只有保证了生态系统对水的需求，生态系统才能维持动态平衡和健康发展，进一步为人类提供最大限度的生态、社会和经济效益（孙明，2010）。然而，由于人们对生态系统直接影响人类生存的认识迟缓，在对水资源的竞争使用过程中，形成了工业用水挤占农业用水，农业用水挤占生态用水的格局。结果造成了自然植被衰退、河床淤积、河道断流、水生生物多样性锐减、河口生态环境恶化、地下水大面积超采、地面沉降、海水倒灌等严重生态问题。

2. 自然保护区管理

　　在城市水生态管理中，自然保护区管理应当放在突出的位置。在管理上应结合实际采取灵活的目标、措施，如不涉及传统的捕捞、运输等生产活动的禁止问题，只是向其提出保护性要求，但对河岸改造、水坝建设、控制河湖的涵闸等涉及人为改变河流自然状态的项目，则应当持慎重态度。

　　选择一批自然状态尚存、生态功能重要的河流、河段，划为自然保护区，范围大小应尽量尊重河流自然走线，能体现河流减缓洪涝、改善水质、养育动植物及提供生态系统服务的价值。

　　结合目前正在进行的退耕还河、还湖工作，抢救性地建立一批生态功能恢复型河流自然保护区，包括恢复河岸、河岸沼泽湿地、林地、河湖漫滩、季节性淹没区、洪泛区等，以顺河之性，改善河流水文过程和生物多样性状况。

　　结合野生动物保护，促进水域周边自然保护区建设。要保护一个物种，就要保护并发展生物地理群落本身，离开生物地理群落保护某个单一物种实际上是不可能的。

3. 截污导流措施

在城市河道整治中，应当预先进行污水截流，建设城市污水处理厂进行集中处理。

导流措施分为两种，一种是导清水，如"引江济太"工程；另一种是导污水，即将它调离敏感水域，进行易地处理（李淑兰，2007）。导入清水，即通过工程调水对污染的水体进行稀释，使水体在短时间内达到相应的水质标准。实现流水环境，改善区域水生态环境质量。

在区域水生态建设中，使清水与污水分流，确保城市水生态系统良性循环，而污水通过生态工程措施完成深度处理。

4. 底泥清除

底泥清除是将营养物直接从河道取出，这是解决河湖内源释放的重要措施。河床沉积的污泥不仅严重影响河水的自净作用，使水质趋于恶化，而且会产生恶臭，污染大气。但清除出的底泥又会产生污泥处置和利用的问题。将疏浚出来的污泥进行浓缩，上清液经处理后再排入河流，污泥用做肥料。

另外，生态意识的普及与提高，即主张在管理部门和城市居民中普及和提高生态意识，提倡生态哲学和生态美学，克服决策、管理、经营中的随意性，从根本上提高城市的自我组织、自我调节能力。

9.5　城市水生态系统的修复技术

河流修复，是指将受污染的河流恢复至没有受干扰的状态，或者恢复到某种良性循环状态。在城市水生态修复中，一般很难将河流修复到原来没有遭受人为干扰的状态。因此，一般只是适当修复，既恢复河流的生态功能，又能够满足人类需要这一目的。

国外75%的河流修复研究是致力于河道形态修复，约40%是尝试修复丧失的河岸植被和湿地群落。目前大多数功能修复是在小河流（其长度在5 km左右）中实现的，并且是在小尺度上进行的。

我国在河流污染修复方面已做了一些工作。例如，早在20世纪80年代，天津市南排污河的整治中，提出上游河段采取曝气缓流沉降方法，中游河段作为"自然氧化塘"，下游河段采用砂滤、兼性氧化塘和放养水葫芦等综合方案。但是，许多城市的河流修复仅从景观美学的角度出发，往往将河床铺砌成块石结构，导致水流流速加快，河岸铺筑成石头或者水泥混凝土界面。实践表明，这种修复方式只会加剧水质的污染。雨水冲刷把静止界面上的各种物质包括油、橡胶、金属、油漆等各种有害物质带入水流中，这种河流流速被人为加快，这种界面不利于水生生物生存繁殖（张硕，2005）。

因此，对于河流修复不同专业人员有不同的理解。河流管理人员倾向于景观上的恢复；而科学家赞成生态意义上的修复；也有人强调自然恢复。但是，自然恢复可能需要上百年的时间。对河流进行人工干预，可以加速生态修复工作。但是，人工修复往往成本非常高。

9.5.1　河流水生态系统修复的基本原则

（1）系统规划和综合治理。系统规划需要从全局出发，兼顾河流源头、上下游、河口、干支流、沿岸自然环境和社会发展等各个方面。综合治理需要将河流修复与防洪、航运、城市用水、桥梁、景观、水生态等结合起来，优化整体利益。

（2）突出重点和分步实施。河流修复往往需要人力和物力的很大投入，而且要突出重点，所以将河流按优先顺序划分为不同的河段，将修复内容按紧迫性和重要性进行优先排序，然后根据财政条件有步骤地逐步实施。

（3）因地制宜和就地取材。河流生态修复工程需要因地制宜和就地取材。这样做保证与河流周围环境相协调，又能有效地降低修复的投资和成本。

（4）科学监测和管理。对河流的修复需要进行长期的科学监测，及时掌握河流生态动态变化过程和趋势，进而制定科学的管理措施，保证修复的效果。

9.5.2　河流水生态系统修复的技术

以生态工程学理论为基础，全面调查水系污染源类型和成分，应当致力于污染源头污水净化与水生态修复。河流生态修复一般包括恢复垫层、池塘和浅滩。

（1）河流结构。河流物理结构是河流生态系统修复的基础。不适当地改变或者破坏河流结构甚至比河流污染危害更大。河流结构不合理，会导致更多的损失，如河道冲刷严重或者河流淤积严重，岸边侵蚀严重甚至崩塌，河流生态破坏。因此，水鸟可能失去赖以栖息觅食的巨型水生植物，鱼类失去赖以产卵的场所等。

（2）河道自然净化修复。自然净化是河流的一个重要特征，指河流受到污染后能够在一定程度上通过自然净化恢复到受污染以前的状态。

污染物进入河流后，有机物在微生物作用下，进行氧化降解，逐渐被分解，最后变为无机物。随着有机物被降解，细菌经历着生长繁殖和死亡的过程。当有机物被去除后，水流水质改善，河流中的其他生物也逐渐重新出现，生态系统最后得到恢复（王喻，2001）。强化自然净化修复指通过采取措施，向河流输送某种形式的能量或者物质，强化河流固有的自我净化过程，加快河流的修复进程。强化自然净化修复包括两种措施：其一是进行人工增氧，可以是空气，也可以是纯氧；其二是向河流中投加人工培养的活性微生物。河流水体曝气增氧技术自 20 世纪 60 年代起在欧美等国得到了应用。例如，1977 年，英国在泰晤士河上使用 O_2 达 10t/d 能力的曝气增氧船，1985 年又使用 O_2 高达 30t/d 的曝气增氧船，显著提高了水体的溶解氧，提高了水体自净能力，减小了暴雨期间地面径流排水和污水溢流等负荷的冲击影响，减少了鱼类因缺氧而窒息死亡的现象。1989 年，美国为了改善 Hamewood 运河的水质，减轻其对 Chesapeake 海湾的影响，在 Hamewood 受污染河道自然净化修复过程河口安装了曝气设备，结果证明，水体底层溶解氧显著增加，河道生物量变得丰富起来。1994 年，德国在 Berlin 河上也使用了曝气增氧设备，充氧能力使用 O_2 达 5t/d，提高了河流水体净化功能，改善了水质。

（3）岸边植被。岸边植被也称为岸边隔离区、岸边湿地或者岸边走廊等。植被的作用包括：①植物覆盖地表，可以避免或者减少地表侵蚀，降低洪水的危害；②加强土壤的稳定性，增强土壤凝聚力；③增加地表糙率；④截留农业非点源污染对河流的影响。

（4）河床隔离和覆盖。需要隔离的物质一般是永久或者半永久性质的污染物质，可以用铝盐或者铁盐等在好氧条件下对某些重金属进行隔离。但是，由于河流中的水流是动态的，选择隔离方法需要慎重。例如，洪水会加剧河床冲刷，将隔离的物质带走，被冲走的物质可能在厌氧河段停留下来，从而造成负的作用。

第10章　城市水务管理信息化系统设计

10.1　城市水务管理信息系统

10.1.1　概述

信息化是当今世界经济和社会发展的大趋势，也是我国产业优化升级和实现工业化、现代化的关键环节。水利信息化就是指充分利用现代信息技术，深入开发和广泛利用水利信息资源，包括水利信息的采集、传输、存储、处理和服务，全面提升水利事业活动效率和效能的历史过程。

水利信息化可以提高信息采集、传输的时效性和自动化水平，是水利现代化的基础和重要标志。为适应国家信息化建设、信息技术发展趋势、流域和区域管理的要求，大力推进水利信息化的进程，全面提高水利工作科技含量是保障水利与国民经济发展相适应的必然选择。水利信息化的目的是提高水利为国民经济和社会发展提供服务的水平与能力。

水利信息化建设要在国家信息化建设方针指导下，适应水利为全面建设小康社会服务的新形势，以提高水利管理与服务水平为目标，以推进水利行政管理和服务电子化、开发利用水利信息资源为中心内容，立足应用、着眼发展、务实创新、服务社会、保障水利事业的可持续发展。

水利信息化的首要任务是在全国水利业务中广泛应用现代信息技术，建设水利信息基础设施，解决水利信息资源不足和有限资源共享困难等突出问题，提高防汛减灾、水资源优化配置、水利工程建设管理、水土保持、水质监测、农村水利水电和水利政务等水利业务中信息技术应用的整体水平，带动水利现代化。

城市水务管理信息化主要体现在水务信息收集、水务信息管理、水务管理决策支持技术三方面，建立水务管理信息系统是关键，3S技术及模拟技术的应用是核心。

水务管理信息系统由信息采集、通信、计算机网络、决策支持系统等组成。它是一项多学科、高技术、跨部门、投资大、建设周期长的管理信息系统工程，能对各类水务信息发挥管理信息系统在整合资源、实现信息共享、加强办事透明度的作用；推动信息资源的标准化和规范化建设；促进现代管理制度的快速形成；巩固水务改革的成果；提高办事效率；高效、可靠地为各级水务管理部门及时、准确地监测和收集所管辖区域内的雨情、水情、工情、灾情，对当前防洪形势、水资源态势、水环境状况等做出正确分析，对其发展趋势做出预测和预报，根据现状和调度运行规则快速提供各类调度方案集，为决策者提供全面支持，使之做出正确决策，达到最有效运用各类工程体系的目的，充分发挥水务一体化在城乡防洪、排涝、蓄水、供水、用水、节水、水资源保护、污水处理及回用等涉水事务统一管理中所带来的整体优势。

水务管理信息系统建设的指导思想是充分发挥行业优势，积极采用先进技术，按照"统一规划，各负其责；平台公用，资源共享；以点带面，分步建设"的思路，逐步建立起与国民经济基础设施地位相适应的、能有效促进水务事业可持续发展的水务管理信息系统，以推进水务行业的技术优化升级和提高行业的管理水平，更好地为国民经济建设和社会发展服务。

水务管理信息系统建设的目标是建立覆盖水务局的水务信息网络，全面开发水务信息资源，建设和完善水务基础数据库，健全信息化管理体制，形成制度、标准规范和安全体系框架，全面提供准确、及时、有效的信息服务。重点建成防洪指挥调度决策支持子系统、水资源管理子系统、水政管理子系统、农田水利管理信息子系统、水环境管理信息子系统、供水管理信息子系统、排水管理信息子系统、地下水管理信息子系统（Hamiton et al.，1997）。水务管理信息系统的建设原则有以下四个。

(1) 以需求为导向，实行长远目标与近期目标相结合，分期实施，急用先建，逐步推进。立足当前实际，整合已有资源，最终形成完整的水务管理信息系统。

(2) 全面规划，统一标准。先以国标、部标和行业标准为设计依据，做到水务信息化建设一盘棋。各部门都要服从总体规划，避免重复建设，浪费资源。

(3) 在水务信息化工程的建设中，要按照"先进实用，高效可靠"的原则，尽可能采用现代信息技术的最新成果，使其具有较好的先进性和较长的生命周期，保证系统的开放性和兼容性，为系统技术更新、功能升级留有余地。

(4) 充分利用社会的信息公共基础设施和相关行业的信息资源，实行优势互补，资源共享。

要实现城市水务管理信息化必须加强水务管理信息系统的建设，但目前还没有通用的水务管理信息系统，建设通用的、大而全的水务管理信息系统是不现实的，各个城市应根据具体情况建设实用的城市水务管理信息系统，以实现城市水务管理信息化。为了有助于各个水务管理部门进行城市水务管理信息系统的建设，本书主要介绍建设城市水务管理信息系统所需要的基础知识及部分实例，以供参考。

10.1.2　计算机信息系统

在计算机技术进入组织之前，信息系统只是一种人工系统，即通过人工劳动完成信息的收集、存储、传输、加工、输出和使用。在计算机技术引入以后，很多手工操作过程均可由计算机来完成。计算机成为信息系统的信息存储和加工中心（Singh，2000）。而人则通过计算机来管理和控制信息流的运动，利用信息完成组织的管理决策工作。这种包含计算机工具在内的信息系统就是计算机信息系统（computer information systems，CIS）。"信息系统"这一简称通常都是指的计算机信息系统。

1. 信息系统的概念

信息和数据通常总是紧密相连的。可以说信息是数据的含义，而数据是信息的载体。

任何组织的管理人员总是通过收集或采集数据（包括数字、文字、符号、图形等），再经过加工整理形成各种文件、报表或资料，从而获得组织内外状况及其变化规律的综合信息。这些综合信息就构成了管理决策的重要依据。在当今这个"信息爆炸"时代，管理人员所面对的一个重要问题是如何从大量的信息中加工提取对管理决策有用的信息，并予以存储和利用。信息系统是组织中的一个子系统，它是由从事信息处理工作的部门、人员、设备和信息资源本身等要素所组成（Mattew，2001）。信息系统与组织中其他职能子系统不同，它像人体的神经系统一样，渗透到组织中的每一个部门，而且协调和支配着每个部门，形成一个有机的整体，去实现组织的目标。

信息系统的种类很多，功能也各不相同。有的是用于过程控制的，有的是用于经营管理的，有的侧重于为操作级管理服务，有的侧重于为高层管理服务。专用于过程控制的信息系统又称为过程控制系统，也就是生产过程自动控制系统。专用于经营管理的信息系统又称为经营管理系统。

从信息系统的发展历史和所解决问题的复杂程度来看，计算机信息系统又可大致划分为数据处理系统（data processing systems，DPS）、管理信息系统（management information systems，MIS）和决策支持系统（decision support systems，DSS）（Poch et al.，2004）。

除了上述主要面向企业的信息系统之外，还有两类常见的信息系统也在迅速发展，即办公自动化（OA）系统和情报检索系统，它们对于提高各类组织中办公机关的行政事务或科研管理的工作效率起到重要的作用。

2. 信息系统的发展阶段

任何科学技术的发展都依赖于生产实践或经济建设的需要。社会需要是科学技术发展的推动力，信息系统的发展也不例外，它是由于各类组织在提高管理决策水平和提高效益的需要推动下逐步发展起来的。

信息系统的发展或演变又与系统科学、管理科学、计算机科学和行为科学等学科的发展密不可分。在观察信息系统的发展历程时，随时可以看到在每个阶段中这些学科的理论和技术的进展所带来的影响。

信息系统的发展可以归纳为三个阶段。这些阶段是按照时间顺序（彼此间有时间上的重叠）逐个加以描述的，然而每个阶段的信息系统均具有不同的特征，而且至今它们都依然存在着，并构成当前信息系统的几种主要类型。

1）第一阶段，数据处理系统（EDP 或 DPS）的产生

从历史上看，这个阶段大约在 20 世纪 50 年代至 60 年代初，人们将计算机用于管理活动之中，主要进行事务数据处理和报表生成等工作，当时称为电子数据处理（Boller，1997）（electronic data processing，EDP）系统，以后又称为数据处理系统（data processing systems，DPS）。开始的数据处理系统可以称为基本数据处理系统，以后发展成集成数据处理系统。

（1）基本数据处理系统（basic data processing systems，BDPS）。这时只能完成单项数据处理任务。每项任务都是一种封闭式的作业，各自维护和使用本作业的数据文件。不同作业之间没有信息交换或共享，其输出一般是经过处理的事务数据的统计报表。这种报

表虽然可以供给组织中的每个管理层次，然而对高、中级管理提不出可用于决策的有用信息。

（2）集成数据处理系统（integrated data processing systems，IDPS）。上述基本数据处理系统主要用于统计工作，并且在处理不同统计任务时总是孤立的和分散的。随着时间的推移，系统设计人员逐渐认识到计算机的能力可以大大超过一般的统计工作。他们也看到将各种逻辑相关的子系统集成为一个系统会给管理带来很大的好处。这种系统必须将企业中有关人、财、物、设备的数据集中处理，并且要与企业的目标、政策、方法和规则相一致，其结果是出现了一种统一的信息系统，即所谓的集成数据处理系统。集成数据处理系统要求每个相关的子系统必须按照统一的集成方案进行开发以完成组织的主要功能。此外，这种系统的另一个重要特征是"数据共用"的实现，即单个数据项中的单个数据记录可为多处使用。

这个阶段信息系统的主要目标是提高工作效率，减轻工作负担，节省人力和降低工作费用。这种系统的主要应用是在各类事务数据的统计工作上。虽然集成数据处理系统比基本数据处理系统在数据文件使用和功能协调上有所改善，然而，其共同之处都是利用计算机进行事务数据处理，即着眼于数据，而不是提供有用的信息帮助管理人员完成企业的管理和控制。

这个时期的计算机还比较落后，仍处于穿孔卡或键盘输入初期。计算机运算速度慢，存储量低，只能对滞后的数据进行滞后的处理，因而很难提供及时的、对当前管理和控制有用的信息。

2）第二阶段，管理信息系统（MIS）的产生

完整的管理信息系统（management information systems，MIS）（Ellis and Tang，1994）的概念是在 20 世纪 60 年代末数据库系统出现后逐渐得到充实和完善的，这一阶段在 60～70 年代。这一时期 MIS 得到比较广泛的研究和应用。管理信息系统的目标是提高信息处理效率和提高组织的管理水平。具体来讲，是从系统的观点出发，由系统分析入手，切实了解系统中信息处理的全面实际情况，合理改善信息处理的组织方式和技术手段，用以提高信息处理的效率，提高管理水平。

管理信息系统的一些共同特点主要包括：

（1）公用数据库的使用。管理信息系统通常是以数据库系统为中心的信息处理系统。数据库系统包括数据库、数据库管理系统软件和数据库中数据的用户。采用数据库系统可以降低数据的冗余度，避免数据不一致性的发生和实现数据共享等。有的管理信息系统采用共享文件方式存储数据，但也要包含一个文件管理系统软件以保证数据的一致性。

（2）周期性报表的产生。向各层次领导提供包括日、旬、月、季度、年度报表在内的周期性报表可以维持稳定的信息流，并实现一个相对稳定协调的工作系统。

（3）支持程序化的、例行性决策。管理信息系统通常为各层领导（主要是操作层和中层管理）提供结构化的信息流以支持决策的制定。

管理信息系统存在的问题首先主要表现在所提供的报表大多为过时的信息，不能满足高层管理决策的需求；其次是系统设计容易贪大求全，开发时间长，人力、财力资源消耗大；再次是大的信息系统常常出现处理瓶颈，特别是原始数据的采集、录入和存储，或数

据管理上所存在的问题；最后，也是最重要的一点，就是管理信息系统通常很难带来直接经济效益。

3）第三阶段，决策支持系统（DSS）的产生

为了克服管理信息系统所存在的局限性，人们更加重视系统对环境变化的适应性，更加注重市场预测和组织内部资源的优化利用。特别是在运筹学、数理统计、人工智能、计算机模拟、图形显示等新方法、新技术的推动下，从 20 世纪 70 年代初开始出现了注重模型、面向未来、着眼于决策的决策支持系统。目标是将计算机能力和管理科学方法结合起来帮助决策者解决复杂的和非结构化的决策任务，即有效地结合人的智能、信息技术和软件（信息处理技术和管理科学模型）（Palme et al.，2005），并通过密切的交互对话以解决复杂的问题。

决策支持系统有着更加实用的价值，而且也能克服管理信息系统的局限性。从学科发展关系看，决策支持系统吸收了系统科学有关系统分析与综合、系统与环境的思想和方法；采纳了管理科学的决策模式、模型与方法；运用了计算机科学的各种最新理论与技术，还包含了行为科学中关于个人和组织行为的思想与观点。因此，决策支持系统是社会经济发展需要的产物，也是系统科学、管理科学、计算机科学和行为科学等学科相互作用和相互渗透的结果。

10.1.3　地理信息系统简介

地理信息系统（GIS）是由计算机硬件、软件和不同的方法组成的系统，该系统设计用来支持空间数据的采集、管理、处理、分析、建模和显示，以便解决复杂的规划和管理问题。

1. GIS 的基本概念

（1）GIS 的物理外壳是计算机化的技术系统。该系统又由若干个相互关联的子系统构成，如数据采集子系统、数据管理子系统、数据处理和分析子系统、可视化表达与输出子系统等。这些子系统的构成直接影响着 GIS 的硬件平台、系统功能和效率、数据处理的方式和产品输出的类型。

（2）GIS 的对象是地理实体。GIS 的操作对象是地理实体的数据。所谓地理实体指的是在人们生存的地球表面附近的地理图层（大气图、水图、岩石图、生物图）中可相互区分的事物和现象，即地理空间中的事物和现象。在地理信息系统中，所操作的只能是实体的数据，它们都有描述其质量、数量、时间特征的属性数据，也有其非属性的数据——空间数据，即以点、线、面方式编码并以（z, y）坐标串储存管理的离散型空间数据，或者以一系列栅格单元表达的连续型空间数据。地理实体数据的最根本特点是每一个数据都按统一的地理坐标进行编码，实现对其定位、定性、定量和拓扑关系的描述。空间特征数据和属性特征数据统称为地理数据。GIS 以地理实体数据作为处理和操作的主要对象，这是它区别于其他类型信息系统的根本标志，也是其技术难点之所在。

（3）GIS 的技术优势在于它的混合数据结构和有效的数据集成、独特的地理空间分析

能力、快速的空间定位搜索和复杂的查询功能、强大的图形创造和可视化表达手段，以及地理过程的演化模拟和空间决策支持功能等。其中，通过地理空间分析可以产生常规方法难以获得的重要信息，实现在系统支持下的地理过程动态模拟和决策支持，这既是 GIS 的研究核心，也是 GIS 的重要贡献。

（4）GIS 与地理学和测绘学有着密切的关系。地理学是一门研究人-地相互关系的科学，研究自然界面的生物、物理、化学过程，以及探求人类活动与资源环境间相互协调的规律，这为 GIS 提供了有关空间分析的基本观点与方法，成为 GIS 的基础理论依托。GIS是以一种全新的思想和手段来解决复杂的规划、管理和地理相关问题，如城市规划、商业选址、环境评估、资源管理、灾害监测、全球变化，甚至在现代企业中作为制定科学经营战略的一种重要手段，因为企业对外界的认知能力和信息处理能力提高了，就能创造空间上的竞争优势。解决这些复杂的空间规划和管理问题是 GIS 应用的主要目标。

地理信息系统根据其研究范围，可分为全球性信息系统和区域性信息系统；根据其研究内容，可分为专题信息系统和综合信息系统；根据其使用的数据模型，可分为矢量信息系统、栅格信息系统和混合型信息系统。

2. GIS 的组成

一个实用的 GIS 系统，要求支持对空间数据的采集、管理、处理、分析、建模和显示灯功能。其基本组成一般包括五个主要部分：系统硬件、系统软件、空间数据、应用人员和应用模型。

1）系统硬件

计算机与一些外部设备和网络设备的连接构成 GIS 的硬件环境。计算机是 GIS 的主机，它是硬件系统的核心，包括主机服务器和桌面工作站。用做数据的处理、管理与计算。GIS 外部设备包括输入和输出设备，如扫描仪、测量仪器、数据采集、绘图仪、打印机和显示装置等。

2）系统软件

GIS 软件是系统的核心，用于执行 GIS 的各项操作，包括数据输入、输出、处理、管理、空间分析和图形用户界面等。按照功能分为：GIS 专业软件、数据库软件和系统管理软件等。

3）空间数据

GIS 的操作对象是空间数据，它具体描述地理实体的空间特征、属性特征和时间特征等。空间特征是指地理实体的空间位置及其相互关系；属性特征表示地理实体的名称、类型和数量；时间特征是指实体随时间而发生的相关变化。

在 GIS 中，空间数据是以结构化的形式存储在计算机中的，称为数据库。数据库由数据实体和管理系统组成。数据库实体存储有许多数据文件和文件中的大量数据。而数据库管理系统主要用于对数据的统一管理，包括查询、检索、增加和删除、修改和维护等。

GIS 数据库存储的数据包含空间数据和属性数据，它们之间具有密切的关系，因此，如何实现两者的连接、查询和管理，是 GIS 数据库管理系统必须解决的重要问题。

目前解决的方式有三种：混合式、扩展式和开放式。

3. 地理信息系统的功能

由计算机技术与空间数据结合产生的 GIS 这一高新技术，包括了处理信息的各种高级功能。但它的基本功能是数据的采集、管理、处理、分析和输出。GIS 依托这些基本功能，通过利用空间分析技术、模型分析技术、网络技术、数据库和数据集成技术等，演绎出丰富多彩的系统功能，满足用户的不同需求。

1）数据采集与编辑

GIS 的数据一般抽象为不同的专题或层。数据采集编辑功能就是保证各层实体的地物要素按照顺序转化为 (x, y) 坐标及对应的代码输入计算机中。

2）数据存储与管理

数据库是数据存储与管理的最新技术，是一种先进的软件工具。GIS 数据库是区域内地理要素特征以一定的组织方式存储在一起的相关数据的集合。由于 GIS 数据库具有数据量大，空间数据与属性数据具有不可分割的联系，以及空间数据之间具有显著的拓扑结构等特点，所以 GIS 数据库管理功能除了与属性数据有关的 DBMS 功能以外，对空间数据的管理技术主要包括：空间数据库的定义、数据访问和提取、从空间位置检索空间物体及其属性、从属性条件检索空间物体及其位置、开窗和连接操作、数据更新和维护等。

3）数据处理和变换

由于 GIS 涉及的内容多种多样，同一种类型的数据的质量也可能有很大的差异。为了保证数据系统的规范和统一，建立满足用户需求的数据文件，数据处理是 GIS 的基础功能之一。数据处理的任务和操作内容有数据变换、数据重构、数据提取等。

4）空间分析和统计

空间分析和统计功能是 GIS 的一个独立研究领域，它的主要特点是帮助确定地理要素之间的新的空间关系。它不仅已经成为区别于其他类型系统的一个重要标志，而且为用户提供了灵活的解决各类专门问题的有效工具，包括拓扑叠加、缓冲区建立、数字地形分析、空间集合分析等。

GIS 产品是指经由系统处理和分析，产生具有新的概念和内容、可以直接输出供专业规划或者决策人员使用的各种地图、图像、图表或文字说明，其中地图图形输出是 GIS 产品的主要表现形式，包括各类符号图、动线图、点值图、立体图等。

一个运行的 GIS，其产品制作与显示的功能包括：设置显示环境、定义制图环境、显示地图要素、定义字形符号、设置字符大小和颜色、标志图名和图例以及绘图文件的编制等。

4. GIS 应用模型

GIS 应用模型的构建和选择也是系统应用成败很重要的因素。虽然 GIS 为解决各种现实问题提供了十分有效的工具，但是对于某一专门应用目的的解决，必须通过构建专门的应用模型，如土地利用适宜性模型、选址模型、洪水预测模型、城市水务系统循环模型等。这些应用模型是客观世界中相应系统经由观念世界到信息世界的映射，反映了人类对客观世界利用改造的能动作用，并且是 GIS 技术产生社会经济效益的关键所在，也是 GIS

生命力的重要保证，因此在 GIS 技术中占有十分重要的地位。

构建 GIS 应用模型，首先必须明确用 GIS 求解问题的基本流程；其次根据模型的研究对象和应用目的，确定模型的类别、相关的变量、参数和算法，构建模型逻辑结构框图；然后确定 GIS 空间操作项目和空间分析方法；最后是模型运行结果的验证、修改和输出。显然，应用模型是 GIS 与相关专业连接的纽带，它的建立绝非是纯数学或技术性问题，而必须以坚实而广泛的专业知识和经验为基础，对相关问题的机理图和过程进行深入的研究，并从各种因素中找出其因果关系和内在规律，有时还需要采用从定性到定量的综合集成法，这样才能构建出真正有效的 GIS 应用模型。

这样大量应用模型的研究、开发和应用，凝聚和验证了许多专家的经验知识，无疑也为 GIS 应用系统向专家系统的发展打下了基础。

5. 当代 GIS 的发展动态

自 20 世纪 60 年代世界上第一个 GIS——加拿大地理信息系统（CGIS）问世以来，经过 40 多年的发展，GIS 系统软件和应用软件日趋成熟和完善。过去，GIS 往往被认为是一项专门技术，其应用主要限于测绘、制图、资源和环境管理等领域。随着地理信息产业的建立和数字化信息产品在全世界的普及，GIS 的社会需求量增大，GIS 应用日趋广泛，甚至进入千家万户。应用需求促进发展，GIS 已从一门技术发展为一门独立的新兴学科。下面就 GIS 当前的几个热门研究领域作一介绍。

（1）面向对象技术与 GIS 的结合。GIS 一般采用图形和属性分开管理的数据模型管理数据，即实体的图形数据用拓扑文件存储管理，属性数据用关系数据库管理，二者通过唯一标识符进行连接。这种数据模型具有以下弱点：不利于空间数据的整体管理，以保证数据的一致性；GIS 的开放性和互操作性受限制；数据共享和并行处理无保证。因此，人们开始寻求一种能统一管理图形数据和属性数据的数据模型。面向对象技术将现实世界的实体都抽象为对象，利用四种数据抽象技术（分类、概括、联合、聚集）可构建复杂的地理实体，利用继承和传播这两种数据抽象工具将所有实体对象构建成一个分层结构。面向对象的方法为描述复杂的空间信息提供了一条适合于人类思维模式的直观、结构清晰、组织有序的方法，面向对象数据模型成为较为理想的统一管理 GIS 空间数据的有效模型。因而，面向对象的技术在 GIS 中的应用，即面向对象的 GIS，已成为 GIS 的发展方向。

（2）真三维 GIS 和时空 GIS。GIS 处理的是在地球三维空间上连续分布的空间数据。然而，目前绝大多数的 GIS 采用二维或 2.5 维来表示现实三维现象。近年来，计算机技术特别是计算机图形学的发展，使得显示和描述三维实体的几何特征和属性特征成为可能，因此真三维数据结构的研究，真三维 GIS 的应用成为 GIS 发展的一个热点。主要研究方向包括三维数据结构的研究（数据的有效存储、数据状态的表示和数据的可视化）、三维数据的生成和管理、地理数据的三维显示（三维数据的空间操作和分析，表面处理，栅格图像、全息图像显示）及层次处理等。

地理信息除具有空间特性外，还具有明显的时序特征，即动态变化特征。近几年提出的空间-实时数据模型也仅能处理空间二维和时间一维，不能完全表示和分析不断变化的三维世界，因而需要开发时空四维 GIS，实现时空复合操作。目前较常用的做法是在现有数据模型基础上扩充，如在关系模型的元素中加入时间，在对象模型中引入时间属性。在这种扩充的基础上如何解决从表示到分析的一系列问题仍有待进一步的研究。

（3）GIS 应用模型的发展。GIS 强大的生命力在于与各种实际应用的结合。然而，通用 GIS 的数据管理、查询和空间分析功能对于大多数的应用问题是远远不够的，因为这些领域都有自己独特的专用模型。根据某种应用目标或任务要求，从相应专业或学科出发，对客观世界进行深入分析研究，并借助 GIS 技术的支持，建立 GIS 应用模型，是 GIS 解决实际问题的能力、效率及产生社会经济效益的关键所在，因此日益受到重视。

为用户提供建立专业应用模型的二次开发工具和环境是目前大多数 GIS 软件解决 GIS 建模问题的一般方法。这种方法的一个主要问题是它对于普通用户而言过于困难。最好的方式是 GIS 本身能支持建立专业应用模型，这种 GIS 又称为地理信息建模系统（geographic information modeling system，GIMS），它能支持面向用户的空间分析模型的定义、生成和检验的环境，支持与用户交互式的基于 GIS 的分析、建模和决策，是目前 GIS 研究的热点问题之一。

实现通用 GIS 空间分析功能与各种领域专用模型的结合主要有三种途径：松散耦合式、嵌入式及混合型空间模型法。松散耦合式，也称为外部空间模型法，这种方法基本上将 GIS 当做一个空间数据库看待，在 GIS 环境外部借助其他软件或计算机高级语言建立专用模型，其与 GIS 之间采用数据通信的方式联系；嵌入式，也称为内部空间模型法，即在 GIS 中借助 GIS 的通用功能来实现应用领域的专用分析模型；混合型空间模型法，是前两种方法的结合，既尽可能利用 GIS 提供的功能，最大限度地减少用户自行开发的工作量和难度，又保持外部空间模型法的灵活性。目前的 GIS 对用户定义自己的专用模型的支持程度都是不够的，离支持实现数据集定义、模型定义、模型生成和模型检验的全过程仍有相当大的距离。

（4）Internet 与 GIS 的结合。近年来，Internet 技术的迅速发展与普及应用为 GIS 发展提供了新的机遇，它改变了地理信息的获取、传输、发布、共享、应用和可视化等过程和方式，Internet 已成为 GIS 新的操作平台。Internet 与 GIS 的结合即 Internet GIS。

（5）GIS 与虚拟现实技术的结合。虚拟现实（virtual reality）是一种最有效地模拟人在自然环境中视、听、动等行为的高级人机交互技术，是当代信息技术高速发展和集成的产物。从本质上说，虚拟现实就是一种先进的计算机用户接口，通过计算机建立一种仿真数字环境，将数据转换成图像、声音和触摸感受，利用多种传感设备使用户"投入"到该环境中，用户可以如同在真实世界那样"处理"计算机系统所产生的虚拟物体。将虚拟现实技术引入 GIS 将使 GIS 更具吸引力，采用虚拟现实中的可视化技术，在三维空间中模拟和重建逼真的、可操作的地理三维实体，GIS 用户在客观世界的虚拟环境中将能更有效地管理、分析空间实体数据。因此，开发虚拟 GIS 已成为 GIS 发展的一大趋势。

10.2　城市水务管理决策支持系统

决策支持系统是能为决策者提供有价值的信息及创造性思维与学习的环境，能帮助决策者解决半结构化和非结构化决策问题的交互式计算机系统。

由于决策支持系统（DSS）是在管理信息系统（MIS）的基础上发展起来的，而且处于计算机信息系统的第三个阶段，因此决策支持系统与管理信息系统之间既有密切的联系，又有明显的区别。从根本上来说，决策支持系统主要是在支持决策的能力上的突破。它的结构能使计算机加工信息的能力与决策者的思维、判断能力结合起来，从而解决更为复杂的决策问题。在整个决策过程（包括决策制定与决策执行的各个阶段）中，无论在范围上还是在能力上，DSS 都是管理人员的大脑的延伸，帮助管理人员提高了决策的有效性。

10.2.1　决策支持系统的功能

（1）决策目标、参数和概率的规定。需要有容易使用的用户界面、非程序化建模语言、概率函数、目标搜索和模拟能力。

（2）数据检索和管理。能建立多维数据结构、数据字典和数据库。具有数据文件合并，交互式数据录入和编辑，与其他用户或系统间进行数据传输，以及数据安全性与完整性维护管理功能（较好的数据库管理系统具有这些管理功能）。

（3）决策方案的生成。具有"如果……则……"（What if）和敏感性分析功能。

（4）决策方案后果的推理。能自动求解联立方程。具有 if. then…else 的建模语言和逻辑推理机制。具有各种数学库函数、预测与时序分析函数及影响分析函数。

（5）语言、数值和图形信息的显示和吸收。具有统计函数和程序，灵活有力的报表格式化和图形处理、合并能力及自然语言用户界面等。

（6）方案后果的评价。具有经济评价功能、优化功能和风险分析功能。

（7）决策的解释和执行。具有根据模型（用命令和建模语言表示）方便求解的标准化程序和逻辑算法，灵活有力的报表格式化和图形处理功能。

（8）战略构成。具有包含业务知识和推理规则的机内辅助存储（即知识库），能够辅助问题生成和战略研究。

这些功能中的大部分是一般的 DSS 功能，而（5）、（8）两项需要一定的人工智能技术才能实现（当然，人工智能技术也能用于其他各项），也就是说，人工智能技术能够扩充 DSS 的功能，特别是那些复杂的功能。此外，这八项功能本身也是根据决策过程需要而排定的子过程：第一项相当于形成问题和建模；第二项相当于收集和分析数据；第三项形成方案；第四项进行方案模拟；第五项建立人机交互对话，显示和接受用户命令、要求；第六项进行方案比较、评价和选择；第七项用于方案实施；第八项可用于决策情景分析、问题生成和战略研究等。当然，为了实现这些功能，DSS 本身要具有各种数据处理、模型生成、方法调用、模拟分析、报表和图形生成，以至于知识推理等技术能力和软、硬环境（包括计算机、图形显示器、输入输出设备、通信网络、数据库及其管理系统、各种语言及工具等）的支持。

10.2.2　决策支持系统的特征

决策支持系统的特征实际上表现为它与其他不同类型系统（如 DPS 和 MIS）的区别

上。主要特征有：

（1）为决策者提供支持，而不是代替他们的判断。

（2）支持解决半结构化和非结构化决策问题。

（3）支持所有管理层次的决策，并能进行不同层次间的通信和协调。

（4）支持决策过程的各阶段。

（5）支持决策者的决策风格和方法，并能改善个人与组织的效能。

（6）易于为非计算机专业人员以交互会话方式使用。

（7）要由用户通过对问题的洞察和判断来加以控制。

（8）强调对环境及用户决策方法改变的灵活性及适应性。

决策支持系统通常按系统的特性及其应用状况进行分类。例如，该系统支持哪些管理层次，支持哪种决策类型，侧重支持哪些方面，支持的深度与广度等，都可作为系统分类的出发点。

10.3　数字水务管理系统设计实例

10.3.1　目的和意义

综合数据库信息管理涉及基础和空间数据库，防汛抗旱、水资源、水土保持等水务业务系统专业数据库等，根据建立的标准体系中的《水利信息存储》，采用形成标准的基础和空间数据库、各类专业数据库的数据字典和数据库表结构，采用先进的数据库管理平台和 GIS 平台，来实现数据录入、修改、维护、权限、安全等管理功能模块。

综合数据库管理系统建立的必要性主要体现在：

（1）综合数据库涉及的数据库种类众多，数据量大，借助计算机、网络，将数据信息化管理，能够全方面管理；

（2）各地级市、县、区水务局在异地办公，需要通过计算机网络实现资源共享；

（3）将综合数据库信息管理系统以及数据库安装在统一的服务器上，便于管理、汇总。

建设数字水务信息管理系统，应当根据各地实际情况，对各地区计算机应用的现状以及综合数据库信息管理系统建设的需求进行反复分析和论证。该系统建设的意义和应用价值为：通过综合数据库信息管理系统的建设，借助计算机网络，使得各地区工作人员对统一的数据进行维护、共享，使得各地区以及上一级管理部门的数据同步，对各地区的水利工程相关情况有快速、准确、清晰的了解，提高各部门工作人员的工作效率和工作质量；该系统的建设将实现各类资源的共享，缩短信息采集周期，工作人员可以摆脱原来纸质表格的登记、统计、检查等工作。

数字水务综合数据库管理系统的建设目标主要是根据数字水务建设的总体需求，确立水利信息化技术标准体系整体框架，规范水利信息化建设工作术语，科学制定出河流、水库（湖泊）、水文测站、灌区、机电排灌站、堤防（段）、滩涂工程、水（涵）闸、取水工程、排污口、小流域、城市防洪、穿堤建筑物、农村饮水、供排水、涝区、治河工程、险工险段（点）、跨河工程、水电站、水土保持、水利信息化工程等的分类和编码原则与方法，规范水利信息存储原则、内容、方法、结构与数据字典表格、水利地理信息管理标准等，从根本上规范水利信息的采集、信息的分类、信息的编码，方便全市水利信息的发布、查询、管理和标准编码的实施，使水利信息化建设内容齐全、体系完整、结构合理、平台一致，既适应水利信息化近期发展的急需，又能为长远发展提供必要的超前性的技术标准，为合理、高效、方便地使用信息资源打下良好基础；综合数据库管理系统的建立，实现满足数字水务的防汛抗旱、水资源等各业务系统开发建设需要，提供公用数据信息平台，整合地理信息等数据资源，避免重复建设，满足资源共享需要，便于统一管理；整个系统为全市水利信息化建设合理化提供标准化依据，为全区域水利信息化建设项目设计、评估与投资决策提供科学依据与技术指导。

下面结合哈尔滨市数字水务信息化管理系统，介绍系统的设计框架、业务流程、系统功能模块设计、系统实现和系统测试。

10.3.2　系统框架设计

1. 业务流程

用户通过综合数据库管理系统软件录入数据、维护数据、查询数据，上一级用户可以查看下级所有上报的数据，对数据进行审核，确认数据的正确性、真实性。通过综合数据库系统，水务局中各种业务人员通过该系统对各种数据进行查询、统计，达到各类数据信息的共享。

2. 用户特征

用户特征分为以下几类：

一级系统管理员：掌握计算机的基本操作，能够通过系统录入、维护数据，能够对下一级用户上报的数据进行审核、管理。

二级系统管理员：掌握计算机的基本操作，能够通过系统录入、维护数据。

查询用户：掌握计算机的基本操作，只能够查询数据，不能够对数据进行维护。

3. 数据库设计

1）数据库设计概述

数据库设计是建立数据库及其应用系统相关联的技术，是信息管理系统开发和建设的核心技术。数据库设计具有两个特点：一是数据库建设是硬件和软件的结合；二是数据库设计应该和应用系统设计结合在一起。数据库设计质量的好坏直接影响系统中各个模块处理过程的性能和质量。

数据库是信息系统的核心和基础，把信息系统中的大量的数据按一定的模型组织起来，提供存储、维护、检索的功能，使信息系统可以方便、及时、准确地从数据库中获取所需的信息。

在数据库设计过程中，主要从以下几个方面进行考虑：

　　(1) 数据采用集中管理模式。采用集中式数据管理模式使得业务处理更加规范、实现形式相对简单，数据共享程度高，有利于实现相关部门的协同应用，所以本系统解决方案采用数据集中管理模式。

　　(2) 统一的设计标准。制定统一的数据库设计标准，为综合数据库管理系统相关开发提供统一的规范。

　　(3) 用存储过程提高系统性能。充分利用 Oracle 提供的存储过程，使应用程序变得稳定。例如，在执行信息查询中的对某字段进行统计功能时，涉及多个表的关联及大数据量，每次基于浏览器 (从 Web 服务器执行程序检索数据) 进行统计，其运行效率可想而知。而采用存储过程来实现这一功能，统计功能由 Oracle 数据库服务器来完成，大大提高了系统的性能。

　　(4) 使用视图实现数据的访问安全性。系统的用户众多，在数据的访问安全上要求各二级单位只能访问本单位的数据，管理用户可以访问全部数据。保证了数据的访问安全性，同时从另一方面也提高了数据的检索速度。

　　2) 数据库平台

　　Oracle 能在所有主流平台上运行，支持所有的工业标准，采用完全开放的策略，可以使用户选择最合适的解决方案，具有高可用性、商业智能、高安全性等，支持 Java，与其他小型数据库系统相比，具有稳定性强、功能强大等优点。目前各级水务管理部门的大型数据库采用 Oracle，综合数据库管理系统选择采用 Oracle 作为数据库，便于各级水务管理部门之间数据库的统一管理、数据移植、同步等操作。

　　综合数据库系统包括了实时水雨情数据库、实时水利工程数据库、工情数据库、基础水文数据库、历史洪水数据库、水环境数据库、水土保持数据库、灾情数据库、旱情数据库、社会经济数据库、水资源数据库、空间数据库 12 个数据库。其中，实时水雨情数据库、工情数据库、基础水文数据库的数据量大，尤其是实时水雨情数据库的数据量，存储着各年份的时段、日、年的实时水雨情，由于汛期暴雨加报 (根据需要 1h 一报、15min 一报、5min 一报) 造成时段降水量数据量非常大，用户在查询、统计时很耗时，采用多个数据库服务器存放数据库的方法，以及通过程序对时段数据进行累加，生成日数据、月数据、年数据存在相应的数据库表中，用户查询、统计时直接从这些数据库表中提取数据。

　　为了确保系统的性能，综合数据库管理系统采用 Oracle9i 来建立系统数据库，它可以保证在线使用的安全可靠性，全天候地处理大量用户的同时访问。Oracle9i 的主要功能 (Juidette and Saxena，2004) 为：

　　(1) 支持大型数据库、多用户的高性能的事务处理。支持最大数据库可到几百千兆，可以充分利用硬件设备。支持大量用户同时在同一数据上执行各种数据应用，并使数据征用最小，保证数据的一致性。具有很高的系统维护功能，每天 24h 工作不会中断数据库的使用。

　　(2) Oracle 遵守数据存取语言、操作系统、用户接口和网络通信协议的工业标准，所以是一个开放的系统。

　　(3) 实施安全性控制和完整性控制。Oracle 为限制各监控数据存取提供系统可靠的安全性、实施数据的完整性，Oracle 为可接受的数据指定标准。

（4）支持分布式数据库和分布式处理。Oracle 为了充分利用计算机系统和网络，允许将处理分为数据库服务器和客户应用程序。

4. 应用系统平台设计

综合数据库管理系统采用 B/S 的开发模式，包含一个数据库服务器和一个应用服务器，构成一个三层结构体系。

第一层为客户层，包括客户端和管理端，采用标准的浏览器，提供具有交互功能的页面，让用户将数据提交给后台，并提出处理请求。

第二层为应用层，依靠服务器来完成工作。客户层提出请求，应用服务器端响应请求，返回处理结果，返回到客户端。

第三层为数据层。负责数据的存取、响应和维护处理。数据层的数据服务器对客户请求进行处理，将结果返回给应用服务器，再传回客户端，完成请求应答的过程。

5. 安全性设计

（1）系统用户登录的密码加密。系统管理数据库中建立了用户表，通过加密解密函数将用户的密码加密、解密。用户登录时，要先确认用户的账号、密码是否正确，才能够进入系统，进行下一步操作。管理系统使用过程中，不会涉及数据库的用户名和密码，确保了对数据库操作的安全性。

（2）系统操作权限控制。不同的用户拥有的操作权限不同，根据操作权限的不同，用户看到的系统菜单以及页面上的按钮是不同的。系统管理员拥有所有权限：查询、增、删、改、审核等。一般用户只拥有查询的权限，不能够对数据进行任何操作。

6. 系统开发环境

本系统采用 B/S 结构的数字水务综合数据库管理系统，其开发环境要求如下：

操作系统：Windows server 2003

开发工具：Microsoft Visual Studio 2008

开发语言：C♯语言

服务器：IIS 6.0

浏览器：IE6.0 或以上版本

数据库：Oracle 9.2

分辨率：最佳效果 1024×768 像素

10.3.3　系统功能模块设计

1. 总体设计

建设综合数据库管理系统，需要建立多种数据库，如水利工程数据库、工情数据库、灾情数据库、水资源数据库、水文数据库、水环境数据库、水土保持数据库、水利社会经济数据库、历史洪水数据库，还应该包括基础图层数据、地形数据、地表数据、专业地图数据。大量数据管理和多用户并发访问的功能，系统采用了 ARCGIS 和关系数据库 Oracle（Christensen and Jorgenson，1969）。

系统以多种显示方式显示查询结果，包括地图、列表、柱状图、过程线。

系统的基本功能就是通过界面完成对数据库中表记录的各项操作，包括对数据库表记录的添加、修改、删除以及对数据库表记录的查询。进入综合数据库管理系统后，一般用户只能够查询数据，选择要进入的系统模块，通过条件对数据进行查询；系统管理员可以进入数据管理页面，选择要维护的模块后，对该模块的数据进行添加、修改、删除等操作。

系统采用 B/S 方式。客户端，用户通过浏览终端访问本系统。服务器端包括应用服务器、数据服务器。

2. 体系结构

本软件中的 12 个子系统中，包括 11 个业务子系统和 1 个系统管理子系统，业务系统包括：实时水雨情管理子系统、基础水利工程子系统、实时工情管理子系统、水文数据管理子系统、水资源管理子系统、水资源监控管理子系统、水环境管理子系统、水土保持管理子系统、灾情管理子系统、水利社会经济管理子系统、水利空间数据管理子系统；业务系统中，水利空间数据管理子系统为水利业务查询管理提供强大的空间数据依托。

3. 功能模块设计

1）功能模块汇总

A. 实时水雨情子系统

雨情监视子模块，实施监视雨量站降雨变化情况，并在地图上刷新显示最新降雨直方图。

雨情查询子模块，以数据列表、图表形式，提供雨情多种查询功能。

水情监视子模块，实时监视水文站水情变化情况，并在地图上刷新显示变化过程曲线。

水情查询子模块，以数据列表、图表形式，提供水情多种查询功能。包括河道水文站、水库水文站历史、实时数据查询。

B. 水利工程子系统

地图查询，提供各类水利专题图漫游、放大、缩小、全图、定位等功能。

工程分类查询，提供 25 类水利工程信息查询定位等功能。列表查询：用户根据工程所在区划、流域、名称进行检索查询。定位功能：用户根据检索目标的不同，可以选择从页面选择工程定位到地图；也可从地图定位，显示数据列表。

工程管理，具有管理权限的用户可以在此模块中对现有工程基本信息维护，增加新水利工程到系统中。

C. 实时工情子系统

工程信息：关联水利工程中的河流、水库、堤防等工程，管理工程防汛责任人、电话等信息。

运行信息：管理工程运行、运用情况信息。水库工程：水库当前水位、当前泄量、坝体稳定情况、护坡护岸稳定情况、泄水建筑物完好状况等。堤防工程：当前流量、穿堤建筑物状况、护坡护岸完好状况。

险情信息：管理水利工程险情信息。

D. 灾情管理子系统

旱情基本情况，管理旱情信息。

洪水基本情况，管理出现洪水基本信息。

洪涝灾害基本情况，管理洪涝灾害基本信息。

水库垮坝基本情况，管理水库垮坝基本信息。

E. 水资源管理子系统

河流，河流基本信息查询、管理。

水资源分区，管理水资源分区基本信息，包括水资源分区面积、等级等信息增、删、改。

饮用水源地，管理饮用水水源地基本信息。

地表水取水口，管理地下水水源基本信息。

水厂，管理水厂基本信息。

污水处理厂，管理污水处理厂基本信息。

灌区，管理灌区基本信息。

取水户，管理取水户基本信息。

排污口基本信息，管理排污口基本信息。

排污口监测信息，管理排污口监测信息。

排污口年报，管理排污口年报信息。

F. 水文管理子系统

雨情信息，提供雨情信息各种查询显示功能，包括：摘录、日、旬、月、年等水文数据查询检索。

水情信息，提供水文信息各种查询显示功能，包括：摘录、日、旬、月、年等水文数据查询检索。

G. 水环境管理子系统

河流、河段信息，提供河流、河段信息查询功能。

测站基本信息，提供测站基本信息管理功能。

地表水水质信息，提供地表水水质信息管理功能。

地下水水质信息，提供地下水水质信息管理功能。

大气降水水质信息，提供大气降水水质信息管理功能。

入河排污口，提供入河排污口信息管理功能。

水功能区，提供水功能区管理功能。

H. 水土保持管理子系统

水土保持三区，提供水土保持三区管理功能。

开发建设项目，提供开发建设项目管理功能。

水土保持治理项目，提供水土保持治理项目管理功能。

I. 社会经济管理子系统

社会经济基本情况，提供社会经济基本情况管理功能。

水利企业基本情况，提供水利企业基本情况管理功能。

各行业发展指标，提供各行业发展指标管理功能。

J. 历史洪水管理子系统

洪水基本信息，提供洪水基本信息管理功能。

K. 空间数据管理子系统

空间数据列表，提供空间数据查询、下载等功能。

空间水库上传，提供空间水库上传功能。

2）实时水雨情子系统设计

实时数据库的一个重要特性就是实时性，包括数据实时性和事务实时性。数据实时性是现场数据的更新周期，作为实时数据库，不能不考虑数据实时性。一般数据的实时性主要受现场设备的制约，特别是对于一些比较老的系统而言，情况更是这样。事务实时性是指数据库对其事务处理的速度。它可以是事件触发方式或定时触发方式。事件触发是该事件一旦发生可以立刻获得调度，这类事件可以得到立即处理，但是比较消耗系统资源；而定时触发是在一定时间范围内获得调度权。作为一个完整的实时数据库，从系统的稳定性和实时性而言，必须同时提供两种调度方式。

实时水雨情子系统是监视、查询水情站点、雨情站点的实时数据。实时水雨情数据库的表分为三类：基本信息表、实时信息表、预报信息表。实时水雨情的数据的采集分为两种方式：

一是固定时间间隔自动采集数据，传输数据并存入数据库；

二是通过短信方式监测实时数据，这种方法应用于汛期暴雨加报，向采集设备发送短信，采集设备立刻响应并传回实时数据。

雨情数据根据实际情况的不同，分为时段降水量、一日降水量、三日降水量、七日降水量、旬降水量、月降水量、年降水量等统计数据。我国幅员辽阔，跨度比较大，南北方存在着差异，北方的松花江的汛期是7～9月，南方的珠江4～9月底为汛期，南方相对比北方历时要长。雨量采集模块采集各个雨量站日、月、年降水量和暴雨期的时段降水量以及不正常的记录，将数据存入实时水雨情数据库，在非汛期期间采集仪采集日降水量，根据日降水量统计出三日降水量、七日降水量、旬降水量、月降水量、年降水量的值，分别存入相应的数据库表。在汛期，根据实际情况可以采用每小时一报、暴雨加报的方式采集数据，通过累加降水量得出各种累计降水量值。

水情数据包含了河道水情、水库水情，同雨情一样汛期和非汛期的数据采集时间不同，采集数据的时段就不相同。

根据上述，实时水雨情的数据量很大，我们采用的方法是：单独用一台数据库服务器建立实时水雨情数据库，存储实时数据。将实时数据存入实时数据表，并通过系统后台代码，累加计算统计出一日、三日、旬、月、年等的水雨情数据，存入统计数据库表中，当用户查询统计值时，直接调用已经统计好的数据，不用再进行累加计算，这样使得系统运行速度提高。显示页面都限定显示的时间段，如查询时段数据时，默认为时段为一日，也使得系统运行速度得到提高。

水雨情查询采用图文互查方式，通过水位站、水库站、雨量站等测站名称，查询数据库中测站的相关信息，并在二维地图中定位测站。测站列表、水雨情数据库、二维地图中的坐标三者之间是通过水雨情站点的唯一标识符进行关联的。在二维地图上，通过气泡提示、摘要信息、详细信息的多级展示方式，展示不同详细程度的测站信息，方便用户使用。

地图数据服务接收来自系统后台发出的水雨情空间数据请求服务，在相应的数据库查询数据，返回请求结果。该服务根据请求的类型，决定以何种方式查询数据。如果是空间数据请求，则通过空间数据引擎访问数据层；否则直接访问数据库；获取查询结果后返回给系统服务层。

实时水雨情子系统是通过 GIS 电子地图、数据列表、柱状图、过程线的形式为用户展现查询结果。

在水雨情子模块中，电子地图重点载入显示雨量站、水位站、一级河流、行政区划、地界的图层，自动隐藏其他水利工程图层；随着地图的比例尺大小不同，分级显示各级图层。

默认载入时，显示全图，同时在地图上高亮显示雨量站、水位站、河道站等水雨情相关站点，突出显示暴雨加报站点。鼠标移动到站点图标上时，弹出气泡窗口显示最近 3 天内的时段降水量直方图或者水位过程线。在地图窗口下方显示降水量数据列表，暴雨加报站点优先显示，然后按照站点名称、时间顺序排列显示降水、水位等数据。

用户点击实时水雨情一级菜单后，系统自动弹出二级菜单：地图查询、雨情监视、雨情查询、水情监视、水情查询。系统默认选中地图查询，并显示地图查询条件：按行政区划查询、按流域水系查询。用户可以对地图做放大、缩小、漫游、点查询等操作。

(1) 雨情监视：在地图上实现对雨情站点的监视。根据阈值显示实时数据超过阈值的降水量站点，便于工作人员掌握暴雨雨量信息。

(2) 雨情信息：根据时段、一日、三日、旬、月、年查询降水量数据，查询不同的雨情列表。

(3) 水情监视：在地图上实现对水情站点的监视。

(4) 水情信息：根据查询条件，查询对应的列表格式以及相应数据（河道水情、水库站水情等）。

3) 水利工程管理子系统设计

工程查询采用图文互查方式。通过工程类别和工程名称查询数据库中工程的相关信息，并在二维场景中定位工程。也可以在二维场景中，点图例识别水利工程，并将工程信息展现出来。工程列表、工程数据库、二维场景中的坐标三者通过水利工程的唯一标识码进行关联。对于工程信息的信息显示，采用气泡提—摘要显示—详细信息的多级展示方式，分别展示不同详细程序的工程信息，方便用户使用。

水利工程管理子模块包含了地图查询、工程分类、工程管理三个二级菜单。该模块是对各类水利工程数据填写、上报的管理，以及根据各种组合条件查询数据，还包含了数据列表与地图之间的数据互动。

（1）地图查询。点击一级菜单中的水利工程，界面左侧将显示水利工程的二级菜单，默认显示地图查询。右侧显示区域显示地图。提供范围内地理系统的放缩、定位等功能。在左边的菜单中，用户根据需要，可选按照流域、行政区划分类查询定位地图。系统通过地图数据库与系统之间的接口，使得空间数据与水利工程数据之间进行交互。地图载入时，默认显示全图。载入所有基础、水利专业图层。在地图页面定义方法：doFind（MapId，Entp）点击页面时调用；doIdentify（Evnt）在地图上点击事件时触发此方法，实现点击地图查询。

在地图上点击查询，doIdentify 方法获取点击位置的所有图层的地物信息，包括 id，code，name 等信息，在客户端遍历这些信息，如果在水利工程查找范围内，则跳出循环，在 Inforwindow 中显示工程名称，并传获取到的工程编码到页面，获取数据库中的工程详细信息，并绑定到页面。

在工程 Web 页面中，点击工程信息时，获取工程编码、工程类别信息，调用地图页面的 doFind 方法，在地图上高亮显示工程。

（2）水利工程分类。水利工程分类查询，提供共 25 类水利工程分类查询、定位等功能，包括河流、水库、堤防、测站、蓄滞行洪工程、水闸工程等信息。

在左边设置工程信息入口，点击工程类别，默认获取所有工程列表，其中工程名称、定位两列为超链接列，点击工程名称，传递工程名称、工程类别到工程详细页面，弹出详细页面。

设置查询条件，如所属行政区划、所属流域、工程名称，查询显示符合条件的数据，以列表形式显示。可以在列表中反定位，点击列表中工程对应的"定位"按钮，地图上相应工程高亮显示。

（3）水利工程管理。工程管理模块提供 25 类水利工程分类维护功能。该模块只对管理员权限用户可见。系统管理员通过此模块，可以增加新水利工程，对已有工程进行修改、删除等操作。

工程上报可以通过两种方式：一种是手动填写工程信息；另一种是将工程信息的 Excel 表格通过系统导入数据库。

4）水文管理子系统设计

水文查询采用图文互查方式，通过雨量站、河道站、蒸发站等测站名称，查询数据库中测站的相关信息，并在二维地图中定位测站。测站列表、水文数据库、二维地图中的坐标三者之间是通过水文站点的唯一标识符进行关联的。在二维地图上，通过气泡提示、摘要信息、详细信息的多级展示方式，展示不同详细程度的测站信息，方便用户使用。

根据查询条件，在地图上显示相应的站点。点击站点，弹出显示该站点信息的窗口。

（1）雨情信息。按照所属流域、所属行政区划、时段类型、站点、时间等条件查询雨情信息，以列表形式显示。

（2）水情信息。按照所属流域、所属行政区划、时段类型、站点、时间等条件查询水情信息，以列表形式显示。

5）系统管理模块设计

用户组是将具有相同角色的用户组合在一起的集合体。通过对用户组赋予权限，快速使得相同角色的用户具有相同的权限，来简化对用户赋予权限的烦琐性、耗时性。本系统用户组的划分是按照用户的角色（如管理员、普通用户等）来划分的。根据本系统的特点，每个用户只能属于一个用户组。

用户管理是向系统中添加、删除各种角色的操作人员的各种信息，只有系统管理员才能拥有这个权限。用户的角色不同，使用权限就不相同，用户权限的管理直接影响到整个系统的安全，是系统的重要模块。

用户的权限是通过模块＋动作产生的，模块对应一个子菜单，动作是指页面中的所有操作，如浏览、添加、修改、删除等。将模块与动作组合就产生了该模块的所有权限。

系统管理员可以设置各个用户组对系统中各模块的操作权限，分为无权限、查看权限、修改权限、增加权限、删除权限、管理权限。

（1）用户信息。用户通过此模块，可以修改自己的用户信息。默认载入时显示登录用户的用户信息，可以修改数据，并保存数据。

（2）用户管理。提供用户信息查询。系统用户通过此模块，可以增加用户信息，对已有用户信息进行修改、删除等操作。默认载入时，显示所有用户信息列表，点击用户名称进入详细信息维护页面；详细页面中，进行详细信息增、删、改操作。在列表页面点击增加按钮，进入维护页面，用户对用户名称、行政区划、单位、联系电话等信息进行填写、提交。在维护页面，用户在页面触发删除信息，删除对应信息。

（3）权限管理。提供用户权限信息。系统用户通过此模块，可以增加权限，对权限信息进行修改、删除等操作。默认载入时，显示所有用户信息列表，点击用户名称进入详细信息维护页面；详细页面中，进行权限设置。

（4）用户组管理。提供用户组信息。系统用户通过此模块，可以增加用户组信息，对已有用户组信息进行修改、删除等操作。默认载入时，显示所有用户组信息列表，点击用户组名称进入详细信息维护页面；详细页面中，进行详细信息增、删、改操作。在列表页面点击增加按钮，进入维护页面，用户对用户组名称、负责人名称等信息进行填写、提交。在维护页面，用户在页面触发删除信息，删除对应信息，设置组成员。

4. 系统的安全设计

该综合数据库管理系统发布于水利专网内网上，一定程度上提高了安全程度。但是该系统还是涉及了服务器部分、管理客户端、查询客户端三方的交互，其安全问题是很重要的。网络本身是互联互通的，虽然一般用户不了解网络间数据是如何传输的，但对于专业人员来说，盗用、盗取各种资源是很容易的。另外，系统使用的密码的安全管理问题也是很重要的，一旦密码泄露，对于整个系统会产生严重的影响。

1）数据安全

数据库作为各类信息的聚集体，是整个管理系统的核心部分，其安全主要体现在数据加密技术、数据备份与恢复、数据存储的安全。

数据加密技术是数据安全的一项重要技术，通过对数据的加密处理，可以防止数据信息被非法用户窃取。根据本系统的需求，为了加强数据库管理的安全，利用随机加密函数，用于加密用户的登录密码。

数据备份运行在数据库服务器端，实现对数据库、数据表和表结构的各种备份。本系统采用 Oracle9i 数据库管理系统内部数据信息具有较高的安全性以及重要性。可以利用备份进行数据库的恢复，以恢复破坏的数据库文件或控制文件。Oracle 数据库的数据保护除了备份外还有其他两种数据保护，一个是日志，Oracle 数据库实例都提供日志，用以记录数据库进行的各种操作，在数据库内部建立一个所有作业的完整记录；另一个是控制文件的备份，一般用于存储数据库物理结构的状态，控制文件的状态信息在实例恢复和介质恢复期间用于引导 Oracle 数据库。

2）网络安全

本系统在网络安全方面采用防火墙技术和入侵检测技术。

防火墙是当前应用最广泛的一种技术。作为系统的第一道防线，防火墙主要用于监控可信任的网络和不信任网络间的访问通道，相当于在内部与外部网络之间构成了一道防护屏障，拦截来自外部的非法访问，阻止内部信息外泄。

入侵检测是另一种防范技术，根据本系统的特点，主要针对网络协议信息的流量进行异常监测，来发现网络中的攻击行为。通过监测网络状态，把捕获的数据包进行重组、分析，来判断是否存在攻击行为。

3）系统管理的安全

系统用户权限管理和用户组的分配与系统中业务流程密切相关。用户分为系统管理员、业务用户和普通用户。系统管理员负责系统的数据备份和数据维护、用户设置、权限设置等；业务用户负责自己分内相关数据的维护，包括数据录入、修改、删除、统计等；普通用户只能够查询数据，不能够对数据进行修改等操作。

10.3.4　系统实现

系统采用了三层结构，便于之后的系统升级与移植。系统操作平台采用 B/S 模式，应用 Asp. NET 平台进行开发。

1. 开发平台

1）数据库平台

选用 Oracle9i 作为数据库管理系统平台，实现系统中管理数据的录入、存储、维护、查询等开发应用。

2）系统平台

Web 服务器：Windows 2003 Server。

客户机：Windows 2000/2003/XP/7。

2. 运行环境

客户端：操作系统为 Windows 2000/2003/XP/7，浏览器为 IE6.0 以上。

Web 服务器：Windows 2000 以上操作系统，IIS 版本在 5.0 以上。

3. B/S 模式的实现和程序举例

1）B/S 模式的机构、工作原理和特点

第一层的是客户端，与 C/S 结构中的客户端不同，Browser/Server 结构的客户层只保留一个 Web 浏览器（如 IE 或 Navigator 等），不存放任何应用程序。在 C/S 模式下，用户在使用之前，必须在 Client 端安装此应用，提供关于 Server 的信息，配置 Client 端的参数。用户需要参与 Client 端软件的维护，如升级 Client 端等。如果用户工作在不同的平台上，那还得根据不同的平台专门为其开发相应的 Client 端。

处于第二层的是应用服务层，由一台或多台服务器组成，Web 服务器也位于这一层，Java Application Server 处理应用中的业务逻辑，该层具有良好的可扩充性，可以随着应用的需要增加服务器的数目，由于管理工作主要针对服务器进行，相对于 C/S 结构而言无论是工作的复杂性还是工作量都大大减少了。

处于第三层的是数据层，由数据库系统和遗留系统组成。B/S 结构模式与 C/S 结构模式相比，本质区别在于 B/S 结构模式是基于标准的 J2EE 平台的。传统的 Client/Server 程序将应用逻辑和中间件混在一起，应用开发者不得不关心很多事情，如保持服务器端的对象的永久性，在网络上找到对象，保障对象的安全，杜绝对象共享冲突，避免对象调用失败，管理对象的生命周期以及确保对象的粒度和可用性等。这使应用的维护、移植和互操作变得复杂。而 Java 应用服务器将企业的应用逻辑和中间件分开，采用 EJB 及其他基于 J2EE 的服务，应用的开发可以独立于底层的中间件，EJB 开发者只需要关心他们的业务逻辑，其余的由服务器与容器来负责，Java 应用服务器隐藏了这些复杂性，使开发者能集中精力于业务逻辑本身。可维护性得以提高，事务处理更加灵活，可以在数据库端、组件层、MTS（或 COM+）管理器中进行事务处理且扩展性好。

2）系统运行页面举例

数字水务综合数据库管理系统登录界面如图 10-1 所示。

系统默认有一个系统管理员，它具有最高管理权限，由它来分配其他用户以及用户拥有的操作权限。

用户填写用户名以及密码之后成功登录管理系统，根据每个用户的操作权限，定制页面上按钮的显示与否。

（1）雨情监视模块。系统通过地图数据库、实时水雨情数据库与系统之间的接口，如点击页面时调用 doFind（MapId，Entp）；在地图上点击事件时触发 doIdentify（Evnt），这些方法获取点击位置的所有图层的地物信息，包括 id、code、name 等信息，在客户端遍历这些信息，如果在查找范围内，则跳出循环，在 Inforwindow 中显示工程名称，并将获取到的工程编码传到页面，获取数据库中的详细信息，并绑定到页面，在 Web 页面上显示出查询结果；后台代码将返回的数据与阈值比较，大于阈值的利用 doFind 方法在地图上将站点显示为红色闪烁点，小于阈值的将站点显示为绿色闪烁点，地图显示界面如图 10-2 所示。

雨量信息查询结果列表，通过接口函数，利用 SQL 语句或者存储过程查询数据，获取到数据并返回填充后的哈希表，对返回的数据进行判断：判断降水量的类别（日、月、

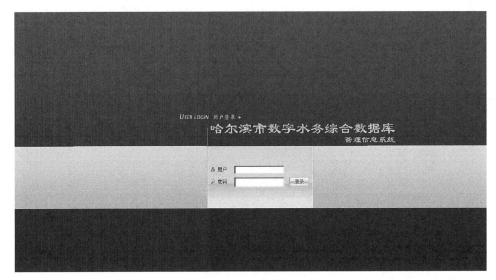

图 10-1　系统登录页面

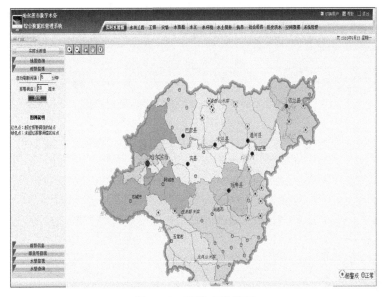

图 10-2　雨情查询界面

年等），不同的类别对应不同的 GridView 控件；判断如果没有数据时，显示"没有数据"，如果有数据，将数据绑定到 GridView 控件中，界面如图 10-3 所示。

（2）水利工程分类查询显示界面如图 10-4 所示。用类似的方法，可以查询或管理其他水务信息。

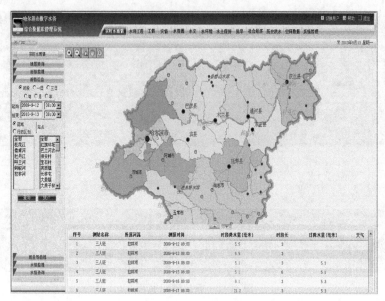

图 10-3　雨情查询

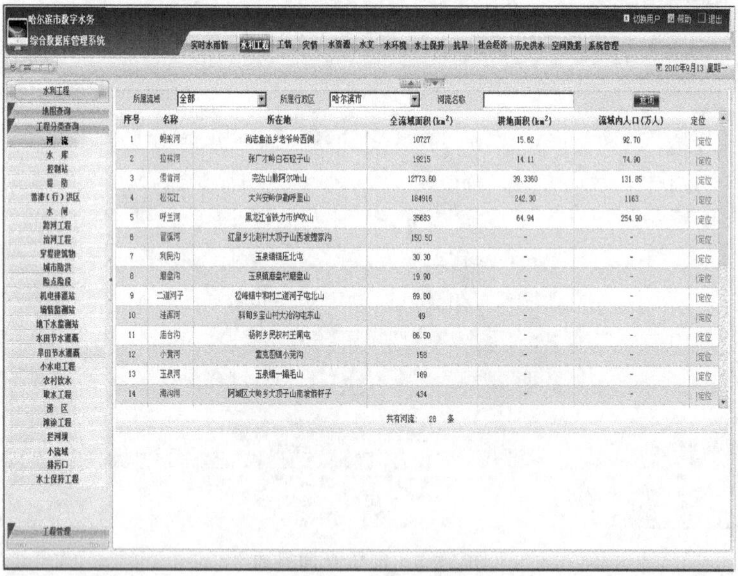

图 10-4　河流查询

10.3.5　系统测试

为了保证系统的质量和可靠性，在分析、设计等各个开发阶段对系统进行严格的技术评审，验证模块是否满足规定的要求，查明期望的结果与系统输出的结果之间有无差别，通过科学的方法以较少的时间发现系统中潜在的各种错误和缺陷来达到如下目的：①确保开发的系统整体功能达到设计的要求，检查提供给所有使用者书面文档的完整性和正确性；②确保系统具有较高的性能和效率要求，保证用户界面的友好性、用户操作的易用性；③确保系统的健壮性和适应用户环境的稳定性要求。

1. 测试方法

应用软件的测试有动态测试方法和静态测试方法。动态测试方法中又根据测试用例的设计方法不同，分为黑盒测试和白盒测试。对于基于网络的 Web 系统，还有必要进行压力测试。

1）静态测试方法

静态测试采用人工测试和计算机辅助静态分析的手段对程序进行测试。人工测试着重检验程序的质量，这个过程是计算机自动检测替代不了的，人工测试在整个测试过程中占较大的比例。计算机辅助用于检测程序逻辑的各种缺陷和可疑的程序构造，如局部变量与全局变量、不匹配参数、循环与嵌套、死代码。

2）动态测试方法

A. 黑盒测试

黑盒测试也称功能测试或数据驱动测试，它是在已知系统所应具有的功能的基础上，通过测试来检测每个功能是否都能正常使用，在测试时，把每一段程序看做一个不能打开的黑盒子，在完全不考虑程序内部结构和内部特性的情况下，测试者在程序接口进行测试，它只检查程序功能是否按照需求规格说明书的规定正常使用，程序是否能适当地接收输入数据而产生正确的输出信息，并且保持外部信息（如数据库或文件）的完整性。黑盒测试方法主要有等价类划分、边值分析、因果图、错误推测等。

"黑盒"法着眼于程序外部结构，不考虑内部逻辑结构，针对软件界面和软件功能进行测试。"黑盒"法是穷举输入测试，只有把所有可能的输入都作为测试情况使用，才能以这种方法查出程序中所有的错误。实际上测试情况有无穷多个，人们不仅要测试所有合法的输入，而且还要对那些不合法但是可能的输入进行测试。

黑盒测试主要是覆盖全部的功能，可以结合兼容、性能测试等方面进行，根据软件需求，设计文档，模拟客户场景随系统进行实际的测试，这种测试技术是使用最多的测试技术，涵盖了测试的方方面面，可以考虑以下方面：

（1）正确性：计算结果、命名等方面。

（2）可用性：是否可以满足软件的需求说明。

（3）边界条件：输入部分的边界值，就是使用一般书中说的等价类划分，如最大、最小和非法数据。

（4）性能：正常使用的时间内系统完成一个任务需要的时间，多人同时使用的时候的响应时间。

B. 白盒测试

白盒测试也称结构测试或逻辑驱动测试，它知道系统内部工作过程，可通过测试来检测系统内部动作是否按照设计说明书的规定正常进行，按照程序内部的结构测试程序，检验程序中的每条通路是否都有能按预定要求正确工作，而不顾它的功能。

"白盒"（Breuste et al.，1998）法全面了解程序内部逻辑结构，对所有逻辑路径进行测试。"白盒"法是穷举路径测试。在使用这一方案时，测试者必须检查程序的内部结构，从检查程序的逻辑着手，得出测试数据。贯穿程序的独立路径数是天文数字。但即使每条路径都测试了仍然可能有错误。第一，穷举路径测试绝不能查出程序违反了设计规范，即程序本身是个错误的程序；第二，穷举路径测试不可能查出程序中因遗漏路径而出错；第三，穷举路径测试可能发现不了一些与数据相关的错误。

该技术主要的特征是测试对象进入了代码内部，根据开发人员对代码和对程序的熟悉程度，对有需要的部分进行软件编码。这一阶段测试以软件开发人员为主。

3）压力测试

多用户情况可以考虑使用压力测试工具，建议将压力和性能测试结合起来进行。如果有负载平衡的话还要在服务器端打开监测工具，查看服务器 CPU 使用率和内存占用情况，如果有必要可以模拟大量数据输入，对硬盘的影响等信息。如果有必要的话必须进行性能优化（软硬件都可以）。

2. 测试设计

数字水务综合数据库管理系统基于 Windows 操作系统，采用 B/S 三层结构，即用户层、中间层和数据层。系统以数据库为基础，采用 COM＋组件（包括 WebGIS 组件和计算分析组件）为中间层，通过 IIS 服务提供浏览器界面，实现系统各子系统的用户交互。系统集成开发平台选用 Microsoft Visual Studio. NET。Visual Studio. NET 通过接口或 COM 对象调用各模型组件，快速生成 Web 交互页面。

因此，基于 Web 的系统测试与传统的软件测试既有相同之处，也有不同的地方。基于 Web 的系统测试不但需要检查和验证是否按照设计的要求运行，重要的是，还要从最终用户的角度进行安全性和可用性测试。在系统开发过程中，测试工作需要考虑以下各个方面。

1）功能测试

（1）链接测试。链接是 Web 应用系统的一个主要特征，它是在页面之间切换和指导用户去一些不知道地址的页面的主要手段。链接测试要考虑三个方面：一是测试所有链接是否按指示的那样确实链接到了该链接的页面；二是测试所链接的页面是否存在；三是保证 Web 应用系统上没有孤立的页面。所谓孤立页面是指没有链接指向该页面，只有知道正确的 URL 地址才能访问。

链接测试可以自动进行。链接测试必须在集成测试阶段完成，在整个 Web 应用系统的所有页面开发完成之后进行链接测试。

（2）表单测试。表单操作包括登陆、信息提交等。在这种情况下，必须测试提交操作的完整性，以校验提交给服务器的信息的正确性。主要内容包括用户输入的信息是否恰当；如果使用了默认值，还要检验默认值的正确性；分别进行阈值内或超出范围的值测试。

（3）Cookies 测试。如果系统使用了 Cookies，就必须检查 Cookies 是否能正常工作。Cookies 通常用来存储用户信息和用户在应用系统的操作，当一个用户使用 Cookies 访问了某一个应用系统时，Web 服务器将发送关于用户的信息，把该信息以 Cookies 的形式存储在客户端计算机上，这可用来创建动态和自定义页面或者存储登陆等信息。测试的内容可包括 Cookies 是否起作用，是否按预定的时间进行保存，刷新对 Cookies 有什么影响等。

（4）数据库测试。在系统中，数据库起着重要的作用，数据库为 Web 应用系统的管理、运行、查询和实现用户对数据存储的请求等提供空间。在 Web 应用中，最常用的数据库类型是关系型数据库，可以使用 SQL 对信息进行处理。

一般情况下，可能发生两种错误，分别是数据一致性错误和输出错误。数据一致性错误主要是由于用户提交的表单信息不正确而造成的，而输出错误主要是由于网络速度或程序设计问题等引起的，针对这两种情况，可分别进行测试。

2）性能测试

（1）连接反应测试。连接反应一方面受用户连接到应用系统的速度的影响，另一方面要受到页面的数据量多少的影响。有些页面有超时的限制，如果响应速度太慢，用户可能还没来得及浏览内容，就需要重新登陆了。而且，连接速度太慢，还可能引起数据丢失，使用户得不到真实的页面。测试时，在排除网速的问题后，当打开页面时，如果 Web 系统响应时间太长（如超过 5 min），需要对页面内容及编码进行重新设计。

（2）负载测试。负载测试是检验 Web 系统在某一负载级别上的性能，某个时刻同时访问 Web 系统的用户数量，也可以是在线数据处理的数量。负载测试应该安排在 Web 系统发布以后，在实际的网络环境中进行测试。作为专业性很强的系统，虽然同时访问用户是有限的，但要求服务器处理数据量却比较大，需要频繁地进行数据的读取，因此也有必要接受负载测试，其结果才是正确可信的。

进行压力测试是指实际破坏一个 Web 应用系统，测试系统的反映。压力测试是测试系统的限制和故障恢复能力，也就是测试 Web 应用系统会不会崩溃，在什么情况下会崩溃。压力测试的区域包括表单、登陆和其他信息传输页面等。

3）可用性测试

（1）导航测试。导航描述了用户在一个页面内操作的方式，在不同的用户接口控制之间，如按钮、对话框、列表和窗口等；或在不同的连接页面之间。通过考虑下列问题，可以决定一个 Web 应用系统是否易于导航；导航是否直观；Web 系统的主要部分是否可通过主页存取；Web 系统是否需要站点地图、搜索引擎或其他的导航帮助。在一个页面上放太多的信息往往起到与预期相反的效果。Web 应用系统的用户趋向于目的驱动，很快地扫描一个 Web 应用系统，看是否有满足自己需要的信息，如果没有，就会很快地离开。很少有用户愿意花时间去熟悉 Web 应用系统的结构，因此，Web 应用系统导航帮助要尽可能地准确。导航的另一个重要方面是 Web 应用系统的页面结构、导航、菜单、连接的风格是否一致。确保用户凭直觉就知道 Web 应用系统里面是否还有内容，内容在什么地方。Web 应用系统的层次一旦决定，就要着手测试用户导航功能，让最终用户参与这种测试，效果将更加明显。

（2）图形测试。在应用系统中，图形可以包括图片、动画、边框、颜色、字体、背景、按钮等。图形测试的内容主要有：①要确保图形有明确的用途，图片或动画不要胡乱地堆在一起，以免浪费传输时间。Web 应用系统的图片尺寸要尽量地小，并且要能清楚地说明某件事情，一般都链接到某个具体的页面。②验证所有页面字体的风格是否一致。③背景颜色应该与字体颜色和前景颜色相搭配。④图片的大小和质量也是一个很重要的因素，一般采用 JPG 或 GIF 压缩。在系统中，还必须对 GIS 空间地图进行测试，除了保证电子地图图形的正确性外，测试的内容还包括地图与属性的匹配、地图的操作、地图颜色的搭配等。

(3) 内容测试。内容测试用来检验应用系统提供信息的正确性、准确性和相关性。信息的正确性是指信息是可靠的还是误传的，是否有语法或拼写错误，这种测试通常使用一些文字处理软件来进行，如使用 Microsoft Word 的"拼音与语法检查"功能。信息的相关性是指是否在当前页面可以找到与当前浏览信息相关的信息列表或入口。

(4) 整体界面测试。整体界面是指整个 Web 应用系统的页面结构设计，是给用户的一个整体感。例如，当用户浏览 Web 应用系统时是否感到舒适，是否凭直觉就知道要找的信息在什么地方，整个 Web 应用系统的设计风格是否一致。对所有的可用性测试来说，都需要有外部人员（与 Web 应用系统开发没有联系或联系很少的人员）的参与，最好是最终用户的参与。

4) 安全性测试

Web 应用系统的安全性测试区域主要有：

(1) 登陆的方式，必须测试有效和无效的用户名和密码，要注意到是否大小写敏感，可以试多少次的限制，是否可以不登陆而直接浏览某个页面等。

(2) 应用系统是否有超时的限制，也就是说，用户登录后在一定时间内（如 15min）没有点击任何页面，是否需要重新登陆才能正常使用。

(3) 为了保证 Web 应用系统的安全性，日志文件是至关重要的，需要测试相关信息是否写进了日志文件，是否可追踪。

(4) 服务器端的脚本常常构成安全漏洞，这些漏洞又常常被黑客利用。所以，还要测试没有经过授权就不能在服务器端放置和编辑脚本的问题。

3. 测试人员

1) 项目经理

建立编码组、测试组或相应岗位，并进行必要的培训；跟踪进度和问题解决状态；对提交各阶段测试报告进行批准（或指定负责人进行批准工作）。

2) 程序员

编写和修改程序代码（包括自行测试），提交工作产品负责单元测试及配合集成测试，测试源代码，提交测试报告和软件 BUG 单。

3) 专业测试人员

负责确定测试、系统测试的工作，发现缺陷和问题，提交测试报告。

随着数据仓库技术、多媒体数据库技术以及各种计算机软件、硬件技术的发展，管理信息系统的结构体系发生着变化，从主机-终端模式发展到 C/S 模式，之后发展到 B/S 模式。这种模式的特点是所有应用服务都有专门的应用服务器处理，它一方面减轻了数据服务器的处理负担；另一方面可以利用服务器群集技术，支持大规模用户的应用。

水务信息系统虽然已经在我国许多地方开始应用于水务数据的管理工作，但是目前的水务信息系统还存在着不完善的地方：系统中各模块应用相对独立，有时需要各个模块数据汇总，便于决策者对当前形势做出相应决策；在数据搜索方面，可以将互联网搜索引擎引入系统中来，解决查询过程中结果显示速度慢的瓶颈。这些问题有待在下一步工作中改进，使得数字水务综合数据库管理系统更加完善。

参 考 文 献

陈同斌，黄启飞，高定，等．2003．中国城市污泥的重金属含量及其变化趋势．环境科学学报，23（5）：561-569．

冯华军．2008．分散式生活污水处理工艺开发及机理研究．浙江大学博士学位论文．

韩剑宏．2007．污水工业处理技术与工艺．北京：化学工业出版社．

李宝娟，燕中凯．2003．德国的城市水务．中国环保产业，（12）：40-42．

李长兴．1998．城市水文的研究现状与发展趋势．人民珠江，（4）：9-12．

李娟．2008．城市污水处理厂工艺设计研究．西安建筑科技大学硕士学位论文．

李克国．2001．城市污水处理厂建设的环境经济政策分析．环境保护，（2）：11-12．

李淑兰．2007．人工湿地处理城镇污水和猪场废水研究．中南林业科技大学博士学位论文．

林洪孝．2004．城市水务系统管理模式及运作机制研究．西南交通大学博士学位论文．

刘亚勇．2010．城市污水污泥的处理处置技术及工艺分析．华南理工大学硕士学位论文．

马军霞，王琦，刘培勋．2006．城市水资源承载能力计算模型研究．人民黄河，28（2）：45-47．

孟刚．2008．城市污水处理工艺方案分析及其选择优化模型应用研究．天津大学硕士学位论文．

钱正英，张光斗．2001．中国可持续发展水资源战略研究综合报告及各专题报告．北京：中国水利水电出版社．

芮孝芳．1996．关于降雨产流机制的几个问题的讨论．水利学报，（9）：22-26．

芮孝芳．2004．水文学原理．北京：中国水利水电出版社．

石玉波．2001．关于水权与水市场的几点认识．中国水利（2）：31-32．

斯坦纳．2004．生命的景观——景观规划的生态学途径（第二版）．周年兴，李小凌，俞孔坚，等译．北京：中国建工出版社．

孙明．2010．可拓城市生态规划理论与方法研究．哈尔滨工业大学博士学位论文．

覃仲俊．2009．城市交叉建筑工程项目防洪综合评价研究．华北电力大学硕士学位论文．

汤普森，斯坦纳．2008．生态规划设计．何平译．北京：中国林业出版社．

唐然．2008．城镇污水处理工艺优选决策模型研究．重庆大学博士学位论文．

唐玉斌．2006．水污染控制工程．哈尔滨：哈尔滨工业大学出版社．

田圃德．2004．水权制度创新及效率分析．北京：中国水利水电出版社．

王传成．2006．城乡水务管理理论与实证研究．山东农业大学博士学位论文．

王喻．2001．我国城市水务事业改革思路探析．西南财经大学硕士学位论文．

文宏展．2010．新时期城市水文事业的发展与思考．水利发展研究，（12）：24-26．

谢冰．2007．废水生物处理原理和方法．北京：中国轻工业出版社．

谢京．2007．城市水务大系统分析与管理创新研究．天津大学博士学位论文．

许向君．2007．城市水务系统循环规律与评价指标体系研究．山东农业大学硕士学位论文．

杨金田，王金南，葛东等．1998．中国排污收费制度改革与设计．北京：中国环境科学出版社．

詹道江，叶守泽．2004．工程水文学．北京：中国水利水电出版社．

张磊．2009．平原感潮河网区城市防洪规划中的水文计算方法研究．河海大学硕士学位论文．

张硕．2005．城市污水处理厂工艺设计和运行优化的研究．华北电力大学硕士学位论文．

张同．2000．污水处理工艺及工程方案设计．北京：中国建筑工程出版社．

张增强，殷宪强．2004．污泥土地利用对环境的影响．农业环境科学学报，23（6）：1182-1187．

郑在州，何成达．2003．城市水务管理．北京：水利电力出版社．

周振民，曾桂香，郭宇杰等．2010．全国城市污水处理回用调研评价．全国城市污水处理回用调查课题组．

周振民．2006．污水资源化与污水灌溉技术研究．郑州：黄河水利出版社．

朱元生，金光炎．1991．城市水文学．北京：中国科学技术出版社．

祝中昊．2008．城市防洪模型研究及在镇江防洪工程中的应用．南京理工大学硕士学位论文．

Boller M. 1997. Small wastewater treatment plants- a challenge to wastewater engineers. Water Science and Technology，35（6）：1-12.

Breuste J，Feldmann H，Uhlmann O. 1998. Urban Ecology. Berlin：Springer- Verlag：1-714.

Christensen L R，Jorgenson D W. 1969. The measurement of U. S. real capital input，1929-1967. Review of Income and Wealth，15（4）：293-320.

Ellis K V，Tang S L. 1994. Wastewater treatment optimization model for developing world. Ⅱ：Model testing. Journal of Environmental Engineering Division，ASCE，120：610-624.

Hamilton J A，Nash D A，Pooch U W. 1997. Distributed Simulation. Washington：CRC Press.

Juidette H，Saxena B. 2004. Improved genetic algorithm for the permutation flow shop scheduling problem. Computers and Operation Research，31（4）：593-606.

Liberatore M J，Johnson B P，Smith C A. 2001. Project management in construction：software use and research directions. Journal of Construction Engineering and Management，127（2）：101-107.

Palme U，Lundin M，Tillman A M，et al. 2005. Sustainable development indicators for wastewater systems- researchers and indicator users in a co- operative case study. Resource，Conservation and Recycling，43（3）：293-311.

Poch M，Comas J，Roda I R，et al. 2004. Design and building real environmental decision support systems. Environmental Modeling & Software，19（9）：857-873.

Singh V P. 2000. 水文系统流域模型．赵卫民，戴东，牛玉国，等译．郑州：黄河水利出版社．